国网河北省电力公司人力资源部　组织编写

电 力 行 业 职 业 技 能 鉴 定 考 核 指 导 书

# 装 表 接 电

《电力行业职业技能鉴定考核指导书》编委会　编

www.waterpub.com.cn

·北京·

# 内 容 提 要

为提高电网企业生产岗位人员理论和技能操作水平，有效提升员工履职能力，国网河北省电力公司根据电力行业技能鉴定指导书、国家电网公司技能培训规范，结合国网河北省电力公司生产实际，组织编写《电力行业职业技能鉴定考核指导书》。

本书规定了装表接电工种技能鉴定五个等级的理论试题和技能操作考核项目，包括装表接电工技能鉴定五级、四级、三级、二级、一级共 51 个技能操作项目，规范了各级别装表接电工的技能鉴定标准。本书密切结合国网河北省电力公司生产实际，鉴定内容基本涵盖了当前生产现场的主要工作项目，考核操作步骤与现场规范一致，评分标准清晰明确，既可作为装表接电工技能鉴定指导书，也可作为装表接电工的培训教材。

本书是职业技能培训和技能鉴定考核命题的依据，可供劳动人事管理人员、职业技能培训及考评人员使用，也可供电力类职业技术院校教学和企业职工学习参考。

## 图书在版编目（CIP）数据

装表接电 / 《电力行业职业技能鉴定考核指导书》
编委会编；国网河北省电力公司人力资源部组织编写
. -- 北京：中国水利水电出版社，2017.5
电力行业职业技能鉴定考核指导书
ISBN 978-7-5170-5384-2

Ⅰ．①装… Ⅱ．①电… ②国… Ⅲ．①电工－安装－
职业技能－鉴定－自学参考资料 Ⅳ．①TM05

中国版本图书馆CIP数据核字(2017)第079554号

| | | |
|---|---|---|
| 书 名 | 电力行业职业技能鉴定考核指导书<br>**装表接电**<br>ZHUANGBIAO JIEDIAN | |
| 作 者 | 国网河北省电力公司人力资源部　组织编写<br>《电力行业职业技能鉴定考核指导书》编委会　编 | |
| 出版发行 | 中国水利水电出版社<br>（北京市海淀区玉渊潭南路 1 号 D 座　100038）<br>网址：www.waterpub.com.cn<br>E-mail：sales@waterpub.com.cn<br>电话：(010) 68367658（营销中心） | |
| 经 售 | 北京科水图书销售中心（零售）<br>电话：(010) 88383994、63202643、68545874<br>全国各地新华书店和相关出版物销售网点 | |
| 排 版 | 中国水利水电出版社微机排版中心 | |
| 印 刷 | 北京瑞斯通印务发展有限公司 | |
| 规 格 | 184mm×260mm　16 开本　34.75 印张　824 千字 | |
| 版 次 | 2017 年 5 月第 1 版　2017 年 5 月第 1 次印刷 | |
| 印 数 | 0001—4000 册 | |
| 定 价 | **102.00 元** | |

凡购买我社图书，如有缺页、倒页、脱页的，本社营销中心负责调换

# 电力行业职业技能鉴定考核指导书《装表接电》
## 编委会名单

主　　任：董双武

副 主 任：侯书其　段兴昌

委　　员：王英杰　杨志强　李晓宁　焦淑萍　李红海
　　　　　周敬巍　祝　波　许建茹　王永杰

主　　编：王英杰

编写人员：李红海　刘　鹏　李永华　杨顺尧　张玉峰
　　　　　苗志国

审　　定：董　青　魏立民　郭迎春　侯满堂　王惠斌
　　　　　梁河雷

# 前　言

　　为进一步加强国网河北省电力公司职业技能鉴定标准体系建设，使职业技能鉴定适应现代电网生产要求，更贴近生产工作实际，让技能鉴定工作更好地服务于公司技能人才队伍成长，国网河北省电力公司组织相关专家编写了《电力行业职业技能鉴定考核指导书》（以下简称《指导书》）系列丛书。

　　《指导书》编委会以提高员工理论水平和实操能力为出发点，以提升员工履职能力为落脚点，紧密结合公司生产实际和设备设施现状，依据电力行业职业技能鉴定指导书、中华人民共和国职业技能鉴定规范、中华人民共和国国家职业标准和国家电网公司生产技能人员职业能力培训规范所规定的范围和内容，编制了职业技能鉴定理论试题、技能操作大纲和技能操作项目，重点突出实用性、针对性和典型性。在国网河北省电力公司范围内公开考核内容，统一考核标准，进一步提升职业技能鉴定考核的公开性、公平性、公正性，有效提升公司生产技能人员的理论技能水平和岗位履职能力。

　　《指导书》按照劳动和社会保障部所规定的国家职业资格五级分级法进行分级编写。每个级别中由"理论试题""技能操作"两大部分内容构成。理论试题按照单选题、判断题、多选题、计算题、识图题5种题型进行选题，并以难易程度顺序组合排列。技能操作包含技能操作大纲和技能操作项目两部分内容。技能操作大纲系统规定了各工种相应等级的技能要求，设置了与技能要求相适应的技能培训项目与考核内容，其项目设置充分结合了电网企业现场生产实际。技能操作项目中规定了各项目的操作规范、考核要求及评分标准，既能保证考核鉴定的独立性，又能充分发挥对培训的引领作用，具有很强的系统性和可操作性。

　　《指导书》最大程度地力求内容与实际紧密结合，理论与实际操作并重，既可作为技能鉴定的学习辅导教材，又可作为技能培训、专业技术比赛和相关技术人员的学习辅导材料。

　　因编者水平有限和时间仓促，书中难免存在错误和不妥之处，我们将在今后的再版修编中不断完善，敬请广大读者批评指正。

《电力行业职业技能鉴定考核指导书》编委会

2016 年 12 月

# 编 制 说 明

国网河北省电力公司为积极推进电力行业特有工种职业技能鉴定工作，更好地服务于公司生产实际，更好地提升技能人员岗位履职能力，更好地推进公司技能员工队伍成长，保证职业技能鉴定考核公开、公平、公正，提高鉴定管理水平和管理效率，紧密结合各专业生产现场工作项目，组织编写了《电力行业职业技能鉴定考核指导书》（以下简称《指导书》）。

《指导书》编委会依据电力行业职业技能鉴定指导书、中华人民共和国职业技能鉴定规范、中华人民共和国国家职业标准和国家电网公司生产技能人员职业能力培训规范所规定的范围和内容进行编写，并按照国家劳动和社会保障部所规定的国家职业资格五级分级法进行分级。

## 一、分级原则

1. 依据考核等级及企业岗位级别

依据劳动和社会保障部规定，国家职业资格分为5个等级，从低到高依次为初级工、中级工、高级工、技师和高级技师。其框架结构如下图。

| 初级工<br>（五级） | 中级工<br>（四级） | 高级工<br>（三级） | 技师<br>（二级） | 高级技师<br>（一级） |
|---|---|---|---|---|

个别职业工种未全部设置5个等级，具体设置以各工种鉴定规范和国家职业标准为准。

2. 各等级鉴定内容设置

每级别中由"理论试题""技能操作"两部分内容构成。

理论知识试题按照单选题、判断题、多选题、计算题、识图题5种题型进行选题，并以难易程度顺序组合排列。

技能操作含"技能操作大纲"和"技能操作项目"两部分。技能操作大纲系统规定了各工种相应等级的技能要求，设置了与技能要求相适应的技能培训项目与考核内容，使之完全公开、透明。其项目设置充分考虑到电网企业的实际需要，充分结合电网企业现场生产实际。技能操作项目规定了各项目的操作规范、考核要求及评分标准，既能保证考核鉴定的独立性，又能充分发挥对培训的引领作用，具有很强的针对性、系统性、操作性。

目前该职业技能知识及能力四级涵盖五级；三级涵盖五级、四级；二级涵盖五级、四级、三级；一级涵盖五级、四级、三级、二级。

## 二、试题符号含义

### 1. 理论试题编码含义

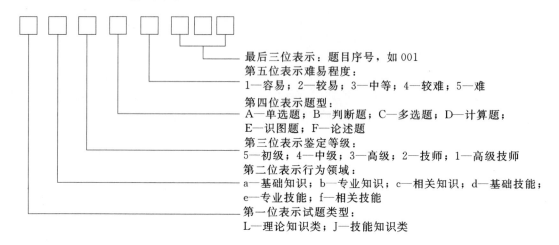

最后三位表示：题目序号，如001

第五位表示难易程度：
1—容易；2—较易；3—中等；4—较难；5—难

第四位表示题型：
A—单选题；B—判断题；C—多选题；D—计算题；
E—识图题；F—论述题

第三位表示鉴定等级：
5—初级；4—中级；3—高级；2—技师；1—高级技师

第二位表示行为领域：
a—基础知识；b—专业知识；c—相关知识；d—基础技能；
e—专业技能；f—相关技能

第一位表示试题类型：
L—理论知识类；J—技能知识类

### 2. 技能操作试题编码含义

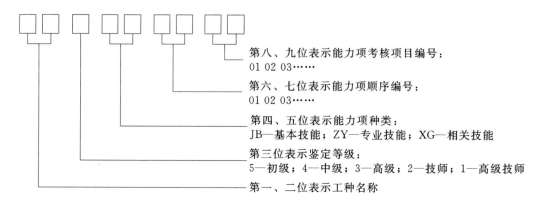

第八、九位表示能力项考核项目编号：
01 02 03……

第六、七位表示能力项顺序编号：
01 02 03……

第四、五位表示能力项种类：
JB—基本技能；ZY—专业技能；XG—相关技能

第三位表示鉴定等级：
5—初级；4—中级；3—高级；2—技师；1—高级技师

第一、二位表示工种名称

其中第一、二位表示具体工种名称，如：GJ——高压线路带电检修工；SX——送电线路工；PX——配电线路工；DL——电力电缆工；BZ——变电站值班员；BY——变压器检修工；BJ——变电检修工；SY——电气试验工；JB——继电保护工；FK——电力负荷控制员；JC——用电监察员；CS——抄表核算收费员；ZJ——装表接电工；DX——电能表修校工；XJ——送电线路架设工；YA——变电一次安装工；EA——变电二次安装工；NP——农网配电营业工配电部分；NY——农网配电营业工营销部分；KS——用电客户受理员；DD——电力调度员；DZ——电网调度自动化运行值班员；CZ——电网调度自动化厂站端调试检修员；DW——电网调度自动化维护员。

## 三、评分标准相关名词解释

1. 行为领域

d——基础技能；e——专业技能；f——相关技能。

2. 题型

A——单项操作；B——多项操作；C——综合操作。

3. 鉴定范围

对农网配电营业工划分了配电和营销两个范围，对其他工种未明确划分鉴定范围，所以该项大部分为空。

# 目 录

# 第 3 篇　高　级　工

## 1 理论试题 ………………………………………………………………………… 231

## 2 技能操作 ……………………………………………………………………… 303

# 第4篇 技 师

# 第5篇 高 级 技 师

# 第1篇 初 级 工

# 1 理论试题

## 1.1 单选题

**La5A1001** 电灯开关要串接在（　　）上。

（A）相线；（B）中性线；（C）地线；（D）零线。

**答案：A**

**La5A1002** 熔丝的额定电流是指（　　）。

（A）熔丝正常工作时允许通过的最大电流；（B）熔丝2min内熔断所需电流；（C）熔丝1min内熔断所需电流；（D）熔丝1s内熔断所需电流。

**答案：A**

**La5A1003** 单相用户负荷电流为8A，若将单相两根导线均放入钳形电流表之内，则读数为（　　）A。

（A）5；（B）10；（C）52；（D）0。

**答案：D**

**La5A1004** 用万用表测量回路通断时（　　）。

（A）用电压挡；（B）用电流挡；（C）用电阻挡小量程；（D）用电阻挡大量程。

**答案：C**

**La5A1005** 低压测电笔使用不正确的是（　　）。

（A）可以用来测量高压带电体；（B）用手接触后端金属；（C）只能测500V及以下电压；（D）测量时应先在带电体上试测一下，以确认其好坏。

**答案：A**

**La5A1006** 用指针式万用表测量未知电阻时（　　）。

（A）应先放在欧姆挡的大量程上；（B）可以带电测量电阻；（C）可以带电切换量程；（D）应先放在欧姆挡的小量程上。

**答案：A**

**La5A1007** 变压器的铁芯一般用导磁性能很好的（　　）制成。

（A）锡钢片；（B）硅钢片；（C）铜片；（D）铸铁。

**答案：B**

**La5A1008** 纯电容正弦交流电路中，在关联参考方向下，电容两端的电压和电流的相位关系为（　　）。

（A）电流与电压反相；（B）电流滞后电压 90°；（C）电流与电压同相；（D）电流超前电压 90°。

答案：**D**


**La5A1009** 电流周围产生的磁场方向可用（　　）确定。

（A）安培定则；（B）左手定则；（C）楞次定律；（D）右手定则。

答案：**A**


**La5A1010** 在并联的交流电路中，总电流等于各分支电流的（　　）。

（A）代数和；（B）相量和；（C）总和；（D）方根和。

答案：**B**


**La5A2011** 三相智能表液晶屏中的 Ua 闪烁，表示什么情况？（　　）。

（A）A 相失压；（B）A 相失流；（C）A 相过压；（D）A 相过载。

答案：**A**


**La5A2012** 三相三线有功电能表能准确测量（　　）的有功电能。

（A）三相四线电路；（B）三相三线电路和中性点绝缘系统输电线路；（C）不完全对称三相电路；（D）三相电路。

答案：**B**


**La5A2013** 有功电能表的计量单位为（　　）。

（A）度；（B）kW；（C）kW·h；（D）W。

答案：**C**


**La5A2014** 测量低压线路和配电变压器低压侧的电流时，若不允许断开线路时，可使用（　　），应注意不触及其他带电部分，防止相间短路。

（A）电压表；（B）钳形表；（C）电流表；（D）万用表。

答案：**B**


**La5A2015** 正弦交流电的一个周期内，随着时间变化而改变的是（　　）。

（A）最大值；（B）瞬时值；（C）有效值；（D）平均值。

答案：**B**


**La5A2016** 用右手定则判断感应电动势的方向时，应（　　）。

（A）使四根手指指向磁力线的方向；（B）使手心迎着磁力线的方向；（C）使大拇指

指向磁力线的方向；（D）使四根手指指向导体的运动方向。

答案：**B**

**La5A2017** 变压器中传递交变磁通的组件是（　　）。

（A）一次绕组；（B）二次绕组；（C）铁芯；（D）金属外壳。

答案：**C**

**La5A2018** 电阻和电感串联电路中，用（　　）表示电阻、电感及阻抗之间的关系。

（A）电压三角形；（B）电流三角形；（C）功率三角形；（D）阻抗三角形。

答案：**D**

**La5A3019** 在低压配电中，下列适用于潮湿环境的配线方式是（　　）。

（A）槽板配线；（B）夹板配线；（C）塑料护套线配线；（D）瓷柱、瓷绝缘子配线。

答案：**C**

**La5A3020** 下列各项中，（　　）不属于计量法的调整范围和调整对象。

（A）建立计量基准、标准；（B）进行计量检定；（C）制造、修理、销售、使用的计量器具等；（D）教学示范中使用的或家庭自用的计量器具。

答案：**D**

**La5A3021** 三相三线有功电能表接线时不接（　　）。

（A）A 相电流；（B）B 相电流；（C）C 相电流；（D）B 相电压。

答案：**B**

**La5A3022** 型号为 DSSD331 的电能表是（　　）。

（A）三相四线全电子式多功能电能表；　（B）三相三线全电子式多功能电能表；（C）三相三线机电式多功能电能表；（D）三相三线机电式多功能电能表。

答案：**B**

**La5A3023** DS 系列的电能表是（　　）电能表。

（A）三相三线有功；（B）三相三线无功；（C）三相四线有功；（D）三相四线无功。

答案：**A**

**La5A3024** 熔体的反时限特性是指（　　）。

（A）过电流越大，熔断时间越短；（B）过电流越小，熔断时间越短；（C）过电流越大，熔断时间越长；（D）熔断时间与过电流无关。

答案：**A**

**La5A3025** 下列相序中为逆相序的是（　　）。

(A) UVW；(B) VWU；(C) WVU；(D) WUV。

答案：C


**La5A3026** 在纯电阻正弦交流电路中，在关联参考方向下，电阻两端的电压和电流的相位关系为（　　）。

(A) 电流超前电压 90°；(B) 电流滞后电压 90°；(C) 电流与电压同相；(D) 电流与电压反相。

答案：C


**La5A3027** 电容器在电路中的作用是（　　）。

(A) 通低频阻高频；(B) 通直流阻交流；(C) 通交流阻直流；(D) 交流和直流均不能通过。

答案：C


**La5A3028** 根据欧姆定律，导体中电流 $I$ 的大小（　　）。

(A) 与加在导体两端的电压 $U$ 成反比，与导体的电阻 $R$ 成反比；(B) 与加在导体两端的电压 $U$ 成正比，与导体的电阻 $R$ 成反比；(C) 与加在导体两端的电压 $U$ 成正比，与导体的电阻 $R$ 成正比；(D) 与加在导体两端的电压 $U$ 成反比，与导体的电阻 $R$ 成正比。

答案：B


**La5A4029** 用于连接测量仪表的电流互感器应选用（　　）。

(A) 0.1 级或 0.2 级；(B) 0.5S 级或 3 级；(C) 0.2 级或 0.5 级；(D) 3 级以下。

答案：C


**La5A4030** 移动式配电箱、开关箱应装设在坚固的支架上，其中心点与地面的垂直距离宜为（　　）m。

(A) 0.4～0.8；(B) 0.8～1.0；(C) 1.0～1.6；(D) 0.8～1.6。

答案：D


**La5A4031** 电能表型号中，下列说法正确的是（　　）。

(A) D 表示单相，S 表示三相，T 表示三相低压，X 表示复费率；(B) D 表示单相，S 表示三相三线，T 表示三相四线，X 表示无功；(C) D 表示单相，S 表示三相低压，T 表示三相高压，X 表示全电子；(D) D 表示单相，S 表示三相，T 表示三相高压，X 表示全电子。

答案：B


**La5A4032** 熔断器保护的选择性要求是（　　）。

(A) 后级短路时前、后级熔丝应同时熔断；(B) 前级先熔断，后级起后备作用；

（C）后级先熔断，以缩小停电范围；（D）后级先熔断，前级 1min 后熔断。

答案：**C**

**La5A4033** 使用钳形表测量导线电流时，应使被测导线（　　）。

（A）尽量离钳口近些；（B）尽量居中；（C）尽量离钳口远些；（D）无所谓。

答案：**B**

**La5A4034** 截面均匀的导线，其电阻（　　）。

（A）与导线长度成反比；（B）与导线横截面积成反比；（C）与导线电阻率成反比；（D）与导线中流过的电流成正比。

答案：**B**

**La5A4035** 在磁路欧姆定律中，与电路欧姆定律中电流相对应的物理量是（　　）。

（A）磁阻；（B）磁通密度；（C）磁通势；（D）磁通。

答案：**D**

**La5A5036** 下列情况中，导体中不会产生感应电动势的是（　　）。

（A）导体对磁场做相对运动而切割磁力线时；（B）当与回路交变的磁通发生变化时；（C）当导体沿磁通方向作径向运动时；（D）导体对磁场发生相对运动时。

答案：**C**

**La5A5037** 下列情况中，运用左手定则判断方向的是（　　）。

（A）通电螺线管中磁场的方向；（B）通有直流电流的导体在磁场中的运动方向；（C）匀速运动的电子进入磁场后的转弯方向；（D）导体切割磁力线所产生的电动势方向。

答案：**B**

**Jb5A2038** 电能计量用电压互感器和电流互感器的二次导线最小截面积为（　　）$mm^2$。

（A）1.5、2.5；（B）2.5、4；（C）4、6；（D）6、20。

答案：**B**

**Jb5A2039** 复费率电能表为电力部门实行（　　）电价提供计量手段。

（A）两部制电价；（B）各种电价；（C）不同时段的分时电价；（D）先付费后用电。

答案：**C**

**Lb5A1040** 居民住宅中暗装插座应不低于（　　）m。

（A）0.3；（B）0.6；（C）1.0；（D）1.3。

答案：**A**

**Lb5A1041** 安装在配电盘、控制盘上的电能表外壳（　　）。

(A) 必须接地；(B) 无须接地；(C) 可接可不接；(D) 必须多点接地。

答案：**B**

**Lb5A1042** 低压架空线路的接户线绝缘子角铁宜接地，接地电阻不宜超过（　　）Ω。

(A) 10；(B) 15；(C) 4；(D) 30。

答案：**C**

**Lb5A1043** 有绕组的电气设备在运行中所允许的最高温度是由（　　）性能决定的。

(A) 设备保护装置；(B) 设备的机械；(C) 绕组的绝缘；(D) 设备材料。

答案：**C**

**Lb5A2044** 影响绝缘油的绝缘强度的主要因素是（　　）。

(A) 油中含杂质或水分；(B) 油中含酸值偏高；(C) 油中含氢气偏高；(D) 油中含氮或氢气高。

答案：**A**

**Lb5A2045** 使用电流互感器时，应将其一次绕组（　　）接入被测电路之中。

(A) 并联；(B) 串联；(C) 混联；(D) 无所谓。

答案：**B**

**Lb5A2046** 墙壁开关一般离地不低于（　　）m。

(A) 1.1；(B) 1.0；(C) 1.5；(D) 1.3。

答案：**D**

**Lb5A2047** 瓷底座胶木闸刀开关（　　）。

(A) 适用于不频繁操作的地方；(B) 适用于任何场合；(C) 用于动力负荷时，要使其额定电流不小于负荷电流的 1.5 倍；(D) 用于动力负荷时，要使其额定电流不小于负荷的 2.5 倍。

答案：**A**

**Lb5A2048** 白炽电灯、电炉等电阻性设备，随温度升高其电阻值（　　）。

(A) 减小；(B) 增大；(C) 不变；(D) 先增大后减小。

答案：**B**

**Lb5A2049** 导线的安全载流量是指（　　）。

(A) 不超过导线容许工作温度的瞬时允许载流量；(B) 不超过导线容许工作温度的连续允许载流量；(C) 不超过导线熔断电流的瞬时允许载流量；(D) 不超过导线熔断电

流的连续允许载流量。

答案：B

**Lb5A2050** 在高压电能传输中，一般用（ ）。

（A）铝芯线；（B）钢缆；（C）铜芯线；（D）钢芯铝绞线。

答案：D

**Lb5A3051** 有三个电阻并联使用，它们的电阻比是 1：2：5，所以，通过三个电阻的电流之比是（ ）。

（A）5：3：1；（B）15：5：3；（C）1：3：5；（D）3：5：15。

答案：B

**Lb5A3052** 校验熔断器的最大开断电流能力应用（ ）进行校验。

（A）最大负荷电流；（B）冲击短路电流的峰值；（C）冲击短路电流的有效值；（D）额定电流。

答案：C

**Lb5A3053** 电容器的运行电压不得超过电容器额定电压的（ ）倍。

（A）1.05；（B）1.1；（C）1.15；（D）1.2。

答案：B

**Lb5A3054** 低压断路器是由（ ）等三部分组成。

（A）主触头、操作机构、辅助触头；（B）主触头、合闸机构、分闸机构；（C）感受元件、执行元件、传递元件；（D）感受元件、操作元件、保护元件。

答案：C

**Lb5A3055** 对非法占用变电设施用地、输电线路走廊或者电缆通道的应（ ）。

（A）由供电部门责令限期改正；逾期不改正的，强制清除碍障；（B）由县级以上地方人民政府责令限期改正；逾期不改正的，强制清除障碍；（C）由当地地方经贸委责令限期改正；逾期不改正的，强制清除障碍；（D）由当地公安部门责令限期改正；逾期不改正的，强制清除障碍。

答案：B

**Lb5A3056** 下列哪种接线方式不会影响 485 正常通信（ ）。

（A）485A、B 端子接反；（B）485 线长 100m；（C）485A、B 端子短接；（D）485 口并联大量表计。

答案：B

**Lb5A3057** 液晶显示应采用国家法定计量单位，如（　　）等，只显示有效位。

（A）kW、kVar、kWh、kVarh、V、A；　（B）kw、kVar、kwh、kVarh、V、A；
（C）kw、kvar、kwh、kvarh、V、A；（D）kW、kvar、kW·h、kvar·h、V、A。

答案：D

**Lb5A3058** 电压互感器二次回路应只有一处可靠接地，V/V 接线电压互感器应在
（　　）接地。

（A）U相；（B）V相；（C）W相；（D）任意相。

答案：B

**Lb5A3059** 二次 Y 形接线的高压电压互感器二次侧（　　）接地。

（A）A相；（B）B相；（C）C相；（D）中性线。

答案：D

**Lb5A3060** 敷设在绝缘支持物上的铝导线（线芯截面为 4mm²），其支持点间距为
（　　）。

（A）4m 及以下；（B）5m 及以下；（C）6m 及以下；（D）7m 及以下。

答案：C

**Lb5A3061** 用于进户绝缘线的钢管（　　）。

（A）必须多点接地；（B）可不接地；（C）可采用多点接地或一点接地；（D）必须一点接地。

答案：D

**Lb5A3062** 下列设备中能自动切断短路电流的是（　　）。

（A）刀闸；（B）接触器；（C）漏电保护器；（D）自动空气断路器。

答案：D

**Lb5A3063** 不能用于潮湿环境的布线是（　　）。

（A）塑料护套线；（B）瓷柱、瓷绝缘子线路；（C）钢管线；（D）槽板布线。

答案：D

**Lb5A3064** 在低压配电线路中，易燃、易爆场所应采用（　　）。

（A）瓷柱、瓷绝缘子布线；（B）塑料护套线；（C）塑料管线；（D）钢管套线。

答案：D

**Lb5A3065** 各类型绝缘导线，其允许工作温度为（　　）℃。

（A）55；（B）65；（C）75；（D）85。

答案：B

**Lb5A4066** 两只单相电压互感器 V/V 接法，测得 $U_{ab}=U_{ac}=0V$，$U_{bc}=0V$，则可能是（　　）。

（A）一次侧 A 相熔丝烧断；（B）一次侧 B 相熔丝烧断；（C）一只互感器极性接反；（D）二次侧熔丝全烧断。

**答案：D**

**Lb5A4067** 运行中的电流互感器开路时，最重要的是会造成（　　），危及人身和设备安全。

（A）二次侧产生波形尖锐、峰值相当高的电压；（B）一次侧产生波形尖锐、峰值相当高的电压；（C）一次侧电流剧增，线圈损坏；（D）激磁电流减少，铁芯损坏。

**答案：A**

**Lb5A4068** 某用户擅自向另一用户转供电，供电企业对该户应（　　）。

（A）当即拆除转供线路；（B）处以其供出电源容量收取每千瓦（千伏安）500 元的违约使用电费；（C）当即拆除转供线路，并按其供出电源容量收取每千瓦（千伏安）500 元的违约使用电费；（D）当即停该户电力，并按其供出电源容量收取每千瓦（千伏安）500 元的违约使用电费。

**答案：C**

**Lb5A4069** 与电容器组串联的电抗器起（　　）作用。

（A）限制短路电流；（B）限制合闸涌流和吸收操作过电压；（C）限制短路电流和合闸涌流；（D）限制合闸涌流。

**答案：C**

**Lb5A4070** 低压架空配电线路多采用（　　）来进行防雷保护。

（A）架空避雷线；（B）放电间隙；（C）避雷器；（D）避雷针。

**答案：C**

**Lb5A4071** 电流互感器工作时相当于普通变压器（　　）运行状态。

（A）开路；（B）带负载；（C）短路；（D）空载。

**答案：C**

**Lb5A4072** 在一般情况下，电压互感器一次、二次电压和电流互感器一次、二次电流各与相应匝数的关系分别是（　　）。

（A）成正比、成反比；（B）成正比、成正比；（C）成反比、成正比；（D）成反比、成反比。

**答案：A**

**Lb5A4073** 混凝土电杆立好后应正直，其倾斜不允许超过杆梢直径的（　　）。

（A）1/2；（B）1/3；（C）1/4；（D）1/5。

答案：A

**Lb5A4074** 在正常工作条件下能够承受线路导线的垂直和水平荷载，但不能承受线路方向导线张力的电杆叫做（　　）杆。

（A）耐张；（B）转角；（C）直线；（D）分支。

答案：C

**Lb5A4075** 针式绝缘子使用安全系数应不小于（　　）。

（A）2.0；（B）2.5；（C）3.0；（D）3.5。

答案：B

**Lb5A4076** 电缆与热力管道（含石油管道）接近时的净距是（　　）m。

（A）1.8；（B）2；（C）2.2；（D）2.5。

答案：B

**Lb5A4077** 高压接户线的铜线截面不应小于（　　）mm²。

（A）6；（B）10；（C）16；（D）25。

答案：C

**Lb5A4078** 单股导线连接：当单股导线截面在（　　）mm² 以下时，可用绞接法连接。

（A）2；（B）4；（C）6；（D）8。

答案：C

**Lb5A4079** 铝绞线、钢芯铝绞线在正常运行时，表面最高温升不应超过（　　）℃。

（A）20；（B）40；（C）60；（D）80。

答案：B

**Lb5A5080** 测量（　　）表示测量结果中随机误差大小的程度。

（A）正确度；（B）准确度；（C）精确度；（D）精密度。

答案：D

**Lb5A5081** 在低压电气设备中，属于 E 级绝缘的线圈允许温升为（　　）℃。

（A）60；（B）70；（C）80；（D）85。

答案：C

**Lb5A5082** ESAM 模块的作用是（　　）。

（A）通讯；（B）拉闸；（C）报警；（D）数据解密。

答案：D

**Lb5A5083** 10kV 及以下电力接户线固定端当采用绑扎固定时，其绑扎长度应满足：当导线为 25～50mm² 时，绑扎长度应（　　）cm。

（A）≥5；（B）≥8；（C）≥12；（D）≥20。

答案：C

**Lb5A5084** 环形钢筋混凝土电杆，在立杆前应进行外观检查，要求杆身弯曲不应超过杆长的（　　）。

（A）1/10；（B）1/100；（C）1/1000；（D）1/10000。

答案：C

**Lb5A5085** 导线端部接到接线柱上，如单股导线截面在（　　）mm² 以上，应使用不同规格的接线端子。

（A）6；（B）10；（C）16；（D）25。

答案：B

**Lb5A5086** 聚氯乙烯塑料电缆的使用电压范围是（　　）。

（A）0.1～0.5kV；（B）1～10kV；（C）10～110kV；（D）110kV 以上。

答案：B

**Lc5A1087** 正常情况下，我国的安全电压定为（　　）V。

（A）220；（B）100；（C）50；（D）36。

答案：D

**Lc5A1088** 截面均匀的导线，其电阻（　　）。

（A）与导线横截面积成反比；（B）与导线长度成反比；（C）与导线电阻率成反比；（D）与导线中流过的电流成正比。

答案：A

**Lc5A2089** 配电盘前的操作通道单列布置时为（　　）m。

（A）1；（B）1.5；（C）2；（D）3。

答案：B

**Lc5A2090** 配电装置中，代表 C 相相位色为（　　）。

（A）黄色；（B）绿色；（C）红色；（D）淡蓝色。

答案：C

**Lc5A2091** 配电装置中，代表 A 相相位色为（　　　）。

（A）红色；（B）黄色；（C）淡蓝色；（D）绿色。

**答案：B**


**Lc5A2092** 变压器是（　　　）电能的设备。

（A）生产；（B）使用；（C）传递；（D）改变。

**答案：C**


**Lc5A2093** 220/380V 低压供电系统中，220V 指的是（　　　）。

（A）线电压；（B）相电压；（C）电压最大值；（D）电压瞬时值。

**答案：B**


**Lc5A2094** 属于电力行业标准代号的是（　　　）。

（A）GB；（B）DL；（C）SD；（D）JB。

**答案：B**


**Lc5A2095** 智能表质量管控要定期检查制度执行情况，确保质量管控的（　　　）管理。

（A）全寿命周期综合；（B）全过程闭环；（C）全寿命周期闭环；（D）全过程综合。

**答案：B**


**Lc5A3096** 做人工呼吸时，如果发现触电者嘴唇会张开、眼皮活动以及喉咙有咽东西的动作，说明触电者开始自主呼吸。此时触电者（　　　）。

（A）还需被观察；（B）可以坐起；（C）可以立起；（D）可以正常工作。

**答案：A**


**Lc5A3097** 人体与 10kV 高压带电体应保持的最小距离为（　　　）m。

（A）0.3；（B）0.6；（C）0.7；（D）1。

**答案：C**


**Lc5A3098** 配电变压器的绝缘油在变压器内的作用是（　　　）。

（A）绝缘；（B）灭弧；（C）绝缘、灭弧；（D）绝缘、冷却。

**答案：D**


**Lc5A3099** 电网运行中的变压器高压侧额定电压不可能为（　　　）kV。

（A）110；（B）35；（C）10；（D）22。

**答案：D**

**Lc5A3100** 电力系统中性点不接地或经消弧线圈接地的系统通常称为（ ） 系统。

（A）不接地；（B）小电流接地；（C）大电流接地；（D）保护接地。

**答案：B**


**Lc5A3101** 当功率因数低时，电力系统中的变压器和输电线路的损耗将（ ）。

（A）增大；（B）减少；（C）不变；（D）不一定。

**答案：A**


**Lc5A3102** 下述单位符号中，不正确的是（ ）。

（A）KV；（B）VA；（C）var；（D）kW·h。

**答案：A**


**Lc5A3103** 我国现行电力网中，交流电压额定频率值定为（ ）Hz。

（A）30；（B）40；（C）50；（D）60。

**答案：C**


**Lc5A3104** 供电企业应当保证供给用户的供电质量符合（ ）。

（A）企业标准；（B）部颁标准；（C）国家标准；（D）国际标准。

**答案：C**


**Lc5A3105** 电力系统的主网络是（ ）。

（A）发电厂；（B）配电网；（C）输电网；（D）微波网。

**答案：C**


**Lc5A3106** 根据电压等级的高低，10kV 配电网属于（ ）电网。

（A）低压；（B）高压；（C）超高压；（D）特高压。

**答案：B**


**Lc5A3107** 下面不是国家规定的电压等级是（ ）kV。

（A）10；（B）22；（C）110；（D）220。

**答案：B**


**Lc5A3108** 智能表质量管控环节涉及计划、采购、检定、安装、调试、运行、（ ）、投诉、舆情等重点环节。

（A）仓储；（B）资产；（C）质量；（D）配送。

**答案：B**


**Lc5A3109** 仓储时限控制中超周期表计是指从（ ）到检查当日入库时间超过 6

个月。

（A）进入一级库日期；（B）进入二级库日期；（C）配送日期；（D）检定日期。

答案：D


**Lc5A3110** 按国网公司智能表质量管控要求，拆回电能表应在库房至少存放（ ）个月。

（A）1；（B）2；（C）6；（D）12。

答案：B


**Lc5A4111** 低压配电装置及配电线路的绝缘电阻值不应小于（ ）MΩ。

（A）0.2；（B）0.5；（C）1.0；（D）1.5。

答案：B


**Lc5A4112** 三相电路中，用电设备主要有以下连接法，即（ ）。

（A）三角形连接；（B）星形连接；（C）不完全星形连接；（D）三角形连接、星形连接、不完全星形连接。

答案：D


**Lc5A4113** 为了消除过电压的影响而装设的接地叫做（ ）。

（A）过电压保护接地；（B）保护接地；（C）防雷接地；（D）工作接地。

答案：A


**Lc5A4114** 《中华人民共和国强制检定工作计量器具目录》中，电能计量方面有（ ）设备被列入强制检定。

（A）电能表；（B）互感器；（C）电能表、互感器；（D）失压计时仪。

答案：C


**Lc5A5115** 如果电动机外壳未接地，当电动机发生一相碰壳时，它的外壳就带有（ ）。

（A）线电压；（B）线电流；（C）相电压；（D）相电流。

答案：C


**Lc5A5116** 在有风时，逐相拉开跌落式熔断器的操作，应按（ ）的顺序进行。

（A）先拉下风相、后拉上风相、最后拉中相；（B）先拉中间相、后拉两边相；（C）先拉上风相、后拉下风相、最后拉中相；（D）先拉中相、后拉下风相、最后拉上风相。

答案：D

**Lc5A5117** 10kV 的配电变压器，采用（　　）进行防雷保护。

（A）避雷线；（B）避雷针；（C）避雷器；（D）火花间隙。

答案：**C**

**Lc5A5118** 运行中变压器的两部分损耗是（　　）。

（A）铜损耗和线损耗；（B）铁损耗和线损耗；（C）线损耗和网损耗；（D）铜损耗和铁损耗。

答案：**D**

**Lc5A5119** 线路零序保护动作，故障形式为（　　）。

（A）过电压；（B）接地；（C）过负载；（D）短路。

答案：**B**

**Lc5A5120** 低压照明用户供电电压允许偏差是（　　）。

（A）±10％；（B）±5.5％；（C）+10％，−7％；（D）+7％，−10％。

答案：**D**

**Lc5A5121** 智能表供货前应做何种检测？（　　）

（A）抽样检测；（B）全性能检测；（C）全检验收试验；（D）现场检测。

答案：**B**

**Jd5A3122** 经电流互感器接入的低压三相四线电能表，其电压引入线应（　　）。

（A）接在电流互感器二次侧；（B）与电流线共用；（C）单独接入；（D）在电源侧母线螺丝处引出。

答案：**C**

**Jd5A3123** 若误用 500 型万用表的直流电压挡测量 220V、50Hz 交流电，则指针指示在（　　）V 位置。

（A）220；（B）127；（C）110；（D）0。

答案：**D**

**Jd5A3124** 单相插座的接法是（　　）。

（A）左零线右火线；（B）右零线左火线；（C）左地线右火线；（D）左火线右地线。

答案：**A**

**Jd5A4125** 使用电钻，下列操作错误的是（　　）。

（A）在金属件上钻孔应先用钢冲打样眼；（B）操作时应一手托电钻一手握开关把柄；（C）钻时要保持一定的压力；（D）要不断用手清洁钻屑，以免卡住钻头。

答案：**D**

**Jd5A4126** 敷设电缆时，应防止电缆扭伤和过分弯曲，电缆弯曲半径与电缆外径的比值，交联乙烯护套多芯电缆为（ ）倍。

（A）5；（B）10；（C）15；（D）20。

答案：C

**Jd5A5127** 6～10kV的验电器作交流耐压试验时，施加的试验电压为（ ）kV，试验时间为5min。

（A）11；（B）22；（C）33；（D）44。

答案：D

**Jd5A5128** 小导线连接时，首先要除去绝缘层，当使用电工刀工作时，刀口应向外，以（ ）角切入绝缘层，并不要损坏线芯。

（A）15°；（B）30°；（C）45°；（D）60°。

答案：C

**Je5A3129** 家用电器熔丝的选择原则是：总熔丝的额定电流应大于各电器额定电流之和，但不应大于（ ）。

（A）电能表额定电流；（B）电能表额定最大电流；（C）电能表额定电流1.5倍；（D）电能表标称电流。

答案：B

**Je5A4130** 同一组的电流（电压）互感器应采用（ ）均相同的互感器。

（A）制造厂、型号；（B）额定电流（电压）变比，二次容量；（C）准确度等级；（D）制造厂、型号、额定电流（电压）变比、二次容量、准确度等级。

答案：D

**Je5A4131** 运行中电能表及其测量用互感器，二次接线正确性检查应在（ ）处进行，当现场测定电能表的相对误差超过规定值时，一般应更换电能表。

（A）测量用互感器接线端；（B）电能表接线端；（C）联合接线盒；（D）上述均可。

答案：B

**Je5A5132** 一般对新装或改装、重接二次回路后的电能计量装置都必须先进行（ ）。

（A）带电接线检查；（B）现场试运行；（C）停电接线检查；（D）基本误差测试试验。

答案：C

**Jf5A1133** 三相异步电动机长期使用后，如果轴承磨损导致转子下沉，则带来的后果是（　　）。

(A) 无法启动；(B) 转速加快；(C) 转速变慢；(D) 电流及温升增加。

答案：D

**Jf5A1134** 电流通过人体，对人体的危害最大的是（　　）。

(A) 右手到脚；(B) 左手到脚；(C) 脚到脚；(D) 手到手。

答案：B

**Jf5A1135** 线路检修挂接地线时，应先挂（　　）。

(A) 接地端；(B) 导线端；(C) 中性线；(D) 电源端。

答案：A

**Jf5A2136** 进行口对口人工呼吸时，对有脉搏无呼吸的伤员，应每（　　）s 一次为宜。

(A) 1；(B) 3；(C) 5；(D) 10。

答案：C

**Jf5A2137** 室外高压设备发生接地故障，人员不得接近故障点（　　）m 以内。

(A) 20；(B) 10；(C) 8；(D) 6。

答案：C

**Jf5A2138** 电器设备的金属外壳接地属于（　　）。

(A) 工作接零类型；(B) 防雷接地类型；(C) 工作接地类型；(D) 保护接地类型。

答案：D

**Jf5A2139** 高压设备上工作需全部停电或部分停电者，需执行（　　）方式，才能进行工作。

(A) 口头命令；(B) 电话命令；(C) 第一种工作票；(D) 第二种工作票。

答案：C

**Jf5A2140** （　　），严禁进行倒闸操作和更换熔丝工作。

(A) 雨天时；(B) 雷电时；(C) 夜晚时；(D) 雪天时。

答案：B

**Jf5A2141** 对直接接入式电能表进行调换工作前，必须使用电压等级合适且合格的验电器进行验电，验电时应对电能表（　　）进行验电。

(A) 进线的各相；(B) 出线的各相；(C) 进出线的各相；(D) 接地线。

答案：C

**Jf5A3142** 胸外心脏按压法恢复触电者心跳时，应每（　　）s一次。

(A) 1~2；(B) 2~4；(C) 3~4；(D) 5~6。

答案：**A**

**Jf5A3143** 农村低压用电设施中，电动机的绝缘测试周期为（　　）。

(A) 3个月；(B) 6个月；(C) 9个月；(D) 2年。

答案：**B**

**Jf5A3144** 低压电气设备，设于室内的临时木遮栏高度应不低于（　　）m。

(A) 0.8；(B) 1.0；(C) 1.2；(D) 1.5。

答案：**C**

**Jf5A3145** 埋设在地下的接地体应焊接连接，埋设深度应大于（　　）m。

(A) 0.5；(B) 0.6；(C) 0.7；(D) 0.8。

答案：**B**

**Jf5A3146** 在（　　）级及以上的大风、暴雨、打雷、大雾等恶劣天气，应停止露天高空作业。

(A) 4；(B) 3；(C) 6；(D) 7。

答案：**C**

**Jf5A4147** 当发现有人员触电时，应做到（　　）。

(A) 首先使触电者脱离电源；(B) 当触电者清醒时，应使其就地平躺，严密观察；(C) 高处触电时应有预防摔伤的措施；(D) 以上A、B、C说法均正确。

答案：**D**

**Jf5A4148** 6~10kV的验电器试验周期（　　）个月1次。

(A) 3；(B) 6；(C) 9；(D) 12。

答案：**B**

**Jf5A5149** 有效胸外按压的频率为（　　）次/min，按压深度5cm，允许按压后胸骨完全回缩，按压和放松时间一致。

(A) 120；(B) 100；(C) 80；(D) 70。

答案：**B**

**Jf5A5150** 电力变压器的中性点接地属于（　　）。

(A) 保护接地类型；(B) 防雷接地类型；(C) 工作接地类型；(D) 工作接零类型。

答案：**C**

**Jf5A5151** 登杆用的脚扣，必须经静荷重 100kg 试验，持续时间：5min，周期试验每（　　）个月进行一次。

（A）3；（B）6；（C）9；（D）12。

**答案：B**

## 1.2 判断题

**La5B1001** 物体带电是由于失去电荷或得到电荷的缘故。（√）

**La5B1002** 人在梯子上工作时，禁止移动梯子。（√）

**La5B1003** 进入现场的临时参观人员，可以不戴安全帽。（×）

**La5B1004** 安全工器具应统一分类编号，定置存放。（√）

**La5B1005** 有 3 个电阻并联使用，它们的电阻比是 1∶3∶5，所以，通过 3 个电阻的电流之比是 5∶3∶1。（×）

**La5B1006** 电流的方向规定为正电荷运动的方向。（√）

**La5B1007** 磁通的单位是韦伯，符号为 Wb。（√）

**La5B1008** 感应电流的方向跟感应电动势的方向是一致的，即感应电流由电动势的高电位流向低电位。（×）

**La5B1009** 供电方式按电压等级可分为单相供电方式和三相供电方式。（×）

**La5B1010** 正弦交流电路中，电阻的电流和电压的关系是在大小上：基础 $=U/R$；在相位上：电压与电流同相。（√）

**La5B1011** 数字式万用表不可以显示测量极性。（×）

**La5B1012** 单相电能表铭牌上的电流为 4（10）A，其中 4A 为额定电流，（10）为标定电流。（×）

**La5B1013** r（或 imp）/kvarh 是有功电能表电表常数的单位。（×）

**La5B2014** 既有大小又有方向的量叫做向量。（√）

**La5B2015** 电流的符号为 $A$，电流的单位为 I。（×）

**La5B2016** 地球本身是一个大磁体。（√）

**La5B2017** 感应电动势的大小与线圈电感量和电流变化率成正比。（√）

**La5B2018** 无功功率的单位符号可用 var（乏），视在功率的单位符号可用 VA（伏安）。（√）

**La5B2019** 在三相四线制的供电系统中，可以得到线电压和相电压两种电压。（√）

**La5B2020** 万用表按结构和工作原理的不同可以分为指针式和数字式两大类。（√）

**La5B2021** 用万用表进行测量时，不得带电切换量程，以防损伤切换开关。（√）

**La5B2022** 用钳形表测量被测电流大小难于估计时，可将量程开关放在最小位置上进行粗测。（×）

**La5B2023** 三相四线电能表型号的系列代号为 S。（×）

**La5B2024** 单相电能表型号系列代号为 D。（√）

**La5B2025** 有功电能计量单位的中文符号是千瓦·时。（√）

**La5B2026** 无功电能表的系列代号为 T。（×）

**La5B2027** 智能电能表端子座应使用绝缘、阻燃、防紫外线的 PBT＋（30±2)%GF 或更好的环保材料制成。（√）

**La5B2028** 塑料外壳电能表可以不进行工频耐压试验。（×）

**La5B2029** 电能表是专门用来测量电能的一种表计。（√）

**La5B2030** 低压三相供电，负荷电流为100A及以下的，可采用直接接入式电能表。（√）

**La5B2031** 单相负荷用户只可安装一只单相电能表。（×）

**La5B2032** 并网的自备发电机组应在其联络线上装设具有单方向输出、输入的有功及无功功能的电能表。（√）

**La5B2033** 三相四线负荷用户要装三相三线电能表。（×）

**La5B2034** 安装单相电能表时，电源相线、中性线可以对调接。（×）

**La5B2035** 对10kV供电的用户，应配置专用的计量电流、电压互感器。（√）

**La5B2036** 电能表安装应牢固、垂直，其倾斜度不应超过1°。（√）

**La5B2037** 电能表的金属外壳应可靠接地。（×）

**La5B2038** 配电盘前的操作通道的宽度一般为1.5m。（×）

**La5B2039** 计量表一般安装在楼下，沿线长度一般不小于8m。（×）

**La5B2040** 重大电能计量故障、差错应在24h内上报；电能计量一类故障、差错应在48h内上报。（√）

**La5B2041** 电力建设应当贯彻保护耕地、节约利用土地的原则。（√）

**La5B2042** 电力事业投资，实行谁投资、谁收益的原则。（√）

**La5B2043** 参与营业报停功率控制的采集点要下发的参数不包括停电时间。（√）

**La5B3044** 一段导线的电阻为$R$，如果将它从中间对折后，并为一段新导线，则新电阻值为$R/2$。（×）

**La5B3045** 金属导体的电阻$R=U/I$，因此可以说导体的电阻与它两端的电压成正比。（×）

**La5B3046** 电阻真值是$1000\Omega$，测量结果是$1002\Omega$，则该电阻的误差是$0.2\%$。（×）

**La5B3047** 在导体中电子运动的方向是电流的实际方向。（×）

**La5B3048** 电压的符号为$V$，电压的单位为$U$。（×）

**La5B3049** 功率的符号为$P$，功率的单位为$kW\cdot h$。（×）

**La5B3050** 安全标志分为禁止标志、警告标志、指令标志和提示标志四类六种。（√）

**La5B3051** 电路一般由电源、负载和连接导线组成。（√）

**La5B3052** 电动势的方向规定为在电源的内部，由正极指向负极。（×）

**La5B3053** 通常规定把负电荷定向移动的方向作为电流的方向。（×）

**La5B3054** 感应电动势的大小与线圈电感量和电流变化率成正比。（√）

**La5B3055** 通过电阻上的电流增大到原来的2倍时，它所消耗的电功率也增大到原来的2倍。（×）

**La5B3056** 三相四线电能表，电压为220/380V，标定电流5A，最大额定电流20A，在铭牌上标志应为380～220V、5（20）A。（×）

**La5B3057** 电能表的准确度等级为2.0，即其基本误差不小于±2.0%。（×）

**La5B3058** 对三相四线电能表，标注$3\times220/380V$，表明电压线圈长期能承受380V线电压。（×）

**La5B3059** 大容量电能表安装时，可采用"T"接的方式将中性线接入电能表。（√）

**La5B3060** 单相电能表的电流线圈串接在相线中，电压线圈并接在相线和零线上。（√）

**La5B3061** 智能单相电能表的电流线圈可以接反，如接反，则电能表要不受影响。（×）

**La5B3062** 低压装置安装要符合当地供电部门低压装置规程及国家有关工艺、验收规范的要求。（√）

**La5B3063** 用户单相用电设备总容量在 25kW 以下，采用低压单相二线进户。（×）

**La5B3064** 用户用电负荷电流超过 25A 时，应三相三线或三相四线进户。（×）

**La5B3065** 用户用电设备容量在 100kW 以下，一般采用低压供电。（√）

**La5B3066** 感应式单相电能表的电流线圈不能接反，如接反，则电能表要倒走。（√）

**La5B4067** 用电容量在 100kVA（100kW）及以上的工业、非普通工业用户均要实行功率因数考核，需要加装无功电能表。（√）

**La5B4068** 为提高低负荷计量的准确性，应选用过载 4 倍及以上的电能表。（√）

**La5B4069** 计量柜中电能表安装高度距地面不应低于 600mm。（√）

**La5B4070** 《单相智能电能表技术规范》（Q/GDW 1364—2013）规定了单相智能电能表的规格要求、环境条件、显示要求、外观结构、安装尺寸、材料及工艺等形式要求。（×）

**La5B4071** 验收不合格的电能计量装置禁止投入使用。（√）

**La5B4072** 智能电表除具备电能计量功能，还具备本地费控功能和远程费控功能。（√）

**La5B5073** 某家庭装有 40W 电灯 3 盏、1000W 空调 2 台、100W 电视机 1 台，则计算负荷为 2300W。（×）

**La5B5074** 实施胸外按压进行抢救时，按压频率为每分钟 150 次。（×）

**La5B5075** 三相三线制供电的用电设备可装 1 只三相四线电能表计量。（×）

**La5B5076** Ⅳ类电能计量装置是指负荷容量为 315kVA 以下的计费用户、发供电企业内部经济技术指标分析、考核用的电能计量装置。（√）

**Lb5B1077** 低压供电时相线、零线的导线截面相同。（√）

**Lb5B1078** 跨越配电屏前通道的裸导体部分离地不应低于 2.0m。（×）

**Lb5B1079** 变换交流电流的互感器称为电压互感器。（×）

**Lb5B1080** 新装电能计量装置，一般安装次序为先装电能表，再装互感器、二次连线、专门用接线盒。（×）

**Lb5B1081** 低压互感器至少每 10 年轮换一次（可用现场检验代替轮换）。（×）

**Lb5B1082** 用户用电设备容量在 100kW 以上，应采用高压供电。（×）

**Lb5B1083** 三相四线制供电的用电设备可装 1 只三相四线电能表计量。（√）

**Lb5B1084** 用电容量在 100kVA（100kW）及以上的工业、非工业、农业用户均要实行功率因数考核，需要加装无功电能表。（√）

**Lb5B1085** 用户用电设备容量在 100kW 及以下，可采用低压三相四线制供电，特殊情况也可采用高压供电。（√）

**Lb5B2086** 电流互感器二次导线截面不大于 2.5mm²。（×）

**Lb5B2087** 塑料护套线不适用于室内潮湿环境。（×）

**Lb5B2088** 多芯线的连接要求，接头长度不小于导线直径的 5 倍。（×）

**Lb5B2089** 橡皮软线常用于移动电工器具的电源连接导线。（√）

**Lb5B2090** 进户线应是绝缘良好的铝芯导线，其截面的选择应满足导线的安全载流量。（×）

**Lb5B2091** 2.5mm² 塑料绝缘铜芯线的允许载流量为 32A。（×）

**Lb5B2092** 采用低压电缆进户，电缆穿墙时最好穿在保护管内，保护管内径不应小于电缆外径的 2 倍。（×）

**Lb5B2093** 电压互感器二次回路的电压降，Ⅰ类计费用计量装置，应不大于额定二次电压的 0.5%。（×）

**Lb5B2094** 高压电流互感器轮换周期至少每 20 年轮换一次。（×）

**Lb5B2095** 低压电流互感器轮换周期至少每 20 年轮换一次。（√）

**Lb5B2096** 经电流互感器接入的电能表，其电流线圈直接串联在一次回路中。（×）

**Lb5B2097** 互感器现场检验结束后，可以马上拆除试验线，整理现场。（×）

**Lb5B2098** 带电进行电能表装拆工作时，应先在联合接线盒内短接电流连接片，脱开电压连接片。（√）

**Lb5B2099** 电流互感器二次回路每只接线螺钉只允许接入一根导线。（×）

**Lb5B2100** 试验接线盒使用以进行电能表现场试验及换表时，不致影响计量单元各电气设备正常工作的专用部件。（√）

**Lb5B2101** 三相三线电能表中相电压断了，此时电能表应走慢 1/3。（×）

**Lb5B2102** 三相四线制用电的用户，只要安装三相三线电能表，不论三相负荷对称或不对称都能正确计量。（×）

**Lb5B2103** 由公共低压电网供电的 220V 照明负荷，线路电流大于 30A 时，宜采用三相四线制供电。（×）

**Lb5B2104** 采集终端分为变压器、负控设备和集抄设备。（×）

**Lb5B3105** 减极性电流互感器，一次电流由 $P_1$ 进 $P_2$ 出，则二次电流由二次侧 $S_2$ 端接电能表电流线圈"·"或"※"端，$S_1$ 端接另一端。（×）

**Lb5B3106** 经电流互感器接入的三相四线电能表，一只电流互感器极性反接，电能表走慢了 1/3。（×）

**Lb5B3107** 电流互感器进行误差测量时，其他二次绕组可以不短接。（×）

**Lb5B3108** 智能单相电能表制造厂给出的单相电能表接线图中，相线连接有一进一出和二进二出两种接法。（×）

**Lb5B3109** 三相四线负荷用户要装三相二元件电能表。（×）

**Lb5B3110** 将电压 V、W、U 相加于相序表 U、V、W 端钮时应为正相序。（√）

**Lb5B3111** 正相序是 U 相超前 W 相 120°。（×）

**Lb5B4112** 现场检验电能表时，电压回路的连接导线以及操作开关的接触电阻、引线电阻之和不应大于 0.3Ω。（×）

**Lb5B4113** 单股铜芯线连接，可用绞接法，其绞线长度为导线直线的 10 倍。（√）

**Lb5B4114** 经检定合格的电能表应由检定人员实施封印。（√）

**Lb5B4115** 电能表箱的门上应装有 8cm 宽度的小玻璃，便于抄表，并加锁加封。（√）

**Lb5B4116** 进户线应采用绝缘良好的铜芯线，不得使用软导线，中间不应有接头，并应穿钢管或硬塑料管进户。（√）

**Lb5B4117** 采用低压电缆进户，电缆穿墙时最好穿在保护管内，保护管内径不应小于电缆外径的 2.5 倍。（×）

**Lb5B4118** 装置在建筑物上的接户线支架必须固定在建筑物的主体上。（√）

**Lb5B4119** 进户线可以通过阻燃 PVC 管或金属管进入户内。（√）

**Lb5B5120** 塑料护套线适用于室内潮湿环境。（√）

**Lb5B5121** 不得将接户线从 1 根短木杆跨街道接到另一根短木杆。（√）

**Lb5B5122** 架空接户线的挡距不大于 25m，否则应加装中间杆。（√）

**Lb5B5123** 低压空气断路器在跳闸时，是消弧触头先断开，主触头后断开。（×）

**Lb5B5124** 低压配电室应尽量靠近用户负荷中心。（√）

**Lb5B5125** 低压线路穿过墙壁要穿瓷套管或硬塑料管保护，管口伸出墙面约 10mm。（√）

**Lb5B5126** 根据低压配电的一般要求，线路应按不同电价分开敷设。（√）

**Lb5B5127** 电压互感器二次回路的电压降，Ⅱ类计费用计量装置，应不大于额定二次电压的 0.5%。（×）

**Lb5B5128** 电子式电能表的显示单元主要有 LCD、LED 两种，后者功耗低，并支持汉字显示。（×）

**Lb5B5129** 电能表应安装在清洁干燥场所。（√）

**Lb5B5130** 台区划分不清楚，没有把表计档案归属到相应的集中器上时，一般会出现一部分或者全部表计无法抄读现象。（√）

**Lb5B5131** 若整个台区的低压用户表都采集不到，台区集中器的供电又正常，则主要原因是集中器对主站通信故障所致。（×）

**Lb5B5132** 用电信息采集系统对台区线损合格率进行考核时，线损在 0～10% 范围内即认为台区线损在正常范围内。（√）

**Lb5B5133** 直射波主要在频率较高的超短波和微波中采用。（√）

**Lb5B5134** 对采集点的运行情况进行现场检查时，必须填写"现场巡视单"。（√）

**Lb5B5135** 双向终端的一个重要特点是按轮次进行跳合闸，一般将最重要的负荷接在最后一轮。（√）

**Lc5B1136** 2013 版 Q/GDW 新标准智能表表盖封印右耳为出厂封，左耳为检定封。（√）

**Lc5B1137** 电力建设企业、电力生产企业、电网经营企业依法实行自主经营、自负盈亏。（√）

**Lc5B1138** 户内配电装置是指配电箱、柜或电能计量装置安装箱、柜。（√）

**Lc5B1139** 配电屏组装后总长度大于 6m 时，屏后通道应有两个出口。（√）

**Lc5B2140** 10kV 电流互感器二次绕组 $K_2$ 端要可靠接地。（√）

**Lc5B2141** 性能上不能满足当前管理要求的器具应予淘汰或报废。（√）

**Lc5B3142** 供电企业应在用户每一个受电点内按不同电价类别，分别安装用电计量装置。（√）

**Lc5B3143** 居民客户，根据用电负荷大小及居住情况装设专用或公用单相 220V 电能表或 380/220V 三相电能表。（√）

**Lc5B3144** 电能计量故障、差错调查报告书应有调查组人员签名和组织调查的单位负责人签名。（×）

**Lc5B3145** 国网营销部负责制定供应商质量监督标准，并组织开展供应商质量监督。（×）

**Lc5B3146** 电力从业人员必须自行准备好符合国家标准或者行业标准的劳动防护用品。（×）

**Lc5B3147** 电压互感器检定人必须持有有效期内的电压互感器检定项目计量检定员证。（√）

**Lc5B3148** 计量标准装置应具有《计量标准考核证书》，主标准器和配套设备应检定、校准合格，并在有效期内。（√）

**Lc5B3149** 用户单相用电设备总容量不足 10kW 的可采用低压 220V 供电。（√）

**Lc5B4150** Ⅲ类电能表至少 1 年现场校验 1 次。（√）

**Lc5B4151** 0.05 级电能表标准装置的检定周期不超过 2 年。（×）

**Lc5B4152** 高供低计的用户，计量点到变压器低压侧的电气距离不宜超过 20m。（√）

**Jd5B1153** 低压测电笔的内电阻，其阻值不应大于 1MΩ。（×）

**Jd5B2154** 短路电流互感器二次绕组，可以采用导线缠绕的方法。（×）

**Jd5B2155** 钢丝钳钳口用来紧固或起松螺母。（×）

**Jd5B2156** 使用人字梯时认真检查张开角度和防滑措施。（√）

**Jd5B3157** 现场检验时，由客户电工检查临时敷设的电源。（×）

**Jd5B3158** 低压单相供电时相线、零线的导线截面相同。（√）

**Jd5B3159** 低压三相四线供电时，零线的截面不小于相线截面的 1/3。（×）

**Jd5B3160** 电工刀常用来切削线的绝缘层和削制木楔等。（√）

**Jd5B3161** 尖嘴钳主要用于二次小线工作，其钳口用来弯折线头或把线弯成圈以便接线螺丝，将它旋紧，也可用来夹持小零件。（√）

**Jd5B3162** 在低压带电作业时，钢丝钳钳柄应套绝缘管。（√）

**Jd5B3163** 兆欧表主要由手摇发电机、磁电式流比计、外壳等组成。（√）

**Jd5B4164** 导线用来连接各种电气设备组成通路，它分为绝缘导线和裸导线两种。（√）

**Jd5B4165** 斜口钳是用来割绝缘导线的外包绝缘层。（×）

**Jd5B4166** 交流钳形电流表主要由单匝贯穿式电流互感器和磁电式仪表组成。（√）

**Jd5B5167** 不停电工作系指工作本身不需要停电或许可在带电设备外壳上的工作。（×）

**Jd5B5168** 单相220V电能表一般装设接地端，三相电能表不应装设接地端。（×）

**Jd5B5169** 螺丝刀是用来紧、松螺钉的工具。（√）

**Jd5B5170** 冲击钻具有两种功能：一种可作电钻使用，要用麻花钻头；一种用硬质合金钢钻头，在混凝土或墙上冲打圆孔。（√）

**Jd5B5171** 剥线钳主要由钳头和钳柄组成。（×）

**Jd5B5172** 活动扳手是用手敲打物体的工具。（×）

**Jd5B5173** 低压测电笔由氖管、电阻、弹簧和壳体组成。（√）

**Jd5B5174** 用万用表进行测量时，不得带电切换量程，以防损伤切换开关。（√）

**Je5B1175** RL型为瓷插式熔断器。（×）

**Je5B1176** 带电压连接片的电能表，安装时应确保其接触良好。（√）

**Je5B2177** 专用计量箱（柜）内的电能表由电力公司的供电部门负责安装并加封印，用户不得自行开启。（√）

**Je5B2178** 进户点的位置应明显易见，便于施工操作和维护。（√）

**Je5B2179** 单相家用电器电流一般按4A/kW计算。（×）

**Je5B2180** 单相家用电器电流一般按2.62A/kW计算。（√）

**Je5B2181** 通常所说的5（60）A、220V规格的智能电能表，5A是指这只电能表的额定电流。（×）

**Je5B2182** JJG 596—2012电子式电能表检定规程，0.2S级、0.5S级有功电能表，其检定周期一般不超过5年。（×）

**Je5B2183** 经电流互感器接入的三相四线电能表，一只电流互感器极性反接，电能表走慢了1/2。（×）

**Je5B2184** 电能表的电流回路串接在相线中，电压回路并接在相线和零线上。（√）

**Je5B2185** 接临时负载，必须装有专用的刀闸和可熔熔断器。（√）

**Je5B2186** 电能表接线盒电压连接片不要忘记合上，合上后还要将连片螺丝拧紧，否则将造成不计电量或少计电量。（√）

**Je5B3187** 电能表接线盒电压连接片不要忘记合上，合上后还要将连片螺丝拧紧，否则将造成不计电量或多计电量。（×）

**Je5B3188** 380V电焊机可安装一只220V单相电能表。（×）

**Je5B3189** 为了防止触电事故，在一个低压电网中，不能同时共用保护接地和保护接零两种保护方式。（√）

**Je5B3190** 三相三线电能表中相电压断了，此时电能表应走慢2/3。（×）

**Je5B4191** 供电企业应制订电能计量器具订货验收管理办法，购进的电能计量器具应严格验收。（√）

**Je5B4192** 贸易结算用的电能计量装置原则上应设置在供用电设施产权分界处。（√）

**Je5B4193** 对10kV电压供电的用户，应配置专用的计量电流、电压互感器。（√）

**Je5B4194** 现场检验时，工作负责人必须对临时敷设的电源进行检查。（√）

**Je5B4195** 测试线路过载发热，应待设备和测试线冷却后再拆线。（√）

**Je5B5196** 到客户现场工作时，应携带必备的工具和材料。工具、材料应摆放有序，严禁乱堆乱放。（√）

**Je5B5197** 对照明用户自备的电能表，供电公司不应装表接电。（√）

**Je5B5198** 智能电能表与普通电子式电能表的计量"灵敏度"不一样。（×）

**Je5B5199** 现场检验仪器接线顺序是：先依次接入电压试验线和钳形电流互感器，再开启现场检验仪电源。（×）

**Je5B5200** 不得将电能计量装置二次回路的永久性接地点断开。（√）

**Jf5B1201** 正常情况下，我国实际使用的安全电压是 220V。（×）

**Jf5B1202** 正常情况下，安全电压规定为 36V 以下。（√）

**Jf5B1203** 非法占用变电设施用地、输电线路走廊或者电缆通道的，由市级以上地方人民政府责令限期改正；逾期不改正的，强制清除障碍。（×）

**Jf5B1204** 电力部门根据工作需要，可以配备电力监督检查人员。（√）

**Jf5B2205** 带电装表接电工作时，应采取防止短路和电弧灼伤的安全措施。（√）

**Jf5B2206** 在工作中，遇雷、雨、大风或其他任何情况威胁到工作人员的安全时，工作负责人或监护人可根据情况，临时停止工作。（√）

**Jf5B2207** 挂接地线是保护工作人员在工作地点防止突然来电的可靠安全措施，同时设备断开部分的剩余电荷，亦可因接地而放尽。其程序是：装接地线时，应先装接地端，后装已停电的导体端；拆接地线时，应先拆导体端，后拆接地端。（√）

**Jf5B2208** 各类作业人员接受了相应的安全生产教育和岗位技能培训，即可上岗。（×）

**Jf5B2209** 触电者未脱离电源前，救护人员不准触及伤员。（√）

**Jf5B2210** 在现场高压电压互感器二次回路上工作时，严格防止短路或接地。应使用绝缘工具并戴手套。必要时，工作前停用有关保护装置。（√）

**Jf5B3211** 根据我国具体条件和环境，安全电压等级是 42V、36V、24V、12V、6V 5 个额定值等级。（√）

**Jf5B3212** 高、低压设备应根据工作票所列安全要求，落实技术措施。（×）

**Jf5B3213** 正常情况下可把交流 50～60Hz、10mA 电流规定为人体的安全电流值。（√）

**Jf5B3214** 工作现场试验接线随意抛掷，可能误碰运行设备导致人员触电。（√）

**Jf5B3215** 电流互感器二次侧不允许开路。（√）

**Jf5B5216** 单相电能计量装置错接线检查前着装要求戴好安全帽，扣好工作服的衣扣和袖口，系好绝缘鞋鞋带，戴好线手套。（√）

**Jf5B5217** 当发生电气火灾时，严禁用水泼灭，用常规酸碱和泡沫灭火器灭火。（×）

**Jf5B5218** 登高作业前应检查杆根，并对脚扣和登高板进行承力检验。（√）

**Jf5B5219** 腰带是电杆上登高作业必备用品之一，使用时应束在腰上。（×）

**Jf5B5220** 低压带电作业可以不用设专人监护。（×）

**Jf5B5221** 绝缘鞋是防止跨步电压触电的基本安全用具。（√）

## 1.3 多选题

**La5C1001** 电工仪表按准确等级分有（　　）。

(A) 1.0；(B) 2.0；(C) 3.0；(D) 4.0。

**答案：ABC**

**La5C1002** 三相交流电具有以下特性（　　）。

(A) 频率相同；(B) 电动势振幅相等；(C) 相位互差120°角；(D) 电流相等。

**答案：ABC**

**La5C1003** 选择功率表的量限原则是（　　）。

(A) 要正确选择功率表的电流量限和电压量限；(B) 务必使电流量限能容许通过负载电流；(C) 电压量限能承受负载电压；(D) 一定要从功率的角度考虑。

**答案：ABC**

**La5C1004** 在直流电路中（　　）。

(A) 电流的频率为零；(B) 电感的感抗为零；(C) 电容的容抗为零；(D) 电容的容抗为无穷大。

**答案：ABD**

**La5C1005** 正弦交流电的三要素是（　　）。

(A) 最大值；(B) 角频率；(C) 初相角；(D) 周期。

**答案：ABC**

**La5C1006** 国产电能表型号：DD1、DS2、DX862－2、DT862－4型号中各个字母的含义是（　　）。

(A) 第一个字母"D"为电能表；(B) 第二个字母"D"为单相、"S"为三相三线有功、"X"为三相无功、"T"为三相四线有功；(C) 第三位是数字"1""2""862"分别表示型号"1""2""862"系列电能表；(D) 最后的"－2""－4"分别表示最大电流为标定电流的2倍和4倍的电能表。

**答案：ABCD**

**La5C2007** 短路的后果是（　　）。

(A) 由于导线的电流大幅度增加，会引起电气设备的过热，甚至烧毁电气设备，引起火灾；(B) 短路电流还会产生很大的电动力，使电气设备遭受破坏；(C) 严重的短路事故，甚至还会破坏系统稳定；(D) 没有任何危害。

**答案：ABC**

**La5C2008** 左手定则又称电动机左手定则或电动机定则，用于判断载流导体的运动方向。其判断方法如下（　　）。

（A）伸平左手手掌，张开拇指并使其与四指垂直；（B）使磁力线垂直穿过手掌心；（C）使四指指向导体中电流的方向，则拇指指向为载流导体的运动方向；（D）使拇指指向导体中电流的方向，则四指指向为载流导体的运动方向。

**答案：ABC**

**La5C3009** 智能电能表通信包括（　　）。

（A）RS485 通信；（B）红外通信；（C）载波通信；（D）公网通信。

**答案：ABCD**

**La5C3010** 按国家电子式电能表检定规程要求，安装式电能表在确定基本误差后要校核计度器示数，以下属于校核计度器示数方法的是（　　）。

（A）计读脉冲法；（B）走字试验法；（C）瓦秒法；（D）标准表法。

**答案：ABD**

**La5C4011** 电力企业职工的以下行为，按《中华人民共和国电力法》将追究刑事责任或依法给予行政处分（　　）。

（A）违反国家电网公司"三个十条"；（B）违反规章制度、违章调度或者不服从调度指令，造成重大事故的；（C）故意延误电力设施抢修或者抢险救灾供电，造成严重后果的；（D）勒索用户、以电谋私构成犯罪的，依法追究刑事责任尚不构成犯罪的，依法给予行政处分。

**答案：BCD**

**La5C5012** 熔断器的分断能力和保护特性是（　　）。

（A）熔断器分断能力是指熔断器能切断多大的短路电流；（B）保护特性是熔断器通过的电流超过熔体额定电流的倍数越大，熔体熔断的时间越短；（C）保护特性是熔断器通过的电流超过熔体额定电流的倍数越大，熔体熔断的时间越长；（D）保护特性是熔断器通过的电流超过熔体额定电流的倍数越小，熔体熔断的时间越短。

**答案：AB**

**Lb5C1013** 以下符合《智能电能表功能规范》（Q/GDW 1354—2013）中对费率和时段描述正确的是（　　）。

（A）至少应支持尖、峰、平、谷 4 个费率；（B）应至少有 3 套可以任意编程的费率和时段；（C）每套费率时段全年至少可以设置 2 个时区；（D）应支持公共假日和周休日特殊费率时段的设置。

**答案：ACD**

**Lb5C2014** 专变采集终端供电电源中断后，下列说法错误的是（　　）。

（A）存储数据保存至少 10 年；（B）存储数据保存至少 5 年；（C）时钟至少正常运行 10 年；（D）时钟至少正常运行 5 年。

**答案：BC**

**Lb5C2015** 以下属于采集设备的有（　　）。

（A）集中器；（B）服务器；（C）专变终端；（D）采集器。

**答案：ACD**

**Lb5C2016** 更换电流互感器及其二次线时应注意的问题有（　　）。

（A）更换电流互感器时，应选用电压等级、变比相同并经试验合格的；（B）因容量变化而需更换时，不需校验保护定值和改变仪表倍率；（C）更换一次接线时，应考虑截面芯数必须满足最大负载电流及回路总负载阻抗不超过互感器准确度等级允许值的要求，并要测试绝缘电阻和核对接线；（D）在运行前还应测量极性。

**答案：AD**

**Lb5C2017** 以下符合《智能电能表功能规范》（Q/GDW 1354—2013）中对需量测量描述正确的是（　　）。

（A）最大需量测量采用滑差方式测量；（B）总的最大需量测量应连续进行；（C）能存储 8 个结算日最大需量数据；（D）在约定的时间间隔内，测量单相或双向最大需量、分时段最大需量及其出现的日期和时间，并存储带时标的数据。

**答案：ABD**

**Lb5C3018** 用电信息采集终端按应用场所分为（　　）等几类。

（A）变采集终端；（B）集中抄表终端（包括集中器、采集器）；（C）网络表；（D）分布式能源监控终端。

**答案：ABD**

**Lb5C3019** 交流接触器的用途有（　　）。

（A）控制电动机的运转，即可远距离控制电动机启动、停止、反向；（B）控制无感和微感电力负荷；（C）调整负荷，提高设备利用率；（D）控制电力设备、如电容器和变压器等的投入与切除。

**答案：ABD**

**Lb5C3020** 进户点离地面高于 2.7m，但为考虑安全起见必须加高的进户线应采取（　　）进户方式。

（A）塑料护套线穿钢管进户；（B）绝缘线穿钢管或硬料塑管沿墙敷设；（C）角铁加

装绝缘子支持单根绝缘线穿瓷管进户；（D）加装进户杆。

**答案：BCD**


**Lb5C3021** 进户线截面积选择的原则是（　　）。

（A）电灯及电热负荷：导线的安全载流量≥（0.8～1.0）倍所有用电器具的额定电流之和；（B）动力负荷：当只有一台电动机时，导线的安全载流量≥（1.2～1.5）倍电动机的额定电流量；（C）当有多台电动机时，导线的安全载流量≥（1.2～1.5）倍容量最大的一台电动机的额定电流＋其余电动机的计算负荷电流之和；（D）进户线的最小允许截面：铜线不应小于 $2.5mm^2$，铝线不应小于 $4mm^2$。

**答案：ABC**


**Lb5C3022** 使用电流互感器时应注意以下事项（　　）。

（A）选择电流互感器的变比要适当，二次负载容量要大于额定容量的下限和小于额定容量的上限，要选择符合规程规定的准确度等级，以确保测量的准确性；（B）电流互感器一次绕组串接在线路中，二次绕组串接于测量仪表中，接线时要注意极性正确，尤其是电能表、功率表的极性不能接错；（C）电流互感器运行时在二次回路上工作，不允许开路，以确保人身和设备安全，如需要校验或更换电流互感器二次回路中的测量仪表时，应先用铜片将电流互感器二次接线端柱短路；（D）电流互感器二次侧应有一端接地，以防止一次、二次绕阻之间绝缘击穿危及人身和设备的安全。

**答案：ABCD**


**Lb5C4023** 瓷底胶盖闸刀开关在安装上要注意的事项有（　　）。

（A）用于 220V 照明电路的要用 250V 的额定电压，用于小电动机的要选用 500V 的额定电压，同时额定电流要大于电动机额定电流的 3～4 倍；（B）由于熔丝熔断时可能造成电弧相间短路，所以熔丝部位应用铜丝并接，在外部另加瓷插式或其他形式的熔断器；（C）闸刀不应倒装和横装，以有利灭弧和防止闸刀拉开时由于可动刀片的重力作用而误合；（D）胶盖能防止电弧飞出，所以一定要完整并盖好上接线端子应接电源。

**答案：BCD**


**Lb5C4024** 接户线的定义是（　　）、进户线的定义是（　　）。

（A）由供电公司低压架空线路的电杆或墙铁板线支持物直接接至用户墙外支持物间的架空线路部分，称为接户线；（B）接户线引到用户室内计量电能表（或计量互感器）的一段引线，称为进户线；（C）由供电公司低压架空线路的电杆或墙铁板线支持物直接接至用户墙外支持物间的架空线路部分，称为进户线；（D）接户线引到用户室内计量电能表（或计量互感器）的一段引线，称为接户线。

**答案：AB**


**Lb5C5025** 安装竣工后的低压单相、三相电能表，在停电状态下检查的内容有（　　）。

（A）复核所装电能表、互感器及互感器所装相别是否和工作单上所列相符，并核对电能表字码的正确性；（B）检查电能表和互感器的接线螺钉、螺栓是否拧紧，互感器一次端子垫圈和弹簧圈有否缺失；（C）检查电能表的接线是否正确，特别要注意极性标志和电压、电流线头所接相位是否对应；（D）核对电能表倍率是否正确。

**答案：ABCD**

**Lb5C5026** 使用中的电流互感器二次回路若开路，会产生以下后果（　　）。

（A）铁芯磁通密度急剧增加，可能使铁芯过热、烧坏线圈；（B）会在铁芯中产生剩磁，使电流互感器性能变坏，误差增大；（C）对一次、二次绕组绝缘造成破坏、对人身及仪器设备造成极大威胁，甚至对电力系统造成破坏；（D）无不良后果。

**答案：ABC**

**Lc5C1027** 三相电流（或电压）通过正的最大值的顺序叫做相序。其中顺相序有以下组合（　　）。

（A）A－B－C；（B）B－C－A；（C）A－C－B；（D）C－A－B。

**答案：ABD**

**Lc5C1028** 员工服务"十个不准"中规定的不准接受客户组织的（　　）。

（A）宴请；（B）旅游；（C）娱乐活动；（D）信件。

**答案：ABC**

**Lc5C1029** 接户线拉线的检修项目和标准是（　　）。

（A）松弛者应更换；（B）拉线锈蚀严重应更换；（C）拉线表面壳剥落应更换；（D）拉线断股应更换。

**答案：BCD**

**Lc5C2030** 降低线损的具体措施有（　　）。

（A）减少变压层次，因变压器愈多有功损失越多；（B）提高负荷的功率因数；（C）降低负荷的功率因数；（D）合理运行调度，及时掌握有功和无功负载潮流，做到经济运行。

**答案：ABD**

**Lc5C3031** 根据（　　）确定导线的安全载流量。

（A）根据导线的芯线使用环境的极限温度；（B）根据导线的芯线使用环境的冷却条件；（C）根据导线的芯线使用环境的敷设条件；（D）一般规定是：铜线选 $5\sim8A/mm^2$，铝线选 $3\sim5A/mm^2$。

**答案：ABCD**

**Lc5C3032** 功率因数低的原因是（　　）。

（A）大量采用感应电动机或其他电感性用电设备；（B）电容性用电设备不配套或使用不合理，造成设备长期轻载或空载运行；（C）民用电器（照明、家用等）没有配置电容器；（D）变电设备有功负载率和年利用小时数过低。

**答案：ACD**


**Lc5C3033** 故障电容器处理方法如下（    ）。

（A）电力电容器在运行中发生故障时，应立即退出运行；（B）电容器组必须进行人工放电；（C）运行或检修人员在接触故障电容器前，还应戴好绝缘手套，用短路线短路故障电容器的两极，使其放电；（D）对串联接线的电容器也应单独放电。

**答案：ABCD**


**Lc5C3034** 电工仪表按相别分类有（    ）。

（A）单相；（B）二相；（C）三相三线；（D）三相四线。

**答案：ACD**


**Lc5C4035** 在（    ）情况下应加装进户杆进户。

（A）低矮房屋建筑进户点离地面低于 2～7m 时，装进户杆（落地杆或短杆），以塑料护套线穿瓷管，绝缘线穿钢管或硬塑料管进户；（B）若有条件将塑料护套线、钢管或硬塑料管支撑在相邻的房屋高墙上，也可不装进户杆；（C）角铁加装绝缘子支持单根绝缘线穿瓷管进户；（D）绝缘线穿钢管或硬料塑管沿墙敷设。

**答案：AB**


**Lc5C4036** 按（    ）方法正确地选择配电变压器的容量。

（A）根据用电负荷性质（即功率因数的高低），一般用电负荷应为变压器额定容量的 85％～95％左右；（B）动力用电还考虑单台大容量电动机的启动和多台用电设备的同时率，以适应电动机启动电流的需要，故应选择较大一些的变压器；（C）若实测负载经常小于变压器额定容量的 50％时，应换小一些的变压器；（D）若实测负载经常大于变压器额定容量，则应换大一些的变压器。

**答案：BCD**


**Jd5C2037** 按经济电流密度选择导线截面的参数是（    ）。

（A）线路的输送功率、线路的额定电压；（B）电压损失、导线发热条件、机械强度及电晕损失等；（C）功率因数；（D）经济电流密度。

**答案：ABCD**


**Jd5C2038** 以下（    ）场所必须使用铜芯线。

（A）易燃、易爆场合；（B）重要的建筑，重要的资料室、档案室、库房；（C）人员聚集的公共场所、娱乐场所、舞台照明；（D）计量等二次回路。

**答案：ABCD**

**Jd5C3039** 为保证电能表接入二次回路的可靠性，应按以下要求做（　　）。

（A）二次回路的导线可以使用铜线、铝线，保证一定的机械强度和载流能力；（B）电压、电流二次回路的导线截面分别不得小于 2.5mm² 和 4mm²；（C）二次回路的配线应整齐可靠，绝缘应良好，且不应受腐蚀性流体、气体的侵蚀；（D）电能表专用的电流、电压二次回路中所有接头都应有电电业部门加封，用电单位不得擅自启封更改。

**答案：BCD**

**Jd5C5040** 功率表的电源端接线规则如下（　　）。

（A）电流线圈的电源端必须与电源连接，另一端与负载连接，即电流线圈串联接入电路；（B）电流线圈的电源端必须与电源连接，另一端与负载连接，即电流线圈并联接入电路；（C）电压支路的电源端必须与电流线圈的任一端连接，另一端则跨接到被测电路的另一端，即电压支路是并联接入电路的；（D）电压支路的电源端必须与电流线圈的任一端连接，另一端则串接到被测电路的另一端。

**答案：AC**

**Je5C2041** 智能电能表更换时，用户因各种原因不能对新旧电表起止示数签字确认时，可由（　　）确认签字。

（A）物业公司；（B）村委会；（C）居委会；（D）公证人员。

**答案：ABCD**

**Je5C4042** 对电力用户的用电负荷进行有序控制，可采用（　　）方式。

（A）遥控；（B）远方控制；（C）功率定值控制；（D）以上答案都不正确。

**答案：BC**

**Je5C4043** 下列关于电压的定义正确的是（　　）。

（A）在交流电路中，每相与中性线之间的电压称为相电压；（B）在三相交流电路中，相与相之间的电压称为相电压；（C）在三相交流电路中，相与相之间的电压称为线电压；（D）在交流电路中，每相与零线之间的电压称为线电压。

**答案：AC**

**Je5C5044** 低压单相、三相电能表安装完后，应通电检查项目有（　　）。

（A）用相序表复查相序，用验电笔测单、三相电能表相、零线是否接对，外壳、零线端子上应无电压；（B）空载检查电能表是否空走（潜动）；（C）带负载检查电能表是否正转及表速是否正常，有无反转、停转现象；（D）接线盖板、电能表箱等是否按规定加封。

**答案：ABCD**

**Je5C5045** 在业扩报装中，装表接电工作的重要意义是（　　）。

（A）装表接电工作质量、服务质量的好坏直接关系到供用电双方的经济效益；（B）装表接电工作是业扩报装全过程的终结，是用户实际取得用电权的标志；（C）装表接电工作是电力销售计量的开始；（D）装表接电工作后客户可任意使用。

**答案：ABC**

**Jf5C2046** 接户线导线的检修项目和标准是（　　）。

（A）绝缘老化、脱皮及导线烧伤、断股者应调换；（B）弛度过松应收紧；（C）铜-铝接头解开，检查铜-铜及铝-铝外观；（D）拉线表面壳剥落应更换。

**答案：ABC**

**Jf5C2047** 接户线的挡距的规定是（　　）。

（A）接户线的挡距不应大于25m；（B）接户线的挡距不应大于50m；（C）沿墙敷设的接户线挡距不应大于6m；（D）沿墙敷设的接户线挡距不应大于10m。

**答案：AC**

**Jf5C3048** 在带电的电流互感器二次回路上工作时应采取的安全措施有（　　）。

（A）严禁将电流互感器二次侧开路地点断开；（B）严禁将电流互感器二次侧短路；（C）工作必须认真、谨慎，不得将回路的永久接地点断开；（D）工作必须认真、谨慎，可以将回路的永久接地点断开。

**答案：AC**

**Jf5C4049** "三个百分之百"保安全是指（　　）百分之百。

（A）人员；（B）设备；（C）时间；（D）力量。

**答案：ACD**

## 1.4 计算题

**La5D1001** 一电炉取用电流为 $X_1$ A，接在电压为 220V 的电路上，问电炉的功率是 $P=$ _____ W，若用电 10h，电炉所消耗的电能 $W=$ _____ kW·h。

$X_1$ 取值范围：2，5，10

**计算公式：**

$$P=UI=220X_1$$
$$W=0.22X_1\times10=2.2X_1$$

**La5D1002** 一个 $L=3H$ 的电感元件，在工频正弦交流电路中，其感抗 $X_{L1}=$ _____ Ω，在 $f=X_1$ Hz 的电路中，其感抗 $X_{L2}=$ _____ Ω。（计算结果保留 2 位小数）

$X_1$ 取值范围：2000，3000，4000，5000

**计算公式：**

$$X_{L1}=2\pi\times50\times3=300\pi$$
$$X_{L2}=2\pi f\times3=6\pi X_1$$

**La5D1003** $RC$ 串联的正弦交流电路，视在功率 $S=X_1$ VA，有功功率 $P=60$W，则无功功率 $Q=$ _____ var，功率因数 $\cos\varphi=$ _____。（计算结果保留 2 位小数）

$X_1$ 取值范围：100，150，200

**计算公式：**

$$Q=\sqrt{S^2-P^2}=\sqrt{S^2-3600}=\sqrt{X_1^2-3600}$$
$$\cos\varphi=\frac{P}{S}=\frac{60}{X_1}$$

**La5D1004** $RLC$ 串联的正弦交流电路，$U_R=200$V，$U_L=X_1$ V，$U_C=X_2$ V，则总电压 $U=$ _____ V。（计算结果保留 2 位小数）

$X_1$ 取值范围：50，100，150

$X_2$ 取值范围：50，100，150

**计算公式：**

$$U=\sqrt{U_R^2+U_X^2}=\sqrt{U_R^2+(U_L-U_C)^2}=\sqrt{200^2+(X_1-X_2)^2}=\sqrt{40000+(X_1-X_2)^2}$$

**La5D1005** 已知星形连接的三相对称电源，接一星形四线制平衡负载 $Z=X_1+j4\Omega$，若电源线电压为 380V，A 相断路时，中线电流 $I_1=$ _____ A；若接成三线制（即星形连接不用中线），A 相断路时，线电流 $I_2=$ _____ A。

$X_1$ 取值范围：1，2，3，4

**计算公式：**

$$I_1=\frac{220}{\sqrt{X_1^2+4^2}}$$

$$I_2 = \frac{380}{2\sqrt{X_1^2 + 4^2}}$$

**La5D2006** 一直径为 4mm，长为 1m 的铜导线，被均匀拉长至 $X_1$m（设体积不变），则拉长后电阻是原电阻的 $Y_1 = \underline{\qquad}$ 倍。

$X_1$ 取值范围：2～5 的整数

**计算公式：**

$$Y_1 = X_1^2$$

**La5D2007** 电路如图 1-1 所示，$R = X_1\Omega$，开关 S 断开时，电源端电压 $U_{ab} = 2V$；开关 S 闭合后，电源端电压 $U_{ab} = 1.9V$。则该电源的内阻 $r_0 = \underline{\qquad}$ $\Omega$。

$X_1$ 取值范围：19，38，57，76，95

**计算公式：**

$$r_0 = \frac{(2-1.9)}{1.9}R = \frac{X_1}{19}$$

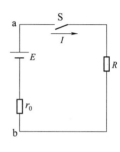

图 1-1

**La5D2008** 某用户的单相电能表配有 TA，TA 二次线单根长 $L = X_1$m，横截面积 $S = 6mm^2$。则 20℃时，二次线总电阻 $R = \underline{\qquad}$ $\Omega$，若 TA 二次电流为 $X_2$A，问二次线消耗的功率 $P = \underline{\qquad}$ W。（20℃时，$\rho = 0.0172\Omega \cdot mm^2/m$）。（计算结果保留 3 位小数）

$X_1$ 取值范围：5，6，8

$X_2$ 取值范围：1，5

**计算公式：**

$$R = 0.0172 \times \frac{2L}{6} = 0.00573X_1$$
$$P = I^2 R = 0.00573X_2^2 X_1$$

**La5D2009** 有一只 0.2S 级，额定一次电流为 500A、额定二次电流为 $X_1$A 的 LZZJ-10 型电流互感器，其额定二次负载的容量 $S = X_2$VA，试求二次负载的总阻抗 $|Z| = \underline{\qquad}$ $\Omega$。

$X_1$ 取值范围：1，5

$X_2$ 取值范围：10，15，20

**计算公式：**

$$|Z| = \frac{S}{I^2} = \frac{X_2}{X_1^2}$$

**La5D2010** 某工业用户采用 10kV 专线供电，线路长度为 $X_1$km，每公里导线电阻为 $R = 1\Omega$。已知该用户有功功率为 400kW，无功功率为 300kvar，则该导线上的损失的有功功率 $P = \underline{\qquad}$ kW。

$X_1$ 取值范围：1，5

计算公式：

$$P = I^2 RL = \frac{P^2 + Q^2}{U^2} RL = \frac{400^2 + 300^2}{10^2 \times 1000} \times 1 X_1 = 2.5 X_1$$

**La5D2011** 有一三相电阻炉，每相电阻 $R = X_1 \Omega$，接在线电压为 380V 的对称三相电源上，电阻为星形连接时，电阻炉消耗的功率为 $P = $ _____ W。（计算结果保留 2 位小数）

$X_1$ 取值范围：10，20，30，40

计算公式：

$$P = 3 \times \left( \frac{380}{\sqrt{3} R} \right)^2 R = \frac{144400}{X_1}$$

**La5D3012** 图 1-2 所示电路中，电源内阻 $R_0 = 0.6 \Omega$，电动势 $E = X_1 \text{V}$，电阻 $R_1 = 6 \Omega$，$R_2 = 4 \Omega$，$R_3 = 7 \Omega$。则电流 $I = $ _____ A，$I_1 = $ _____ A，$I_2 = $ _____ A，电源的端电压 $U_{AB} = $ _____ V。（计算结果保留 2 位小数）

$X_1$ 取值范围：8，12，16，20

计算公式：

$$I = \frac{E}{R_0 + \dfrac{R_1 R_2}{R_1 + R_2} + R_3} = \frac{E}{0.6 + \dfrac{4 \times 6}{4 + 6} + 7} = \frac{E}{10} = \frac{X_1}{10}$$

$$I_1 = I \times \frac{R_2}{R_1 + R_2} = \frac{X_1}{10} \times \frac{4}{4 + 6} = 0.04 X_1$$

$$I_2 = I \times \frac{R_1}{R_1 + R_2} = \frac{X_1}{10} \times \frac{6}{4 + 6} = 0.06 X_1$$

$$U_{AB} = -E + I R_0 = -X_1 + \frac{X_1}{10} \times 0.6 = -0.94 X_1$$

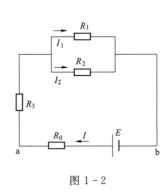

图 1-2

**La5D3013** 两个电阻 $R_1$ 和 $R_2$，阻值分别为 $X_1 \Omega$ 和 $X_2 \Omega$。若将两电阻并联接在 30A 的理想电流源上，则分得的电流 $I_1 = $ _____ A、$I_2 = $ _____ A。（计算结果保留 2 位小数）

$X_1$ 取值范围：5~20 的整数

$X_2$ 取值范围：5~20 的整数

计算公式：

$$I_1 = \frac{X_2}{X_1 + X_2} \times 30 = \frac{30 X_2}{X_1 + X_2}$$

$$I_2 = \frac{X_1}{X_1 + X_2} \times 30 = \frac{30 X_1}{X_1 + X_2}$$

**La5D3014** 两个电阻 $R_1 = X_1 \Omega$、$R_2 = X_2 \Omega$，串联后接在 20V 的直流电源上，则两电阻分得的电压 $U_{R_1} = $ _____ V、$U_{R_2} = $ _____ V。（计算结果保留 2 位小数）

$X_1$ 取值范围：3~10 的整数

$X_2$ 取值范围：3~10 的整数

计算公式：

$$U_{R_1} = \frac{20R_1}{R_1+R_2} = \frac{20X_1}{X_1+X_2}$$

$$U_{R_2} = \frac{20R_2}{R_1+R_2} = \frac{20X_2}{X_1+X_2}$$

**La5D3015**  有一只量程为 $U_1 = 15\text{V}$，内阻为 $R_V = 15\text{k}\Omega$ 的 0.5 级电压表，若将其改制成量限 $U_M = X_1\text{V}$ 的电压表，则应串联电阻值 $R =$ _____ $\Omega$ 的电阻。

$X_1$ 取值范围：100，200，300，400，500

计算公式：

$$R = 1000 \times (U_M - 15) = 1000 \times (X_1 - 15)$$

**La5D3016**  如图 1-3 所示电路中，电动势 $E = X_1\text{V}$，内阻 $R_0 = 0.5\Omega$，导线电阻 $R_1 = 1.5\Omega$，负载 $R_2 = 98\Omega$，则电路总电流 $I =$ _____ A、电源的总功率 $P_1 =$ _____ W、负载 $R_2$ 消耗的功率 $P_2 =$ _____ W。

$X_1$ 取值范围：100，200，500

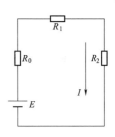

图 1-3

计算公式：

$$I = \frac{E}{R_0+R_1+R_2} = \frac{E}{0.5+1.5+98} = \frac{1}{100}X_1$$

$$P_2 = I^2 R_2 = \left(\frac{X_1}{100}\right)^2 \times 98 = \frac{98}{100^2} \times X_1^2$$

$$P_1 = EI = \frac{E^2}{100} = \frac{X_1^2}{100}$$

**La5D3017**  如图 1-4 所示电路中，$R_1 = X_1\Omega$，$R_2 = 30\Omega$，电源 $U$ 是恒压源，若使开关 S 闭合后，电源电流为原来的 1.5 倍，则电阻 $R_3 =$ _____ $\Omega$。

$X_1$ 取值范围：10，20，30

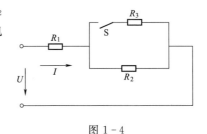

图 1-4

计算公式：

$$R_3 = \frac{R_2^2 - 0.5R_1R_2}{0.5(R_1+R_2)} = \frac{30^2 - 0.5R_1 \times 30}{0.5(R_1+30)} = \frac{900 - 15X_1}{0.5X_1+15}$$

**La5D3018**  一个电容元件的端电压 $U = X_1\text{V}$，无功功率 $Q_C = X_2\text{var}$，则电流 $I =$ _____ A，容抗 $X_C =$ _____ $\Omega$。

$X_1$ 取值范围：100，200

$X_2$ 取值范围：100，200，300，400，500

计算公式：

$$I = \frac{Q_C}{U} = \frac{X_2}{X_1}$$

$$X_C = \frac{U^2}{Q_C} = \frac{X_1^2}{X_2}$$

**La5D3019** 两个线圈的电感分别为 $L_1 = X_1$ H 和 $L_2 = 3$ H，它们之间的互感 $M = 3$ H，当将两个线圈作顺向串接时，总电感 $L_{顺} = \underline{\hspace{2cm}}$ H。反向串接时，总电感 $L_{反} = \underline{\hspace{2cm}}$ H。

$X_1$ 取值范围：4～8 的整数

**计算公式：**

$$L_{顺} = L_1 + L_1 + 2M = L_1 + 3 + 2 \times 3 = L_1 + 9$$
$$L_{反} = L_1 + L_2 - 2M = L_1 + 3 - 2 \times 3 = L_1 - 3$$

**La5D3020** 某台三相变压器的一次电压 $U_1 = 10$ kV，一次负载电流 $I_1 = X_1$ A，功率因数 $\cos\varphi = X_2$，则其有功功率 $P = \underline{\hspace{2cm}}$ kW，无功功率 $Q = \underline{\hspace{2cm}}$ kvar、视在功率 $S = \underline{\hspace{2cm}}$ kVA。（计算结果保留 2 位小数）

$X_1$ 取值范围：20，40，50，75

$X_2$ 取值范围：0.8，0.85，0.9，0.95

**计算公式：**

$$P = \sqrt{3} U_1 I_1 \cos\varphi = \sqrt{3} \times 10 X_1 X_2 = 10\sqrt{3} X_1 X_2$$
$$Q = \sqrt{3} U_1 I_1 \sin\varphi = \sqrt{3} \times 10 X_1 \sqrt{1 - X_2^2} = 10\sqrt{3} X_1 \sqrt{1 - X_2^2}$$
$$S = \sqrt{3} U_1 I_1 = \sqrt{3} \times 10 X_1 = 10\sqrt{3} X_1$$

**La5D3021** 某 $U = 0.4$ kV 低压三相四线用户，三相负荷平衡，有功功率为 $P = X_1$ kW，工作电流为 $I = X_2$ A。该用户的功率因数 $\cos\varphi = \underline{\hspace{2cm}}$。（计算结果保留 3 位小数）

$X_1$ 取值范围：2，3，5，10

$X_2$ 取值范围：5，10，15

**计算公式：**

$$\cos\varphi = \frac{P}{\sqrt{3} UI} = \frac{X_1}{\sqrt{3} \times 0.4 X_2} = \frac{X_1}{0.4\sqrt{3} X_2}$$

**La5D4022** 图 1-5 所示电路中，$R = X_1$ Ω，$L = 2$ H，电压 $U = X_2$ V，电源内阻为 0。则开关闭合瞬间电路中的电流 $I_1 = \underline{\hspace{2cm}}$ A、电感电压 $U_L = \underline{\hspace{2cm}}$ V。开关闭合后到达新的稳态时，电路电流 $I_2 = \underline{\hspace{2cm}}$ A，电阻电压 $U_R = \underline{\hspace{2cm}}$ V。

$X_1$ 取值范围：2～10 的整数

$X_2$ 取值范围：5～20 的整数

**计算公式：**

$$I_1 = 0$$
$$U_L = U = X_2$$

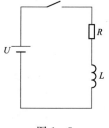

图 1-5

$$I_2=\frac{U}{R}=\frac{X_2}{X_1}$$

$$U_R=U=X_2$$

**La5D4023** 将电动势 $E=20\text{V}$，内阻为 $0.4\Omega$ 四个电池并联后，接入一阻值为 $X_1\Omega$ 的负载，此时负载电流为 $I=$ _____ A。（计算结果保留 2 位小数）

$X_1$ 取值范围：3，6，9，12

计算公式：

$$I=\frac{20}{X_1+\dfrac{0.4}{4}}=\frac{20}{X_1+0.1}$$

**La5D4024** 某用户 1 月份有功电能表计量 $W_P=80\text{MWh}$，无功电能表计量 $W_Q=X_1\text{Mvar·h}$，则该用户的平均功率因数 $\cos\varphi=$ _____。（计算结果保留 2 位小数）

$X_1$ 取值范围：20，30，40，50，60

计算公式：

$$\cos\varphi=\frac{W_P}{\sqrt{W_P^2+W_Q^2}}=\frac{80}{\sqrt{80^2+X_1^2}}=\frac{80}{\sqrt{6400+X_1^2}}$$

**La5D4025** $RL$ 串联的正弦交流电路，$U_R=X_1\text{V}$，$U_L=X_2\text{V}$，$I=10\text{A}$，则电阻 $R=$ _____ $\Omega$，感抗 $X_L=$ _____ $\Omega$，阻抗 $|Z|=$ _____ $\Omega$，总电压 $U=$ _____ V。（计算结果保留 2 位小数）

$X_1$ 取值范围：10，20，30

$X_2$ 取值范围：80，100，200

计算公式：

$$R=\frac{U_R}{I}=\frac{X_1}{10}$$

$$X_L=\frac{U_L}{I}=\frac{X_2}{10}$$

$$|Z|=\sqrt{R^2+X_L^2}=\sqrt{\left(\frac{X_1}{10}\right)^2+\left(\frac{X_2}{10}\right)^2}=\frac{\sqrt{X_1^2+X_2^2}}{10}$$

$$U=\sqrt{U_R^2+U_L^2}=\sqrt{X_1^2+X_2^2}$$

**La5D4026** 一台三相异步电动机，其绕组接成三角形，额定线电压为 $U_L=0.38\text{kV}$，取用功率 $P=X_1\text{kW}$，功率因数为 $\cos\varphi=0.85$，则电动机的线电流 $I_L=$ _____ A，相电流 $I_P=$ _____ A。（计算结果保留 2 位小数）

$X_1$ 取值范围：5，10，15，50，75

计算公式：

$$I_{\text{L}}=\frac{P}{\sqrt{3}\times U_{\text{L}}\cos\varphi}=\frac{P}{\sqrt{3}\times 0.38\times 0.85}=\frac{X_1}{\sqrt{3}\times 0.38\times 0.85}=\frac{X_1}{0.323\sqrt{3}}$$

$$I_{\text{P}}=\frac{I_{\text{L}}}{\sqrt{3}}=\frac{P}{3U_{\text{L}}\times\cos\varphi}=\frac{P}{3\times 0.38\times 0.85}=\frac{X_1}{3\times 0.38\times 0.85}=\frac{X_1}{0.969}$$

**La5D4027** 一对称三相星形负载，每相电阻 $R=X_1\Omega$，电抗 $X_{\text{L}}=X_2\Omega$，接于线电压为 380V 的对称三相电源上，则每相的相电流 $I=$ _____ A，阻抗角 $\varphi=$ _____ °。（计算结果保留 2 位小数）

$X_1$ 取值范围：6，8，9，10，15

$X_2$ 取值范围：4，6，8，9

计算公式：

$$I=\frac{U_{\text{L}}}{\sqrt{3}\sqrt{R^2+X_{\text{L}}^2}}=\frac{U_{\text{L}}}{\sqrt{3}\sqrt{X_1^2+X_2^2}}=\frac{380}{\sqrt{3}\sqrt{X_1^2+X_2^2}}$$

$$\varphi=\text{arctg}\frac{X_{\text{L}}}{R}=\text{arctg}\frac{X_2}{X_1}$$

**La5D4028** 有一对称三相三角形接线的负载，每相电阻 $R=X_1\Omega$，感抗 $X_{\text{L}}=X_2\Omega$，电源的线电压是 380V，则相电流 $I_{\text{相}}=$ _____ A，线电流 $I_{\text{线}}=$ _____ A，功率因数 $\cos\varphi=$ _____。（计算结果保留 2 位小数）

$X_1$ 取值范围：10～15 的整数

$X_2$ 取值范围：4～10 的整数

计算公式：

$$I_{\text{相}}=\frac{U_{\text{线}}}{|Z|}=\frac{380}{\sqrt{R^2+X_{\text{L}}^2}}=\frac{380}{\sqrt{X_1^2+X_2^2}}$$

$$I_{\text{线}}=\sqrt{3}I_{\text{相}}=\frac{380\sqrt{3}}{\sqrt{X_1^2+X_2^2}}$$

$$\cos\varphi=\frac{R}{\sqrt{R^2+X_{\text{L}}^2}}=\frac{X_1}{\sqrt{X_1^2+X_2^2}}$$

**La5D5029** $R=X_1\Omega$、$L=X_2\text{mH}$、$C=50\mu\text{F}$ 三个元件串联的工频正弦交流电路，则等效电抗 $X=$ _____ $\Omega$，阻抗 $|Z|=$ _____ $\Omega$。（计算结果保留 2 位小数）

$X_1$ 取值范围：10～20 的整数

$X_2$ 取值范围：10～50 的整数

计算公式：

$$X=2\pi fL-\frac{1}{2\pi fC}=2\pi fX_2\times 10^{-3}-\frac{10^6}{2\pi f 50}=0.1\pi X_2-\frac{200}{\pi}$$

$$|Z|=\sqrt{R^2+X^2}=\sqrt{X_1^2+\left(0.1\pi X_2-\frac{200}{\pi}\right)^2}=\sqrt{X_1^2+0.01\pi^2 X_2^2+\frac{40000}{\pi^2}-40X_2}$$

**La5D5030** $RC$ 串联的正弦交流电路，$R = X_1 \Omega$，电源电压 $U = X_2 V$，电容电压 $U_C = 60V$，则电路电流 $I = \underline{\qquad}$ A。

$X_1$ 取值范围：40，50，100

$X_2$ 取值范围：100，200，300

计算公式：

$$I = \frac{\sqrt{U^2 - U_C^2}}{R} = \frac{\sqrt{X_2^2 - U_C^2}}{X_1} = \frac{\sqrt{X_2^2 - 60^2}}{X_1} = \frac{\sqrt{X_2^2 - 3600}}{X_1}$$

## 1.5 识图题

**La5E1001** 图 1-6 中 $R_1$、$R_2$、$R_3$ 为电阻，将它们分别连 $R_2$ 与 $R_3$ 串联后再与 $R_1$ 并联的电路是（    ）。

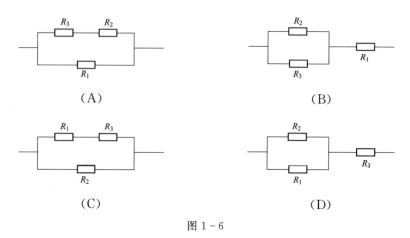

图 1-6

**答案：A**

**La5E1002** 图 1-7 中是有功电能表的图形符号的是（    ）。

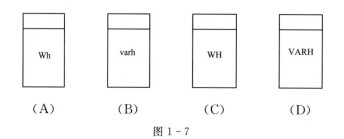

图 1-7

**答案：A**

**La5E1003** 图 1-8 中是有功电能表仅测量单向传输能量的图形符号的是（    ）。

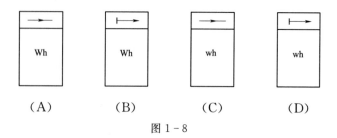

图 1-8

**答案：A**

**La5E2004** 图 1-9 中表示磁场中通电导线的受力方向正确的是（    ）。

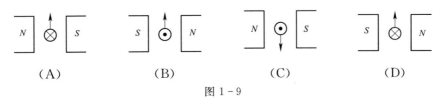

$$(A) \qquad (B) \qquad (C) \qquad (D)$$

图 1 – 9

**答案：D**

**La5E3005** 图 1 – 10 是正序滤波器式相序指示器的原理接线图。当 $R_1 = X_{C1}/1.732$、$R_2 = 1.732 X_{C2}$ 时，指示灯状态与相序的关系为灯亮表示正相序、灯灭表示负相序。（ ）

（A）正确；（B）错误。

**答案：B**

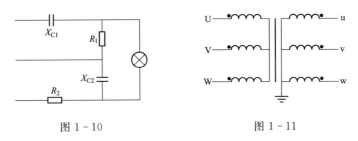

图 1 – 10 图 1 – 11

**Lb5E2006** 两台单相双绕组电压互感器连接的 V – V 形接线如图 1 – 11 所示。（ ）

（A）正确；（B）错误。

**答案：B**

**Lb5E2007** 图 1 – 12 为两台单相双绕组电压互感器连接的 V – V 形接线图。（ ）

（A）正确；（B）错误。

**答案：A**

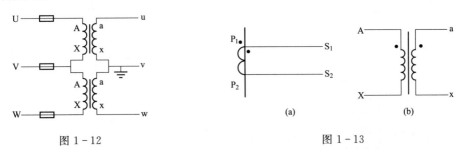

图 1 – 12 图 1 – 13

**Lb5E2008** 图 1 – 13 为电流互感器符号图和电压互感器符号图。（ ）

（A）正确；（B）错误。

**答案：A**

**Lb5E2009** 二进二出接线方式的单相电能表内外接线图如图 1 – 14 所示。（ ）

（A）正确；（B）错误。

**答案：A**

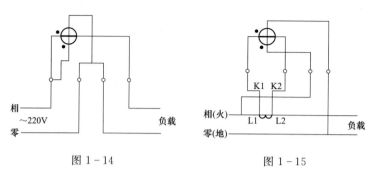

图 1-14                          图 1-15

**Lb5E3010**　一进一出接线方式的单相电能表经电流互感器 TA 接入，分用电压线和电流线的接线图如图 1-15 所示。（　　）

（A）正确；（B）错误。

**答案：A**

**Lb5E3011**　一进一出接线方式的单相电能表内外部接线如图 1-16 所示。（　　）

（A）正确；（B）错误。

**答案：A**

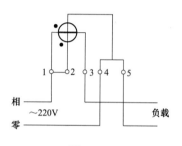

图 1-16

**Lb5E3012**　图 1-17 中是四眼插座（保护接地或接零系统）的接线规定的图是（　　）。

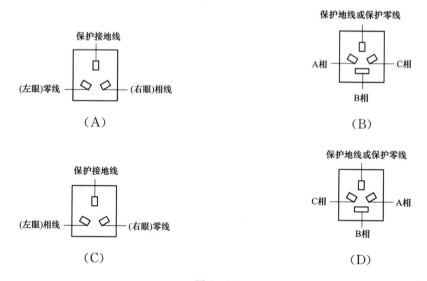

（A）

（B）

（C）

（D）

图 1-17

**答案：B**

**Lb5E3013**　现有直流电源 $E$、控制开关 S、限流电阻 $R$、直流电流（毫安）表 PA 各一个，利用上述设备，用直流法检查单相双绕组电流互感器的极性，图 1-18 中符合此情况的是（　　）。

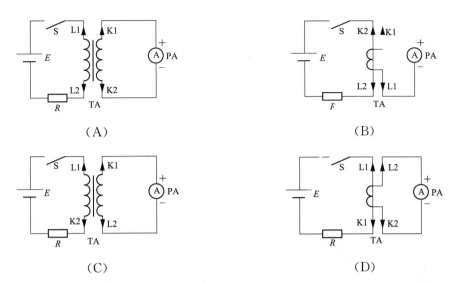

图 1-18

**答案：A**

**Lb5E3014**　图 1-19 中，一进一出接线方式的单相电能表经电流互感器 TA 接入，共用电压线和电流线的接线图是（　　）。

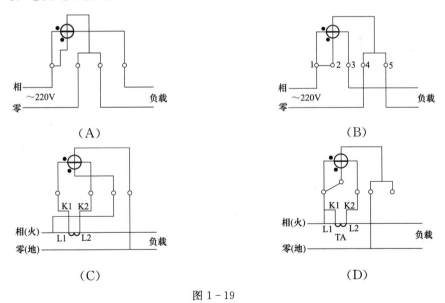

图 1-19

**答案：D**

**Lb5E3015**　图 1-20 中，二进二出接线方式的单相电能表内外接线图是（　　）。

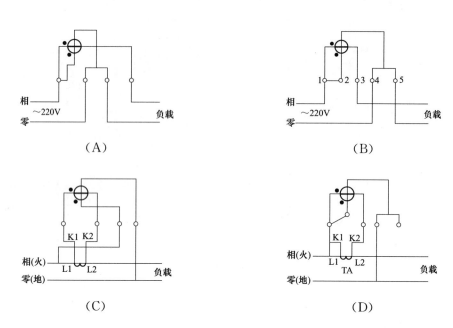

图 1-20

**答案：A**

**Lb5E3016** 图 1-21 中，一进一出接线方式的单相电能表内外部接线图是（　　）。

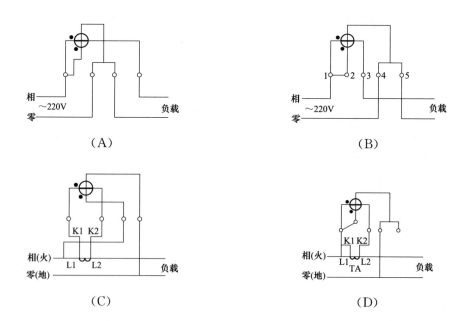

图 1-21

**答案：B**

**Lb5E3017** 图 1-22 中，三相三线两元件有功电能表直接接入方式的接线图是（    ）。

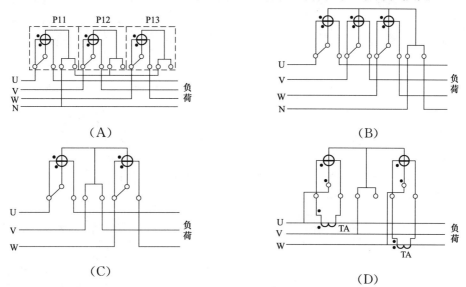

图 1-22

**答案：C**

**Lb5E4018** 图 1-23 中是(带三根单芯电缆)电缆密封终端头的多线表示图的是(    )。

图 1-23

**答案：A**

**Lb5E4019** 图 1-24 中，三相三线两元件 380/220V 低压有功电能表经 TA 接入，且电压线和电流线分别接入的接线图是（    ）。

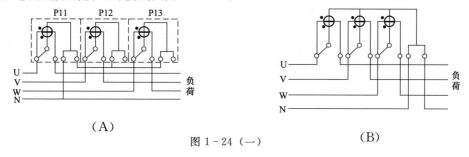

图 1-24（一）

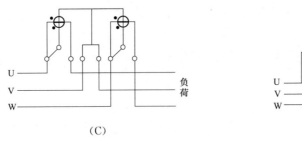

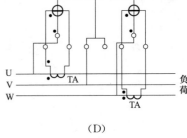

（C）                              （D）

图 1-24（二）

**答案：D**

**Lb5E5020**　图 1-25 所示为三相四线有功电能表经 TA 接入时分用电压线和电流线的接线图，符合此情况的图是（　　）。

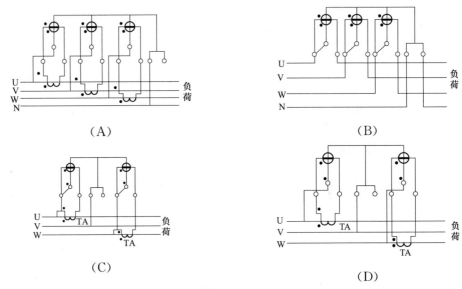

（A）                              （B）

（C）                              （D）

图 1-25

**答案：A**

**Lb5E5021**　图 1-26 中所示为三相四线有功电能表的直接接入方式的接线图，符合此情况的图是（　　）。

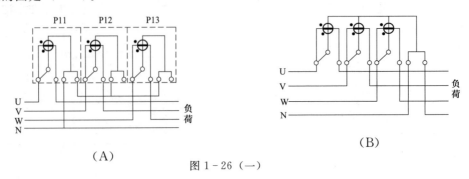

（A）

（B）

图 1-26（一）

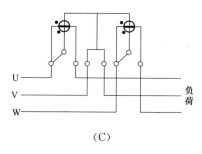

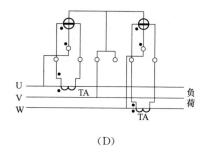

（C）

（D）

图 1-26 （二）

答案：**B**

**Je5E4022**　图 1-27 为三相电压互感器 $Y/Y_0-12$ 接线组别的接线图。（　　）

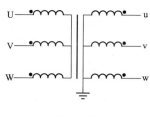

图 1-27

（A）正确；（B）错误。

答案：**A**

**Je5E4023**　三相电压互感器 $Y/Y_0-12$ 接线组别的接线图如图 1-28 所示。（　　）

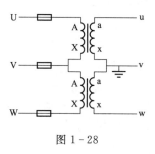

图 1-28

（A）正确；（B）错误。

答案：**B**

# 2 ▼ 技能操作

## 2.1 技能操作大纲

装表接电工种（初级工）技能鉴定技能操作考核大纲

| 等级 | 考核方式 | 能力种类 | 能力项 | 考核项目 | 考核主要内容 |
|---|---|---|---|---|---|
| 初级工 | 技能操作 | 基本技能 | 01. 电气识图、绘图 | 电气图纸的识别 | 熟知常用电气图用图形符号；掌握电力设备的标注方法 |
| | | | 02. 低压作业 | 01. 多芯导线的直线连接 | 识别常用导线的型号、规格并鉴定导线的绝缘性能 |
| | | | | 02. 登杆前的各项检查 | 熟悉安全规程工作要求，熟练和规范使用与本岗有关登高的工具和安全工具 |
| | | | | 03. 导线接头绝缘带的包缠 | 识别常用导线的型号、规格并鉴定导线的绝缘性能 |
| | | | 03. 设备及仪器、仪表的使用与维护 | 01. 正确使用数字双钳相位伏安表 | 正确使用与维护各种仪器、仪表 |
| | | | | 02. 用电子式兆欧表测绝缘电阻 | 正确使用与维护各种仪器、仪表 |
| | | | 04. 工具的使用与维护 | 使用电动工具进行相应安装工作 | 熟练使用工器具、电工用具等各类安全用具 |
| | | 专业技能 | 01. 电能表的识读 | 识读低压智能电能表 | 识读低压单相、三相智能电能表 |
| | | | 02. 安装调试 | 01. 单相电能表的安装 | 独立安装低压单相电能表 |
| | | | | 02. 三相四线直接接入电能表的安装 | 独立安装、更换低压三相四线电能表 |
| | | | 03. 表计检查 | 单相电能表带电接线检查 | 能够辨别低压单相电能表接线是否正确 |
| | | | 04. 施工工程 | 低压接户线及单相电能表的安装 | 能够对接户线选配正确的材料并进行单相表的安装 |
| | | 相关技能 | 安全规程 | 心肺复苏法 | 能够正确使用心肺复苏法进行抢救人员 |

## 2.2 技能操作项目

### 2.2.1 ZJ5JB0101 电气图纸的识别

**一、操作**

**(一)工器具、材料、设备**

(1)工器具:无。

(2)材料、设备:35kV变电站主接线图(图2-1)、二次回路图纸、笔、A4纸。

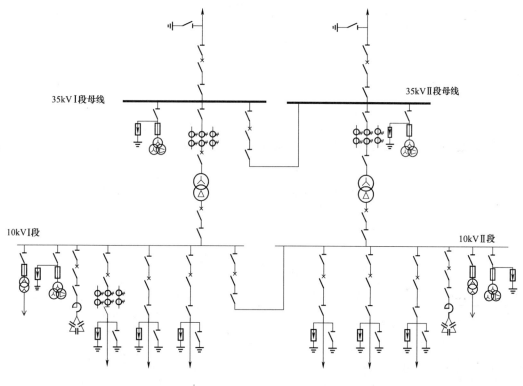

图2-1

**(二)操作步骤及要求**

(1)根据给定的图纸,按考评老师要求指出图纸上元件名称、作用。

(2)根据给定的计量接线方式,绘制接线原理图。

**二、考核**

**(一)考核场地**

(1)场地面积应能同时容纳多个工位(桌子),并保证工位之间的距离合适。

(2)每个工位备有桌椅同时在考场内设置1台计时器。

**(二)考核时间**

参考时间为30min,考评员允许开工开始计时,到时即停止工作。

**(三)考核要点**

(1)着装规范。

（2）图纸上避雷器、开关、隔离开关、电流互感器、电容器、电压互感器、站变等标识正确。

（3）图纸上避雷器、开关、隔离开关、电流互感器、电容器、电压互感器、站变等元件功能描述正确。

（4）能根据10kV出线负荷情况，正确绘制经TV、TA接入三相三线智能表接线原理图或经TA接入三相四线智能表接线原理图。

### 三、评分参考标准

行业：电力工程　　　　　　　工种：装表接电工　　　　　　　等级：五

| 编　号 | ZJ5JB0101 | 行为领域 | e | 鉴定范围 | |
|---|---|---|---|---|---|
| 考核时间 | 30min | 题型 | A | 满分 | 100 | 得分 | |

| 试题名称 | 电气图纸的识别 |
|---|---|
| 考核要点及其要求 | （1）给定条件：35kV变电站一次图纸、计量回路二次图纸。<br>（2）着装规范，独立完成操作。<br>（3）图纸上避雷器、隔离开关、电流互感器、电容器、电压互感器、站变等标识正确。<br>（4）图纸上避雷器、隔离开关、电流互感器、电容器、电压互感器、站变等元件功能描述正确。<br>（5）能根据10kV出线负荷情况，正确绘制经TV、TA接入三相三线智能表接线原理图或经TA接入三相四线智能表接线原理图 |
| 现场设备、工器具、材料 | （1）35千伏变电站一次图纸。<br>（2）考生自备工作服、绝缘鞋 |
| 备　注 | |

评　分　标　准

| 序号 | 考核项目名称 | 质量要求 | 分值 | 扣分标准 | 扣分原因 | 得分 |
|---|---|---|---|---|---|---|
| 1 | 着装 | 着棉质长袖工装，穿绝缘鞋 | 5 | （1）未按要求着装扣3分。<br>（2）着装不规范扣2分 | | |
| 2 | 35kV变电站一次图纸识别 | 正确标识出图纸上指定电压互感器、电流互感器、开关、避雷器、电容器、站变等名称 | 30 | （1）没有正确标识出元件名称，每错1处扣5分。<br>（2）该项分值扣完为止 | | |
| 3 | 图纸元件作用 | 能正确写出电压互感器、电流互感器、开关、避雷器、电容器、站变作用 | 30 | （1）没有正确写出电压互感器、电流互感器、开关、避雷器、电容器、站变作用，每错1处扣5分，描写不全扣3分。<br>（2）该项分值扣完为止 | | |
| 4 | 绘制电能接线原理图 | 根据10kV出线负荷情况，正确绘制经TV、TA接入三相三线智能表接线原理图或经TA接入三相四线智能表接线原理图 | 35 | （1）表头电压、电流极性没有标注，每处扣2分。<br>（2）电压互感器、电流互感器极性未标注或标注错误，每处扣2分。<br>（3）一次负荷没有负荷方向扣5分。<br>（4）电压、电流接线错误，每相扣10分。<br>（5）该项分值扣完为止 | | |

### 2.2.2 ZJ5JB0201 多芯导线的直线连接

**一、作业**

（一）工器具、材料、设备

（1）工器具：电工个人工具。

（2）材料、设备：BV－16mm² 多股铜芯塑料绝缘线等各种规格导线各若干米、砂纸、绝缘胶布。

（二）安全要求

（1）着装符合要求，工作服、安全帽、棉手套整洁完好。

（2）操作时应注意工器具的正确选择和使用，不损坏工器具及元器件。

（3）特别注意电工刀的使用，防止伤人或割伤导线。

（三）操作步骤及工艺要求

（1）选择 16mm² 多股铜芯塑料绝缘线，将导线绝缘部分剥去，绞紧芯线根部至线端部分芯线，其余线段呈伞状，剥线时不得伤及线芯。

（2）将两个伞状线芯分别交叉插入对方的线芯中，连接前要清除氧化层。

（3）捏平交叉的伞状线芯，任取两根芯线按顺时针方向缠绕。

（4）缠绕两圈后顺导线方向扳直，再取两根芯线按顺时针方向缠绕，最后将余线绞紧。

（5）完成一端的缠绕后，用同样方法完成连接线另一端的缠绕，芯线缠绕平光无毛刺，芯线缠绕紧密，不得将芯线缠绕到导线的绝缘层上。

（6）绝缘恢复。

**二、考核**

（一）考核场地

（1）场地面积应能同时容纳多个工位，并保证工位之间的距离合适，操作面积不小于 1500mm×1500mm。

（2）每个工位备有桌椅、计时器。

（二）考核时间

参考时间为 15min，考评员允许开工开始计时，到时即停止工作。

（三）考核要点

（1）着装规范。

（2）工器具及线材选择、使用正确。

（3）直线连接制作规范、正确。

（4）绝缘恢复规范、正确。

（5）安全文明施工。

### 三、评分标准

| 行业：电力工程 | 工种：装表接电工 | 等级：五 |
|---|---|---|

| 编　号 | ZJ5JB0201 | 行为领域 | d | 鉴定范围 | |
|---|---|---|---|---|---|
| 考核时间 | 15min | 题型 | A | 满分 | 100 分 | 得分 | |
| 试题名称 | 多芯导线的直线连接 | | | | |

| 考核要点及其要求 | (1) 给定条件：使用 BV－16mm² 多股铜芯塑料绝缘线完成直线连接制作。<br>(2) 着装规范，独立完成操作。<br>(3) 工器具及线材选择、使用正确。<br>(4) 直线连接制作规范、正确。<br>(5) 绝缘恢复规范、正确。<br>(6) 安全文明施工 |
|---|---|
| 工器具、材料、设备、场地 | (1) BV－16mm² 多股铜芯塑料绝缘线等各种规格导线各若干米、砂纸、绝缘胶布。<br>(2) 考生自备工作服、安全帽、绝缘鞋、线手套、常用电工工具 |
| 备　注 | |

#### 评 分 标 准

| 序号 | 考核项目名称 | 质量要求 | 分值 | 扣分标准 | 扣分原因 | 得分 |
|---|---|---|---|---|---|---|
| 1 | 着装 | 安全帽应完好，佩戴应正确规范，着棉质长袖工装，穿绝缘鞋，戴棉手套 | 5 | (1) 未按要求着装每处扣1分。<br>(2) 着装不规范每处扣1分。<br>(3) 该项分值扣完为止 | | |
| 2 | 准备工器具及线材 | 钢丝钳、电工刀、BV－16mm² 多股铜芯塑料绝缘线、砂纸、绝缘胶布 | 10 | (1) 漏选或错选每件扣2分。<br>(2) 未检查工器具每件扣3分。<br>(3) 该项分值扣完为止 | | |
| 3 | 剥削与处理 | (1) 量取导线剥削长度，剥削导线绝缘层，刀口朝外剥削，力度及角度适当，不伤及线芯。<br>(2) 清除导线表面污垢，用砂纸去除氧化层 | 10 | (1) 长度不合适扣3分。<br>(2) 剥削方法不对扣3分。<br>(3) 损伤线芯扣2分。<br>(4) 未清除线芯污垢及氧化层扣2分 | | |
| 4 | 绞紧线根部段 | 　1/3 | 5 | (1) 靠近绝缘层1/3处芯线绞紧，否则扣3分。<br>(2) 其余压平拉直呈伞状，否则扣2分 | | |
| 5 | 交叉插入 | | 5 | 两段伞状线芯分别交叉插入对方的线芯中，否则扣5分 | | |
| 6 | 捏平线芯 | | 5 | 两芯线绞紧部分接触后，捏平交叉的伞状线芯，否则扣5分 | | |

| 序号 | 考核项目名称 | 质 量 要 求 | 分值 | 扣 分 标 准 | 扣分原因 | 得分 |
|---|---|---|---|---|---|---|
| 7 | 缠绕 | | 5 | 在连接导线的一端任取两根芯线,按顺时针方向缠绕,否则扣5分 | | |
| 8 | 顺线板直 | | 5 | 缠绕两圈后顺导线板直两根芯线,否则扣5分 | | |
| 9 | 完成制作 | | 30 | (1) 再取两根芯线按顺时针方向缠绕,最后将余线绞紧,否则扣5分。<br>(2) 缠绕平光无毛刺,否则扣5分。<br>(3) 芯线缠绕松散,接触不牢,扣5分。<br>(4) 完成一端缠绕后,再进行连接线另一端的缠绕,否则扣5分。<br>(5) 芯线缠绕到导线的绝缘层上扣10分 | | |
| 10 | 绝缘恢复 | 用绝缘胶布进行包缠,胶布相互压缠宽度为其绝缘胶布宽度的1/2 | 10 | (1) 导线上缠绕长度不得低于2cm。<br>(2) 压缠宽度不足扣5分 | | |
| 11 | 安全文明施工 | (1) 仪表、工器具使用应正确,操作过程符合规程要求。<br>(2) 清理现场,恢复原状 | 10 | (1) 钢丝钳使用时钳口应朝内侧,错误扣3分。<br>(2) 现场未清理或不彻底扣2分。<br>(3) 发生违章1处扣5分。<br>(4) 该项分值扣完为止 | | |

### 2.2.3　ZJ5JB0202　登杆前的各项检查

**一、作业**

**（一）工器具、设备**

（1）工器具：工作服、安全帽、全方位安全带、脚扣、工具兜、盒尺。

（2）设备：已立好的电杆 1 根。

**（二）安全要求**

着装符合要求，工作服、安全帽、登高工具检查完好。

**（三）操作步骤及工艺要求**

（1）穿工作服、绝缘鞋，戴安全帽，戴线手套，进入场地。

（2）核对线路名称、杆号。

（3）检查杆基是否牢固。

（4）检查埋深是否符合要求。

（5）对脚扣做冲击试验。

（6）对安全带、二次保护绳做冲击试验。

（7）准备登杆。

**二、考核**

**（一）考核场地**

（1）培训线路为 12m 直线单层单杆，三角排列，场地面积应能同时容纳多个工位，并保证工位之间的距离合适。

（2）每个工位备有桌椅、计时器。

**（二）考核时间**

参考时间为 15min，考评员允许开工开始计时，到时即停止工作。

**（三）考核要点**

（1）着装规范。

（2）工器具携带齐全，特别是盒尺。

（3）核对线路名称、杆号是要注意核对双重编号。

（4）检查杆基、埋深。

（5）脚扣、安全带做冲击试验时，力度要到位。

（6）安全文明施工。

## 三、评分标准

行业：电力工程　　　　　　　工种：装表接电工　　　　　　　等级：五

| 编　号 | ZJ5JB0202 | 行为领域 | | d | | 鉴定范围 | |
|---|---|---|---|---|---|---|---|
| 考核时间 | 15min | 题型 | | A | 满分 | 100分 | 得分 |
| 试题名称 | 登杆前的各项检查 | | | | | | |

| 考核要点及其要求 | (1) 着装规范。<br>(2) 工器具携带齐全，特别是盒尺。<br>(3) 核对线路名称、核对杆号要注意双重编号。<br>(4) 检查杆基、埋深。<br>(5) 脚扣、安全带做冲击试验时，力度要到位。<br>(6) 安全文明施工 |
|---|---|
| 工器具、材料、设备、场地 | (1) 安全帽、盒尺、全方位安全带、脚扣、工具兜、电工个人工具。<br>(2) 场地具备10kV架空线路，电杆为12m |
| 备　注 | |

评　分　标　准

| 序号 | 考核项目名称 | 质　量　要　求 | 分值 | 扣　分　标　准 | 扣分原因 | 得分 |
|---|---|---|---|---|---|---|
| 1 | 着装 | 安全帽应完好，佩戴应正确规范，着棉质长袖工装，穿绝缘鞋，戴棉手套 | 10 | (1) 未按要求着装每处扣2分。<br>(2) 着装不规范每处扣1分。<br>(3) 该项分值扣完为止 | | |
| 2 | 准备工器具及线材 | 盒尺、全方位安全带、脚扣 | 10 | (1) 未准备盒尺扣3分。<br>(2) 未准备全方位安全带扣4分。<br>(3) 未进行外观检查扣2分。<br>(4) 未准备脚扣扣4分。<br>(5) 未进行外观检查扣2分 | | |
| 3 | 核对 | 核对线路名称、杆号 | 20 | (1) 未核对线路名称、杆号扣20分。<br>(2) 少核对1项扣5分。<br>(3) 核对的不是双重编号扣5分。<br>(4) 该项分值扣完为止 | | |
| 4 | 检查 | 检查杆基，用力推杆检查是否牢固，围绕电杆转90°，再用力推杆一次。使用盒尺检查电杆埋深 | 30 | (1) 未进行推杆检查杆基牢固扣15分，检查方法不对，未围绕电杆转90°推杆扣10分。<br>(2) 未使用盒尺检查埋深扣15分，检查后未报埋深为数据扣5分 | | |
| 5 | 试验 | 对脚扣、安全带做冲击试验 | 30 | (1) 未对脚扣做冲击试验扣10分，力度不到位扣5分，试验后未反转脚扣查看结果扣5分。<br>(2) 未对安全带做冲击试验扣10分，力度不到位扣5分。<br>(3) 未对二次保险绳做冲击试验扣10分，力度不到位扣5分 | | |

### 2.2.4　ZJ5JB0203　导线接头绝缘带的包缠

**一、作业**

（一）材料

绝缘胶带、绝缘导线 1m（中间留有 10cm 裸露部分）。

（二）安全要求

（1）着装符合要求，工作服、安全帽、线手套整洁完好。

（2）包缠处理中，注意不可稀疏，应用力拉紧绝缘带，更不能露出芯线，以确保绝缘质量和用电安全。

（三）操作步骤及工艺要求

（1）接绝缘带从接头左边（2 倍绝缘带带宽）绝缘完好的绝缘层上开始包缠，直至包缠到接头右边 2 倍带宽处。

（2）然后绝缘带接在尾带，再从右到左包缠。

（3）包缠时绝缘带应与导线成 55°左右倾斜角，每圈压叠宽度为绝缘带带宽的 1/2。

**二、考核**

（一）考核场地

（1）场地面积应能同时容纳多个工位，并保证工位之间的距离合适，操作面积不小于 1500mm×1500mm。

（2）每个工位备有桌椅、计时器。

（二）考核时间

参考时间为 5min，考评员允许开工开始计时，到时即停止工作。

（三）考核要点

（1）着装规范。

（2）包缠起点与结束位置应在剥除绝缘层芯线外 2 倍绝缘带带宽处。

（3）包缠时绝缘带应与导线成 55°左右倾斜角，每圈压叠宽度为绝缘带带宽的 1/2。

## 三、评分标准

行业：电力工程　　　　　　　工种：装表接电工　　　　　　　等级：五

| 编　号 | ZJ5JB0203 | 行为领域 | d | | 鉴定范围 | | |
|---|---|---|---|---|---|---|---|
| 考核时间 | 5min | 题型 | A | 满分 | 100分 | 得分 | |
| 试题名称 | 导线接头绝缘带的包缠 | | | | | | |
| 考核要点及其要求 | (1) 着装规范，独立完成操作。<br>(2) 包缠起点与结束位置应在剥除绝缘层芯线外2倍绝缘带带宽处。<br>(3) 包缠时绝缘带应与导线成55°左右倾斜角，每圈压叠宽度为绝缘带带宽的1/2。<br>(4) 包缠处理中，注意不可稀疏，应用力拉紧绝缘带，更不能露出芯线，以确保绝缘质量和用电安全 | | | | | | |
| 工器具、材料 | (1) 绝缘胶带、绝缘导线1m（中间留有10cm裸露部分）。<br>(2) 考生自备工作服、安全帽、绝缘鞋、线手套 | | | | | | |
| 备　注 | | | | | | | |

### 评 分 标 准

| 序号 | 考核项目名称 | 质量要求 | 分值 | 扣分标准 | 扣分原因 | 得分 |
|---|---|---|---|---|---|---|
| 1 | 着装 | 安全帽应完好，佩戴应正确规范，着棉质长袖工装，穿绝缘鞋，戴棉手套 | 5 | (1) 未按要求着装每处扣1分。<br>(2) 着装不规范每处扣1分。<br>(3) 该项分值扣完为止 | | |
| 2 | 包缠起点 | 2倍带宽 | 10 | 未从剥除绝缘层芯线外2倍绝缘带带宽处开始进行包缠扣10分 | | |
| 3 | 从左至右包缠 | 1/2带宽　~55° | 30 | (1) 绝缘带应与导线成55°左右倾斜角，过大或过小扣10分。<br>(2) 每圈的压叠宽度为绝缘带带宽的1/2，否则扣20分 | | |
| 4 | 从右至左包缠 | | 30 | (1) 绝缘带应与导线成55°左右倾斜角，过大或过小扣10分。<br>(2) 每圈的压叠的宽度为绝缘带带宽的1/2，否则扣20分 | | |
| 5 | 包缠结束 | 包缠终点回到与起点附近位置 | 10 | 回的过长或过短扣10分（误差超过2倍绝缘带带宽） | | |
| 6 | 安全文明施工 | 包缠处理中，注意不可稀疏，应用力拉紧绝缘带，更不能露出芯线 | 15 | (1) 包缠的绝缘带未用力拉紧扣5分。<br>(2) 露出芯线扣10分 | | |

### 2.2.5 ZJ5JB0301 正确使用数字双钳相位伏安表

**一、作业**

（一）工器具、材料、设备

（1）工器具：数字双钳相位伏安表、数字万用表、电工个人工具、验电笔。

（2）材料：一次性封签、错误接线检查及分析记录单。

（3）设备：用户运行中的低压电能计量装置或高低压电能表接线智能模拟装置。

（二）安全要求

（1）在测量交流电流或交流电压时，严禁插拔仪表上的电流端子、电压端子上的测试线，以免出现电流互感器二次回路开路或电压互感器二次回路短路现象。

（2）在使用相位表期间，不能直接用手触碰表笔的裸露部分或带电部分。测量时应站在绝缘垫上，并且注意保持和带电体间的安全距离，以免发生触电危险。

（3）仪表一路只能接入一个信号，如果接入电压信号，应将电流插头拔去。

（4）测量电压不得高于 500V。

（5）使用后应及时关闭仪表电源。

**二、考核**

（一）考核场地

（1）场地面积应能同时容纳多个工位，并保证工位之间的距离合适，操作面积不小于 1500mm×1500mm。

（2）每个工位备有桌椅、计时器。

（二）考核时间

参考时间为 20min，考评员允许开工开始计时，到时停止工作。

（三）考核要点

（1）使用仪表前，应对仪表进行检查。除检查仪表本身外，还应检查电流钳、电流测试线、电压测试线等。

（2）开始测试前，应检查仪表是否在有效期内，用数字万用表对测试线进行通断检查，检查仪表电池电压情况。

（3）测量线路不同交流量时，首先选择不同的挡位和量程，如果不知交流量的大小，应先选择大量程，然后根据被测数值，转换到合适挡位。转换挡位时，应在不带电的情况下进行，以免损坏仪表。接好测试线后，再按下仪表的电源开关。

（4）交流电压的测量。根据所测电压大小，将仪表旋转开关旋至 $U_1$ 或 $U_2$，另一端与所测线路接触，此时仪表示数即为所测电压值。

（5）交流电流的测量。根据所测电流大小，将仪表旋转开关旋至 $I_1$ 或 $I_2$ 挡中 10A 或 2A 量程，选取标号 $I_1$ 或 $I_2$ 电流钳插头一端对应插入仪表电流端 $I_1$ 或 $I_2$，所测线路置于电流钳钳孔中心，此时仪表示数即为所测电流值。

（6）相位的测量。相位满度校准。测量交流量间的相位前，按下仪表电源开关，将旋转开关旋至"360°校"挡位，调节"360°校准电位器"，仪表应显示 360°。测量两路电压间相位。仪表旋转开关旋至"Φ"。

（7）三相电压相序的测量。仪表旋转开关要旋至"Φ"挡，将被测电压从仪表电压端输入，此时表笔接入有极性要求。若读数为120°，则三相电压为正相序；若读数为240°，则三相电压为逆相序。

（8）电路性质的判别。仪表旋转开关要旋至"Φ"挡，将被测电压从$U_1$端输入，被测电流从此$I_2$端输入，此时两根电压表笔和电流钳接入有极性要求。若读数小于90°，则电路呈感性特性；若读数大于270°，则电路呈容性特性。

（9）记录完整，分析记录单填写正确，判断正确。

（10）安全文明生产。

### 三、评分标准

行业：电力工程　　　　　　　工种：装表接电工　　　　　　　等级：五

| 编　号 | ZJ5JB0301 | 行为领域 | | d | | 鉴定范围 | | |
|---|---|---|---|---|---|---|---|---|
| 考核时间 | 20min | 题型 | | A | 满分 | 100分 | 得分 | |
| 试题名称 | 正确使用数字双钳相位伏安表 | | | | | | | |
| 考核要点及其要求 | （1）给定条件：在模拟柜上进行三相电能计量装置接线检查。分别进行交流电压的测量、电流的测量、两路电压间相位测量、两路电流间相位测量、电压与电流间相位测量、三相电压相序的测量，根据结果做出判断。测量前已办理了第二种工作票，现场已布置好安全措施。<br>（2）正确选择工器具、仪表。<br>（3）按要求进行数据测试。测试方法正确，步骤完整。<br>（4）测试记录完整，分析记录单填写正确，判断正确。<br>（5）安全文明生产 | | | | | | | |
| 工器具、材料、设备、场地、其他 | （1）工器具：手持数字双钳相位伏安表、数字万用表、电工个人工具。<br>（2）材料：一次性封签、错误接线检查及分析记录单。<br>（3）设备：用户运行中低压电能计量装置或高低压电能表接线智能模拟装置。<br>（4）场地：场地面积应能同时容纳多个工位，并保证工位之间的距离合适，操作面积不小于1500mm×1500mm。<br>（5）其他：每个工位备有桌椅、计时器 | | | | | | | |
| 备　注 | （1）考评员全程监考，随时掌握进入系统操作状态。<br>（2）若各种监测曲线图未显示，考评前应提供异常户电能表的现场截图。<br>（3）各项得分均扣完为止 | | | | | | | |

| 评　分　标　准 | | | | | | | | |
|---|---|---|---|---|---|---|---|---|
| 序号 | 考核项目名称 | 质量要求 | | 分值 | 扣分标准 | | 扣分原因 | 得分 |
| 1 | 开工准备 | （1）着装规范，安全帽应完好，佩戴正确规范，着棉质长袖工装，穿绝缘鞋，戴棉手套。<br>（2）履行开工手续 | | 4 | （1）未按要求着装每处扣1分。<br>（2）未许可开工扣2分。<br>（3）该项分值扣完为止 | | | |
| 2 | 工器具、仪表检查 | （1）选用相位伏安表，检查其外观、合格证。<br>（2）检查电池电压、相位满度校准，电流钳、测试线完好齐备 | | 10 | （1）选择错误扣2分。<br>（2）未检查扣3分 | | | |
| 3 | 验电 | （1）用三步验电法对设备验电，验电时不应戴手套。<br>（2）填写记录单上的基本信息 | | 5 | （1）未验电扣3分。验电方法错误扣2分。<br>（2）未填写信息或不全扣2分 | | | |

| 序号 | 考核项目名称 | 质 量 要 求 | 分值 | 扣 分 标 准 | 扣分原因 | 得分 |
|---|---|---|---|---|---|---|
| 4 | 电压的测量 | 挡位量程选择正确，接线正确，读数保留整数位 | 8 | (1) 挡位量程不正确扣3分。<br>(2) 接线错误扣3分。<br>(3) 读数不正确扣2分 | | |
| 5 | 电流的测量 | 挡位量程选择正确，电流钳与仪表电流端对应，接线正确，读数保留小数点后两位 | 8 | (1) 挡位量程不正确扣3分。<br>(2) 接线错误扣3分。<br>(3) 读数不正确扣2分 | | |
| 6 | 两路电压间相位测量 | 挡位量程选择正确，接线正确，读数保留整数位 | 10 | (1) 挡位量程不正确扣3分。<br>(2) 接线错误扣5分。<br>(3) 读数不正确扣2分 | | |
| 7 | 两路电流间相位测量 | 挡位量程选择正确，电流钳与仪表电流端对应，接线正确，读数保留整数位 | 10 | (1) 挡位量程不正确扣3分。<br>(2) 接线错误扣5分。<br>(3) 读数不正确扣2分 | | |
| 8 | 电压与电流间相位测量 | 挡位量程选择正确，电流钳与仪表电流端对应，接线正确，读数保留整数位 | 10 | (1) 挡位量程不正确扣3分。<br>(2) 接线错误扣5分。<br>(3) 读数不正确扣2分 | | |
| 9 | 相序的测量 | 挡位量程选择正确，接线正确，读数保留整数位 | 10 | (1) 挡位量程不正确扣3分。<br>(2) 接线错误扣5分。<br>(3) 读数不正确扣2分 | | |
| 10 | 电路性质判别 | 挡位量程选择正确，接线正确，读数保留整数位 | 10 | (1) 挡位量程不正确扣3分。<br>(2) 接线错误扣5分。<br>(3) 读数不正确扣2分 | | |
| 11 | 填写分析记录单 | 试验报告填写完整，结论判断正确 | 8 | (1) 报告不整洁、完整扣3分。<br>(2) 结论错误扣5分 | | |
| 12 | 文明生产 | 清理现场，无违章现象 | 7 | (1) 未清理现场扣2分。<br>(2) 操作中发生违章现象每次扣5分。<br>(3) 该项分值扣完为止 | | |
| 13 | 否决项 | 否决内容 | | | | |
| 13.1 | 安全否决 | 在测量交流电流或交流电压时，严禁插拔仪表上的电流端子、电压端子上的测试线，以免出现电流互感器二次回路开路或电压互感器二次回路短路 | 否决 | 整个操作项目得0分 | | |

## 2.2.6 ZJ5JB0302 用电子式兆欧表测绝缘电阻

**一、作业**

（一）工器具、材料、设备

（1）工器具：验电器、电子式兆欧表（绝缘电阻测试仪）、放电棒、遮栏 2 套、安全警示牌、安全指示牌、温度计、湿度计、秒表。

（2）材料：干净的布或棉纱若干。

（3）设备：低压线路、低压电动机、低压单芯绝缘电力电缆。

（二）安全要求

（1）严禁超电压范围使用仪表。

（2）严禁在易燃易爆场所使用仪表。

（3）仪表潮湿或操作者手潮湿时严禁进行测量作业。

（4）测试线短路连接时严禁测量电阻。

（5）测量时严禁打开仪表电池盖。

（6）仪表破损时严禁使用。

（7）严禁在高温、高湿和强电磁场环境使用仪表。

（8）严禁对带电设备进行测量。

（9）工作服、安全帽、手套整洁完好，符合要求，工器具绝缘良好，整齐完备。

（10）户外试验应在良好的天气环境进行，且空气相对湿度一般不高于 80%；室内还应具备充足照明和良好通风条件。

（11）现场设置必要的遮栏、安全标示牌。

（12）正确使用电子式兆欧表，严防人身触电及损坏仪表。

（三）操作步骤及工艺要求（含注意事项）

1. 操作步骤

（1）履行开工手续，口头交代危险点和防范措施。

（2）按给定的条件选取工器具，检查外观、绝缘良好。

（3）检查、确认电子式兆欧表合格完好。

（4）对被试电气设备停电、验电，设置安全遮栏，在作业人员出入口处挂"从此进出"指示牌，在遮栏四周向外挂"止步，高压危险"警示牌。

（5）对被试电气设备从系统中退出并充分放电、接地，将其擦拭干净。

（6）电子式兆欧表与被试电气设备间接线正确，正确完成绝缘电阻测试项目。

（7）记录试验环境温度和湿度。

（8）测试完毕，对被试设备充分放电、接地，再拆除相关测试线。

（9）正确判断测试结果。

（10）清理工作现场，办理工作终结手续。

2. 操作要求

（1）正确设置电子式兆欧表的测试电压等级。

（2）按电子式兆欧表的要求正确接线。

（3）测试线应选用仪器配备的专用线，测试线应独立分开、悬空，避免缠绕在一起，

67

不要随意搁置在设备外壳上。

（4）按要求进行测量。

（5）测试读数结束后，记录测试数据。

（6）测试结束后关闭仪表电源并整理仪表附件。

## 二、考核

（一）考核场地

（1）场地面积应能同时容纳多个工位，并保证工位之间的距离合适，互不干扰。

（2）每个工位备有桌椅、计算器、秒表。

（3）室内场地有照明、通风及空调设施。

（二）考核时间

参考时间为20min。选用工器具时间限定5min内，不计入考核时间。

（三）考核要点

（1）正确选择测试用工器具、仪表。

（2）测试方法正确，测试步骤完整。

（3）测试前后对被试设备放电的方法正确。

（4）记录完整，判断正确。

（5）安全文明生产。

## 三、评分标准

行业：电力工程　　　　　　　工种：装表接电工　　　　　　　等级：五

| 编　号 | ZJ5JB0302 | 行为领域 | e | 鉴定范围 | |
|---|---|---|---|---|---|
| 考核时间 | 20min | 题型 | A | 满分 | 100 分 | 得分 | |

| 试题名称 | 用电子式兆欧表测绝缘电阻 |
|---|---|

| 考核要点<br>及其要求 | （1）给定条件：现场测试低压线路、低压电动机、低压单芯绝缘电力电缆绝缘电阻，试验环境满足要求。<br>（2）正确选择测试用工器具、仪表。<br>（3）测试方法正确，测试步骤完整。<br>（4）测试前后对被试设备放电方法正确。<br>（5）记录完整，判断正确。<br>（6）安全文明生产 |
|---|---|
| 现场设备、<br>工器具、材料、<br>设备 | （1）工器具：验电器、电子式兆欧表（绝缘电阻测试仪）1 块、放电棒 1 支、遮栏 2 套、安全警示牌 2 块、安全指示牌 1 块、温度计 1 支、湿度计 1 支、秒表 1 块。<br>（2）材料：干净的布或棉纱若干。<br>（3）设备：低压线路、低压电动机、低压单芯绝缘电力电缆。<br>（4）考生自备工作服、安全帽、绝缘鞋、常用电工工具 |
| 备　注 | |

### 评 分 标 准

| 序号 | 考核项目名称 | 质 量 要 求 | 分值 | 扣 分 标 准 | 扣分原因 | 得分 |
|---|---|---|---|---|---|---|
| 1 | 开工准备 | （1）着工装、穿绝缘鞋，戴安全帽、戴棉手套。<br>（2）履行开工手续 | 5 | （1）未按要求着装扣 3 分。<br>（2）未履行开工手续扣 2 分 | | |
| 2 | 电子式兆欧表检查 | （1）选用 500V 电压挡。<br>（2）检查兆欧表外观、确认合格 | 5 | （1）选择错误扣 3 分。<br>（2）未检查或检查方法错误扣 2 分 | | |
| 3 | 停用被试设备 | 对被试设备停电、验电，与系统断开并充分放电 | 10 | （1）未履行停用步骤扣 5 分。<br>（2）未进行放电或方法错误扣 5 分 | | |
| 4 | 设置遮栏 | 被试设备两端周围设置安全遮栏，在作业人员出入口处挂"从此进出"指示牌，在遮栏四周向外挂"止步，高压危险"警示牌 | 10 | （1）未设置遮栏扣 5 分。<br>（2）缺少指示牌扣 2 分。<br>（3）缺少警示牌扣 3 分 | | |
| 5 | 测试前准备 | （1）电气设备退出系统，检查外观状况，将线芯与其他附件完全分开，擦拭干净。<br>（2）确定每相线芯对绝缘层及地等测试项目 | 10 | （1）未检查说明设备外观扣 2 分。<br>（2）未擦拭干净扣 3 分。<br>（3）被试线芯未完全分开扣 3 分。<br>（4）未说明测试项目或不全扣 2 分 | | |

| 序号 | 考核项目名称 | 质 量 要 求 | 分值 | 扣 分 标 准 | 扣分原因 | 得分 |
|---|---|---|---|---|---|---|
| 6 | 正确接线 | 低压线路、低压电动机、低压单芯绝缘电力电缆绝缘电阻测试，可靠正确连接 | 15 | （1）连接错误，每项扣 5 分。<br>（2）该项分值扣完为止 | | |
| 7 | 测试绝缘电阻 | （1）正确测试操作。<br>（2）测试结束关闭仪器电源。<br>（3）对设备放电 | 15 | （1）测试方法错误扣 10 分。<br>（2）未进行放电或方法错误扣 5 分 | | |
| 8 | 记录 | 数据记录正确 | 10 | 读数不全或错误扣 10 分 | | |
| 9 | 结论 | 判断低压线路、低压电动机、低压单芯绝缘电力电缆测试结论正确 | 10 | （1）缺少结论扣 5 分。<br>（2）结论错误扣 5 分 | | |
| 10 | 清理现场 | 清理现场，恢复原状，退出考核场地 | 10 | （1）未清理扣 10 分。<br>（2）清理不彻底扣 5 分 | | |

### 2.2.7 ZJ5JB0401 使用电动工具进行相应安装工作

**一、操作**

（一）工器具、材料、设备

（1）工器具：电工个人工具。

（2）材料、设备：电锤、手持电钻、手持电钻（电池型）、移动接线盘、单相智能表箱1个、ϕ10膨胀丝3条。

（二）操作的安全要求

（1）着装符合要求，工作服、安全帽、棉手套整洁完好。

（2）操作时应注意手持电动工具的正确选择和使用，不损坏工器具及元器件。

（3）特别注意手持电动工具使用时人员触电危险。

（三）操作步骤及要求

1. 操作步骤

（1）将表箱在安装位置进行初装，确定表箱固定三条螺丝位置。

（2）使用电锤选用ϕ10钻头在表箱固定位置打孔。

（3）将膨胀管塞入打好的膨胀丝孔。

（4）使用手持电钻将膨胀丝旋入膨胀丝中，将表箱固定好。

2. 操作要求

（1）使用电锤前应检查电锤外观绝缘部分是否有破损，移动接线盘是否配置了漏电保护器，并在使用前对漏电保护器进行测试，确保漏电保护器运行正常。

（2）操作人员操作时，要防止飞溅碎片伤人。

（3）严禁超载使用。作业中应注意音响及温升，发现异常应立即停机检查。在作业时间过长，机具温升超过60℃时，应停机，自然冷却后再行作业。

（4）机具启动后，应空载运转，应检查并确认机具联动灵活无阻。作业时，加力应平稳，不得用力过猛。

（5）作业时应掌握电钻或电锤手柄，打孔时先将钻头抵在工作表面，然后开动，用力适度，避免晃动；转速若急剧下降，应减少用力，防止电机过载，严禁用木杠加压。

（6）钻孔时，应注意避开混凝土中的钢筋。

（7）电钻和电锤为40%断续工作制，不得长时间连续使用。

（8）操作结束后，清理工位，工器具、材料摆放整齐，不发生违反安规的现象。

**二、考核**

（一）考核场地

（1）场地面积应能同时容纳多个工位的砖结构墙，并保证工位之间的距离合适。

（2）每个工位备有电源同时在考场内设置1台计时器。

（二）考核时间

参考时间为30min，考评员允许开工开始计时，到时即停止工作。

（三）考核要点

（1）着装规范。

（2）手持电动工器具正确使用。

（3）使用电锤打孔。

（4）安全文明施工。

### 三、评分参考标准

行业：电力工程　　　　　　工种：装表接电工　　　　　　等级：五

| 编　号 | ZJ5JB0401 | 行为领域 | e | 鉴定范围 | | |
|---|---|---|---|---|---|---|
| 考核时间 | 30min | 题型 | A | 满分 | 100 | 得分 |
| 试题名称 | 使用电动工器具进行相应安装工作 | | | | | |
| 考核要点及其要求 | （1）给定条件：使用电锤、电钻完成单相智能表箱的固定。<br>（2）着装规范，独立完成操作。<br>（3）手持电动工器具正确使用。<br>（4）使用电锤打孔。<br>（5）安全文明施工 | | | | | |
| 现场设备、工器具、材料 | （1）电锤、手持电钻、手持电钻（电池型）、移动接线盘、单相智能表箱1个、φ10膨胀丝3条。<br>（2）考生自备工作服、绝缘鞋、安全帽、线手套、常用电工手持工具 | | | | | |
| 备　注 | | | | | | |

评　分　标　准

| 序号 | 考核项目名称 | 质量要求 | 分值 | 扣分标准 | 扣分原因 | 得分 |
|---|---|---|---|---|---|---|
| 1 | 着装 | 安全帽应完好，安全帽佩戴应正确规范，着棉质长袖工装，穿绝缘鞋，戴棉手套 | 5 | （1）未按要求着装扣3分。<br>（2）着装不规范扣2分 | | |
| 2 | 准备工器具 | 电锤、手持电钻（电池型）、移动接线盘、单相智能表箱1个、φ10膨胀丝3条、护目镜 | 20 | （1）漏选或错选每件扣3分。<br>（2）未检查工器具每件扣2分。<br>（3）该项分值扣完为止 | | |
| 3 | 表箱位置确定 | 表箱底距地面高度为1.8m，画出三个表箱固定位置 | 20 | （1）高度不符合要求扣5分。<br>（2）没有画出表箱固定位置，每少1个扣5分。<br>（3）该项分值扣完为止 | | |
| 4 | 使用电锤打孔 | （1）接好电源后，对漏电保护器进行测试。<br>（2）接通电源后，要空载试用电锤旋转是否正常。<br>（3）检查电锤钻头是否合适。<br>（4）开始打孔。<br>（5）在打孔过程中严禁通过拖拽电线方式移动位置，打入深度在5cm | 30 | （1）接好电源后，未对漏电保护器进行测试扣5分。<br>（2）未空载试用电锤旋转是否正常扣5分。<br>（3）电锤钻头与膨胀丝不匹配扣5分。<br>（4）在打孔过程通过拖拽电线方式移动位置，每次扣2分。<br>（5）打入深度5cm，过深、过浅扣5分。<br>（6）操作过程中不带棉手套扣3分。<br>（7）应间歇使用电锤，连续20s使用，每发生一次扣2分。<br>（8）该项分值扣完为止 | | |
| 5 | 固定表箱 | 使用手电钻固定智能表箱 | 25 | （1）未空载试用电钻旋转是否正常扣5分。<br>（2）每少使用1个膨胀丝固定扣5分。<br>（3）操作过程中不带棉手套扣3分。<br>（4）应间歇使用电钻，连续20s使用，每发生一次扣2分。<br>（5）表箱固定不牢固扣5分。<br>（6）该项分值扣完为止 | | |

**2.2.8　ZJ5ZY0101　识读低压智能电能表**

**一、作业**

（一）工器具、材料、设备

（1）工器具：碳素笔、计算器、手电筒、低压验电笔、绝缘梯或木凳。

（2）材料：工作证件、原始记录。

（3）设备：装有单相智能表的可通电运行的模拟装置、计时钟（表）。

（二）安全要求

（1）正确穿戴工作服、安全帽、绝缘鞋，符合要求。

（2）模拟出示证件并请客户配合。

（3）使用验电笔测试表箱及操作可能触碰部位是否带电。

（4）登高 2m 以上应系好安全带，保持与带电设备的安全距离。使用绝缘梯或木凳时，应有人扶持。

（5）发现客户违规用电应做好记录，及时通知相关人员处理，不应与客户发生冲突。

（三）操作步骤及工艺要求（含注意事项）

（1）到实训模拟抄表装置单相智能表位处识读智能表。

（2）核对智能表基本信息。

（3）查看智能表是否报警、自检信息是否正确、封签是否完好。

（4）按操作要求抄录智能表信息。

（5）对发现电能表故障及客户违约用电应做好记录，及时通知检查人员处理。

（6）清理现场，不得遗留任何器物。必要时请客户在原始记录上签字，确认工作完毕。

**二、考核**

（一）考核场地

（1）场地面积应能同时容纳 4 个工位模拟装置，每个工位操作面积不小于 1500mm×1500mm；设置 2 套评判桌椅和计时秒表。

（2）每个工位配有考生书写桌椅。

（3）室内备有 2 处以上通电试验用三相电源（有接地及剩余电流保护）。

（二）考核时间

参考时间为 20min，许可操作后开始计时，到时停止操作。若在规定时间未完成作业，按实际完成的内容评分。

（三）考核要点

（1）着装整齐规范。

（2）持证工作。

（3）正确判断单相智能表工作状态。

（4）正确识读单相智能表参数及电量信息并做好记录。

（5）安全文明生产。

## 三、评分标准

行业：电力工程 　　　　　　　工种：装表接电工 　　　　　　　等级：五

| 编　号 | ZJ5ZY0101 | 行为领域 | | e | | 鉴定范围 | |
|---|---|---|---|---|---|---|---|
| 考核时间 | 20min | 题型 | | A | 满分 | 100分 | 得分 |
| 试题名称 | 识读低压智能电能表 | | | | | | |
| 考核要点及其要求 | (1) 着装整齐规范。<br>(2) 持证工作。<br>(3) 正确判断单相智能表工作状态。<br>(4) 正确识读单相智能表参数及电量信息并做好记录。<br>(5) 安全文明生产 | | | | | | |
| 现场设备、工器具、材料、设备 | (1) 工器具：碳素笔、计算器、手电筒、低压试电笔、绝缘梯或木凳。<br>(2) 材料：原始记录、考核评分表。<br>(3) 设备：装有单相智能表的可通电运行的模拟装置、计时钟（表） | | | | | | |
| 备　注 | | | | | | | |

评　分　标　准

| 序号 | 考核项目名称 | 质量要求 | 分值 | 扣分标准 | 扣分原因 | 得分 |
|---|---|---|---|---|---|---|
| 1 | 着装 | 着装合理、整齐 | 5 | 未着装扣5分，不规范扣3分 | | |
| 2 | 工器具准备 | 碳素笔、计算器、验电笔 | 6 | 每缺1样扣2分 | | |
| 3 | 识读智能表 | | | | | |
| 3.1 | 核对表计信息 | 抄录智能表铭牌参数 | 4 | (1) 每缺1条扣1分。<br>(2) 该项分值扣完为止 | | |
| 3.2 | 直观检查 | 检查表计外观、封签并抄录编号 | 5 | (1) 直观检查每缺1处扣1分，无结论扣1分。<br>(2) 该项分值扣完为止 | | |
| 3.3 | 识读状态信息 | 识读智能表脉冲灯、跳闸灯信息、报警信息、电池状态、潮流方向 | 15 | (1) 识读缺项或错误每项扣3分。<br>(2) 该项分值扣完为止 | | |
| 3.4 | 识读基本信息 | 识读日期、时间、当前费率、表号并核对 | 25 | (1) 识读缺项或错误每项扣3分，每项未核对扣2分。<br>(2) 该项分值扣完为止 | | |
| 3.5 | 识读电能信息 | 识读当前、上1个月、上2个月电量信息 | 15 | (1) 识读缺项或错误每项扣5分。<br>(2) 该项分值扣完为止 | | |
| 4 | 原始记录 | 卷面整洁，数据齐全无涂改 | 8 | (1) 缺漏项每项扣2分。<br>(2) 无效涂改每处扣2分。<br>(3) 该项分值扣完为止 | | |
| 5 | 操作终结 | 汇报工作结束，停止计时 | 5 | 未汇报扣5分 | | |
| 6 | 安全文明生产 | (1) 操作过程中无人身伤害、设备损坏。<br>(2) 操作完毕清理现场及整理好工器具、材料。<br>(3) 办理工作终结手续 | 12 | (1) 发生人身伤害或设备损坏事故本项不得分。<br>(2) 未验电扣2分。<br>(3) 未清理现场及整理工器具材料扣5分。<br>(4) 未办理工作终结手续扣5分。<br>(5) 该项分值扣完为止 | | |

## 附表

### 识读智能表原始记录

| 准考证号 | | 考生姓名 | | 工作单位 | | 所在岗位 | |
|---|---|---|---|---|---|---|---|

**智能表信息**

| 厂家 | 型号 | 规格 | 准确等级 | 出厂编号 | 常数 |
|---|---|---|---|---|---|
| | | | | | |

**直观检查**

| 左封 | | 右封 | | 编程封 | | 结论 | |
|---|---|---|---|---|---|---|---|

**状态信息**

| 报警灯 | | 跳闸灯 | | 报警指示 | | 时钟电池 | |
|---|---|---|---|---|---|---|---|
| 电压 | | 电流 | | 潮流（象限） | | 抄表电池 | |

**基本信息**

| 日期 | 时间 | 当前费率 | 表号 | 485 地址 |
|---|---|---|---|---|
| | | | | |

| 结论 | |
|---|---|

**电能信息**

| | 正向有功/(kW·h) | | | | | | |
|---|---|---|---|---|---|---|---|
| | 总 | 尖 | 峰 | 平 | 谷 | 需量/kW | 需量发生时间 |
| 当前 | | | | | | | |
| 上 1 个月 | | | | | | | |
| 上 2 个月 | | | | | | | |

| | 正向有功/(kW·h) | | | 正向无功/(kvar·h) | | | |
|---|---|---|---|---|---|---|---|
| | u | V | W | 总 | Ⅰ | Ⅱ | Ⅲ | Ⅳ |
| 当前 | | | | | | | | |

**交采信息**

| 电压/V | U（单相） | | V | | W | | 相序 | |
|---|---|---|---|---|---|---|---|---|
| 电流/A | U（单相） | | V | | W | | | |
| 功率/kW | u | | V | | W | | 总 | |
| 功率因数 | u | | V | | W | | 总 | |
| 结论 | | | | | | | | |

### 2.2.9　ZJ5ZY0201　单相电能表的安装

**一、作业**

（一）工器具、材料、设备

（1）工器具：电工个人工具、断线钳、冲击钻、手锤、扳手、钳形电流表、万用表、相序表、压接钳、绝缘垫、登高工具、应急灯、皮卷尺。

（2）材料：黄、绿、红、黑色 $10mm^2$ 及 $16mm^2$ 导线若干，黄、绿、红、黑色绝缘胶带、尼龙扎带若干，一次性封签若干，细砂纸，铜线端子若干。

（3）设备：计量箱1台或计量安装木板1块，低压单相5（40）A、10（40）A有功电能表各1块，负荷开关或漏电断路器1台。

（二）安全要求

（1）正确填用第一种工作票，工作服、安全帽、棉手套整洁完好，符合要求，工器具绝缘良好，整齐完备。

（2）使用电工刀剥削导线时，刀口向外并与导线约成45°，防止伤人。

（3）配线、安装时防止工具、导线意外伤人。

（4）接用临时电源应使用专用导线设备，应配有剩余电流动作保护器。

（5）使用仪表检测注意其挡位和量程选择，加强监护，严防短路事故。

（6）登高2m以上应系好安全带，保持与带电设备的安全距离，在梯子上作业应有人扶持。

（7）查看带电设备及周边环境，制定现场安全防护措施。

（三）操作步骤及工艺要求（含注意事项）

1. 操作步骤

（1）查看现场，监护人向工作人交代危险点，必要时补充制定现场安全措施，工作人明确工作任务，并确认以上事项开工前在工作票上签名认可。

（2）选择检查元器件。

（3）熟悉直接接入式低压单相电能表原理接线图。

（4）按工艺要求安装电能表，监护人监护到位，防止事故发生。

（5）清理现场，请客户签字认可，工作人在工作单上签字，确认工作完毕。

2. 操作要求

（1）直接接入式低压单相电能表原理接线图如图2-2所示。

（2）木板上设备布置合理，设备之间及距边框距离不小于80mm，电能表处于木板黄金分割位置。

（3）检查待装设备完好、垂直安装，熔断器、开关上端接电源，下端接负载。

（4）按负荷大小选择导线规格，测量线长，准确截取导线，剥削线头尺寸合理，铜端子压接紧固或线鼻子制作规范，孔径恰当。

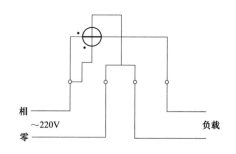

图2-2　直接接入式单相电能表原理接线图

（5）导线横平竖直，转角曲率半径不小于 3 倍导线外径，扎带距转角两端不超过 3cm，直线段间距不超过 15cm。

（6）清净线头表面氧化层、对应单相进出线相线和中性线分别与设备连接、可靠压接，先压接上端螺钉，再压接下端螺钉，力度适中有压痕，无压绝缘层，如图 2-3 所示。

（7）认清电能表接线盒相线和中性线，一一对应接入并及时轻拉导线检查有无松动。

（8）接入剩余电流动作保护器时，确保相线、中性线对应连接。

（9）加封签完整，正确填写工作单，供用双方在工作单上签字确认。

（10）清理工位，工具、材料摆放整齐，无不安全现象发生，做到安全文明生产。

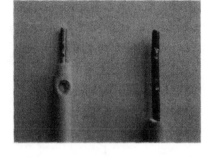

图 2-3　力度适中有压痕，无压绝缘层

## 二、考核

（一）考核场地

（1）场地面积应能同时容纳四个工位（操作台），并保证工位之间的距离合适，操作面积不小于 1500mm×1500mm。

（2）每个工位配有桌椅，一块元件安装板（木制）规格为 600mm×700mm，厚 20mm。

（3）室内备有 4 处以上通电试验用的单相电源（有接地保护）。

（二）考核时间

参考时间为 30min，从报开工起到报完工止，不包括选用工器具、元器件时间和通电试验时间。

（三）考核要点

（1）履行工作手续完备。

（2）正确选择待装设备和导线规格，安全作业。

（3）导线压接到位，连接正确，符合工艺要求。

（4）通电后检查运行正常，履行电压质量及相序的测试。

（5）工作单填写正确、规范。

（6）安全文明生产。

## 三、评分标准

行业：电力工程　　　　　　　工种：装表接电工　　　　　　　等级：五

| 编　号 | ZJ5ZY0201 | 行为领域 | e | 鉴定范围 | | |
|---|---|---|---|---|---|---|
| 考核时间 | 30min | 题型 | B | 满分 | 100分 | 得分 |
| 试题名称 | 单相电能表的安装 | | | | | |

| 考核要点<br>及其要求 | (1) 给定条件：现场相关工作票据和许可手续已齐备，安全措施已做好，设备不带电；现场安装计量箱1台或计量木板1块，安装直接接入式低压单相5（40）A、10（40）A有功电能表各1块，计量箱1台或计量安装木板1块，负荷开关或漏电断路器1台。除电能表外，上述设备均已固定安装。<br>(2) 电能表、隔离开关、漏电断路器已经试验合格。<br>(3) 着装规范，劳动防护措施齐全。<br>(4) 正确选择、准备工器具、仪表、材料，无遗漏。<br>(5) 开工前检查仪表、设备良好。<br>(6) 正确、安全使用工器具、仪表。<br>(7) 接线方式按直接接入式接线，接线正确。<br>(8) 安装走线总体要求：从上到下，先零后相；正确规范，层次清晰；布置合理，方位适中；集束成捆，互不交叠；横平竖直，边路走线。<br>(9) 正确、安全完成停电检查和通电检查。<br>(10) 各项得分均扣完为止 |
|---|---|
| 现场设备、<br>工器具、材料、<br>设备 | (1) 设备：计量木板1块，低压单相电能表1块，负荷开关1台或漏电断路器1台。<br>(2) 材料：黄色导线若干，绿色导线若干，红色导线若干，黑色导线若干，尼龙扎带若干，一次性封签若干，细砂纸，铜线端子若干。<br>(3) 工器具：电工个人工具、钢锯、断线钳、冲击钻、手锤、扳手、钳形电流表、万用表、压接钳、绝缘卷尺（可现场选择，也可自备，但不能使用电动工具）。<br>(4) 考生自备工作服，安全帽，线手套，绝缘鞋 |
| 备　注 | |

### 评　分　标　准

| 序号 | 考核项目名称 | 质量要求 | 分值 | 扣分标准 | 扣分原因 | 得分 |
|---|---|---|---|---|---|---|
| 1 | 着装 | 安全帽应完好，佩戴应正确规范，着棉质长袖工装，系好领口、袖口，穿绝缘鞋，戴线手套 | 5 | (1) 未按要求着装扣5分。<br>(2) 着装不规范扣3分 | | |
| 2 | 工器具、仪表外观检查和试验 | (1) 正确选择工器具、仪表，不漏选。<br>(2) 常用工具检查。检查其规格、外观质量及机械性能。<br>(3) 电气安全器具检查。检查低压验电笔外观质量和电气性能，并在确认有电的电源插座上试电，发光时为正常。<br>(4) 测量仪表检查其外观和电气性能 | 5 | (1) 借用工具扣1分。<br>(2) 漏选仪表扣1分。<br>(3) 工器具未进行检查扣1分。<br>(4) 仪表未进行相关试验、检查扣2分 | | |
| 3 | 材料、设备选择 | (1) 正确选择材料、设备，不漏选。<br>(2) 检查主要设备外观完好，规格合适 | 5 | (1) 借用材料扣1分。<br>(2) 漏选设备扣1分。<br>(3) 未对设备和材料进行检查扣2分。<br>(4) 导线规格、颜色选择不正确扣1分 | | |

| 序号 | 考核项目名称 | 质量要求 | 分值 | 扣分标准 | 扣分原因 | 得分 |
|---|---|---|---|---|---|---|
| 4 | 开工 | 履行开工手续 | 5 | 未口头交代工作票或施工票填写及措施扣5分 | | |
| 5 | 安装环境检查 | 安装场所符合安装要求 | 5 | 安装前未检查安装场所扣5分 | | |
| 6 | 安装电能表 | （1）按直接接入式接线，接线正确无误，执行"先出后进、先零后相、从右到左"接线顺序原则。<br>（2）导线连接牢固，接触良好，接线工艺美观，导线接头金属部分不外露，表尾螺钉压接时，先固定上端螺钉，后固定下端螺钉。<br>（3）表计安装牢固。<br>（4）布局合理。<br>（5）接入漏电保护器 | 40 | （1）接线顺序不对扣10分。<br>（2）布线路径不合理（安全距离、宏观美观程度）扣2分。<br>（3）导线不横平竖直（明显有角度偏差5°以上）扣2分，布线绞线每处扣2分。<br>（4）电能表安装倾斜超过1°，或有明显倾斜扣3分。<br>（5）电能表、空气开关接线平视露铜每处1分，其余部分导线接头露铜（超过2mm）每处扣1分，压绝缘每处扣1分。<br>（6）损坏设备扣5分，导线剥削后未去氧化层扣2分，方法不正确扣1分。<br>（7）安装过程中损伤导线绝缘扣5分。<br>（8）剩余电流动作断路器相线、中性线安装错误扣5分。<br>（9）该项分值扣完为止 | | |
| 7 | 试验 | 进行负载试验，检查表计运行情况 | 15 | （1）未使用万用表进行停电接线检查扣5分。<br>（2）未进行无负载试验，检查有无潜动情况扣5分。<br>（3）未进行有负载试验，检查电能表运行情况扣5分 | | |
| 8 | 加封 | 加封，填写工作单 | 10 | （1）电能表、表箱每缺少1个封签扣2分。<br>（2）工作单填写漏项扣2分。<br>（3）未清理现场，有遗漏物品每处扣1分。<br>（4）该项分值扣完为止 | | |
| 9 | 安全生产 | 操作符合规程和安全要求，无违章现象 | 10 | （1）操作中发生违规或不安全现象扣5分。<br>（2）该项分值扣完为止 | | |
| 10 | 否决项 | 否决内容 | | | | |
| 10.1 | 安全否决 | 使用仪表检测注意其挡位和量程选择，加强监护，严防短路事故 | 否决 | 整个操作项目得0分 | | |

**2.2.10 ZJ5ZY0202 三相四线直接接入电能表的安装**

**一、作业**

（一）工器具、材料、设备

（1）工器具：电工个人工具、断线钳、冲击钻、手锤、扳手、钳形电流表、万用表、相序表、压接钳、绝缘垫、登高工具、皮卷尺。

（2）材料：黄、绿、红、黑色 10mm² 及 16mm² 多股铜芯塑料绝缘线若干，黄、绿、红、黑色绝缘胶带、尼龙扎带、固定木螺丝若干，一次性封签若干，细砂纸，铜线端子若干。

（3）设备：计量箱 1 台或计量安装木板 1 块，三相四线低压 3×10（100）A 智能表 1 块，隔离开关 1 只，负荷开关或漏电断路器 1 台。

（二）安全要求

（1）正确填用第一种工作票，工作服、安全帽、手套整洁完好，符合要求，工器具绝缘良好，整齐完备。

（2）使用电工刀剥削导线时，刀口向外并与导线约成 45°，防止伤人。

（3）配线、安装时防止工具、导线意外伤人。

（4）接用临时电源应使用专用导线设备，应配有剩余电流动作保护器。

（5）使用仪表检测注意其挡位和量程选择，加强监护，严防短路事故。

（6）查看带电设备及周边环境，制定现场安全防护措施。

（7）着装符合要求，工作服、安全帽、棉手套整洁完好。

（二）操作步骤及工艺要求

1. 操作步骤

（1）查看现场，监护人向工作人交代危险点，必要时补充制定现场安全措施。

（2）工作人明确工作任务，并确认以上事项开工前在工作票上签名认可。

（3）选择检查元器件。

（4）熟悉直接接入式低压三相四线电能表原理接线图。

（5）按工艺要求安装电能表，监护人监护到位，防止事故发生。

（6）清理现场，请客户签字认可，工作人在工作单上签字，确认工作完毕。

2. 工艺要求

（1）直接接入式低压三相四线电能表接线图如图 2-4 所示。

（2）木板上设备布置合理，设备之间及距边框距离不小于 80mm，电能表处于木板黄金分割位置。

（3）检查待装设备完好、垂直安装，熔断器、开关上端接电源，下端接负载。

（4）按负荷大小选择导线规格，测量线长，准确截取导线，剥削线头尺寸合理，铜端子压接紧固或线鼻子制作规范，孔径恰当。

（5）导线横平竖直，导线转弯应均匀，转弯弧度不得小于线径的 6 倍，禁止导线绝缘出现破损现象，扎束时，捆扎带之间的距离：直线为 100～150mm，转弯处为 30～50mm。线束固定点之间的距离横向不超过 300mm，纵向不超过 400mm。

（6）清净线头表面氧化层、对应 W、V、U 三相进出线相线和中性线分别与设备连接、可靠压接，先压接上端螺钉，再压接下端螺钉，力度适中有压痕，无压绝缘层，如图2-5所示。

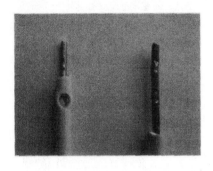

图2-4　直接接入式低压三相
四线电能表接线图

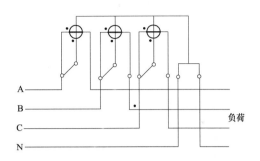

图2-5　力度适中有压痕，无压绝缘层

（7）认清电能表接线盒U、V、W相接线单元和黄绿红色绝缘导线，一一对应接入并及时轻拉导线无松动。

（8）从电源侧引出中性线两根，其中一根为6mm²直接接入电能表中性线端子压接，另一根与相线等径，接至负荷侧。

（9）接有剩余电流动作保护器时，严禁随意接入，确保相线、中性线对应连接。

（10）检查新表接线正确，通电测试电能表正相序、输出电流、电压质量合格，运行正常。

（11）加封签完整，正确填写工作单，供用双方在工作单上签字确认。

（12）清理工位，工具、材料摆放整齐，无不安全现象发生，做到安全文明生产。

**二、考核**

（一）考核场地

（1）每个工位配一块元件安装板（木制）规格为600mm×700mm，厚20mm。

（2）室内备有通电试验用的三相电源（有接地保护）。

（二）考核时间

参考时间为30min，从报开工起到报完工止，不包括选用工器具、材料、设备时间和通电试验时间。

（三）考核要点

（1）履行工作手续完备。

（2）正确选择待装设备和导线规格，安全作业。

（3）导线压接到位，连接正确，符合工艺要求。

（4）通电后检查运行正常，履行电压质量及相序的测试。

（5）工作单填写正确、规范。

（6）安全文明生产。

## 三、评分标准

行业：电力工程　　　　　　　工种：装表接电工　　　　　　　等级：五

| 编　号 | ZJ5ZY0202 | 行为领域 | e | 鉴定范围 | |
|---|---|---|---|---|---|
| 考核时间 | 30min | 题型 | A | 满分 | 100 | 得分 | |
| 试题名称 | 三相四线直接接入电能表的安装 | | | | |

| | |
|---|---|
| 考核要点及其要求 | （1）给定条件：现场相关工作票据和许可手续已齐备，安全措施已做好，设备不带电；现场安装计量箱1台或计量木板1块，安装直接接入式3×10（40）A三相四线有功电能表1块，进线熔断器1组，出线负荷开关1个或漏电断路器1只。除电能表外，上述设备均以固定安装。<br>（2）电能表、隔离开关、漏电断路器已经试验合格。<br>（3）着装规范，劳动防护措施齐全。<br>（4）正确选择、准备工器具、仪表、材料，无遗漏。<br>（5）开工前检查仪表、设备良好。<br>（6）正确、安全使用工器具、仪表。<br>（7）接线方式按直接接入式接线，接线正确，正相序接入，导线相色正确。<br>（8）安装走线总体要求：从上到下，先零后相；正确规范，层次清晰；布置合理，方位适中；集束成捆，互不交叠；横平竖直，边路走线。<br>（9）正确、安全完成停电检查和通电检查。<br>（10）各项得分均扣完为止 |
| 现场设备、工器具、材料 | （1）设备：计量木板1块，三相四线低压智能表1块，熔断器1组，负荷开关1台或漏电断路器1台。<br>（2）材料：黄色导线若干，绿色导线若干，红色导线若干，黑色导线若干，尼龙扎带若干，一次性封签若干，细砂纸，铜线端子若干。<br>（3）工器具：电工个人工具、钢锯、断线钳、冲击钻、手锤、扳手、钳形电流表、万用表、压接钳、绝缘卷尺（可现场选择，也可自备，但不能使用电动工具）。<br>（4）考生自备工作服、安全帽、棉手套、绝缘鞋 |
| 备　注 | |

### 评　分　标　准

| 序号 | 考核项目名称 | 质量要求 | 分值 | 扣分标准 | 扣分原因 | 得分 |
|---|---|---|---|---|---|---|
| 1 | 着装 | 安全帽应完好，佩戴应正确规范，着棉质长袖工装，系好领口、袖口，穿绝缘鞋，戴线手套 | 3 | 未按要求着装扣3分，着装不规范扣1分 | | |
| 2 | 工器具、仪表外观检查和试验 | （1）正确选择工器具、仪表，不漏选。<br>（2）常用工具检查。检查其规格、外观质量及机械性能。<br>（3）电气安全器具检查。检查低压测电笔外观质量和电气性能，并在确认有电的电源插座上试电，发光时为正常。<br>（4）测量仪表检查其外观和电气性能 | 6 | （1）借用工具扣1分。<br>（2）漏选仪表扣1分。<br>（3）未检查工器具扣2分。<br>（4）未试验、检查仪表扣2分 | | |

| 序号 | 考核项目名称 | 质 量 要 求 | 分值 | 扣 分 标 准 | 扣分原因 | 得分 |
|---|---|---|---|---|---|---|
| 3 | 材料、设备选择 | 正确选择材料、设备，不漏选，检查主要设备外观完好，规格合适 | 6 | （1）借用材料扣1分。<br>（2）漏选设备扣1分。<br>（3）未对设备和材料进行检查扣2分。<br>（4）导线规格、颜色选择不正确扣2分 | | |
| 4 | 开工 | 履行开工手续 | 3 | 未口头交代工作票或施工票填写及措施扣3分 | | |
| 5 | 安装环境检查 | 安装场所符合安装要求 | 2 | 安装前未检查安装场所扣2分 | | |
| 6 | 设备安装 | 设备安装正确、布局合理 | 15 | （1）设备之间及距边框不小于80mm，不合理扣3分。<br>（2）电能表安装不牢固扣3分。<br>（3）电能表固定螺钉不全扣3分。<br>（4）电能表安装倾斜超过1°，或有明显倾斜扣3分。<br>（5）隔离开关、漏电断路器垂直安装，上端接电源，下端接负载，安装错误扣3分 | | |
| 7 | 线长测量 | 根据设备布局，测量所需导线长度，正确截取需要导线 | 5 | （1）未进行线长测量扣2分。<br>（2）导线选择过长，余线总长度超过50cm扣2分，超过100cm扣3分 | | |
| 8 | 整体布线合理、美观 | 布线路径合理、美观（横平竖直，弯角弧度合适，长线在外，短线在内），绑扎线位置合适 | 15 | （1）布线路径不合理（安全距离、宏观美观程度）扣2分。<br>（2）导线不横平竖直（明显有角度偏差5°以上）扣2分，布线绞线扣2分。<br>（3）布线不横平竖直不美观（指导线存在弓弯，超过2mm）扣2分；扎束捆扎带距转角两端超过3～5cm扣2分，直线段间距超过10～15cm每处扣2分，线束固定点之间的距离横向超过300mm扣2分，纵向超过400mm扣2分。<br>（4）绑扎线绑扎不紧每处扣2分。<br>（5）导线横平竖直，导线转弯应均匀，转弯弧度小于线径的6倍每处扣2分。<br>（6）导线绝缘出现破损现象每处扣5分。<br>（7）该项分值扣完为止 | | |

| 序号 | 考核项目名称 | 质 量 要 求 | 分值 | 扣 分 标 准 | 扣分原因 | 得分 |
|---|---|---|---|---|---|---|
| 9 | 导线连接牢固，工艺良好 | （1）导线连接牢固、接触良好，接线工艺美观，导线接头金属部分不外露，表尾螺钉压接时，先固定上端螺钉，后固定下端螺钉。（2）执行"先出后进、先零后相、从右到左"接线顺序原则 | 15 | （1）电能表表尾压线螺钉不全、不紧（明显松动）扣2分。（2）接线端子剥削绝缘过短，只有1个螺钉压线扣2分。（3）电能表、空气开关接线平视露铜每处1分，其余部分导线接头露铜（超过2mm）扣1分，压绝缘扣2分。（4）损坏设备扣3分，导线剥削后未去氧化层扣1分，方法不正确扣1分。（5）安装过程中损伤导线绝缘扣2分。（6）1个接线孔两根及以上导线的扣1分。（7）电能表表尾螺钉固定时，固定顺序错误扣1分。（8）剩余电流动作断路器相线、中性线安装错误扣1分。（9）隔离开关接线柱导线线鼻子弯圆方向与螺钉方向相反扣1分。（10）接线顺序错误扣2分。（11）该项分值扣完为止 | | |
| 10 | 接线正确 | （1）按照正相序，分相色接入。（2）无接错线和少接线现象 | 15 | （1）接线错误不得分。（2）接线相序、相色错误扣5分。（3）导线不分色扣3分 | | |
| 11 | 结束工作 | 按要求进行接线整理。进行停电检查和通电检查，加封，填写工作单，清理现场 按要求进行接线整理，进行停电检查和通电检查，加封，填写工作单，清理现场 | 10 | （1）尼龙扎带尾线未修剪扣1分，剩余尾线修剪后长度超过2mm扣1分。（2）未使用万用表进行停电接线检查扣1分。（3）未在通电状态下检查相序是否正确扣1分，未测量表尾电压扣1分。（4）未进行无负载试验，检查有无潜动情况扣1分。（5）未进行有负载试验，检查电能表运行情况扣1分。（6）电能表、表箱缺少封签扣1分。（7）工作单填写漏项扣1分。（8）现场未清理，现场有遗漏物品扣1分 | | |

| 序号 | 考核项目名称 | 质 量 要 求 | 分值 | 扣 分 标 准 | 扣分原因 | 得分 |
|------|------------|-----------|------|-----------|---------|------|
| 12 | 安全生产 | 操作符合规程和安全要求，无违章现象 | 5 | （1）操作中发生违规或不安全现象扣 5 分。<br>（2）工器具使用不当扣 1 分。<br>（3）工器具跌落扣 1 分。<br>（4）仪表使用不当扣 2 分，损坏仪表扣 5 分。<br>（5）该项分值扣完为止 | | |
| 13 | 否决项 | 否决内容 | | | | |
| 13.1 | 安全否决 | 使用仪表检测注意其挡位和量程选择，加强监护，严防短路事故 | 否决 | 整个操作项目得 0 分 | | |

### 2.2.11　ZJ5ZY0301　单相电能表带电接线检查

**一、作业**

**（一）工器具、材料、设备**

（1）工器具：手电筒、低压验电笔、护目镜、"一"字改锥、"十"字改锥、偏口钳、绝缘梯或木凳。

（2）材料：铅封、电能计量装置接线检查记录单。

（3）设备：电能表接线智能仿真装置、相位伏安表、计时钟（表）。

**（二）安全要求**

（1）工作服、安全帽、绝缘鞋、棉手套穿戴整齐。

（2）正确填用第二种工作票，履行工作许可、工作监护、工作终结手续。

（3）检查计量柜（箱）接地良好，并对外壳验电，确认不带电。

（4）检查确认仪表功能正常，表线及工具绝缘无破损。

（5）正确选择伏安表挡位和量程，禁止带电换挡和超量程测试。

（6）操作时站在绝缘垫或绝缘梯上，若登高超过 2m 应系好安全带。

（7）查看工作点周边环境并采取相应安全防范措施，加强监护。

**（三）操作步骤及工艺要求**

（1）进场前检查所带仪表、工器具、材料是否齐全完好，着装是否整齐。

（2）办理工作许可手续，口头交代危险点和防范措施。

（3）检查带电设备接地是否良好，并对外壳验电。

（4）检查计量柜（箱）门锁及铅封是否完好。

（5）开启铅封和箱门，按电能表接线检查，分析记录单抄录计量装置铭牌信息和事件记录。

（6）检查电能表等加封点的铅封是否齐全完好。

（7）开启电能表接线盒铅封及盒盖，恰当选择伏安表挡位和量程并正确接线，分别测量电能表的运行参数。

1）逐次测量电能表尾的相电压 U 及端钮对地电压，电压取值保留小数点后 1 位并如实抄录在记录单上。要求每个参数至少测 2 次，取平均值记录。

2）测量电能表电流 I，电流取值保留小数点后 2 位并如实抄录在记录单上。要求每个参数至少测 2 次，取平均值记录。测量时注意钳口的咬合紧密度。

3）测量电能表电压与电流之间的相位角，相位值取整数位并如实抄录在记录单上。要求每个参数至少测 2 次，取平均值记录。测量时注意观察电流钳的极性标志和钳口的咬合紧密度。

（8）根据测量值判断计量装置故障类型。

1）根据电压测量值判断电压回路是否断路或连接点接触不良。

2）根据相位测量值判断电能表相线接线是否正确。

（9）根据测量值绘制接线相量图。相量图绘制要求：应有电压相量和电流相量；应有电能表电压与电流间的夹角标线；应有功率因数角标线和符号。

（10）判断、确定实际接线的错误和故障形式，并填写到记录单上。故障类型包括零相线对倒、相线进出是否正确等。

（11）清理操作现场，对计量装置实施加封。要求计量柜（箱）内及操作区无遗留的工具和杂物，计量柜（箱）的门、窗、锁等无损坏和污染，加封无遗漏。

（12）办理工作终结手续。

## 二、考核

（一）考核时间

参考时间为 30min，其中不包括被考评者填写工作票、选备材料及工器具时间。不得超时作业，未完成全部操作的按实际完成评分。

（二）考核要点

（1）工器具使用正确、熟练。

（2）检查程序、测试步骤完整、正确。

（3）错误接线相量图和原理图的绘制正确。

（4）计量装置故障差错的分析、判断方法和结果正确。

（5）计量装置故障的处理方式和错误接线的更改正确。

（6）错误接线功率表达式正确。

（7）更正系数的公式应用和化简熟练正确。

（8）错误接线检查分析记录单填写清晰、完整、规范。

（9）安全文明生产。

### 三、评分标准

行业：电力工程 工种：装表接电工 等级：五

| 编 号 | ZJ5ZY0301 | 行为领域 | e | | 鉴定范围 | |
|---|---|---|---|---|---|---|
| 考核时间 | 30min | 题型 | A | 满分 | 100 | 得分 |
| 试题名称 | 单相电能表带电接线检查 | | | | | |

| 考核要点及其要求 | (1) 工器具使用正确、熟练。<br>(2) 检查程序、测试步骤完整、正确。<br>(3) 错误接线相量图和原理图的绘制正确。<br>(4) 计量装置故障差错的分析、判断方法和结果正确。<br>(5) 计量装置故障的处理方式和错误接线的更改正确。<br>(6) 错误接线功率表达式正确。<br>(7) 更正系数的公式应用和化简熟练正确。<br>(8) 错误接线检查分析记录单填写清晰、完整、规范。<br>(9) 安全文明生产 |
|---|---|
| 现场设备、工器具、材料、设备 | (1) 手电筒、低压验电笔、护目镜、"一"字改锥、"十"字改锥、偏口钳、绝缘梯或木凳。<br>(2) 材料：铅封、电能计量装置接线检查记录单、草稿纸、考核评分表。<br>(3) 设备：电能表接线智能仿真装置、相位伏安表、计时钟 |
| 备 注 | |

#### 评 分 标 准

| 序号 | 考核项目名称 | 质量要求 | 分值 | 扣分标准 | 扣分原因 | 得分 |
|---|---|---|---|---|---|---|
| 1 | 开工准备 | (1) 着装规范、整齐。<br>(2) 工器具选用正确，携带齐全。<br>(3) 办理工作票和开工许可手续 | 5 | (1) 着装不规范或不整齐，每处扣0.5分。<br>(2) 工器具选用不正确或携带不齐全，每处扣0.5分。<br>(3) 未办理工作票和开工许可手续，每项扣2分。<br>(4) 该项分值扣完为止 | | |
| 2 | 检查程序 | (1) 检查计量装置接地并对外壳验电。<br>(2) 检查计量柜（箱）门锁及封签，检查电能表及试验接线盒封签。<br>(3) 查看并记录电能表铭牌。<br>(4) 检查电能表及试验接线盒接线 | 20 | (1) 未检查计量装置接地并对外壳验电，每项扣2分。<br>(2) 未检查计量柜（箱）门锁及铅封、电能表铅封，每处扣1分。<br>(3) 未查看并记录电能表铭牌，每缺1个参数扣1分。<br>(4) 未检查电能表接线，每项扣3分。<br>(5) 该项分值扣完为止 | | |
| 3 | 仪表及工器具使用 | (1) 仪表接线、换挡、选量程规范正确。<br>(2) 工器具选用恰当，动作规范 | 5 | (1) 在仪表接线、换挡、选量程等过程中发生操作错误，每次扣1分。<br>(2) 工器具使用方法不当或掉落，每次扣0.5分。<br>(3) 该项分值扣完为止 | | |

| 序号 | 考核项目名称 | 质 量 要 求 | 分值 | 扣 分 标 准 | 扣分原因 | 得分 |
|------|------------|------------|------|------------|----------|------|
| 4 | 参数测量 | (1) 电能表尾的相电压 U 及端钮对地电压、电流、相位角测量不少于 2 次，测量点选取正确。<br>(2) 测量值读取和记录正确。<br>(3) 实测参数足够无遗漏 | 10 | (1) 测量点选取不正确，每处扣 2 分。<br>(2) 测量值读取或记录不正确，每处扣 0.5 分。<br>(3) 实测参数不足，每缺 1 个扣 0.5 分。<br>(4) 该项分值扣完为止 | | |
| 5 | 记录及绘图 | (1) 正确绘制实际接线相量图。<br>(2) 记录单填写完整、正确、清晰 | 18 | (1) 相量图错误扣 15 分，符号、角度错误或遗漏，每处扣 1 分。<br>(2) 记录单记录有错误、缺项和涂改，每处扣 1 分。<br>(3) 该项分值扣完为止 | | |
| 6 | 分析判断及故障处理 | (1) 实际接线形式的判断结果正确。<br>(2) 更正接线正确 | 20 | (1) 实际接线形式判断全部错误扣 10 分，部分错误则每元件扣 5 分。<br>(2) 接线更正不正确扣 10 分 | | |
| 7 | 更正系数计算 | (1) 功率表达式正确。<br>(2) 更正系数计算正确 | 10 | (1) 功率表达式错误则整项不得分。<br>(2) 更正系数计算错误扣 5 分 | | |
| 8 | 加封 | 对计量装置实施加封齐全 | 2 | (1) 错漏加封 1 处扣 1 分。<br>(2) 该项分值扣完为止 | | |
| 9 | 安全文明生产 | (1) 操作过程中无人身伤害、设备损坏、工器具掉落等事件。<br>(2) 操作完毕清理现场及整理好工器具材料。<br>(3) 办理工作终结手续 | 10 | (1) 未清理现场及整理工器具材料扣 2 分。<br>(2) 未办理工作终结手续扣 2 分。<br>(3) 该项分值扣完为止 | | |
| 10 | 否决项 | 否决内容 | | | | |
| 10.1 | 质量否决 | 正确选择伏安表挡位和量程，禁止带电换挡和超量程测试 | 否决 | 整个操作项目得 0 分 | | |

### 2.2.12 ZJ5ZY0401 低压接户线及单相电能表的安装

**一、作业**

**（一）工器具、材料**

（1）工器具：电工个人工具、电锤、传递绳、绝缘梯子、脚扣、安全带、盒尺、万用表、锤子。

（2）材料：单相智能电表及表箱各1个、DZ47-60 C50断路器1只、BV-1×6黄、黑色单芯铜导线2m，黄、黑色绝缘胶带各1盘，3mm×150mm尼龙扎带1包，JKLYJ-1×16/1kV绝缘导线50m，∠50×50×5×700横担1根，Φ190U形抱箍1个，50×5×50墙铁1根，2.5~4.0mm²单股绑线，膨胀丝，ED-3低压蝶式绝缘子4个，N型拉板4片，M10×130螺栓4套，M16×50螺栓4套，Φ12垫片12个。

**（二）安全要求**

（1）工作服、安全帽、线手套齐备，工器具绝缘良好。

（2）使用电工工具时，防止伤人。

（3）接用临时电源应配有剩余电流动作保护器。

（4）使用梯子登高作业时，应该有人扶持。

（5）登杆前检查杆根、杆身、埋深是否达到要求，拉线是否紧固，设置安全围栏、警示牌。

（6）登杆前要检查登高工具是否在试验期限内，并做冲击试验。高空作业中安全带应该系在牢固的构件上，并系好后背绳，确保双重保护。

（7）作业现场人员必须戴好安全帽，严禁在作业点正下方逗留。杆上作业要用传递绳索传递工具材料，严禁抛掷。

**（三）操作步骤及工艺要求（含注意事项）**

**1. 操作步骤**

（1）选择工器具、元器件并做外观检查。

（2）安装接户线电源侧。

（3）安装接户线用户侧。

（4）安装电能表箱。

（5）安装电能表。

（6）工作终结。

**2. 施工要求（工艺标准见《国家电网公司生产技能人员职业能力培训专用教材 装表接电》）**

（1）安装工艺应符合规程、规范要求。

（2）导线横平竖直，转角曲率半径不小于3倍的导线外径，扎带距转角两端不超过3cm，直线断间距不超过15cm。

（3）接户线进户端墙上支架固定点对地距离不应低于2.7m，进户电源表箱已按照要求安装到位，表现底部距离地面高度为1.8~2.0m。

（4）绝缘子安装螺栓由下向上穿，且垫片齐全，螺栓受力均匀。

（5）接户线绑扎符合要求。

（6）横担安装位置适当，距上层横担不小于 300mm，且安装应紧固、横平、不歪扭。接户线在绝缘子上绑扎方法及工艺符合要求，架设后接户线平直、弧垂合适。

（7）检查新装表接线正确，电压质量合格，运行正常。

（8）加装封签。

（9）工器具材料摆放整齐，无不安全现象发生，做到安全文明生产。

## 二、考核

（一）考核场地

（1）场地面积应能同时容纳多个工位，并保证工位之间的距离合适，电杆 10m，设装表接电墙板。

（2）给定区域安全措施已完成，配有安全围栏。

（3）每个工位备有桌椅、计算器、秒表。

（4）现场应有单相电源。

（二）考核时间

参考时间为 50min。从报开工始到完工止，选用工器具时间限定 5min 内，不计入考核时间。

（三）考核要点

（1）履行工作手续完备。

（2）正确选择设备和导线。

（3）导线连接正确，符合工艺要求。

（4）梯子放置正确，并有人扶持，人在梯上站位要正确。墙上支架安装到位。接户线的进户端固定点对地距离不应低于 2.7m。绝缘子安装时，螺栓由下向上穿，且垫片齐全，紧固螺栓受力均匀。

（5）接户线展放方法正确，不应有扭绞、死弯，展放同时应检查接户线有无断裂及绝缘层破损等缺陷，展放长度要适中。

（6）接户线绑扎方法及工艺符合要求。

（7）接户线电源侧横担安装，登杆动作规范、熟练，站位合适，安全带系绑正确。横担安装位置适当，距上层横担不小于 300mm，且安装应紧固、横平、不歪扭。绝缘子安装紧固，绑扎紧密、美观，绑扎长度大于 100mm，接户线应平直、弧垂合适。

（8）清查杆上遗留物，操作人员下杆。

（9）安全文明生产，不发生安全生产事故。

## 三、评分标准

行业：电力工程　　　　　　　　工种：装表接电工　　　　　　　　等级：五

| 编　号 | ZJ5ZY0401 | 行为领域 | e | 鉴定范围 | |
|---|---|---|---|---|---|
| 考核时间 | 50min | 题型 | B | 满分 | 100 | 得分 | |

| 试题名称 | 低压接户线及单相电能表的安装 |
|---|---|
| 考核要点<br>及其要求 | (1) 现场许可手续已齐备，操作场地及设备材料已完备，配有安全围栏。<br>(2) 电能表已经试验合格。<br>(3) 着装规范，劳动防护措施齐全。<br>(4) 正确选择、准备工具、仪表、材料，无遗漏。<br>(5) 开工前检查仪表、设备良好。<br>(6) 正确、安全使用工器具、仪表。<br>(7) 接户线安装正确 |
| 现场设备、<br>工器具、材料 | (1) 工器具：电工个人工具、电锤、传递绳、绝缘梯子、脚扣、安全带、盒尺、万用表、锤子。<br>(2) 材料：单相智能电表及表箱各 1 个、DZ47－60 C50 断路器 1 只、BV－1×6 黄、黑色单芯铜导线 2m，黄、黑色绝缘胶带各 1 盘，3mm×150mm 尼龙扎带 1 包，JKLYJ－1×16/1kV 绝缘导线 50m，∠50×50×5×700 横担 1 根，Φ190U 形抱箍 1 个，50×5×50 墙铁 1 根，2.5～4.0mm² 单股绑线，膨胀丝，ED－3 低压蝶式绝缘子 4 个，N 型拉板 4 片，M10×130 螺栓 4 套，M16×50 螺栓 4 套，Φ12 垫片 12 个 |
| 备　注 | 选手自备绝缘鞋、工作服 |

评　分　标　准

| 序号 | 考核项目名称 | 质量要求 | 分值 | 扣分标准 | 扣分原因 | 得分 |
|---|---|---|---|---|---|---|
| 1 | 着装 | 戴安全帽，着棉质长袖工装，穿绝缘鞋，戴线手套 | 3 | (1) 未按要求着装扣 3 分。<br>(2) 着装不规范扣 1 分 | | |
| 2 | 工器具、仪表外观检查和试验 | (1) 正确选择工器具、仪表。<br>(2) 常用工具检查。<br>(3) 电气安全器具检查。<br>(4) 检查测量仪表外观和电气性能 | 3 | (1) 漏选工器具扣 1 分。<br>(2) 工器具未进行检查扣 1 分。<br>(3) 仪表未进行相关试验、检查 1 分 | | |
| 3 | 材料设备选择 | (1) 正确选择材料、设备，检查设备外观。<br>(2) 选择材料规格型号要与线路的电压等级及导线型号、杆型相匹配 | 5 | (1) 漏选材料扣 1 分。<br>(2) 漏选设备扣 1 分。<br>(3) 未对设备和材料检查扣 2 分。<br>(4) 导线规格、颜色选择不正确扣 1 分 | | |
| 4 | 开工 | 履行开工手续 | 3 | 未口头交代工作票填写及措施说明扣 3 分 | | |
| 5 | 设备安装 | 安装正确、布局合理 | 6 | (1) 电能表安装不牢固扣 1 分。电表固定螺钉不全扣 1 分。<br>(2) 倾斜超过 1°扣 1 分。<br>(3) 空气开关或剩余电流保护器应当垂直安装，上接电源，下接负荷，错误的扣 3 分 | | |

| 序号 | 考核项目名称 | 质 量 要 求 | 分值 | 扣 分 标 准 | 扣分原因 | 得分 |
|---|---|---|---|---|---|---|
| 6 | 线长测量 | 根据设备布局，正确截取需要的导线 | 5 | 导线余线超过30mm扣3分，超过50mm扣5分 | | |
| 7 | 布线合理美观 | 布线路径合理、美观横平竖直，弯角弧度合适，绑扎线位置合适 | 7 | （1）导线未横平竖直超过5°扣1分，布局绞线扣2分。<br>（2）导线转角弧度过大过小扣2分，扎线距离不大于15mm，不符合要求扣1分。<br>（3）扎线不紧扣1分 | | |
| 8 | 导线连接牢固，工艺良好 | 导线连接牢固、接触良好，接线工艺美观，导线金属部分不外露，表尾螺钉压接时，先固定上端螺钉，后固定下端螺钉 | 12 | （1）电能表表尾压线螺钉不全、不紧扣1分。<br>（2）接线端子剥削绝缘过短扣1分。<br>（3）电能表、负荷开关接线平视露铜扣1分，压绝缘扣2分。<br>（4）损坏设备扣2分，导线剥削方法不正确扣1分。<br>（5）安装过程中损伤导线绝缘扣2分。<br>（6）1个接线孔接两根以上导线的每处扣1分。<br>（7）电能表表尾螺钉固定时，固定顺序错误扣1分。<br>（8）剩余电流动作断路器相线、中性线安装错误扣1分。<br>（9）该项分值扣完为止 | | |
| 9 | 接线正确 | 无接错线和少接线现象 | 5 | （1）导线不分色扣2分。<br>（2）接线错误不得分 | | |
| 10 | 接户线进户侧绝缘子安装 | （1）梯子放置正确，站位正确。<br>（2）螺栓穿向正确且垫片齐全 | 5 | （1）不规范登梯扣2分。<br>（2）螺栓穿向错误扣2分。<br>（3）缺垫片每处扣1分。<br>（4）该项分值扣完为止 | | |
| 11 | 接户线展放 | 接户线展放不应有扭绞、死弯，展放同时应检查接户线有无断裂及绝缘层破损等缺陷 | 7 | （1）接户线展放方法错误扣2分。<br>（2）接户线有扭曲、死弯每处扣2分。<br>（3）该项分值扣完为止 | | |
| 12 | 接户侧接户线绑扎 | 接户线绑扎方法及工艺符合要求 | 5 | （1）绑扎方法错误扣4分。<br>（2）工艺不符合标准每处扣1分。<br>（3）该项分值扣完为止 | | |

| 序号 | 考核项目名称 | 质　量　要　求 | 分值 | 扣　分　标　准 | 扣分原因 | 得分 |
|---|---|---|---|---|---|---|
| 13 | 接户线电源线侧横担安装 | （1）登杆前检查杆根、杆身及埋深。<br>（2）进行登高工具冲击试验，登杆动作熟练，站位合适，安全带使用正确。<br>（3）横担安装位置适当，距上层横担不小于300mm，且安装紧固、横平、不歪扭 | 8 | （1）登杆前未做检查扣1分。<br>（2）登杆不熟练扣1分。<br>（3）站位、安全带使用错误扣1分。<br>（4）横担安装错误扣4分。<br>（5）安装不紧固、不平整扣1分 | | |
| 14 | 接户线电源侧绝缘子安装、绑扎 | （1）绝缘子安装紧固，绑扎紧密、美观，绑扎长度大于100mm。<br>（2）架设后接户线平直、弧垂合适 | 6 | （1）绝缘子安装不紧固扣1分。<br>（2）绑扎不规范扣2分。<br>（3）接户线弧垂不合适扣1分。<br>（4）绝缘子无外观检查扣1分。<br>（5）螺栓穿向错误扣1分 | | |
| 15 | 下杆、清理现场 | 清查杆上遗留物，操作人员下杆，清理现场 | 6 | （1）下杆过程不规范扣2分。<br>（2）现场恢复不彻底扣2分。<br>（3）现场有遗留物每件扣1分。<br>（4）该项分值扣完为止 | | |
| 16 | 结束工作 | 按要求进行接线整理，进行检查，加封，清理现场 | 8 | （1）尼龙绑扎带尾线未修剪扣1分，剩余尾线修剪后长度超过2mm扣1分。<br>（2）未使用万用表进行停电接线检查扣1分。<br>（3）电能表、表箱缺少封签扣2分。<br>（4）现场清理，工器具、仪表整理，剩余材料、附件清理，现场遗漏物品扣1分。<br>（5）该项分值扣完为止 | | |
| 17 | 安全文明生产 | 操作符合规程和安全要求，无违章现象 | 6 | （1）操作中发生违规或不安全现象扣5分。<br>（2）高处落物扣1分。<br>（3）仪表使用不当扣1分，损坏仪表扣6分 | | |

**2.2.13** ZJ5XG0101 心肺复苏法

**一、作业**

（一）工器具、材料、设备

（1）工器具：工作服。

（2）材料：纱布若干张。

（3）设备：橡皮人。

（二）安全要求

做胸外按压时要注意不得用力过猛。

（三）操作步骤及工艺要求

（1）判断橡皮人意识，并进行呼救。

（2）使用低头抬颌法，打开气道。

（3）实施人工呼吸。

（4）实施胸外按压。

（5）进行人工循环，实施心肺复苏法抢救。

（6）清理工作现场。

**二、考核**

（一）考核场地

（1）室内。

（2）每个工位备有桌椅、计时器。

（二）考核时间

参考时间为 15min，考评员允许开工开始计时，到时即停止工作。

（三）考核要点

（1）判断完橡皮人意识后，要有求救行为。

（2）正确使用低头抬颌法，打开气道，要注意清除橡皮人口中的异物。

（3）先进行呼吸判断，再进行人工呼吸，次数不得少于 2 次，每次吹气时间 1～1.5s。

（4）先进行心跳判断，在进行胸外按压，按压时定位要准，按压深度要在 5cm 以上，频率要大于每分 100 次。

（5）人工呼吸与胸外按压循环进行，比例为 2：15。进行 5 个周期。

## 三、评分标准

行业：电力工程　　　　　　　　工种：装表接电工　　　　　　　　等级：五

| 编　号 | ZJ5XG0101 | 行为领域 | | f | | 鉴定范围 | | |
|---|---|---|---|---|---|---|---|---|
| 考核时间 | 15min | 题型 | | B | 满分 | 100分 | 得分 | |
| 试题名称 | 心肺复苏法 | | | | | | | |
| 考核要点<br>及其要求 | (1) 判断完橡皮人意识后，要有求救行为。<br>(2) 正确使用低头抬颌法，打开气道，要注意清除橡皮人口中的异物。<br>(3) 先进行呼吸判断，再进行人工呼吸，次数不得少于2次，每次吹气时间1～1.5s。<br>(4) 先进行心跳判断，在进行胸外按压，按压时定位要准，按压深度要在5cm以上，频率要大于每分100次。<br>(5) 人工呼吸与胸外按压循环进行，比例为2：15。进行5个周期 | | | | | | | |
| 工器具、材料、<br>设备、场地 | (1) 纱布若干张。<br>(2) 考生自备工作服。<br>(3) 橡皮人 | | | | | | | |
| 备　注 | | | | | | | | |

### 评　分　标　准

| 序号 | 考核项目名称 | 质　量　要　求 | 分值 | 扣　分　标　准 | 扣分原因 | 得分 |
|---|---|---|---|---|---|---|
| 1 | 意识判断 | (1) 通过拍打双肩，轻声呼唤来判断伤者意识。<br>(2) 进行呼救 | 10 | (1) 意识判断，少做1项扣3分。<br>(2) 未向考评员发出求救信号，或做出打手机120手势，扣4分 | | |
| 2 | 打开气道 | (1) 将伤者进行仰卧。<br>(2) 用仰头抬颌法打开气道 | 20 | (1) 体位要求：先将橡皮人双手上举，然后将其仰卧，然后将双臂放在躯干二侧，头平躺，方法不对扣5分。<br>(2) 使用仰头抬颌法打开气道，一手置橡皮人前额上稍用力后压，另一手用食指置于橡皮人下颌下沿处，将橡皮人向上抬起，使口腔、咽喉呈直线。方法不对扣10分。<br>(3) 清除橡皮人口中异物（假牙），未清除扣5分 | | |
| 3 | 人工呼吸 | (1) 判断呼吸。<br>(2) 因是橡皮人，无呼吸，进行人工呼吸 | 30 | (1) 通过看、听、感三种方法来判断伤者是否有呼吸，少做一种方法扣5分。<br>(2) 口对口人工呼吸，要求先将一块纱布放在橡皮人口上，用拇指和食指捏紧橡皮人的鼻孔，然后口对口对橡皮人以中等力量，1～1.5s的速度向患者口中吹入约为800mL的空气，吹至橡皮人胸廓上升。吹气后操作者即抬头侧离一边，捏鼻的手同时松开，让橡皮人呼气。方法不对扣15分 | | |

| 序号 | 考核项目名称 | 质 量 要 求 | 分值 | 扣 分 标 准 | 扣分原因 | 得分 |
|---|---|---|---|---|---|---|
| 4 | 胸外按压 | （1）判断心跳。<br>（2）因是橡皮人，无心跳，进行胸外按压 | 30 | （1）触摸橡皮人颈动脉，观察橡皮人心跳，时间不得超过 10s，方法不对扣 10 分。<br>（2）明确按压位置，先找到肋弓下缘，用 1 只手的食指和中指沿肋骨下缘向上摸至两侧肋缘于胸骨连接处的剑突穴，以食指和中指于剑突穴上，将另 1 只手的掌根部放于食指旁，再将第 1 只手叠放在另 1 只手的手背上，两手手指交叉扣起，手指离开胸壁。位置找不对，扣 10 分。<br>（3）实行按压，前倾上身，双肩位于患者胸部上方正中位置，双臂与患者的胸骨垂直，利用上半身的体重和肩臂力量，垂直向下按压胸骨，深度大于 5cm，频率大于 100 次/min。方法不对扣 10 分 |  |  |
| 5 | 循环进行 | 人工呼吸与胸外按压循环进行，比例为 2：15。进行 5 个周期 | 10 | （1）比例不对，扣 5 分。<br>（2）周期不够扣 5 分 |  |  |

# 第2篇 中 级 工

# 1 理论试题

## 1.1 单选题

**La4A1001** Ⅱ类用于贸易结算的电能计量装置中电压互感器二次回路电压降不应大于其额定电压的（　　）%。

(A) 0.1；(B) 0.2；(C) 0.25；(D) 0.5。

**答案：B**

**La4A1002** 计量纠纷当事人对仲裁检定不服的，可以在接到仲裁检定通知书之日起（　　）日内向上一级人民政府计量行政部门申诉。

(A) 5；(B) 10；(C) 15；(D) 20。

**答案：B**

**La4A1003** 用来控制、指示、测量和保护一次电路及其设备运行的电路图是（　　）

(A) 主接线图；(B) 一次电路图；(C) 二次回路图；(D) 一次接线图。

**答案：C**

**La4A1004** 用户用电的设备容量在 100kW 或变压器容量在 50kVA 及以下的，一般应以（　　）方式供电。

(A) 高压；(B) 低压三相四线制；(C) 专线；(D) 高压低压均可。

**答案：B**

**La4A1005** 智能电能表日冻结：存储每天零点的电能量，应可存储（　　）个月的数据量。

(A) 1；(B) 2；(C) 3；(D) 5。

**答案：B**

**La4A1006** 本地费控智能电能表的费率、剩余金额、购电次数等关键数据应保存在（　　）中。

(A) FLASH；(B) CPU 卡；(C) SIM；(D) ESAM 安全模块。

**答案：D**

**La4A1007** 为保证分时准确性，要求所有智能电表在 −25～60℃ 的温度范围内：时钟准确度应（　　）s/d。

（A）≤0.5；（B）≤±0.5；（C）≤±1.5；（D）≤±1。

答案：**D**

**La4A1008** 三相四线有功电能表正确计量的功率表达式为（　　）。

（A）$UI\cos\varphi$；（B）$1.73UI\cos\varphi$；（C）$UI\sin\varphi$；（D）$3UI\cos\varphi$。

答案：**D**

**La4A1009** 下列哪个不属于电能计量项目（　　）。

（A）正向有功；（B）组合有功；（C）正向无功；（D）费控功能。

答案：**D**

**La4A1010** 关于电压互感器下列说法正确的是（　　）。

（A）二次绕组可以开路；（B）二次绕组不能开路；（C）二次绕组不能接地；（D）二次绕组可以短路。

答案：**A**

**La4A1011** 电流互感器和电压互感器一次、二次绕组同名端间的极性应是（　　）。

（A）加极性；（B）减极性；（C）加极性或减极性；（D）多极性。

答案：**B**

**La4A1012** 构成电流互感器的基本组成部分是（　　），以及必要的绝缘材料。

（A）铁芯；线圈；（B）电流表；线圈；（C）铁芯；电流表；（D）二次回路；电流表。

答案：**A**

**La4A1013** 按照无功电能表和有功电能表电量计算出的功率因数属于（　　）。

（A）瞬时功率因数；（B）平均功率因数；（C）月平均功率因数；（D）加权平均功率因数。

答案：**D**

**La4A1014** 关于有功功率和无功功率，错误的说法是（　　）。

（A）无功功率有正有负；（B）无功功率就是无用的功率；（C）在 RLC 电路中，有功功率就是在电阻上消耗的功率；（D）在纯电感电路中，无功功率的最大值等于电路电压和电流的乘积。

答案：**B**

**La4A1015** 某 10kV 用户负荷为 200kW，功率因数 0.9，线路电阻 $2\Omega$，则线路损耗

为 （    ） kW。

（A）0.6；（B）0.8；（C）1；（D）1.5。

**答案：C**


**La4A1016** 某 10kV 用户线路电流为 40A，单根线路电阻 2Ω，则线路损耗为（    ）kW。

（A）2.4；（B）3.2；（C）6.4；（D）9.6。

**答案：D**


**La4A1017** 国网公司智能电能表系列有 （    ） 个标准。

（A）3；（B）6；（C）8；（D）12。

**答案：D**


**La4A1018** 电能表铭牌上有一圆圈形标志，该圆圈内置一数字，如 1、2 等，该标志是指电能表 （    ）。

（A）准确度等级；（B）耐压试验等级；（C）抗干扰等级；（D）使用条件组别。

**答案：A**


**La4A1019** 在交流电路中，当电压的相位超前电流的相位时 （    ）。

（A）电路呈感性，$\varphi>0$；（B）电路呈容性，$\varphi>0$；（C）电路呈感性，$\varphi<0$；（D）电路呈容性，$\varphi<0$。

**答案：A**


**La4A1020** 在整流电路中，（    ） 整流电路输出的直流电脉动最小。

（A）单相全波；（B）单相半波；（C）单相桥式；（D）三相桥式。

**答案：D**


**La4A1021** 三相电源的线电压为 380V，对称负载 Y 形接线，没有中性线，如果某相突然断掉，则其余两相负载的相电压 （    ）。

（A）不相等；（B）大于 380V；（C）各为 190V；（D）各为 220V。

**答案：C**


**La4A1022** $RLC$ 串联电路中，如把 $L$ 增大一倍，$C$ 减少到原有电容的 1/4，则该电路的谐振频率变为原频率 $f$ 的 （    ） 倍。

（A）1/2；（B）2；（C）4；（D）1.414。

**答案：D**


**La4A1023** 关于电感 $L$、感抗 $X$，正确的说法是 （    ）。

（A）$L$ 的大小与频率有关；（B）$L$ 对直流来说相当于短路；（C）频率越高，$X$ 越小；

（D） $X$ 值可正可负。

答案：**B**

**La4A1024** 正弦交流电的平均值等于（　　）倍最大值。

（A）2；（B）$\pi/2$；（C）$2/\pi$；（D）0.707。

答案：**C**

**La4A2025** 供电企业应当按照（　　）电价和用电计量装置的记录，向用户计收电费。

（A）大众合议的；（B）国务院电力部门核准的；（C）供电企业核准的；（D）国家核准的。

答案：**D**

**La4A2026** 《电能计量装置技术管理规程》适用于电力企业（　　）用和企业内部经济技术指标考核用的电能计量装置的管理。

（A）计量管理；（B）营业管理；（C）贸易结算；（D）指标分析。

答案：**C**

**La4A2027** 国家计量检定规程的统一代号是（　　）。

（A）JJF；（B）JJG；（C）GB；（D）DL。

答案：**B**

**La4A2028** 强制检定由哪个部门执行？（　　）

（A）由计量行政部门依法设置的法定计量检定机构进行，其他检定机构不得执行强制检定；（B）由政府计量行政部门指定的法定计量检定机构或授权的计量技术机构；（C）按行政隶属关系，由用户上级的计量检定机构进行；（D）有检定能力的计量检定机构进行。

答案：**B**

**La4A2029** 在我国只有法定计量单位，能实现公平、公正、（　　）。

（A）合理；（B）量值统一；（C）正确；（D）准确。

答案：**C**

**La4A2030** 用户应当安装用电计量装置。用户使用的电力电量，以（　　）为准。

（A）用电计量装置的记录；（B）用户购买的用电计量装置的记录；（C）用户内部考核计量装置；（D）计量检定机构依法认可的用电计量装置的记录。

答案：**D**

**La4A2031** 在低压内线安装工程图中，反映配线走线平面位置的工程图是（    ）。

（A）配线原理接线图；（B）平面布线图；（C）展开图；（D）主接线图。

**答案：B**


**La4A2032** 配电电器设备安装图中被称作主接线图的是（    ）。

（A）一次接线图；（B）二次接线图；（C）平剖面布置图；（D）设备安装图。

**答案：A**


**La4A2033** 中性点有效接地的高压三相三线电路中，应采用（    ）的电能表。

（A）三相三线电能表；（B）三相四线电能表；（C）均可；（D）专用电能表。

**答案：B**


**La4A2034** 对于高压供电用户，一般应在（    ）测计量。

（A）低压侧；（B）高压侧；（C）高、低压侧；（D）任意一侧。

**答案：B**


**La4A2035** 两元件三相有功电能表接线时不接（    ）。

（A）U相电流；（B）V相电流；（C）W相电流；（D）V相电压。

**答案：B**


**La4A2036** 智能电能表至少应支持尖、峰、平、谷四个费率；全年至少可设置（    ）个时区。

（A）1；（B）2；（C）3；（D）4。

**答案：B**


**La4A2037** 多功能电能表除具有计量有功（无功）电能量外，至少还具有（    ）以上的计量功能，并能显示、储存多种数据，可输出脉冲，具有通信接口和编程预置等各种功能。

（A）一种；（B）二种；（C）三种；（D）四种。

**答案：B**


**La4A2038** 对于能满足电能表各项技术要求的最大电流叫做（    ）。

（A）额定电流；（B）额定最大电流；（C）瞬时电流；（D）标定电流。

**答案：B**


**La4A2039** 高压电流互感器二次（    ）接地。

（A）不能；（B）必须；（C）任意；（D）仅35kV及以上系统。

**答案：B**

**La4A2040** 使用于实验室的测量用电流互感器，根据其使用的目的不同，可将其分为（　　）两种。

（A）电能计量用和标准用；（B）一般测量用和标准用；（C）一般计量用和电能计量用；（D）保护和电能计量用。

**答案：B**

**La4A2041** 电流互感器的误差包含比差和角差两部分，（　　）就是二次电流相位反向 $180°$ 后，与一次电流相差之差。

（A）比差和角差；（B）角差；（C）比差；（D）空载误差。

**答案：B**

**La4A2042** 电流互感器的相位差是指其二次电流反向后的相量与一次电流相量的相位之差，当反向后的二次电流相量滞后于一次电流相量时，相位差就为（　　）值。

（A）零；（B）正；（C）负；（D）不一定。

**答案：C**

**La4A2043** 在感性负载交流电路中，常用（　　）方法可提高电路功率因数。

（A）负载串联电阻；（B）负载并联电容器；（C）负载串联电容器；（D）负载并联电阻。

**答案：B**

**La4A2044** 变压器容量在（　　）kVA 及以上的用户实行功率因数调整电费。

（A）50；（B）315；（C）100；（D）80。

**答案：C**

**La4A2045** 一段电阻电路中，如果电压不变，当电阻增加 1 倍时，电流将变为原来的（　　）倍。

（A）2；（B）1/3；（C）1/2；（D）不变。

**答案：C**

**La4A2046** 某单相用户功率为 2.2kW，功率因数为 0.9，则计算电流为（　　）A。

（A）8；（B）9；（C）10；（D）11。

**答案：D**

**La4A2047** 通常所说的交流电 220V 或 380V，是指它的（　　）

（A）平均值；（B）有效值；（C）瞬时值；（D）最大值。

**答案：B**

**La4A2048** 两个并联在 10V 电路中的电容器是 $10\mu F$，现在将电路中的电压升高至 20V，此时每个电容器的电容将（　　）。

（A）增大；（B）减少；（C）不变；（D）先增大后减小。

答案：**C**

**La4A3049** 运行中的电能计量装置按其所计量电能量的多少和计量对象的重要程度分为（　　）类。

（A）4；（B）5；（C）6；（D）7。

答案：**B**

**La4A3050** 处理因计量器具准确度所引起的纠纷，以国家计量基准或（　　）检定的数据为准。

（A）企业公用计量标准；（B）社会公用计量标准；（C）鉴定专用计量标准；（D）检定专用计量标准。

答案：**B**

**La4A3051** 作为统一全国量值最高依据的计量器具是（　　）。

（A）社会公用计量标准器具；（B）强制检定的计量标准器具；（C）计量基准器具；（D）已经检定合格的标准器具。

答案：**C**

**La4A3052** 电力部门电测计量专业列入强制检定工作计量器具目录的常用工作计量器具，没有（　　）。

（A）电能表；（B）指示仪表；（C）测量用互感器；（D）绝缘电阻、接地电阻测量仪。

答案：**B**

**La4A3053** 中性点不接地或非有效接地的三相三线高压线路，宜采用（　　）计量。

（A）单相电能表；（B）三相四线电能表；（C）三相三线、三相四线电能表均可；（D）三相三线电能表。

答案：**D**

**La4A3054** 在下列关于计量电能表安装要点的叙述中错误的是（　　）。

（A）装设场所应清洁、干燥、不受振动、无强磁场存在；（B）电能表应在额定的电压和频率下使用；（C）室内安装的 2.0 级静止式有功电能表规定的环境温度范围在 0～40℃之间；（D）电能表应垂直安装。

答案：**C**

**La4A3055** 智能电能表应具有（　　）可以任意编程的费率和时段，并可在设定的时间点起用另一套费率和时段。

（A）一套；（B）二套；（C）三套；（D）四套。

**答案：B**

**La4A3056** 为保证分时准确性，要求所有智能电表在参比温度 23℃下，时钟准确度（　　）s/d。

（A）≤±1；（B）≤0.5；（C）≤±1.5；（D）≤±0.5。

**答案：D**

**La4A3057** 电流互感器二次线圈的电压（指二次线圈两端的电压），就等于二次电流和（　　）的乘积。

（A）二次电压；（B）二次电阻；（C）二次电抗；（D）二次阻抗。

**答案：D**

**La4A3058** 电流互感器的额定容量，是指电流互感器在额定电流和额定二次（　　）下运行时，二次所输出的容量。

（A）功率；（B）电压；（C）电抗；（D）阻抗。

**答案：D**

**La4A3059** 电流互感器的负荷，就是指电流互感器（　　）所接仪表、继电器和连接导线的总阻抗。

（A）一次和二次阻抗之和；（B）一次和二次阻抗之差；（C）一次；（D）二次。

**答案：D**

**La4A3060** 电流互感器额定负载为 10VA，功率因数为 1 时其二次允许最大阻抗为 10Ω，则其额定二次电流为（　　）A。

（A）0.5；（B）1；（C）10；（D）20。

**答案：B**

**La4A3061** 利用万用表测量交流电流时，接入的电流互感器比率为 10/1，若电流读数为 2A，则实际电流为（　　）A。

（A）0.2；（B）2；（C）20；（D）22。

**答案：C**

**La4A3062** 供电营业规则规定：农业用电，功率因数为（　　）以上。

（A）0.75；（B）0.80；（C）0.85；（D）0.90。

**答案：B**

**La4A3063** 实行功率因数考核的用户应装设（　　）电能表。

（A）最大需量；（B）无功；（C）复费率；（D）预付费。

**答案：B**


**La4A3064** 《供电营业规则》规定：100kVA 及以上高压供电的用户功率因数应达到（　　）以上。

（A）0.75；（B）0.80；（C）0.85；（D）0.90。

**答案：D**


**La4A3065** 单相照明用电容量为 5kW 时，应使用（　　）进行计量。

（A）一只单相电能表；（B）两只单相电能表；（C）一只三相电能表；（D）三只单相电能表。

**答案：A**


**La4A3066** 设备在能量转换和传输过程中，输出能量与输入能量之比，称为（　　）。

（A）设备功率；（B）能量变比；（C）线路损耗；（D）设备效率。

**答案：D**


**La4A3067** 有一只内阻为 200Ω，量程为 1mA 的毫安表。打算把它改制成量限为 5A 的电流表，应该并联（　　）Ω 的分流电阻。

（A）0.25；（B）0.08；（C）0.04；（D）0.4。

**答案：C**


**La4A3068** 关于有功功率和无功功率，错误的说法是（　　）。

（A）无功功率就是无用的功率；（B）无功功率有正有负；（C）在 $RLC$ 电路中，有功功率就是在电阻上消耗的功率；（D）在纯电感电路中，无功功率的最大值等于电路电压和电流的乘积。

**答案：A**


**La4A3069** 用兆欧表测量绝缘电阻时，为了去除表面泄露的影响，应将产生泄漏的绝缘体表面（　　）。

（A）接到兆欧表的 G 端子；（B）直接接地；（C）接到兆欧表的 L 端子；（D）接到兆欧表的 E 端子。

**答案：A**


**La4A3070** 导线的绝缘强度是用（　　）来测量的。

（A）直流耐压试验；（B）交流耐压试验；（C）绝缘电阻试验；（D）耐热能力试验。

**答案：A**

**La4A3071** 以下不属于正弦交流电三要素的是（  ）。

（A）频率；（B）最大值；（C）最小值；（D）初相位。

答案：**C**

**La4A4072** 三相智能表的负荷记录不能记录哪些参数？（  ）

（A）电压；（B）功率；（C）电价；（D）无功电能。

答案：**C**

**La4A4073** 下列哪些功能不是单相智能表具备的功能？（  ）

（A）拉合闸；（B）反向有功电能；（C）正向有功需量及发生时间；（D）零线电流检测。

答案：**C**

**La4A4074** 根据电表通信规约规定，对电表进行广播校时操作时，电表只能响应与电表当前时钟在（  ）范围内的时钟调整。

（A）±5 分钟；（B）±5 小时；（C）±5 天；（D）没有限制。

答案：**A**

**La4A4075** 单相电能表的电流规格为 5（60）A，当此电能表工作在 60A 时，电能表（  ）。

（A）能长期工作但不能保证准确度；（B）能保证准确度但不能长期工作；（C）能长期工作且保证准确度；（D）不能长期工作也不能保证准确度。

答案：**C**

**La4A4076** 与电容器连接的导线长期允许电流应不小于电容器额定电流的（  ）倍。

（A）1.0；（B）1.1；（C）1.3；（D）1.5。

答案：**C**

**La4A4077** RLC 串联谐振电路总电抗和 RLC 并联谐振电路总电抗分别等于（  ）。

（A）$\infty$ 和 0；（B）$\infty$ 和 $\infty$；（C）0 和 0；（D）0 和 $\infty$。

答案：**D**

**La4A4078** 有一只内阻为 0.5MΩ，量程为 250V 的直流电压表，当它的读数为 100V 时，流过电压表的电流是（  ）mA。

（A）0.2；（B）0.5；（C）2.5；（D）0.4。

答案：**A**

**La4A4079** Ⅳ类电能计量装置配置的有功电能表的准确度等级应不低于（  ）级。

(A) 0.5；(B) 1.0；(C) 2.0；(D) 3.0。

答案：**C**


**La4A4080** 将一根导线均匀拉长为原长度的 3 倍，则它的阻值约为原阻值的（　　）倍。

(A) 3；(B) 6；(C) 4；(D) 9。

答案：**D**


**La4A4081** 标定 10（40）A 的单相电能表，其中 10A 是指电能表的（　　）。

(A) 标定电流；(B) 额定电流；(C) 最大额定电流；(D) 最大电流。

答案：**A**


**La4A5082** 当某电路有 $n$ 个节点，$m$ 条支路时，用基尔霍夫第一定律可以列出 $n-1$ 个独立的电流方程，（　　）个独立的回路电压方程。

(A) $m-(n-1)$；(B) $m-n-1$；(C) $m-n$；(D) $m+n+1$。

答案：**A**


**La4A5083** 盗窃电能的，由电力管理部门责令停止违法行为，追缴电费并处应交电费（　　）倍以下的罚款。

(A) 1；(B) 3；(C) 5；(D) 7。

答案：**C**


**La4A5084** 10kV 电缆终端头制作前，要对电缆用 2500V 兆欧表测量其绝缘电阻，要求绝缘电阻不小于（　　）MΩ。

(A) 80；(B) 120；(C) 160；(D) 200。

答案：**D**


**La4A5085** 用 500V 兆欧表测量低压金属氧化物避雷器的电阻值，其阻值应大于（　　）MΩ。

(A) 4；(B) 3；(C) 2；(D) 1。

答案：**C**


**La4A5086** 以下单位符号正确的是（　　）。

(A) HZ；(B) kw；(C) kW·h；(D) VA。

答案：**D**


**La4A5087** 交流电流表或交流电压表指示数值一般情况下都是被测正弦量的（　　）。

（A）瞬时值；（B）最大值；（C）平均值；（D）有效值。

答案：D

**Lb4A1088** 当三只单相电压互感器按 YNyn 接线，二次线电压 $U_{ab}=57.7V$，$U_{bc}=57.7V$，$U_{ca}=100V$，那么可能是电压互感器（　　）。

（A）二次绕组 A 相极性接反；（B）二次绕组 B 相极性接反；（C）二次绕组 C 相极性接反；（D）二次绕组 A 相断线。

答案：B

**Lb4A1089** 因计量器具（　　）所引起的纠纷，简称计量纠纷。

（A）准确度；（B）精确度；（C）精密度；（D）准确性。

答案：A

**Lb4A1090** 高压互感器，至少每（　　）年轮换或现场检验一次。

（A）2；（B）5；（C）10；（D）15。

答案：C

**Lb4A1091** 某用户月平均用电为 20 万 kW·h，则应安装（　　）类计量装置。

（A）Ⅰ；（B）Ⅱ；（C）Ⅲ；（D）Ⅳ。

答案：C

**Lb4A1092** 变压器容量在（　　）kVA 及以上的大工业用户实行两部制电价。

（A）100；（B）160；（C）315；（D）1000。

答案：C

**Lb4A1093** 《供电营业规则》规定：用户用电设备容量在（　　）kW 以下者，一般采用低压供电。

（A）50；（B）100；（C）160；（D）200。

答案：B

**Lb4A1094** 频繁操作的控制开关要选用（　　）。

（A）低压自动空气开关；（B）接触器；（C）刀闸；（D）带灭弧罩的刀闸。

答案：B

**Lb4A1095** 检定 0.5 级电能表应采用（　　）级的检定装置。

（A）0.05；（B）0.1；（C）0.2；（D）0.03。

答案：B

**Lb4A1096** 检定测量用电流互感器时，环境条件中温度应满足（　　）℃。

(A) 10～35；(B) 20±2；(C) 10～25；(D) 5～30。

答案：**A**


**Lb4A1097** 电缆穿越农田时，敷设在农田中的电缆埋设深度不应小于（　　）m。

(A) 0.5；(B) 1；(C) 1.5；(D) 2。

答案：**B**


**Lb4A1098** 高压输电线路故障，绝大部分是（　　）。

(A) 单相接地；(B) 两相接地短路；(C) 三相短路；(D) 两相短路。

答案：**A**


**Lb4A1099** 10kV 线路首端发生短路时，（　　）保护动作，断路器跳闸。

(A) 过电流；(B) 速断；(C) 低周减载；(D) 差动。

答案：**B**


**Lb4A1100** 独立避雷针与配电装置的空间距离不应小于（　　）m。

(A) 5；(B) 10；(C) 12；(D) 15。

答案：**A**


**Lb4A1101** 用手触摸变压器的外壳时，如有麻电感，可能是（　　）。

(A) 线路接地引起；(B) 过负荷引起；(C) 外壳接地不良引起；(D) 过电压引起。

答案：**C**


**Lb4A1102** 在正常运行情况下中性点不接地系统的中性点位移电压不得超过（　　）%。

(A) 15；(B) 10；(C) 7.5；(D) 5。

答案：**A**


**Lb4A1103** "S" 级电流互感器，能够正确计量的电流范围是（　　）$I_b$。

(A) 1%～120%；(B) 2%～120%；(C) 5%～120%；(D) 10%～120%。

答案：**A**


**Lb4A1104** 在一般的电流互感器中产生误差的主要原因是存在着（　　）所致。

(A) 容性泄漏电流；(B) 负荷电流；(C) 激磁电流；(D) 容性泄漏电流和激磁电流。

答案：**C**

**Lb4A1105** 某单相用户的负载为 2000W，每天使用 5h，一天用电为（　　）kW·h。

（A）10000；（B）2000；（C）10；（D）1。

答案：**C**


**Lb4A2106** 用三只电压表监视中心点不接地电网的绝缘，当发生单相接地时，接地相电压表读数（　　）。

（A）变化不大；（B）显著升高；（C）急剧降低；（D）无法确定。

答案：**C**


**Lb4A2107** 根据国网公司供电服务"十项承诺"要求：对已竣工验收合格并办结相关手续，具备供电条件的非居民客户，装表时间不超过（　　）个工作日。

（A）2～3；（B）5；（C）10；（D）15。

答案：**B**


**Lb4A2108** 县级以上地方人民政府及其经济综合主管部门在安排用电指标时，应当保证农业和农村用电的适当比例，优先保证农村（　　）和农业季节性生产用电。

（A）生活照明；（B）排涝、抗旱；（C）商业；（D）农副加工和生活照明。

答案：**B**


**Lb4A2109** （　　）供电企业在收取电费时，代收其他费用。

（A）允许；（B）支持；（C）鼓励；（D）禁止。

答案：**D**


**Lb4A2110** 互感器或电能表误差超出允许范围时，以（　　）误差为基准，进行退补电量计算。

（A）基本误差；（B）修正误差；（C）0；（D）准确度。

答案：**C**


**Lb4A2111** 当二次回路负荷超过互感器额定二次负荷或二次回路电压降超差时应及时查明原因，并在（　　）内处理。

（A）1天；（B）10天；（C）1个月；（D）3个月。

答案：**C**


**Lb4A2112** 上网电价实行同网同质同价。具体办法和实施步骤由（　　）规定。

（A）各地区自行；（B）省（自治区、直辖市）电力管理部门；（C）供电企业；（D）国务院。

答案：**D**

**Lb4A2113** 低压用户若需要装设备用电源，可（　　）。

（A）共用一个进户点；（B）另设一个进户点；（C）选择几个备用点；（D）另设一个进户点、共用一个进户点、选择几个备用点。

**答案：B**


**Lb4A2114** S级电能表与普通电能表的主要区别在于（　　）时准确度较高。

（A）最大电流；（B）标定电流；（C）低负载；（D）宽负载。

**答案：C**


**Lb4A2115** 互感器的额定负载功率因数如不作规定时一般为（　　）。

（A）容性 0.8；（B）感性 0.8；（C）感性 0.5；（D）1.0。

**答案：B**


**Lb4A2116** 当通过电流互感器的电流超过额定电流（　　）%时，叫做电流互感器过负荷运行。

（A）10；（B）20；（C）25；（D）30。

**答案：B**


**Lb4A2117** 负荷容量为 315kVA 以下的低压计费用户的电能计量装置属于（　　）类计量装置。

（A）Ⅱ；（B）Ⅲ；（C）Ⅳ；（D）Ⅴ。

**答案：C**


**Lb4A2118** 供电企业在发电、供电系统正常的情况下，应当连续向用户供电，不得中断因供电设施检修、依法限电或者用户违法用电等原因，需要中断供电时，供电企业应当（　　）。

（A）按营业规则可随时停电；（B）按照国家有关规定断然中断供电；（C）按照国家有关规定中断供电后通知用户中断原因；（D）按照国家有关规定事先通知用户。

**答案：D**


**Lb4A2119** 互感器标准器在检定周期内的误差变化，不得大于误差限值的（　　）。

（A）1/3；（B）1/4；（C）1/5；（D）1/10。

**答案：A**


**Lb4A2120** 在用钳形表测量三相三线电能表的电流时，假定三相平衡，若将两根相线同时放入钳形表中测量的读数为 20A，则实际线电流为（　　）A。

（A）34.64；（B）11.55；（C）20；（D）10。

**答案：C**

**Lb4A2121** 某低压单相用户负荷为 8kW，则应选择的电能表型号和规格为（　　）。

（A）DD 型 10（40）A；（B）DD 型 5（20）A；（C）DT 型 10（40）A；（D）DS 型 5（20）A。

**答案：A**

**Lb4A2122** 某 10kV 用户接 50/5 电流互感器，若电能表读数 20kW·h，则用户实际电量为（　　）kW·h。

（A）200；（B）2000；（C）20000；（D）100000。

**答案：C**

**Lb4A2123** 标准互感器使用时的二次实际负荷与其证书上所标负荷之差，不应超过（　　）%。

（A）±3；（B）±5；（C）±10；（D）±4。

**答案：C**

**Lb4A2124** 测量用互感器检定装置的升压、升流器的输出波形应为正弦波，其波形失真度应不大于（　　）%。

（A）3；（B）5；（C）10；（D）2。

**答案：B**

**Lb4A2125** 电能表检定装置中，升流器的二次绕组应与（　　）串联。

（A）电流调压器；（B）标准电流互感器的二次绕组；（C）被检表的电流线圈和标准电流互感器的一次绕组；（D）移相器的输出端。

**答案：C**

**Lb4A2126** 三相四线三元件有功电能表在测量平衡负载的三相四线电能时，若有两相电压断线，则电能表将（　　）。

（A）停转；（B）倒走 1/3；（C）少计 2/3；（D）正常。

**答案：C**

**Lb4A2127** 某用户安装一只低压三相四线有功电能表，B 相电流互感器二次极性反接达一年之久，三相负荷平衡，累计抄见电量为 2000kW·h，该客户应追补电量为（　　）kW·h。

（A）1000；（B）2000；（C）3000；（D）4000。

**答案：D**

**Lb4A2128** 三相三线电能表的 A 相电压和 C 相电压互换，其他接线正确且负荷平衡对称，这时电能表将（　　）。

（A）变慢；（B）变快；（C）停走；（D）不确定。

答案：**C**

**Lb4A2129** 运行中的 35kV 及以上的电压互感器二次回路，其电压降至少每（　　）年测试一次。

（A）2；（B）3；（C）4；（D）5。

答案：**A**

**Lb4A2130** 用兆欧表测量电流互感器一次绕组对二次绕组及对地间的绝缘电阻值，如（　　）MΩ，不予检定。

（A）<5；（B）≤5；（C）>5；（D）≥5。

答案：**A**

**Lb4A2131** 检定电流互感器时，检流计和电桥应与强磁设备（大电流升流器等）隔离，至少距离为（　　）m 以上。

（A）1；（B）2；（C）3；（D）4。

答案：**B**

**Lb4A2132** 使用电压互感器时，高压互感器二次（　　）。

（A）必须接地；（B）不能接地；（C）接地或不接地；（D）仅在 35kV 及以上系统必须接地。

答案：**A**

**Lb4A2133** 当电源频率增高时，电压互感器一次、二次绕组的漏抗（　　）。

（A）不变；（B）减小；（C）增大；（D）先减小后增大。

答案：**C**

**Lb4A2134** 一只被检电流互感器的额定二次电流为 5A，额定二次负荷为 5VA，额定功率因数为 1，则其额定二次负荷阻抗为（　　）Ω。

（A）0.15；（B）0.3；（C）0.2；（D）0.25。

答案：**A**

**Lb4A2135** 测量电流互感器极性的目的是为了（　　）。

（A）满足负载的要求；（B）保证外部接线正确；（C）满足计量和保护装置的要求；（D）提高保护装置动作的灵敏度。

答案：**B**

**Lb4A2136** 少油式高压断路器所规定的故障检修，应在经过切断故障电流（　　）。

（A）1 次后进行；（B）2 次后进行；（C）3 次后进行；（D）5 次后进行。

答案：C

**Lb4A2137** 在故障情况下，变压器超过额定负荷 2 倍时，允许运行的时间为（　　）min。

（A）15；（B）7.5；（C）3.5；（D）2。

答案：B

**Lb4A2138** 变压器接线组别为 Yyn0 时，其中性线电流不得超过低压绕组额定电流的（　　）％。

（A）15；（B）20；（C）25；（D）35。

答案：C

**Lb4A2139** 单金属导线在同一处损伤的面积占总面积的 7％以上，但不超过（　　）％时，以补修管进行补修处理。

（A）17；（B）15；（C）13；（D）11。

答案：A

**Lb4A2140** 独立避雷针的接地电阻一般不大于（　　）Ω。

（A）4；（B）6；（C）8；（D）10。

答案：D

**Lb4A2141** 拉线安装后对地平面夹角与设计值允许误差：当为 10kV 及以下架空电力线路时不应大于（　　）。

（A）3°；（B）5°；（C）7°；（D）9°。

答案：A

**Lb4A2142** 变电所防护直击雷的措施是（　　）。

（A）装设架空地线；（B）每线装阀型避雷器；（C）装设避雷线；（D）装设独立避雷针。

答案：D

**Lb4A2143** 大电流接地系统是指中性点直接接地的系统，其接地电阻值应不大于（　　）Ω。

（A）0.4；（B）0.5；（C）1；（D）4。

答案：B

**Lb4A2144** 居民家用电器从损坏之日起超过（　　）日的，供电企业不再负责其赔偿。

(A) 3；(B) 5；(C) 7；(D) 15。

答案：C

**Lb4A2145** 有一只内阻为 0.1Ω、量程为 10A 的电流表，当它测得电流是 8A 时，在电流表两端的电压降是（　　）V。

(A) 1；(B) 0.1；(C) 0.8；(D) 1.6。

答案：C

**Lb4A2146** 两个带电小球相距 $d$，相互间斥力为 $F$，当改变间距而使斥力增加为 $4F$ 时，两小球间的距离为（　　）。

(A) $4d$；(B) $2d$；(C) $1/2d$；(D) $1/4d$。

答案：D

**Lb4A2147** 集中器配置了 3 路 485 接口，其中有几路为抄表接口？（　　）

(A) 1；(B) 2；(C) 3；(D) 0。

答案：B

**Lb4A2148** 国网智能表采用的通讯规约。（　　）。

(A) DL/T 645—1997；(B) DL/T 645—2007；(C) DL/T 614—2007；(D) GB/T 17215.321—2008。

答案：B

**Lb4A2149** 一只变比为 100/5 的电流互感器，铭牌上规定 1s 的热稳定倍数为 30，不能用在最大短路电流为（　　）A 以上的线路上。

(A) 600；(B) 1500；(C) 2000；(D) 3000。

答案：D

**Lb4A2150** 在三相对称故障时，电流互感器的二次计算负载，三角形接线比星形接线大（　　）倍。

(A) 2；(B) $\sqrt{3}$；(C) 1/2；(D) 3。

答案：D

**Lb4A2151** 有些绕线型异步电动机装有炭刷短路装置，它的主要作用是（　　）。

(A) 提高电动机运行的可靠性；(B) 提高电动机的启动转矩；(C) 提高电动机的功率因数；(D) 减少电动机的摩擦损耗。

答案：D

**Lb4A2152** 在低压三相四线制回路中，要求零线上不能（　　）。

（A）装设电流互感器；（B）安装熔断器；（C）安装漏电保护器；（D）装设电表。

答案：**B**


**Lb4A2153** 在两相三线供电线路中，中性线截面为相线截面的（　　）倍。

（A）0.5；（B）1；（C）1.41；（D）1.73。

答案：**B**


**Lb4A3154** 单相电能表电压线圈并接在负载端时，将（　　）。

（A）正确计量；（B）使电能表停走；（C）少计量；（D）可能引起潜动。

答案：**D**


**Lb4A3155** 0.1级电能表检定装置，应配备（　　）。

（A）0.05级标准电能表，0.01级互感器；（B）0.1级标准电能表，0.01级互感器；
（C）0.1级标准电能表，0.02级互感器；（D）0.05级标准电能表，0.005级互感器。

答案：**B**


**Lb4A3156** 35kV供电网络中性点运行方式为经消弧线圈接地，供区内有一新装用电户，35kV专线受电，计量点定在产权分界处，宜选用（　　）有功电能表计量。

（A）三相三线；（B）三相四线；（C）三相三线或三相四线；（D）一只单相。

答案：**A**


**Lb4A3157** 10kV配电线路经济供电半径为（　　）km。

（A）1～5；（B）30～50；（C）15～30；（D）5～15。

答案：**D**


**Lb4A3158** 35kV及以上电压供电的，电压正、负偏差绝对值之和不超过额定值的（　　）%。

（A）5；（B）7；（C）3；（D）10。

答案：**D**


**Lb4A3159** 三相一般工商业用户：包括低压商业、小动力、办公等用电性质的（　　）三相用户。

（A）低压居民；（B）高压；（C）低压非居民；（D）高压非居民。

答案：**C**


**Lb4A3160** 基建工地施工用电（包括施工照明）按（　　）电价计收电费。

（A）普通工业；（B）非工业；（C）商业；（D）非居民照明。

答案：**B**

**Lb4A3161** 若电力用户超过报装容量私自增加电气容量，称为（　　）。
（A）窃电；（B）正常用电；（C）违约用电；（D）正常增容。
答案：**C**

**Lb4A3162** （　　）kV 及以下计费用电压互感器二次回路，不得装放熔断器。
（A）10；（B）35；（C）110；（D）220。
答案：**B**

**Lb4A3163** 制定电价，应当合理补偿成本，合理确定收益，依法计入税金，坚持（　　），促进电力建设。
（A）效益第一；（B）公平负担；（C）利益均沾；（D）安全经济。
答案：**B**

**Lb4A3164** 以下哪一项应属于Ⅰ类电能计量装置。（　　）
（A）用于计量 100MW 发电机发电量的计量装置；（B）用于计量变压器容量为 20000kVA 的高压计费用户的计量装置；（C）用于计量供电企业之间交换电量的计量装置；（D）用于计量平均月用电量 100 万 kW·h 计费用户的计量装置。
答案：**B**

**Lb4A3165** Ⅱ类计量装置适用于（月平均用电量）或（变压器容量）不小于（　　）。
（A）10 万 kW·h、315kVA；（B）100 万 kW·h、2000kVA；（C）100 万 kW·h、315kVA；（D）10 万 kW·h、2000kVA。
答案：**B**

**Lb4A3166** 某用户接 50A/5A 电流互感器，6000V/100V 电压互感器，电能表电表常数为 2000imp/kWh。若电能表转了 10 脉冲，则用户实际用电量为（　　）kW·h。
（A）200；（B）12000；（C）3；（D）600。
答案：**C**

**Lb4A3167** 某用户三相四线低压供电，装了 3 只单相有功电能表计量，电能表接线正确，有接两相的负荷，2 月份抄得电量分别为 50kW·h、−10kW·h、40kW·h。则实际用电量为（　　）kW·h。
（A）100；（B）80；（C）110；（D）90。
答案：**B**

**Lb4A3168** 某用户有 315kVA 和 400kVA 受电变压器各一台，运行方式互为备用，应按（　　）kVA 的设备容量计收基本电费。

（A）315；（B）400；（C）715；（D）实用设备容量。

答案：B


**Lb4A3169** 用直流法检查电压互感器的极性时，直流电流表应接在电压互感器的（　　）。

（A）低压侧；（B）高压侧；（C）高、低压侧均可；（D）接地侧。

答案：B


**Lb4A3170** 两接地体间的平行距离应不小于（　　）m。

（A）4；（B）5；（C）8；（D）10。

答案：B


**Lb4A3171** 变压器温度升高时，绝缘电阻测量值（　　）。

（A）增大；（B）降低；（C）不变；（D）成比例增长。

答案：B


**Lb4A3172** 要想变压器效率最高，应使其运行在（　　）。

（A）额定负载时；（B）80%额定负载时；（C）75%额定负载时；（D）绕组中铜损耗与空载损耗相等时。

答案：D


**Lb4A3173** 三相三元件有功电能表在测量平衡负载的三相四线电能时，若有 U、W 两相电流进出线接反，则电能表将（　　）。

（A）停转；（B）慢走 2/3；（C）正常；（D）倒走 1/3。

答案：D


**Lb4A3174** 三相四线有功电能表，抄表时发现一相电流接反，抄得电量为 500kW·h，若三相对称，则应追补的电量为（　　）kW·h。

（A）1000；（B）366；（C）500；（D）无法确定。

答案：A


**Lb4A3175** 在三相三线电能计量装置的相量图中，相电压相量与就近的线电压相量相位相差（　　）。

（A）0°；（B）30°；（C）60°；（D）90°。

答案：B


**Lb4A3176** 高压为 10kV 级星形接线的变压器，改成 6kV 级三角形接线后，其容量

（      ）。

（A）降低；（B）升高；（C）不定；（D）不变。

答案：D

**Lb4A3177** 瓷绝缘子表面做成波纹形，主要作用是（      ）。

（A）增加电弧爬距；（B）提高耐压强度；（C）增大绝缘强度；（D）防止尘埃落在瓷绝缘子上。

答案：D

**Lb4A3178** 同一建筑物内部相互连通的房屋、多层住宅的每个单元、同一围墙内一个单位的电力和照明用电，只允许设置（      ）个进户点。

（A）1；（B）2；（C）3；（D）4。

答案：A

**Lb4A3179** 铝绞线的型号表示为（      ）。

（A）GJ；（B）LJ；（C）TJ；（D）LGJ。

答案：B

**Lb4A3180** 一台公用配电变压器供电的电气设备接地可采用（      ）。

（A）保护接地；（B）保护接零；（C）直接接地；（D）接地线接地。

答案：A

**Lb4A3181** 把电气设备的金属外壳与接地体间做金属性连接称（      ）。

（A）保护接零；（B）工作接地；（C）保护接地；（D）重复接地。

答案：C

**Lb4A3182** 作用于电力系统的过电压，按其起因及持续时间大致可分为（      ）。

（A）大气过电压、操作过电压；（B）大气过电压、工频过电压、谐振过电压；（C）大气过电压、工频过电压；（D）大气过电压、工频过电压、谐振过电压、操作过电压。

答案：D

**Lb4A3183** 变压器并列运行的基本条件是（      ）。

（A）接线组别标号相同、电压比相等；（B）短路阻抗相等、容量相同；（C）接线组别标号相同、电压比相等、短路阻抗相等；（D）接线组别标号相同、电压比相等、容量相同。

答案：C

**Lb4A3184** 10kV及以下架空电力线路紧线时，同挡内各相导线弧垂宜一致，水平排列时的导线弧垂相差不应大于（　　　）mm。

（A）50；（B）40；（C）30；（D）20。

**答案：A**


**Lb4A3185**　10kV 及以下架空电力线路的导线紧好后，弧垂的误差不应超过设计弧垂的（　　　）％。

（A）±7；（B）±5；（C）±3；（D）±1。

**答案：B**


**Lb4A3186**　三相电容器的电容量最大与最小的差值，不应超过三相平均电容值的（　　　）％。

（A）2；（B）4；（C）5；（D）10。

**答案：C**


**Lb4A3187**　铁芯线圈上电压与电流的关系是（　　　）关系。

（A）铁性；（B）一段为线性，一段为非线性；（C）非线性；（D）两头为线性，中间为非线性。

**答案：B**


**Lb4A3188**　三相有功电能表的电压接入，要求（　　　）。

（A）任意接入；（B）正序接入；（C）负序接入；（D）零序接入。

**答案：B**


**Lb4A3189**　互感器实际二次负荷应在（　　　）额定二次负荷范围内。

（A）20％～100％；（B）25％～100％；（C）30％～100％；（D）35％～100％。

**答案：B**


**Lb4A3190**　铝芯氯丁橡皮绝缘线的导线型号是（　　　）。

（A）BX；（B）BXF；（C）BLX；（D）BLXF。

**答案：D**


**Lb4A4191**　有功电能表是用来计量电能的有功部分，即视在功率的有功分量和时间的（　　　）。

（A）总和；（B）差值；（C）积分；（D）乘积。

**答案：D**


**Lb4A4192**　在接地体径向地面上，水平距离为（　　　）m 的两点间电压，称为跨步电压。

(A) 1.6；(B) 1.2；(C) 1.0；(D) 0.8。

答案：D

**Lb4A4193** 当变比不同的两台变压器并列运行时，会产生环流，并在两台变压器内产生电压降，使得两台变压器输出端电压（　　）。

(A) 上升；(B) 降低；(C) 变比大的升，变比小的降；(D) 变比小的升，变比大的降。

答案：C

**Lb4A4194** 某火电厂现有装机容量 10 万 kW，其上网计量点的电能计量装置属于（　　）类电能计量装置。

(A) Ⅰ；(B) Ⅱ；(C) Ⅲ；(D) Ⅳ。

答案：B

**Lb4A4195** 变压器容量为 500kVA 高供低计用户的电能计量装置属于（　　）类计量装置。

(A) Ⅰ；(B) Ⅱ；(C) Ⅲ；(D) Ⅳ。

答案：C

**Lb4A4196** Ⅲ类客户电能计量装置，应配置有功、无功电能表与测量用电压、电流互感器的准确等级分别应为（　　）。

(A) 2.0、3.0、0.5、0.5S；(B) 0.5S、2.0、0.2、0.2S；(C) 1.0、2.0、0.5、0.5S；(D) 0.2S、2.0、0.2、0.2S。

答案：C

**Lb4A4197** 按照《电能计量装置技术管理规程》(DL/T 448—2000) 规定：用户Ⅱ类电能计量装置的有功、无功电能表和测量用电压、电流互感器的准确度等级应分别为（　　）。

(A) 0.5，2.0，0.2S，0.2S；(B) 0.5 或 0.5S，2.0，0.2，0.2S；(C) 0.5S，2.0，0.2，0.2S；(D) 0.5 或 0.5S，2.0，0.2S，0.2S。

答案：B

**Lb4A4198** 某电网经营企业之间电量交换点的计量装置平均月计量电量为 200 万 kW·h，则该套计量装置属于（　　）类计量装置。

(A) Ⅰ；(B) Ⅱ；(C) Ⅲ；(D) Ⅳ。

答案：B

**Lb4A4199** 至少应采用 0.2 级电压互感器的电能计量装置是（　　）类。

（A）Ⅱ；（B）Ⅲ和Ⅳ；（C）Ⅰ和Ⅱ；（D）Ⅳ。

答案：C

**Lb4A4200** 改变电能计量装置接线，致使电能表计量不准，称为（　　）。

（A）违章用电；（B）窃电；（C）正常增容；（D）正常减容。

答案：B

**Lb4A4201** 在现场检验电能表时，当负载电流低于被检电能表标定电流的 10%，或功率因数低于（　　）时，不宜进行误差测定。

（A）0.5；（B）0.866；（C）0.732；（D）0.6。

答案：A

**Lb4A4202** 电子表的高温试验中的高温是指（　　）℃。

（A）50；（B）60；（C）70；（D）80。

答案：C

**Lb4A4203** 若用户擅自使用已报暂停的电气设备，称为（　　）。

（A）窃电；（B）违约用电；（C）正常用电；（D）正常增容。

答案：B

**Lb4A4204** 用直流法测量减极性电压互感器，电池正极接 X 端钮，电池负极接 A 端钮，检测表正极接 a 端钮，负极接 x 端钮，在合、分开关瞬间检测表指针向（　　）方向摆动。

（A）正、负；（B）均向正；（C）均向负；（D）负、正。

答案：D

**Lb4A4205** 使用二表法测量对称三相电路功率时，二表读数相等，说明电路的功率因数（　　）。

（A）0.50；（B）0.80；（C）0.866；（D）1.0。

答案：D

**Lb4A4206** 智能电能表故障显示代码 Err－16 的含义为（　　）。

（A）控制回路错误；（B）认证错误；（C）修改密钥错误；（D）ESAM 错误。

答案：C

**Lb4A4207** 智能电能表故障显示代码 Err－10 的含义为（　　）。

（A）控制回路错误；（B）认证错误；（C）修改密钥错误；（D）ESAM 错误。

答案：B

**Lb4A4208** 智能电能表故障显示代码 Err－08 的含义为（　　）。

（A）控制回路错误；（B）认证错误；（C）修改密钥错误；（D）时钟故障。

答案：**D**

**Lb4A4209** 智能电能表故障显示代码 Err－04 的含义为（　　）。

（A）时钟电池电压低；（B）认证错误；（C）修改密钥错误；（D）ESAM 错误。

答案：**A**

**Lb4A4210** 智能电能表故障显示代码 Err－02 的含义为（　　）。

（A）控制回路错误；（B）认证错误；（C）修改密钥错误；（D）ESAM 错误。

答案：**D**

**Lb4A4211** 智能电能表故障显示代码 Err－01 的含义为（　　）。

（A）控制回路错误；（B）认证错误；（C）修改密钥错误；（D）ESAM 错误。

答案：**A**

**Lb4A4212** 某一运行中的三相三线有功电能表，其负荷性质为容性负载，那么第一元件计量的有功功率与第二元件相比，则（　　）。

（A）第一元件大；（B）第一元件小；（C）相等；（D）不确定。

答案：**A**

**Lb4A4213** 电流互感器不完全星形接线，三相负荷平衡对称，A 相接反，则公共线电流 I 是每相电流的（　　）倍。

（A）1；（B）1.732；（C）2；（D）0.5。

答案：**B**

**Lb4A4214** 10kV 及以下电力接户线安装时，挡距内（　　）。

（A）允许 1 个接头；（B）允许 2 个接头；（C）不超过 3 个接头；（D）不应有接头。

答案：**D**

**Lb4A4215** 某用户擅自使用在供电企业办理暂停手续的高压电动机，并将作为贸易结算的计量 TA 一相短接，该户的行为属（　　）行为。

（A）违章；（B）窃电；（C）既有违章又有窃电；（D）违约行为。

答案：**C**

**Lb4A4216** 从家用电器损坏之日起（　　）日内，受害居民用户未向供电企业投诉并提出索赔要求的，即视为受害者已自动放弃索赔权。

（A）4；（B）5；（C）7；（D）15。

答案：**C**

**Lb4A4217** 电力运行事故因（　　）原因造成的，电力企业不承担赔偿责任。

（A）电力线路故障；（B）电力系统瓦解；（C）不可抗力和用户自身的过错；（D）除电力部门差错外的。

**答案：C**


**Lb4A4218** 有一电子线路需用一只耐压为 1000V、电容为 $8\mu F$ 的电容器。现在只有四只耐压 500V、电容量为 $8\mu F$ 的电容器，因此只需要把四只电容器（　　）就能满足要求。

（A）两只两只串联然后并联；（B）四只电容器串联；（C）三只并联然后再与另一只串联；（D）三只串联再与另一只并联。

**答案：A**


**Lb4A4219** 杆塔是用以架设导线的构件，在配电线路中常用的是（　　）。

（A）铁塔；（B）钢管塔；（C）水泥杆；（D）木杆。

**答案：C**


**Lb4A4220** RS－485 接口应满足 DL/T 645—2007 电气要求，并能耐受交流电压（　　）不损坏的实验。

（A）100V、5min；（B）220V、3min；（C）380V、2min；（D）500V、1min。

**答案：A**


**Lb4A4221** 当电流互感器一次、二次绕组的电流 $I_1$、$I_2$ 的出入方向相反时，这种极性关系称为（　　）。

（A）加极性；（B）减极性；（C）正极性；（D）同极性。

**答案：B**


**Lb4A4222** 下列设备中，二次绕组匝数比一次绕组匝数少的是（　　）。

（A）电流互感器；（B）升压变压器；（C）电压互感器；（D）调压器。

**答案：C**


**Lb4A4223** 导线与接续管进行钳压时，压接后的接续管弯曲度不应大于管长的（　　）％，有明显弯曲时应校直。

（A）1；（B）2；（C）3；（D）4。

**答案：B**


**Lb4A4224** 暗埋管线的保护层（管壁）不得小于（　　）mm。

（A）2.0；（B）2.5；（C）3.0；（D）3.5。

**答案：B**

**Lb4A5225** 检定 0.5 级电流互感器，在 $100\% \sim 120\%$ 额定电流下，由误差测量装置的差流测量回路的二次负荷对误差的影响应不大于（    ）。

(A) $\pm 0.5\%$、$\pm 0.2'$；    (B) $\pm 0.025\%$、$\pm 1.5'$；    (C) $\pm 0.03\%$、$\pm 1.5'$；
(D) $\pm 0.05\%$、$\pm 1'$。

答案：**B**

**Lb4A5226** 检定 0.2 级的电流互感器时，在额定电流的 $100\%$，误差测量装置的差流测量回路的二次负荷对误差的影响不大于（    ）。

(A) $\pm 0.01\%$、$\pm 0.5'$；    (B) $\pm 0.02\%$、$\pm 1.0'$；    (C) $\pm 0.03\%$、$\pm 1.5'$；
(D) $0.04\%$、$\pm 2.0'$。

答案：**A**

**Lb4A5227** 用 0.1 级的电流互感器作标准，检定 0.5 级的电流互感器时，在额定电流的 $100\%T$，比差和角差的读数平均值分别为 $-0.355\%$、$+15'$。已知标准器的误差分别为 $-0.04\%$、$+3.0'$，则在检定证书上填写的比差和角差应分别为（    ）。

(A) $-0.35\%$、$+16'$；(B) $-0.40\%$、$+18'$；(C) $-0.30\%$、$+12'$；(D) $-0.40\%$、$+15'$。

答案：**A**

**Lb4A5228** 高压 110kV 供电，电压互感器电压比为 110kV/100V，电流互感器电流比为 50/5A，其电能表的倍率应为（    ）倍。

(A) 1100；(B) 11000；(C) 14000；(D) 21000。

答案：**B**

**Lb4A5229** 高压 35kV 供电，电压互感器电压比为 35kV/100V，电流互感器电流比为 50/5A，其电能表的倍率应为（    ）倍。

(A) 350；(B) 700；(C) 3500；(D) 7000。

答案：**C**

**Lb4A5230** 无功补偿的基本原理是把容性无功负载与感性负载接在同一电路，当容性负载释放能量时，感性负载吸收能量，使感性负载吸收的（    ）从容性负载输出中得到补偿。

(A) 视在功率；(B) 有功功率；(C) 无功功率；(D) 功率因数。

答案：**C**

**Lb4A5231** 对于电压质量有特殊要求的用户，其受电端的电压变动幅度，一般不得超过（    ）。

(A) $\pm 2\%$ 的额定电压；(B) $\pm 3\%$ 的额定电压；(C) $\pm 5\%$ 的额定电压；(D) $\pm 7\%$

的额定电压。

答案：**C**

**Lb4A5232** 标准偏差估计值是（　　）的表征量。

（A）系统误差平均值；（B）随机误差离散性；（C）测量误差统计平均值；（D）随机误差统计平均值。

答案：**B**

**Lb4A5233** 有一台三相发电机，其绕组连成星形，每相额定电压为220V。在一次试验时，用电压表测得 $U_A = U_B = U_C = 220V$，而线电压则为 $U_{AB} = U_{CA} = 220V$，$U_{BC} = 380$，这是因为（　　）。

（A）A 相绕组接反；（B）B 相绕组接反；（C）C 相绕组接反；（D）A、B 绕组接反。

答案：**A**

**Lb4A5234** DT862 型电能表在平衡负载条件下，B 相元件损坏，电量则（　　）。

（A）少计 1/2；（B）少计 1/3；（C）少计 1/4；（D）不计。

答案：**B**

**Lb4A5235** 穿管导线的截面总和不能超过管子有效面积的（　　）%。

（A）20；（B）30；（C）40；（D）50。

答案：**C**

**Lb4A5236** 绝缘导线 BLVV 线型是（　　）。

（A）铜芯塑料绝缘线；（B）铜芯塑料护套线；（C）铝芯塑料护套线；（D）铝芯橡皮绝缘线。

答案：**C**

**Lb4A5237** 导线型号由代表导线材料、结构的汉语拼音字母和标称截面积（mm²）三部分表示的，如 T 字母处于第一位置时，则表示（　　）。

（A）铁线；（B）铝线；（C）铜线；（D）铜铝合金线。

答案：**C**

**Lc4A1238** 防雷保护装置的接地属于（　　）。

（A）工作接地类型；（B）防雷接地类型；（C）保护接地类型；（D）工作接零类型。

答案：**C**

**Lc4A1239** 下列用电设备中占用无功最大的是（　　），约占工业企业所消耗无功的 70%。

（A）荧光灯；（B）变压器；（C）感应式电动机；（D）电弧炉。

答案：**C**

**Lc4A1240** 钢芯铝绞线的型号表示为（　　）。

（A）GJ；（B）LGJQ；（C）LGJ；（D）LGJJ。

答案：**C**

**Lc4A1241** 区分高压电气设备和低压电气设备的电压是（　　）V。

（A）220；（B）380；（C）1000；（D）10000。

答案：**C**

**Lc4A1242** 变压器上层油温不宜超过（　　）℃。

（A）75；（B）85；（C）95；（D）105。

答案：**B**

**Lc4A1243** 采集成功率的计算公式为（　　）。

（A）采集成功率＝成功电能表数/（已投运电能表数－已建档电能表数）×100%；
（B）采集成功率＝成功电能表数/（已投运电能表数－实际应采电能表数）×100%；
（C）采集成功率＝实际应采电能表数/（已投运电能表数－已建档电能表数）×100%；
（D）采集成功率＝成功电能表数/（已投运电能表数－暂停抄表数）×100%。

答案：**D**

**Lc4A2244** 按照《电业安全工作规程》规定，完成工作许可手续后，工作负责人（监护人）应向工作班人员交代现场安全措施、（　　）和其他注意事项。

（A）组织措施；（B）工作内容；（C）带电部位；（D）技术措施。

答案：**B**

**Lc4A2245** 计量二次回路可以采用的线型有（　　）。

（A）单股铝芯绝缘线；（B）多股铜芯绝缘软线；（C）单股铜芯绝缘线；（D）多股铝芯绝缘线。

答案：**C**

**Lc4A2246** 电流互感器二次回路的连接导线，至少应不小于（　　）mm²。

（A）6；（B）4；（C）2.5；（D）1.5。

答案：**B**

**Lc4A2247** 嵌入式表箱下端离地距离应在（　　）m左右。

（A）1.2；（B）1.5；（C）1.8；（D）2.0。

答案：**B**

**Lc4A2248** （　　）引起变压器的不平衡电流。

（A）变压器型号；（B）变压器的绕组不一样；（C）变压器的绕组电阻不一样；（D）由于三相负荷不一样造成三相变压器绕组之间的电流差。

答案：D

**Lc4A2249** 供电质量是指频率、电压、（　　）。

（A）电流；（B）波形；（C）电感；（D）供电可靠性。

答案：D

**Lc4A2250** 用户使用的电力电量，应该以（　　）依法认可的用电计量装置的记录为准。

（A）供电企业；（B）工商行政管理部门；（C）计量检定机构；（D）电力管理部门。

答案：C

**Lc4A2251** 智能电能表质量监督评价结论分为（　　）类质量问题。

（A）1；（B）2；（C）3；（D）4。

答案：D

**Lc4A3252** 在我国，110kV及以上的电力系统中性点往往（　　）。

（A）不接地；（B）经消弧线圈接地；（C）直接接地；（D）都可。

答案：C

**Lc4A3253** 额定容量不超过100kVA的三相变压器，可以进行负载率不超过（　　）倍的超载运行。

（A）1.1；（B）1.2；（C）1.3；（D）1.5。

答案：C

**Lc4A4254** 线路绝缘子上刷硅油或防尘剂是为了（　　）。

（A）增加强度；（B）防止绝缘子闪络；（C）延长使用寿命；（D）防止绝缘子破裂。

答案：B

**Lc4A4255** 电力生产与电网运行应当遵循安全、优质、经济的原则，应当连续、稳定，保证（　　）可靠性。

（A）用电；（B）供电；（C）发电；（D）变电。

答案：B

**Lc4A5256** 人工呼吸前应把触电者移到空气新鲜的地方，解开他的衣服、裤带，清除口里的黏液、活动牙齿等，并做好（　　）工作。

（A）保卫；（B）保洁；（C）保暖；（D）保险。

答案：C

**Lc4A5257** 在小接地电流系统中，某处发生单相接地时，母线电压互感器开口三角形的电压（　　）。

（A）故障点距母线越近，电压越高；（B）故障点距母线越近，电压越低；（C）为0；（D）不管离故障点距离远近，基本电压一样高。

答案：D

**Lc4A5258** 在变压器铁芯中产生铁损的原因是（　　）。

（A）磁滞现象；（B）涡流现象；（C）磁滞现象和涡流现象；（D）磁阻的存在。

答案：C

**Lc4A5259** 金属氧化物避雷器又称无间隙避雷器，其阀片以氧化（　　）为主，并掺以锑、铋、锰等金属氧化物，粉碎混合均匀后，经高温烧结而成。

（A）铬；（B）铁；（C）锌；（D）钴。

答案：C

**Lc4A5260** 紧线操作时，有一定的过牵引长度，为了安全。一般规定导线过牵引长度应不大于（　　）mm，同时，导线的安全系数大于2。

（A）100；（B）200；（C）300；（D）400。

答案：B

**Lc4A5261** 配电线路的绝缘子多采用（　　）绝缘子。

（A）棒式；（B）蝴蝶式；（C）悬式；（D）针式。

答案：D

**Jd4A1262** 兆欧表主要用于测量（　　）。

（A）电阻；（B）接地电阻；（C）动态电阻；（D）绝缘电阻。

答案：D

**Jd4A1263** 二次回路接线工作完成后，要进行交流耐压试验，试验电压为（　　）V，持续1min。

（A）380；（B）500；（C）1000；（D）2500。

答案：C

**Jd4A2264** 测量电力设备的绝缘电阻应该使用（　　）。

（A）万用表；（B）兆欧表；（C）电压表；（D）电流表。

答案：B

**Jd4A2265** 钳形表用于测量（    ）。

（A）交流电流；（B）直流电流；（C）直接电压；（D）交流电压。

答案：A

**Jd4A2266** 带电作业绝缘工具的电气试验周期是（    ）。

（A）2年；（B）18个月；（C）6个月；（D）3个月。

答案：B

**Jd4A3267** 用兆欧表进行测量时，应使摇动转速尽量接近（    ）r/min。

（A）80；（B）100；（C）120；（D）150。

答案：C

**Jd4A3268** 交流电流表或电压表指示的数值是（    ）。

（A）平均值；（B）有效值；（C）最小值；（D）最大值。

答案：B

**Jd4A3269** 指针式万用表在不用时，应将挡位打在（    ）挡上。

（A）直流电流；（B）交流电压；（C）电阻；（D）交流电流。

答案：B

**Je4A1270** 穿芯一匝 400/5A 的电流互感器，若穿芯 4 匝，则倍率变为（    ）。

（A）400；（B）125；（C）100；（D）20。

答案：D

**Je4A1271** 某一型号单相电能表，铭牌上标明 $C=1667\text{imp}/(\text{kW}\cdot\text{h})$，该表转盘转一个脉冲所计量的电能应为（    ）W·h。

（A）1.6；（B）0.6；（C）3.3；（D）1.0。

答案：B

**Je4A2272** 用直接法检查电压互感器的极性时，直流电流表应接在电压互感器的（    ）。

（A）高电压侧；（B）低电压侧；（C）高压、低压侧均可；（D）接地。

答案：A

**Je4A2273** 使用电流互感器和电压互感器时，其二次绕组应分别（    ）接入被测电路之中。

（A）串联、并联；（B）并联、串联；（C）串联、串联；（D）并联、并联。

答案：A

**Je4A2274** 对同一只电能表来讲，热稳定的时间（　　）。

（A）电流元件比电压元件长；（B）电压元件比电流元件长；（C）不一定；（D）一样长。

答案：B

**Je4A2275** 带电作业人体感知交流电流的最小值是（　　）mA。

（A）0.5；（B）1；（C）1.5；（D）2。

答案：B

**Je4A2276** 运行中的电容器在运行电压达到额定电压的（　　）倍时应退出运行。

（A）1.05；（B）1.10；（C）1.15；（D）1.20。

答案：B

**Je4A3277** 用钳形电流表测量电流互感器 V/V 接线时，$I_a$ 和 $I_c$ 电流值相近，而 $I_a$ 和 $I_c$ 两相电流合并后测试值为单独测试时电流的 1.732 倍，则说明（　　）。

（A）有一相电流互感器的极性接反；（B）有两相电流互感器的极性接反；（C）有一相电流互感器断线；（D）有两相电流互感器断线。

答案：A

**Je4A3278** 熔断器内填充石英砂，是为了（　　）。

（A）吸收电弧能量；（B）提高绝缘强度；（C）密封防潮；（D）隔热防潮。

答案：A

**Je4A3279** 吸收比是兆欧表在额定转速下，60s 的绝缘电阻读数和（　　）s 的绝缘电阻读数之比。

（A）60；（B）45；（C）30；（D）15。

答案：D

**Je4A3280** 在穿心电流互感器的接线中，一次相线如果在电流互感器上绕四匝，则电流互感器的实际变比将是额定变比的（　　）倍。

（A）4；（B）1/2；（C）1/4；（D）1/5。

答案：C

**Je4A3281** 用直流法测量减极性电流互感器，正极接 $P_1$ 端钮，负极接 $P_2$ 端钮，检测表正极接 $S_1$ 端钮，负极接 $S_2$ 端钮，在合、分开关瞬间检测表指针向（　　）方向摆动。

(A) 均向正；(B) 正、负；(C) 负、正；(D) 均向负。

**答案：B**

**Je4A3282** 上下布置的母线由上而下排列应以（　　）相排列。

(A) C−B−A−；(B) B−C−A−；(C) A−B−C−；(D) C−A−B−。

**答案：C**

**Jf4A1283** 电气工作人员对安全规程应每年考试一次，因故间断电气工作连续（　　）个月及以上者，必须重新温习电业安全规程并经考试合格后，方可恢复工作。

(A) 1；(B) 3；(C) 6；(D) 12。

**答案：B**

**Jf4A1284** 电气工作人员在 110kV 配电装置中工作，其正常活动范围与带电设备的最小安全距离是（　　）m。

(A) 0.8；(B) 1.5；(C) 2.0；(D) 2.5。

**答案：B**

**Jf4A1285** 在全部停电和部分停电的电气设备上工作，必须装设接地线，接地线应用多股软裸铜线，其截面应符合短路电流的要求，但不得小于（　　）mm²。

(A) 16；(B) 25；(C) 35；(D) 50。

**答案：B**

**Jf4A2286** 电工用的安全带，以（　　）N 静拉力试验，以不破断为合格。

(A) 2500；(B) 4000；(C) 4500；(D) 5000。

**答案：C**

**Jf4A3287** 35kV 电气设备一次侧相～相、相～地安全距离不小于（　　）mm。

(A) 100；(B) 200；(C) 300；(D) 500。

**答案：C**

**Jf4A3288** 人体通过的电流与通电时间的乘积，对人身的安全有一个界限，通常认为（　　）mAS 为安全值。

(A) 15；(B) 30；(C) 50；(D) 60。

**答案：B**

**Jf4A3289** 电气工作人员在 10kV 配电装置中工作，其正常活动范围与带电设备的最小安全距离是（　　）m。

(A) 0.30；(B) 0.35；(C) 0.40；(D) 0.7。

**答案：B**

**Jf4A3290** 离地面（　　）m 及以上的工作均属高空作业。

（A）1.5；（B）2.0；（C）2.5；（D）3.0。

答案：B


**Jf4A4291** 6～10kV 绝缘拉棒的试验周期每年一次，交流耐压为（　　）kV，时间为 5min。

（A）11；（B）22；（C）33；（D）44。

答案：A


**Jf4A4292** 安全帽在使用前应将帽内弹性带系牢，与帽顶应保持（　　）cm 距离的缓冲层，以达到抗冲击保护作用。

（A）1.5～5；（B）2.5～5；（C）3.5～5；（D）5～7。

答案：B

## 1.2 判断题

**La4B1001** 磁场强度的单位名称是"安培每米"简称"安每米"。（√）

**La4B1002** 一根导线的电阻是$6\Omega$，把它折成等长的3段，合并成一根粗导线，它的电阻是$2\Omega$。（×）

**La4B1003** 功率为$100W$、额定电压为$220V$的白炽灯，接到$100V$的电源上，灯泡消耗的功率为$25W$。（×）

**La4B1004** 我国电力系统非正常运行时，供电频率允许偏差的最大值为$55Hz$，最小值为$49Hz$。（×）

**La4B1005** 在交流电路中，电流滞后电压$90°$，是纯电容电路。（×）

**La4B1006** 电流互感器文字符号用TA标示。（√）

**La4B1007** 电能表技术数据中要求停电后数据保存时间不小于10年（用新电池）。（√）

**La4B1008** 国产电能表DT型号含义是三相四线无功电能表。（√）

**La4B1009** 电能表铭牌上有一三角形标志，该三角形内置一代号，如A、B等，该标志指的是电能表运输条件组别。（×）

**La4B1010** 三相电能计量的接线方式中，A、B、C接线为正相序，那么C、B、A就为逆相序。（√）

**La4B1011** 政府计量行政部门可根据司法机关、合同管理机关等单位委托，指定有关计量检定机构进行仲裁检定。（√）

**La4B1012** 电能表安装处与加热系统距离不应小于$0.5m$。（√）

**La4B1013** 供电企业查电人员和抄表收费人员可以随时进入用户，进行用电安全检查和抄表收费，不需要任何手续。（×）

**La4B1014** 现场发现电能计量装置有违约用电或窃电嫌疑时，应立即对其进行处罚。（×）

**La4B1015** 现场发现电能计量装置有违约用电或窃电嫌疑时，应停止工作并保护现场，通知和等候用电检查人员处理。（√）

**La4B1016** 终端资产号必须入库后才可以进行终端调试。（√）

**La4B1017** 多用户台账报表中不能够查询到用户的电表信息。（×）

**La4B1018** 集中抄表终端是对低压用户用电信息进行采集的设备，包括集中器、采集器。（√）

**La4B1019** 集抄传票中不需要设置处理流程。（×）

**La4B1020** 采集器是指采集多个或单个电能表的电能信息，并可与集中器进行数据交换的设备。（√）

**La4B1021** 在采集主站对电表进行广播校时操作时，页面提示："命令已下发"，就表示现场的电表已经被成功调回一挡。（×）

**La4B1022** 用电信息采集终端按应用场所分为专用变压器采集终端、集中抄表终端（包括集中器、采集器）、分布式能源监控终端等。（√）

**La4B2023**  当磁铁处于自由状态时，S极指向北极，N极指向南极。（×）

**La4B2024**  电压的符号为U，电压的单位为V。（√）

**La4B2025**  热敏电阻随温度的增加而减小。（√）

**La4B2026**  串联电阻电路的等效电阻等于各串联电阻之和。（√）

**La4B2027**  在外电路中电流的方向总是从电源的正极流向负极。（√）

**La4B2028**  如果电流源的电流为零，此电流源相当于开路。（√）

**La4B2029**  电流互感器的文字符号按新国标为CT；电压互感器的文字符号按新国标为PT。（×）

**La4B2030**  DD301a型电能表能计量三相三线有功电能。（×）

**La4B2031**  电能表能满足有关标准规定的准确度的最大电流值叫做基本电流。（×）

**La4B2032**  电子式电能表光电采样的光源可分为可见光和非可见光，广泛采用的是可见光。（√）

**La4B2033**  中性点非有效接地的电网的计量装置，应采用三相三线有功、无功电能表。（√）

**La4B2034**  单相电能表的零线接法是将零线剪断，再接入电能表的2、4端子。（×）

**La4B2035**  一般来说，单相电能表的零线接法与三相四线有功电能表零线接法不同。（√）

**La4B2036**  口语中可以说"5千千克"，但单位符号不能写成"5kkg"。（√）

**La4B2037**  装表接电工的任务：根据用电负荷的具体情况，合理设计计量点、正确使用量电设备、熟练装设计量装置，保证准确无误地计量各种电能，达到合理计收电费的目的，并负有对用户的供电设备进行检查、验收、送电的责任。（×）

**La4B2038**  施工统计—2012年建设指标—采集系统应用指标—累计建设户数的统计范围是：安装采集终端并且已运行超4个月的用户数。（√）

**La4B2039**  临时用电的用户，可不安装用电计量装置，根据用电容量、使用时间计收电费。（×）

**La4B2040**  电力企业可以对用户执行电力法律、行政法规的情况进行监督检查。（×）

**La4B2041**  国家法定计量检定机构是指县级以上人民政府计量行政部门依法设置的检定机构或被授权的专业性或区域性计量检定机构。（√）

**La4B2042**  对用户不同受电点和不同用电类别的用电应分别安装计费电能表。（√）

**La4B2043**  电能计量装置是把电能表和与其配合使用的互感器以及电能表到互感器的二次回路接线统称为电能计量装置。（×）

**La4B2044**  为提高低负荷计量的准确性，应选用过载4倍及以上的电能表。（√）

**La4B2045**  在破产用户原址上用电的，按新装用电办理。（√）

**La4B2046**  因电力运行事故给用户或者第三人造成损害的供电企业应当依法承担赔偿责任。（√）

**La4B2047**  合格的产品及符合要求的产品一定是检定合格的产品。（×）

**La4B2048**  如发现电能计量装置接线错误，需进行电量退补，要以其记录的电量为

基数，进行核算进行追补电量。（√）

**La4B2049** 多用户台账报表中不能够查询到停运的终端的用户。（×）

**La4B2050** 在抄表数据比对页面，如果想减少各偏差统计值，只能在营销系统对该电表进行重新抄表并发行数据。（√）

**La4B2051** 日综合数据报表中能够查询单个用户的数据。（√）

**La4B2052** 载波集中器导入建档时，系统将自动查找集中器交流采样模块对应的电表局编号生成第一测量点，若未找到对应信息，将预留测量点点号1。（√）

**La4B2053** 在采集主站对电表进行广播校时操作时，对于具体某一个终端来说，如果其下既挂接了97规约电能表，也挂接有07规约电能表，则用户必须对这2种规约的电表分别进行操作。（×）

**La4B2054** 人工补发布是在数据未采集回来，通过查询替代数据和召测实时数据可以进行人工补发布。（√）

**La4B2055** 任意1台厂商的集中器，同时应能和多个厂商的采集器进行通信并能实现多级载波中继组网。（√）

**La4B2056** 专变采集终端的遥信输入接口和脉冲输入接口在功能上可以复用。（×）

**La4B2057** 数据展示选择抄表失败查询后召测可以进行抄表失败的表批量召测。（√）

**La4B2058** 用户可自行在其内部装设考核能耗用的电能表，该表所示读数可作为供电企业计费依据。（×）

**La4B2059** 根据电表通讯规约规定，对非智能表（如分时表或单费率表）进行广播校时操作时，不管在页面操作多少次，同一块电表在1个月内只能被成功调整一次。（√）

**La4B2060** 集抄终端建档时，将默认终端安装位置为采集点名称。（√）

**La4B2061** 电子式多功能电能表还具有日历、时钟等指示。（√）

**La4B3062** 只要有电流存在，其周围必然有磁场。（√）

**La4B3063** 若正弦交流电压的有效值是220V，则它的最大值是380V。（×）

**La4B3064** 额定功率因数：在额定运行状态下，转子相电压与相电流之间相位角的余弦值（$\cos\varphi$）。（×）

**La4B3065** 任意一组对称三相正弦周期量可分解成三组对称分量，即正序、负序和零序分量。（√）

**La4B3066** 三相电路中，线电压为100V，线电流为2A，负载功率因数为0.8，则负载消耗的功率为277.1W。（√）

**La4B3067** 规定把电压和电流的乘积叫做视在功率，视在功率的单位用伏安表示，符号为VA。（√）

**La4B3068** 三相异步电动机的额定功率（$P_n$）：在额定运行情况下，电动机轴上输出的机械功率。（√）

**La4B3069** 电动机外部绕组接线从三角形改为星形接法时，可使电动机的额定电压提高到原来的3倍。（×）

**La4B3070** 额定转速（$N_n$）在额定运行情况下，电动机的转动速度（r/min）。（√）

**La4B3071** 单相电能表铭牌上的电流为 5（40）A，其中 5A 为标定电流，40A 为额定电流。（×）

**La4B3072** 在三相电路中，从电源的三个绕组的端头引出三根导线供电，这种供电方式称为三相三线制。（√）

**La4B3073** 电缆外皮可作零线。（×）

**La4B3074** 一次接线图也称主接线图，它是电气设备按顺序连接的图纸，反映了实际的连接关系。（√）

**La4B3075** 《中华人民共和国电力法》由八届人大常委会第七次会议通过，自 1996 年元月 1 日施行。（×）

**La4B3076** "SG186 工程"中的"1"代表建设成一体化企业级信息化集成平台。（√）

**La4B3077** 现场校验工作可以由 1 人担任，并严格遵守电业安全工作规程的有关规定。（×）

**La4B3078** 在装表现场发现客户有违约用电或窃电行为，应立即恢复正确接线状态。（×）

**La4B3079** 发现电能计量装置失窃应终止工作，并进行失窃报办。（√）

**La4B3080** 计量器具检定合格的，由检定单位出具检定证书、检定合格证或加盖检定合格印。（√）

**La4B3081** 因计量器具误差所引起的纠纷，称为计量纠纷。（×）

**La4B3082** 按《电能计量装置技术管理规程》要求低压电流互感器从运行的第 10 年，每年抽取 10％进行检验。（×）

**La4B3083** 社会公用计量标准出具的数据，不具备法律效力。（×）

**La4B3084** 检定规程是技术法规，具有法律效力，是强制性的。（√）

**La4B3085** 政府计量行政部门可授权其他单位的计量检定机构建立社会公用计量标准。（√）

**La4B3086** GB 标准是国家标准，其他部门标准及行业标准的技术要求可低于 GB 标准要求。（×）

**La4B3087** 使用超过检定周期的计量器具，视为使用不合格的计量器具。（√）

**La4B3088** 任何单位和个人不得经营销售残次计量器具零配件，不得使用残次零配件组装和修理计量器具。（√）

**La4B3089** 三相三线的电能计量装置，其二台电流互感器二次绕组与电能表之间宜采用四线连接。（√）

**La4B3090** 三相四线制连接的电能计量装置，其三台电流互感器二次绕组与电能表之间宜采用六线连接。（√）

**La4B3091** 营销归档的电表参数需手动更换、下发到终端。（×）

**La4B3092** 将电表暂停抄表，在抄表失败事件中执行暂停告警操作可以不生成抄表失败事件。（√）

**La4B3093** 在集抄传票统计中不能够查询本地市以外的其他地市传票。（√）

**La4B3094** 采集系统中报表中的导出功能（如果有的话）能够导出成 pdf 格式。（√）

**La4B3095** 智能电表当三相电流与三相电压接入顺序不对应时，"$I_1I_2I_3$"同时闪烁。（√）

**La4B3096** 液晶显示关闭后，可用按键或其他非接触方式唤醒液晶显示；唤醒后如无操作，自动循环显示一遍后关闭显示；按键显示操作结束 60s 后关闭显示。（×）

**La4B3097** 具有通信指示的多功能电能表"TX、RX"符号闪烁时，除与通信状态有关，还代表有异常信息。（×）

**La4B4098** 功率的单位符号是 kW。（×）

**La4B4099** 电位的符号为 $\varphi$，电位的单位为 V。（√）

**La4B4100** 三相异步电动机的额定电流（$I_n$）：在额定运行情况下，定子绕组所通过的线电流值（A）。（√）

**La4B4101** LCW−35，其 35 表示互感器的设计序号。（×）

**La4B4102** DTSD——表示三相三线全电子式多功能电能表。（×）

**La4B4103** 安装式电能表按准确度可分为：有功电能表 0.2S、0.3S、1.0 和 2.0 级；无功电能表 2.0 和 5.0 级。（×）

**La4B4104** 终端故障单传票的流程设置不得少于两步。（×）

**La4B4105** 主站不会自动采集处于调试状态的终端下的任何数据。（×）

**La4B5106** 电压单位 V 的中文符号是伏。（√）

**La4B5107** 直接接入式单相电能表和小容量动力表，可直接按用户所装设备总电流的 $50\%\sim80\%$ 来选择标定电流。（×）

**La4B5108** 经电流互感器接入的电能表，其标定电流宜不超过电流互感器额定二次电流的 30%。（√）

**La4B5109** ABC 三相电流互感器在运行中其中一相因故变比换大，总电量计量将增大。（×）

**La4B5110** 电流互感器的一次电流与二次侧负载无关，而变压器的一次电流随着二次侧的负载变化而变化。（√）

**La4B5111** 检查多功能电能表内时钟计时是否正确，若时钟计时相差大于 10min 应进行现场调整，每月至少检查一次（可通过远方系统）。（×）

**La4B5112** 静止式电能表的测量单元是静态的数字乘法器。（×）

**La4B5113** 在抄表数据比对页面，校验不合格是指采集数据无效。（√）

**La4B5114** 电能表型号中"Y"表示预付费电能表。（√）

**La4B5115** 电能表能否正确计量负载消耗的电能，与时间有关。（×）

**La4B5116** 为保证分时准确性，要求所有智能电表应采用没有温度补偿功能的内置硬件时钟电路。（×）

**La4B5117** 电能表存在异常时，还应发出其他报警信息，如事件报警提示或电池低电压报警。（√）

**La4B5118** 电力建设项目依法征用土地的，应当依法支付土地补偿费和安置补偿费，

做好迁移居民的安置工作。（√）

**La4B5119** 计量检定必须按照国家计量检定系统表进行，必须执行计量检定规程。（√）

**La4B5120** 月平均电量 100 万 kW·h 及以上或变压器容量为 2000kVA 及以上的高压计费用户，应采用 II 类计量装置。（√）

**La4B5121** 月平均用电量 500 万 kW·h 及以上或变压器容量为 10000kVA 及以上的高压计费用户应采用 I 类计量装置。（√）

**La4B5122** 用户使用的电力电量，以计量检定机构依法认可的用电计量装置的记录为准。（√）

**La4B5123** 施工验收是对施工定制用户所对应的采集终端进行验收。（√）

**Lb4B1124** 变压器中性点接地属于保护接地。（×）

**Lb4B1125** 额定电压（$U_n$）：电动机的转子绕组，在运行时允许所加的线电压值（V）。（×）

**Lb4B1126** 电能表在途中应注意防振、防摔。（√）

**Lb4B1127** 装表接电是业扩报装全过程的终结，是用户实际取得用电权的标志，也是电力销售计量的开始。（√）

**Lb4B1128** 检验记录上应有客户对现场检验结果和现场计量装置恢复认可的签字。（√）

**Lb4B2129** 电能计量专用电压、电流互感器或专用二次绕组及其二次回路，可接入其他线路共用。（×）

**Lb4B2130** 电流互感器的电流比应按长期通过电流互感器的最大工作电流选择其额定一次电流，最好使电流互感器的一次侧电流在正常运行时为其额定值的 2/3 左右，至少不得低于 1/3，这样测量更准确。（√）

**Lb4B2131** 对一般的电流互感器来说，当二次负荷的 $\cos\Phi$ 值增大时，其误差是偏负变化。（×）

**Lb4B3132** KC 型瓷插式熔断器。它结构简单、更换熔丝方便，广泛应用于照明、电热电路及小容量电动机电路中，由于它没有特殊的灭弧装置，所以能分断的短路电流小。（√）

**Lb4B3133** 进户线必须经过表前熔断器或开关转接后进入电能表，出表导线也必须遵守先接入负荷开关，再接入负荷的原则。（√）

**Lb4B3134** 负荷率越高，说明平均负荷越接近最大负荷越好。（√）

**Lb4B3135** 进表线应无接头，穿管子进表时管子应接表箱位置。（×）

**Lb4B3136** 电能表中性线可以不在中性线上 T 接或经过零母排接取。（×）

**Lb4B3137** 电流互感器与电压互感器二次侧可以连接使用。（×）

**Lb4B3138** 电流互感器一次侧反接，为确保极性正确；二次侧不能反接。（×）

**Lb4B3139** 实际二次负荷改变，电流互感器所接二次负荷随之改变。（×）

**Lb4B5140** 对照明用户电流不足 30A 的应以三相四线供电。（×）

**Lb4B5141** 电能计量装置原则上应装在供电设施的产权分界处。（√）

**Lb4B5142** 电能表应距地面 0.5～1.5m 之间高度安装。（×）

**Lb4B5143** 暗式电能表箱下沿距地面一般不低于 0.8m，明装表箱不低于 1.5m。（×）

**Lb4B5144** 三相电能表可以不按正相序接线。（×）

**Lb4B5145** 低压接地方式的组成部分可分为电气设备和配电系统两部分。（√）

**Lb4B5146** 接地线可作为工作零线。（×）

**Lb4B5147** 400A 及以上的交流刀熔开关都装有灭弧罩。（√）

**Lb4B5148** 三相四线供电时，中性线的截面积不应小于相线截面积的 2 倍。（×）

**Lb4B5149** 单相电能表的零线接法是将零线不剪断，只在零线上用不小于 2.5mm² 的铜芯绝缘线 T 接到三相四线电能表零线端子。（×）

**Lb4B5150** 安装单相电能表时，电源相线、中性线不可以对调接线。（√）

**Lb4B5151** 熔断器的额定电压和额定电流应与被保护电路相配合，熔断器熔丝或熔体的额定电流不应大于熔断器的额定电流。（√）

**Lb4B5152** 电能计量柜计量单元的电压回路，不得作辅助单元的供电电源。（√）

**Lb4B5153** 低压计量装置应符合相应的计量方式：容量较大和使用配电柜时，应用计量柜；容量小于 100kW 时，应用计量箱。（√）

**Lb4B5154** 供电企业内部用于母线电量平衡考核的电能表不属于强制检定计量器具。（√）

**Lb4B5155** 对有专用接线盒的计量装置，不停电时应短接电流，断开电压，抄录短接时客户用电功率和记录短接时间，计算出应补电量，记录于作业任务单交客户。（√）

**Lb4B5156** 非专线供电的用户，需要在用户端加装保护装置。（√）

**Lb4B5157** 电力生产与电网运行的原则是电网运行应当连续、稳定、保证供电可靠性。和电力生产与电网运行应当遵循安全、优质、经济的原则。（√）

**Lb4B5158** 用户要求校验计费电能表时，供电部门应尽快办理，不得收取校验费。（×）

**Lb4B5159** 在三相供电系统中，某相负荷电流大于启动电流，但电压线路的电压低于电能表正常工作电压的 78% 时，且持续时间大于 1min，此种工况称为失压。（√）

**Lb4B5160** 断相是在三相供电系统中，某相出现电压低于电能表的临界电压，同时负荷电流小于启动电流的工况。（√）

**Lb4B5161** 运行中的电能表若有时反转，则这只电能表的接线一定是错误的。（×）

**Lb4B5162** 三相三线有功电能表，由于错误接线，在运行中始终反转，则更正系数必定是负值。（√）

**Lb4B5163** 三相四线有功电能表零线接法是零线不剪断，只在零线上用不小于 2.5mm² 的铜芯绝缘线 T 接到三相四线电能表零线端子。（√）

**Lb4B5164** 电能计量异常处置风险：因现场校验结果确认不当，故障与异常情况未经客户有效确认，窃电或违约用电处置不当等原因，引起的电量损失、客户投诉等风险。（√）

**Lb4B5165** 若三相电压均低于电能表的临界电压，且负荷电流大于 5% 启动电流的工

况，称为全失压。（×）

**Lb4B5166** 失流指在三相供电系统中，三相电压中有大于电能表的临界电压，三相电流中任一相或两相小于启动电流，且其他相线负荷电流大于5％额定（基本）电流的工况。（×）

**Lb4B5167** 三元件三相四线有功电能表接线时，不接B相电流。（×）

**Lb4B5168** 电能计量装置故障，工作人员应在现场与客户一起对故障现象予以确认，防止差错电量无法足额回收。（√）

**Lb4B5169** 三相四线有功电能表零线接法是将零线剪断，再接入电能表的零线端子。（×）

**Lb4B5170** 两元件三相有功电能表接线时，不接B相电压。（×）

**Lb4B5171** 用三只单相电能表测三相四线制电路有功电能时，其电能应等于三只表的矢量和。（×）

**Lb4B5172** 电能计量装置拆除作业前，应抄录电能表零点冻结各项读数，并拍照留证。（×）

**Lb4B5173** 电能表故障处理前，可不告知客户故障原因，并抄录电能表当前各项读数，请客户认可。（×）

**Lb4B5174** 智能电能表停电后，电能表的液晶显示不会自动关闭。（×）

**Lb4B5175** 智能电能表的瞬时冻结：在非正常情况下，冻结当前的日历、时间、所有电能量和重要测量量的数据；瞬时冻结量应保存最后5次的数据。（×）

**Lb4B5176** 智能电能表的定时冻结：按照约定的时刻及时间间隔冻结电能量数据；每个冻结量至少应保存15次。（×）

**Lb4B5177** 智能电能表脉冲指示灯在计量有功电能时，闪烁红灯。（√）

**Lb4B5178** 智能电能表可以不具有自动循环和按键显示功能。（×）

**Lb4B5179** 智能电能表的费控实现方式有两种：本地结算本地控制、远程主台结算本地控制。（√）

**Lb4B5180** 智能电能表的约定冻结：在新老两套费率/时段转换、阶梯电价转换或电力公司认为有特殊需要时，冻结转换时刻的电能量以及其他重要数据。（√）

**Lb4B5181** 运行智能电能表只要抽检情况良好，可以一直使用。（×）

**Lb4B5182** 智能电能表经省中心检查合格配送至市公司后不需重新下装密钥。（√）

**Lb4B5183** 实际一次负荷改变，电流互感器所接二次负荷随之改变。（×）

**Lb4B5184** 在进行三相四线电能计量装置安装工作时，应填用第一种工作票。（×）

**Lc4B1185** 电力部门使用的所有电能表、互感器均属于强制检定计量器具。（×）

**Lc4B1186** 居民用户的计费电能计量装置，应采用满足装表、换表、抄表方便，维护安全简单封闭可靠的计量箱。（√）

**Lc4B1187** 由于三相负荷不一样造成三相变压器绕组之间的电流差，称为变压器的不平衡电流。（√）

**Lc4B1188** 三相异步电动机的额定电压（$U_n$）：电动机的定子绕组，在运行时允许所加的线电压值（V）。（√）

**Lc4B1189** 失压脱扣器线圈与开关的动合辅助触点串接。（×）

**Lc4B1190** 集中抄表终端与主站的通信协议应符合 Q/GDW 376.1—2009 及其备案文件的要求；与主站的通信链接采用平衡信道传输方式，应能支持规约中的两种工作模式。（×）

**Lc4B2191** 35kV 以上计费用电压互感器二次回路，应不装设隔离开关辅助触点和熔断器。（×）

**Lc4B2192** 计量互感器二次回路属于专用，其他仪表、设备不应接入。（√）

**Lc4B2193** 集中抄表终端机械振动强度要求包括：频率范围 10～150Hz；位移幅值 0.075mm（频率≤60Hz）；加速度幅值 10m/s²（频率 60Hz）。（√）

**Lc4B2194** 集抄终端，如果建档后发现选择的终端型号错误，只能删除重建，不能修改。（√）

**Lc4B2195** 集抄终端调试，导入建档时，如果终端档案已经存在，将会根据页面上选择终端厂商等信息更新终端档案，并且添加 Excel 中的电表。（×）

**Lc4B2196** 电源线进入计量箱应与出线出管一起敷设。（×）

**Lc4B3197** 带电操作计量回路时，严禁电流互感器二次短路，电压互感器二次开路。（×）

**Lc4B3198** 电压互感器接线的公共点就是二次侧必须接地的一点，以防止一次、二次绝缘击穿，高电压窜入二次回路而危及人身安全。（√）

**Lc4B3199** 二次回路是指对一次回路设备的控制、保护、测量和监视运行状况、断路器位置等信号的回路。（√）

**Lc4B3200** 在抄表数据比对页面，在抄表比对详细页面，将抄表数据、采集数据、采集处理结果修改更新后，在抄表数据比对的主页面，统计的数字会变小。（×）

**Lc4B3201** 在采集主站系统的配变运行监测页面中，只要已经在采集系统建档，就可以在终端数的列表清单中找到（即终端数一定等于调试页面的 GPRS 配变＋DJ－GZ24 的终端数）。（×）

**Lc4B3202** 在采集主站对电表进行广播校时操作时，页面选择的最大偏差范围为 13～17min 时，实际上只有偏差范围为 13～17min（即不包括偏差范围在 0～12min）的电表被调回相应的一挡。（×）

**Lc4B3203** 集中器是指收集各采集终端或电能表的数据，并进行处理储存，同时能和主站或手持设备进行数据交换的设备，以下简称为集中器。集中器和采集器统称采集终端或集抄终端。（√）

**Lc4B3204** 集中器安装的环境如果是电磁屏蔽的，则需要把天线引出到有信号的场所。（√）

**Lc4B3205** 集抄终端调试，新建终端档案，输入终端资产号会根据资产库中档案自动匹配生产厂商。（√）

**Lc4B3206** 施工统计—2012 年建设指标—低压用户采集建设指标统计—RS485 累计应采户数统计方法：采用 DC－GL14 终端采集的运行用户中当月 1 号到当前日的每日应采用户数相加总和，终端工程状态为"待验收"。（√）

**Lc4B3207** 启用 Word 应用程序后，系统会自动创建一个名为"文档 1"的空白文档。（√）

**Lc4B3208** 在 Word 应用程序中，可以对表格中的单元格进行合并或拆分等操作。（√）

**Lc4B4209** 电流互感器铭牌上所标额定电压是指一次绕组的额定电压。（×）

**Lc4B4210** 计费电能表配用的电流互感器，其准确度等级至少为 0.2 级，一次侧工作电流在正常运行时应尽量大于额定电流的 2/3，至少不低于 1/3。（×）

**Lc4B5211** 高压电流互感器二次侧应有一点接地，以防止一次、二次绕组绝缘击穿，危及人身和设备安全。（√）

**Lc4B5212** 电压互感器的正常运行状态实质上为变压器的短路运行状态。（×）

**Lc4B5213** 集抄终端调试页面，如果挂错电表，则必须到换、拆表管理页面才能进行换、拆表操作。（×）

**Lc4B5214** 在采集主站系统的配变运行监测页面中，可以监测到配变的停电次数、电流反向、长期掉线等异常数据。（√）

**Lc4B5215** 采集任务制定中定期任务是指按照每天一次的周期设定的采集任务。（×）

**Jd4B1216** 用万用表测量某一电路的电阻时，必须切断被测电路的电源，不能带电进行测量。（√）

**Jd4B2217** 测量电力设备的绝缘电阻应该使用电压表。（×）

**Jd4B2218** 室内电能表宜安装在 0.5～1.4m 的高度。（×）

**Jd4B4219** 测量电力设备的绝缘电阻常使用兆欧表。（√）

**Je4B1220** 电气工作人员在 10kV 配电装置上工作，其正常活动范围与带电设备的最小安全距离为 0.35m。（√）

**Je4B2221** 有功电能表的电表常数是指每千瓦时的圆盘转数或脉冲数。（√）

**Je4B2222** 功率因数的大小只与电路的负载性质有关，与电路所加交流电压大小无关。（√）

**Je4B2223** 根据现场作业的不同业务要求，规范与客户办理预约、签字等书面手续，确保现场操作及后续处理工作中的法律效力。（√）

**Je4B2224** 绝缘电阻表又叫做兆欧表，俗称摇表，一般用来测量绝缘电阻。（√）

**Je4B3225** 对负荷电流小、额定一次电流大的互感器，为提高计量的准确度，可选用 S 级电流互感器。（√）

**Je4B3226** 额定负荷是指确定互感器准确度等级所依据的负荷值。（√）

**Je4B3227** 互感器二次回路应安装试验接线盒，便于实负荷校表和带电换表。（√）

**Je4B3228** 由于第三人的过错造成电力运行事故，应由电力企业承担赔偿责任。（×）

**Je4B3229** 腰带是电杆上登高作业必备用品之一，使用时应束在腰间。（×）

**Je4B3230** 电工刀的手柄是绝缘的，可以带电在导线上切削。（×）

**Je4B5231** 某用户一个月有功电能为 2000kW·h，平均功率因数 $\cos\varphi=0.8$，则其无功电能为 1500kvar·h。（√）

**Je4B5232**　10kV 高供低计用户电流互感器变比为 600/5，则倍率为 12000。（×）

**Je4B5233**　某用户供电电压为 380/220V，有功电能表抄读数为 2000kW·h，无功电能表抄读数为 1239.5kvar·h，该用户的平均功率因数为 0.85。（√）

**Je4B5234**　在带电的低压线路上挑火或接头时，应选好工作位置，分清相线和地线。挑火时，先挑零线，再挑相线；搭火时，先搭相线，再搭零线。（×）

**Je4B5235**　在发生人身触电时，为了解救触电人，可以不经允许而断开有关设备电源。（√）

**Jf4B5236**　异常处理、检修时，应将设备可靠停机，并有专人监护，佩戴安全帽，防止引起机械伤害。（√）

## 1.3 多选题

**La4C1001** 根据《电力供应与使用条例》和《全国供用电规则》对于专用线路供电的计量点的规定如下（　　）。

（A）用电计量装置计量点可由供电企业和用户协调指定；（B）用电计量装置应当安装在供电设施与受电设施的产权分界处；（C）安装在用户处的用电计量装置，由用户负责保护；（D）若计量装置不在分界处，所在线路损失及变压器有功、无功损耗全由产权所有者负担。

**答案：BCD**

**La4C1002** 三相电流（或电压）通过正的最大值的顺序叫做相序。其中顺相序有以下组合（　　）。

（A）A→B→C；（B）B→C→A；（C）A→C→B；（D）C→A→B。

**答案：ABD**

**La4C1003** 用右手螺旋定则判断通电线圈内磁场方向的方法如下（　　）。

（A）用右手握住通电线圈，使拇指指向线圈中电流的方向；（B）用右手握住通电线圈，使四指指向线圈中电流的方向；（C）使拇指与四指垂直，则拇指所指方向即为线圈内磁场的方向；（D）使拇指与四指垂直，则四指所指方向即为线圈内磁场的方向。

**答案：BC**

**La4C1004** 在金属导体中，习惯上规定电流的方向（　　）。

（A）与正电荷运动的方向相同；（B）与正电荷运动的方向相反；（C）与自由电子运动的方向相同；（D）与自由电子运动的方向相反。

**答案：AD**

**La4C2005** ESAM模块是嵌入在设备内，实现（　　）等安全控制功能。

（A）安全存储；（B）数据加/解密；（C）双向身份认证；（D）线路加密传输。

**答案：ABCD**

**La4C2006** 电子式电能表按其工作原理的不同可分为（　　）。

（A）模拟乘法器型电子式电能表；（B）数字乘法器型电子式电能表；（C）模拟数字转换型电子式电能表；（D）机电转换型电子式电能表。

**答案：AB**

**La4C2007** 三相电路可能实现的连接方式有（　　）连接。

（A）Y－Y；（B）Y-△；（C）△-Y；（D）△-△。

**答案：ABCD**

**La4c2008** 三相智能电能表的事件记录包括（    ）。

（A）永久记录电能表清零事件的发生时刻及清零时的电能量数据；（B）应记录开表盖总次数，最近 15 次开表盖事件的发生、结束时刻；（C）应记录掉电的总次数，及最近 15 次掉电事件的发生及结束时刻；（D）应支持失压、断相、开表盖、开端钮盖等重要事件记录主动上报。

答案：AD

**La4C3009** 用电信息采集系统主要采集方式有（    ）。

（A）定时自动采集；（B）人工召测；（C）终端重要数据定时上报；（D）终端重要数据主动上报。

答案：ABD

**La4C3010** 按（    ）进行线路相位测定。

（A）在电压互感器的二次侧接入相序表，观察相序指示；（B）开启现有电动机观察电动机转向加以判断。对环网或并联联络线路，则还需核对相位；（C）用一只单相电压互感器一次绕组跨接两侧线路任一相，电压互感器二次侧接入电压表或指示灯，当电压表指示值为零时，则判断同相位；（D）观察电压表的电压值。

答案：ABC

**La4C3011** 电力供应与使用双方的关系原则是（    ）。

（A）应当按照平等自愿、协商一致的原则；（B）应当根据平等自愿、协商一致的原则；（C）按照国务院制定的电力供应与使用办法签订供用电合同，确定双方的权利和义务；（D）根据国务院制定的电力供应与使用办法签订供用电合同，确定双方的权利和义务。

答案：BC

**La4C3012** 电力供应与使用双方应当根据（    ）原则，按照国务院制定的电力供应与使用办法签订供用电合同，确定双方的权利和义务。

（A）平等互利；（B）利益共享；（C）平等自愿；（D）协商一致。

答案：CD

**La4C3013** 电能表安装的一般规定如下（    ）。

（A）电能表的安装地点应尽量靠近计量电能的电流和电压互感器；（B）电能表应装在安全、周围环境干燥、光线明亮及便于抄录的地方；（C）为使电能表能在带负荷情况下装拆、校验，电能表与电流和电压互感器之间连接的二次导线中间应装有联合接线盒；（D）无功电能表接线时，无功电能表按任意相序进行接线。

答案：ABC

**La4C3014** 二次回路对电缆截面积要求有（　　）。

（A）按机械强度要求选择，当使用在交流回路时，最小截面应不小于 4mm²；（B）按机械强度要求选择，当使用在交流电压回路或直流控制及信号回路时，不应小于 1.5mm²；（C）按电气要求选择，一般应按表计准确度等级或电流互感器 10％的误差曲线来选择；（D）按电气要求选择，在交流电压回路中，则应按允许电压降选择。

**答案：BCD**

**La4C3015** 互感器的轮换周期规定是（　　）。

（A）高压互感器至少每 10 年轮换一次；（B）高压互感器可用现场检验代替轮换；（C）低压电流互感器至少每 15 年轮换一次；（D）低压电流互感器至少每 20 年轮换一次。

**答案：ABD**

**La4C3016** 下列（　　）是对长寿命技术电能表的描述。

（A）采用了磁推轴承和新型的铁芯结构，采用了新技术、新材料，所以其寿命长、功耗小；（B）轮换使用周期都可以延长；（C）具有显著的经济和社会效益；（D）价格较其他电能表便宜。

**答案：ABC**

**La4C4017** 影响电流互感器误差的因素主要有（　　）。

（A）当电流互感器一次电流在额定值范围内逐步增大时，比误差逐步向负方向增加，角误差向正方向减少；（B）当一次电流超过额定值数倍时，电流互感器将工作在磁化曲线的非线性部分，电流的比差和角差都将增加；（C）二次回路阻抗 $Z_2$ 加大，影响比差增大较多，角差增大较少功率因数 $\cos\phi$ 降低，使比差增大，而角误差减小；（D）电源频率对误差影响一般不大，当频率增加时，开始时误差稍有减小，而后则不断增。

**答案：BCD**

**Lb4C1018** 低压开关的选用的要求有（　　）。

（A）关合分断短路电流，要等于电路使用地点可能发生的短路电流；（B）要满足使用环境的要求；（C）要考虑操作的频繁程度和对保护的要求；（D）对保护要求高、整流容量要求大的则可用 DW 型自动空气断路器。

**答案：BCD**

**Lb4C1019** 进户线离地面低于 2.7m，应采用（　　）进户方式。

（A）进户线离地面低于 2.7m，并且进户管口与接户线的垂直距离在 0.5m 以内，应取用绝缘瓷管进户；（B）进户线离地面低于 2.7m，并且进户管口与接户线的垂直距离在 0.5m 以上，应取用绝缘瓷管进户；（C）楼户采用下进户点离地面低于 2.7m 时，应加装进户杆，并采用塑料护套线穿瓷管；（D）绝缘线穿钢管或硬塑料管进户，并支撑在墙上放至接户线处搭头。

**答案：CD**


**Lb4C2020** 低压空气断路器有（　　　）脱扣器。

（A）分励；（B）欠压；（C）欠流；（D）过流。

**答案：ABD**


**Lb4C2021** 接户线与广播通信线交叉时，距离达不到要求应采取（　　　）安全措施。

（A）在接户线或广播通信线上套软塑料管；（B）软塑料管管壁厚不小于 2mm；（C）软塑料管长不小于 2000mm；（D）应注意接户线尽量不在挡距中间接头，以防接头松动或氧化后发生故障。

**答案：ACD**


**Lb4C2022** 用户在装表接电前必须具备（　　　）的条件。

（A）有装表接电的工作单；（B）供用电协议已签订；（C）临时用电已结束；（D）业务费用等均已交齐。

**答案：ABD**


**Lb4C3023** 按使用介质的不同，预付费电能表目前的类型有（　　　）。

（A）投币式预付费电能表；（B）磁卡式预付费电能表；（C）电卡式预付费电能表；（D）IC 卡式预付费电能表。

**答案：ABCD**


**Lb4C4024** 实现费控控制的方式有（　　　）。

（A）主站实施费控；（B）采集终端实施费控；（C）电能表实施费控；（D）以上答案都不正确。

**答案：ABC**


**Lb4C4025** 主站硬件包括（　　　）。

（A）计算机及存储设备；（B）前置设备；（C）其他辅助设备；（D）以上都不正确。

**答案：ABC**


**Lb4C4026** 采集系统整体验收是指将（　　　）组成一个完整体系进行验收，整体验收除执行有关验收规定外，验收内容还应包括系统的各项功能、性能指标等。

（A）主站；（B）通信信道；（C）采集终端；（D）电能表。

**答案：ABCD**


**Lb4C4027** 对沿墙敷设的接户线的要求是（　　　）。

（A）沿墙敷设支架间距为 18m 时，选用蝴蝶绝缘子或针式瓷瓶绝缘子；（B）导线水平排列时，中性线应靠墙敷设；导线垂直排列时，中性线应敷设在最下方；（C）线间距离不应小于 150mm；（D）每一路接户线，线长不超过 60m，支接进户点不多于 12 个。

**答案：ABC**


**Lb4C4028** 减少电能计量装置综合误差措施有（　　）。

（A）调整电能表时考虑互感器的合成误差；（B）根据互感器的误差，合理的组合配对；（C）对运行中的电流、电压互感器，根据现场具体情况进行误差补偿；（D）加强 TV 二次回路压降监督管理，加大二次导线的截面或缩短二次导线的长度，使压降达到规定的标准。

**答案：ABCD**


**Lb4C4029** 接户线对地的最小距离是（　　）m，接户线跨越通车的街道路面中心最小距离是（　　）m。

（A）2.5；（B）3；（C）6；（D）8。

**答案：AC**


**Lb4C4030** 进户线穿墙时的要求是（　　）。

（A）进户线穿墙时应套保护套管，其管径根据进户线的根数和截面来定，但不应小于 5cm；（B）材质可用瓷管，硬塑料管（壁厚不小于 2mm）、钢管；（C）采用钢管时，应把进户线都穿入同一管内，以免单线穿管产生涡流发热；（D）为防止进户线在穿套管处磨破，应先套上软塑料管或包绝缘胶布后再穿入套管。

**答案：BCD**


**Lb4C4031** 配电变压器一次侧熔丝容量应如下选择（　　）。

（A）容量在 100kVA 及以下者：按变压器一次额定电流的 2～3 倍选择；（B）容量在 100kVA 及以上者：其容量应按变压器一次额定电流的 1.5～2 倍选择；（C）因考虑熔断的机械强度，一般高压熔丝不应小于 10A；（D）因考虑熔断的机械强度，一般高压熔丝不应大于 10A。

**答案：ABC**


**Lb4C5032** 电动机的熔断器选择的要求是（　　）。

（A）电动机的熔断器额定电压应大于电动机的额定电压；（B）电动机的熔断器额定电压应等于或大于电动机的额定电压；（C）熔断器的额定电流，当保护一台电动机时应是 1.5～2.5 倍电动机额定电流；（D）熔断器的额定电流，当保护多台电动机时应是 1.5～2.5 倍电动机额定电流。

**答案：BC**

**Lb4c5033** 进户线一般有如下（　　）几种形式。

（A）绝缘线穿瓷管进户；（B）加装进户杆、落地杆或短杆；（C）角铁加绝缘子支持单根导线穿管进户；（D）导线直接进户。

**答案：ABC**


**Lc4C2034** 接户线铁横担、支架等金具的检修项目和标准是（　　）。

（A）表面锈蚀者，刷净铁锈，涂上一层灰色防锈漆；（B）锈蚀严重及已烂穿者，应更换；（C）松动者要重新安装牢固，以移不动为准；（D）拉线表面壳剥落应更换。

**答案：ABC**


**Lc4C2035** 电力线路保护区分为（　　）。

（A）架空电力线路保护区；（B）电力电缆线路保护区；（C）变电设施保护区；（D）输电设施保护区。

**答案：AB**


**Lc4C2036** 对同一电网内的（　　）用户，执行相同的电价标准。

（A）同一电压等级；（B）同一用电类别；（C）同一地区；（D）同一装表。

**答案：AB**


**Lc4C2037** 塑造公平诚信的市场形象要树立诚信观念，坚持（　　）透明的原则。

（A）公开；（B）公信；（C）公平；（D）公正。

**答案：ACD**


**Lc4C3038** 符合我国现在采用的经济电流密度规定的是（　　）。

（A）年最大负荷利用小时数大于 5000h 时铝线 0.9A；（B）年最大负荷利用小时数大于 5000h 时铜线 1.75A；（C）年最大负荷利用小时数小于 3000h 时铝线 1.65A；（D）年最大负荷利用小时数小于 3000h 时铜线 3.0A。

**答案：ABCD**


**Lc4C3039** 确定经济电流密度的相关参数是（　　）。

（A）输电线路导线在运行中的电能损耗；（B）输电线路导线在运行中的维护费用；（C）输电线路导线的建设投资；（D）输电线路年最大负荷利用小时数。

**答案：ABCD**


**Lc4C3040** 员工服务"十个不准"中规定的不准为客户指定（　　）。

（A）设计；（B）施工；（C）供电设备；（D）供货单位。

**答案：ABD**

**Lc4C3041** 常用的额定电压为交流 500V 及以下的绝缘导线有 （    ）。

（A）橡皮绝缘线；（B）塑料绝缘线；（C）塑料护套线；（D）橡套和塑料套可移动软线。

答案：**ABCD**


**Lc4C3042** 用电负荷按用电负荷在政治上和经济上造成损失或影响的程度，分为（    ）。

（A）一类负荷；（B）二类负荷；（C）三类负荷；（D）四类负荷。

答案：**ABC**


**Lc4C4043** 架空线路定期巡视的内容有 （    ）。

（A）查明沿线有否可能影响线路安全运行的各种状况；（B）巡查拉线是否断股、锈蚀；（C）巡查导线和避雷线有无断股、锈蚀、过热等；（D）防雷设施有无异状。

答案：**ABCD**


**Lc4C5044** 电气设备的接线桩头接线时要注意 （    ）。

（A）多芯线接入针孔式接线桩时，若孔小线粗，可将线的中间芯线剪去一些，然后重新绞紧插入针孔，旋紧螺丝；（B）若接线桩头有两个螺丝，则应两个都要旋紧；（C）多芯线一定要先绞紧后再接线；（D）圆圈的大小要适当，不能太小或太大，弯的方向应是螺丝旋紧的方向。

答案：**ABCD**


**Lc4C5045** 下列三相异步电动机参数含义描述正确的是 （    ）。

（A）额定功率（$P_n$）：在额定运行情况下，电动机轴上输出的机械功率；（B）额定功率因数：在额定运行状态下，定子相电压与相电流之间相位角的余弦值；（C）额定转速（$n_n$）：在额定运行情况下，电动机的转动速度；（D）额定电压（$U_n$）：电动机的定子绕组，在运行时允许所加的相电压值。

答案：**ABC**


**Jd4C5046** 用万用表测电阻时应注意的事项有 （    ）。

（A）不可带电测试；（B）测前在 Ω 挡将表笔短接用 "Ω 调零器" 调整零位，如调不到零位则可能要换电池；（C）眼睛正视表盘读数以减少视差；（D）测试是应注意表针的正负极性，防止极性接反带来附加误差。

答案：**ABC**


**Je4C1047** 调换电能表和表尾线正确步骤 （    ）。

（A）先拆电源侧；（B）先接电源侧；（C）先拆负荷侧；（D）先接负荷侧。

答案：**AD**


**Je4C4048** 带电压更换单相电能表的主要施工步骤和注意点是 （    ）。

（A）拉开用户总刀闸，切断负荷；（B）先将电能表各相线进线分别抽去，抽出时注意不要碰地、碰壳，抽出的带电线头分别用绝缘套套好，再抽其零线和负荷出线。带互感器电能表虽已无负荷电流，最好先用夹子线将电流互感器二次端子短接，然后再拆线；（C）拆下老的电能表，装上新的电能表，接上零线和电流线圈出线，再分别接上电源相线。带电流互感器电能表在接相线前拆去互感器二次端子上的短路夹子；（D）检查电能表是否空走，然后合上总刀闸，开灯检查电能表是否正常转动。完毕后加封，填写工作单。

**答案：ABCD**

**Je4C5049** 二次线头的号排的要求为（    ）。

（A）首先认清每个设备的安装单位的安装编号或元件的代表符号；（B）本线头应编写本线头另一端的安装单位的编号或元件代表符号及其接线端子号码；（C）认清每个安装单位或元件接线端子的顺序号码；（D）计量回路的端子排组应用空端子排与其他回路的端子排隔开。

**答案：ABC**

**Jf4C2050** 电缆防火措施有（    ）。

（A）采用阻燃电缆；（B）采用防火涂料；（C）电缆隧道、夹层出口等处设置防火隔墙、防火挡板；（D）架空电缆敷设不需避开油管道、防爆门，否则应采取局部穿管或隔热防火措施。

**答案：ABC**

**Jf4C4051** 选择进户点有（    ）要求。

（A）进户点应尽量靠近供电线路和用电负荷中心，与邻近房屋的进户点尽可能取得一致；（B）同一个单位的一个建筑物内部相连通的房屋，多层住宅的每一个单元、同一围墙内、同一用户的所有相邻独立的建筑物，设置一个进户点，特殊情况除外。备用电源的设置，虽是同一围墙内非同一用户的大型独立建筑物等，应视作特殊情况；（C）进户点处的建筑应牢固不漏水；（D）进户点的位置应明显易见，便于施工操作和维修。

**答案：ABCD**

**Jf4C5052** 操作跌落式熔断器时应注意的问题有（    ）。

（A）选择好便于操作的方位，操作时果断迅速，用力适度；（B）可以带负荷拉、合隔离开关；（C）合闸时，应先合中相，后合两侧拉开时，应先拉两侧，后拉中相；（D）合闸时，应先合两侧，后合中相拉开时，应先拉中相，后拉两边相。

**答案：AD**

**Jf4C5053** 正确操作隔离开关的方法为（    ）。

（A）应选好方位，操作时动作迅速；（B）拉、合后，应查看是否在适当位置；（C）可以带负荷拉、合隔离开关；（D）严禁带负荷拉、合隔离开关。

**答案：ABD**

## 1.4 计算题

**La4D1001** 如图 1-1 所示，$U=X_1$V，$R_1=30\Omega$，$R_2=10\Omega$，$R_3=20\Omega$，$R_4=15\Omega$，则 $I_1=$＿＿＿＿＿＿ A，$U_1=$＿＿＿＿＿＿ V。（计算结果保留 2 位小数）

$X_1$ 取值范围：50，100，200，400

**计算公式：**

$$I_1=\frac{U}{R_1+(R_2+R_3)//R_4}=\frac{X_1}{40}$$

$$U_1=I_1R_1=\frac{X_1}{40}\times30=\frac{3X_1}{4}$$

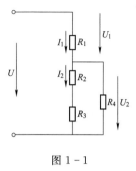

图 1-1

**La4D1002** 有一用户，用一个 2kW 电炉每天使用 $X_1$h，3 只 100W 的白炽灯泡每天使用 4h，问 30 天的总用电量 $W$ 是＿＿＿＿＿＿ kW·h。

$X_1$ 取值范围：2，4，6

**计算公式：**

$$W=(2X_1+0.1\times4\times3)\times30=36+60X_1$$

**La4D2003** 如图 1-2 所示，已知：$E_1=230$V，$R_1=1\Omega$，$E_2=215$V，$R_2=1\Omega$，$R_3=X_1\Omega$，则 $I_1=$＿＿＿＿＿＿ A，$I_3=$＿＿＿＿＿＿ A 及电阻 $R_3$ 上消耗的功率 $P_{R3}=$＿＿＿＿＿＿ W。（计算结果保留 2 位小数）

$X_1$ 取值范围：10～30 的整数

**计算公式：**

$$I_1=\frac{E_1-U_{ab}}{R_1}=\frac{230-\dfrac{445X_1}{2X_1+1}}{1}=\frac{15X_1+230}{2X_1+1}$$

$$I_3=\frac{U_{ab}}{R_3}=\frac{215-\dfrac{445X_1}{2X_1+1}}{1}=\frac{445}{2X_1+1}$$

$$P_{R3}=I_3^2R_3=\frac{198025X_1}{(2X_1+1)^2}$$

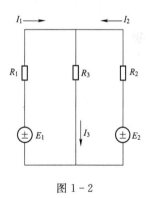

图 1-2

**La4D2004** 如图 1-3 所示，电源发出的总功率是 $P=X_1$W，则电阻 $r_x=$＿＿＿＿＿＿ $\Omega$。（计算结果保留 2 位小数）

$X_1$ 取值范围：50，200，400，800

**计算公式：**

$$r_x=\frac{200-18.75\times\dfrac{X_1}{200}}{\dfrac{X_1}{200}}=\frac{40000-18.75X_1}{X_1}$$

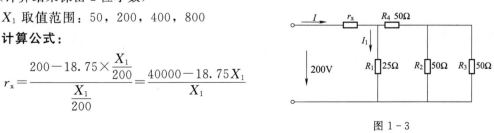

图 1-3

**La4D2005** 如图 1-4 所示电路，$R_1 = R_2 = R_3 = R_4 = X_1 \Omega$，则等效电阻 $R$ 等效 = _____ $\Omega$。（计算结果保留 2 位小数）

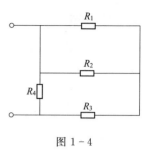

图 1-4

$X_1$ 取值范围：5~40 的整数

**计算公式：**

$$R_{等效} = (R//R + R)//R = 0.6R = 0.6X_1$$

**La4D2006** 单相电容器的容量 $Q_C$ 为 $X_1$ kvar，额定电压（工频）为 $X_2$ kV，则电容量 $C$ 为 _____ $\mu$F。（计算结果保留 2 位小数）

$X_1$ 取值范围：100，200，300，400，500

$X_2$ 取值范围：0.22，10，35

**计算公式：**

$$C = \frac{Q_C}{2\pi f U^2} = \frac{X_1}{2\pi f X_2^2} = \frac{10X_1}{\pi X_2^2}$$

**La4D2007** 1 台额定容量 $S_N = X_1$ MVA 的三相变压器，额定电压 $U_{1N} = 110$kV，$U_{2N} = 10.5$kV，则一次侧和二次侧的额定电流分别为 $I_{1N} = $ _____ A，$I_{2N} = $ _____ A。（计算结果保留 2 位小数）

$X_1$ 取值范围：12.5，20，31.5，40，50

**计算公式：**

$$I_{1N} = \frac{S_N}{\sqrt{3}U_{1N}} = \frac{X_1 \times 1000}{110\sqrt{3}} = \frac{100X_1}{11\sqrt{3}}$$

$$I_{2N} = \frac{S_N}{\sqrt{3}U_{2N}} = \frac{X_1 \times 1000}{10.5\sqrt{3}} = \frac{X_1 \times 1000}{10.5\sqrt{3}} = \frac{X_1 \times 2000}{21\sqrt{3}}$$

**La4D2008** 长 1000m 的照明线路，负载电流为 $X_1$ A，如果采用截面积为 50mm² 的铝线，导线上的电压损失 $\Delta U = $ _____ V（$\rho = 0.0283 \Omega \cdot$ mm²/m）。

$X_1$ 取值范围：5~10 的整数

**计算公式：**

$$\Delta U = IR = X_1 \rho \frac{L}{S} = 0.0283X_1 \times \frac{2000}{50} = 1.132X_1$$

**La4D2009** 某公司 380V 三相供电，用电日平均有功负荷 $P_{AC} = X_1$ kW，高峰负荷电流 $I_{max} = 300$A，功率因数 $\cos\varphi = 0.95$。则该公司的日负荷率 $K_d$ 为 _____ %。（计算结果保留 2 位小数）

$X_1$ 取值范围：50~190 的整数

**计算公式：**

$$K_d = \frac{P_{AC}}{P_{max}} \times 100 = \frac{X_1}{\sqrt{3}UI\cos\varphi} \times 100 = \frac{X_1}{\sqrt{3} \times 0.38 \times 300 \times 0.95} \times 100 = 0.533X_1$$

**La4D2010** 一化工厂 8 月用电量 $W_p=144$ 万 $kW \cdot h$，最大负荷 $P_{max}=X_1 kW$，则月负荷率 $K=$ _____ ％（每月按 30 天计算）。（计算结果保留 2 位小数）

$X_1$ 取值范围：2000～4000 的整数

**计算公式：**

$$K=\frac{P_{AV}}{P_{max}}\times100=\frac{\frac{1440000}{24\times30}}{X_1}\times100=\frac{2000}{X_1}\times100=\frac{200000}{X_1}$$

**Lb4D2011** 某电力用户电流互感器变比 100/5A，电压互感器变比 10000/100V，脉冲常数 5000imp/($kW \cdot h$)，终端 1min 采集到的脉冲数为 $X_1$ 个，则终端 1min 计算的电量 $W$ 是 _____ $kW \cdot h$。

$X_1$ 取值范围：4000，5000，6000，7000，8000

**计算公式：**

$$W=\frac{X_1\times\frac{10000}{100}\times\frac{100}{5}}{5000}=0.4X_1$$

**Lb4D2012** 有一只单相电能表，脉冲常数 $C=X_1 imp/(kW \cdot h)$，运行中测得 5 个脉冲的时间是 20s，该表所接的负载功率 $P$ 为 _____ W。

$X_1$ 取值范围：1000，2000，3000，5000

**计算公式：**

$$P=\frac{3600\times1000\times5}{20X_1}=\frac{900000}{X_1}$$

**La4D2013** 某用户无表用电，接有灯 10W 5 只，$X_1$W 10 只，$X_2$W 20 只，每日夏季按 4h 计算，冬季按 6h 计算，问冬夏季各 1 个月（每天按 30 天计）耗电量分别为 $W_1=$ _____ $kW \cdot h$、$W_2=$ _____ $kW \cdot h$。

$X_1$ 取值范围：40，60

$X_2$ 取值范围：100，200

**计算公式：**

$$W_1=Pt=\frac{(10\times5+10X_1+20X_2)}{1000}\times6\times30=9+1.8X_1+3.6X_2$$

$$W_2=Pt=\frac{(10\times5+10X_1+20X_2)}{1000}\times4\times30=6+1.2X_1+2.4X_2$$

**La4D3014** 如图 1-5 所示电路，$E=X_1 V$，$R_0=1\Omega$，$R_1=15\Omega$，$R_2=3\Omega$，$R_3=3\Omega$，$R_4=15\Omega$，则电位 $V_A=$ _____ V，$V_D=$ _____ V，电压 $U_{AB}=$ _____ V，$U_{CD}=$ _____ V。

$X_1$ 取值范围：5～15 的整数

**计算公式：**

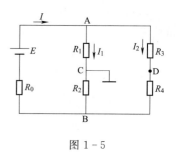

$$V_A = U_{AC} = R_1 I_1 = R_1 \frac{1}{2} \frac{E}{R} = 15 \times \frac{1}{2} \times \frac{X_1}{10} = \frac{3X_1}{4}$$

$$V_D = U_{DC} = -R_3 I_2 + R_1 I_1 = 12 \times \frac{1}{2} \times \frac{X_1}{10} = 0.6X_1$$

$$U_{AB} = 9I = 9\frac{X_1}{10} = 0.9X_1$$

图 1-5

$$U_{CD} = -V_D = -0.6X_1$$

**La4D3015** 如图 1-6 所示电路中，已知 $V_a = 200V$，$V_b = X_1 V$，$V_c = X_2 V$，则 $U_{ac} =$ _____ V，$U_{bc} =$ _____ V，$U_{oc} =$ _____ V，$U_{ab} =$ _____ V。

$X_1$ 取值范围：-40～-20 的负整数

$X_2$ 取值范围：50～80 的整数

**计算公式：**

$$U_{ac} = V_a - V_c = 200 - X_2$$

$$U_{bc} = V_b - V_c = X_1 - X_2$$

$$U_{oc} = -V_c = -X_2$$

$$U_{ab} = V_a - V_b = 200 - X_1$$

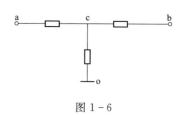

图 1-6

**La4D3016** 有 1 只电动势为 $E = X_1 V$，内阻为 $0.2\Omega$ 的电池，给 1 个电阻为 $4.8\Omega$ 的负载供电，则电池产生的功率为 $P_1 =$ _____ W，电池输出的功率为 $P_2 =$ _____ W，电池的效率为 $\eta =$ _____ %。

$X_1$ 取值范围：10～20 的整数

**计算公式：**

$$P_1 = E \times \frac{E}{0.2 + 4.8} = \frac{X_1^2}{5}$$

$$P_2 = 4.8 \times \left(\frac{E}{0.2 + 4.8}\right)^2 = 4.8 \times \frac{X_1^2}{25}$$

$$\eta = \frac{P_2}{P_1} \times 100 = \frac{4.8 \times \frac{X_1^2}{25}}{\frac{X_1^2}{5}} \times 100 = 96$$

**La4D3017** 一直流电路如图 1-7 所示，图中 $E_1 = 10V$，$E_2 = 8V$，$R_1 = 5\Omega$，$R_2 = 4\Omega$，$R = X_1\Omega$，则电流 $I_1 =$ _____ A，$I_2 =$ _____ A 和 $I =$ _____ A。（计算结果保留 2 位小数）

$X_1$ 取值范围：10～40 的整数

计算公式：

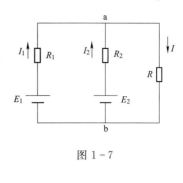

图 1-7

$$I_1 = \frac{E_1 - U_{ab}}{R_1} = \frac{10 - \dfrac{\dfrac{10}{5} + \dfrac{8}{4}}{\dfrac{1}{5} + \dfrac{1}{4} + \dfrac{1}{R}}}{5} = \frac{2X_1 + 40}{9X_1 + 20}$$

$$I_2 = \frac{E_2 - U_{ab}}{R_2} = \frac{8 - \dfrac{\dfrac{10}{5} + \dfrac{8}{4}}{\dfrac{1}{5} + \dfrac{1}{4} + \dfrac{1}{R}}}{4} = \frac{-2X_1 + 40}{9X_1 + 20}$$

$$I = \frac{U_{ab}}{R} = \frac{80}{9X_1 + 20}$$

**La4D3018** 有 1 只单相电能表，脉冲常数 $C = X_1 \mathrm{imp}/(\mathrm{kW} \cdot \mathrm{h})$，运行中测得 10 个脉冲的时间是 20s，该表所接的负载功率 $P = $ _____ W。

$X_1$ 取值范围：800，1200，2400

计算公式：

$$P = \frac{3600 \times 1000 \times 10}{20 \times X_1} = \frac{1800000}{X_1}$$

**La4D3019** 将 220V、$X_1$W 的灯泡接在 220V 的电源上，允许电源电压波动 $-10\%$，$+7\%$（即 235.4V～198V），求最高电压 $P_{高} = $ _____ W，最低电压时灯泡的实际功率 $P_{低} = $ _____ W。

$X_1$ 取值范围：15，60，100，200，500

计算公式：

$$P_{高} = \frac{U_{高}^2}{R} = \frac{U_{高}^2}{\dfrac{U_e^2}{X_1}} = \frac{235.4^2}{\dfrac{220^2}{X_1}} = 1.1449X_1$$

$$P_{低} = \frac{U_{低}^2}{R} = \frac{U_{低}^2}{\dfrac{U_e^2}{X_1}} = \frac{198^2}{\dfrac{220^2}{X_1}} = 0.81X_1$$

**La4D3020** 某对称三相电路的负载作星形连接时，线电压为 380V，每相负载的电阻 $R = X_1 \Omega$，感抗 $X_L = X_2 \Omega$，则负载的线电流 $I_{线}$ 为 _____ A。（计算结果保留 2 位小数）

$X_1$ 取值范围：8～20 的整数

$X_2$ 取值范围：10～15 的整数

计算公式：

$$I_{线} = \frac{220}{\sqrt{X_1^2 + X_2^2}}$$

**La4D3021**  有一个三相负载，每相的等效电阻 $R = X_1 \Omega$，等效感抗 $X_L = X_2 \Omega$。接线为星形，当把它接到线电压 $U = 380V$ 的三相电源时，则线电流为 $I_线 = $ _____ A，功率因数 $\cos\varphi = $ _____。（计算结果保留 2 位小数）

$X_1$ 取值范围：20～40 的整数

$X_2$ 取值范围：25～35 的整数

**计算公式：**

$$I_线 = \frac{220}{\sqrt{X_1^2 + X_2^2}}$$

$$\cos\varphi = \frac{R}{|Z|} = \frac{X_1}{\sqrt{X_1^2 + X_2^2}}$$

**La4D3022**  某双绕组三相变压器的低压侧电压为 $X_1$ V，电流是 $X_2$ A，已知功率因数 $\cos\varphi = 0.90$，则这台变压器的有功功率 $P = $ _____ W，视在功率 $S = $ _____ VA。（计算结果保留 2 位小数）

$X_1$ 取值范围：35000，10000，400

$X_2$ 取值范围：200，300，400

**计算公式：**

$$P = \sqrt{3}UI\cos\varphi = 0.9\sqrt{3}X_1X_2$$

$$S = \sqrt{3}UI = \sqrt{3}X_1X_2$$

**La4D3023**  某 10kV 电力用户变电所一次电压 $U_{UV}$ 9.7kV，$U_{VW}$ 相 9.8kV，$U_{WV}$ 9.9kV，电流表盘指示 U 相、V 相、W 相均为 $X_1$ A，功率因数表指示均为 $X_2$，则该户目前有功功率 $P$ 是 _____ kW。（线电压取平均值，计算结果保留 2 位小数）

$X_1$ 取值范围：10～100 的整数

$X_2$ 取值范围：0.80～0.99 之间 2 位小数的数

**计算公式：**

$$P = \sqrt{3}UI\cos\varphi = \sqrt{3}\frac{9.7 + 9.8 + 9.9}{3} \times X_1X_2 = 9.8\sqrt{3}X_1X_2$$

**La4D3024**  对称三相负载，接于线电压为 380V 的对称三相电源上，当此负载作三角形连接时的有功功率为 $X_1$ kW，则此负载作星形连接时的有功功率 $P$ 为 _____ kW。（假设负载能承受 380V 电压）

$X_1$ 取值范围：3，6，9，12

**计算公式：**

$$P = \frac{X_1}{3}$$

**La4D3025**  某工厂设有 1 台容量为 800kVA 的三相变压器，该厂原有负载为 400kW，平均功率因数为 0.65（感性），现该厂生产发展，负载新增加 $X_1\,\mathrm{kW}$，则变压器的容量 $S$ 应为_____$\mathrm{kVA}$。（假设平均功率因数不变，计算结果保留 2 位小数）

$X_1$ 取值范围：100，150，200，250，300

**计算公式：**

$$S = \frac{400 + X_1}{0.65}$$

**La4D3026**　1 台 Yyn0 的三相变压器，容量 $800\mathrm{kVA}$，额定电压 $6/0.4\mathrm{kV}$，频率 $50\mathrm{Hz}$，每匝绕组的感应电动势为 $X_1\,\mathrm{V}$。则变比 $k=$_____，一次、二次绕组的匝数分别是 $N_1=$_____匝，$N_2=$_____匝。铁芯中的磁通幅值 $\varPhi_\mathrm{m}$ 为_____$\mathrm{Wb}$。（磁通保留 2 位小数，其余取整数）

$X_1$ 取值范围：5.13，5.25，5.77

**计算公式：**

$$k = \frac{U_1}{U_2} = \frac{\dfrac{6}{\sqrt{3}}}{\dfrac{0.4}{\sqrt{3}}} = 15$$

$$N_1 = \frac{U_1}{X_1} = \frac{\dfrac{6 \times 10^3}{\sqrt{3}}}{X_1} = \frac{6000}{X_1 \sqrt{3}}$$

$$N_2 = \frac{U_1}{X_1} = \frac{\dfrac{400}{\sqrt{3}}}{X_1} = \frac{400}{\sqrt{3} X_1}$$

$$\varPhi_\mathrm{m} = \frac{U_1}{4.44 f N_1} = \frac{6}{4.44 \times 50 \times N_1} = \frac{\dfrac{6000}{\sqrt{3}}}{4.44 \times 50 \times \dfrac{6000}{\sqrt{3} X_1}} = \frac{X_1}{222}$$

**La4D4027**　有一电阻、电感、电容串联的电路，已知 $R=40\,\Omega$，$X_\mathrm{L}=50\,\Omega$，$X_\mathrm{C}=20\,\Omega$，电源电压 $U=X_1\,\mathrm{V}$，则电路总电流 $I=$_____$\mathrm{A}$，电阻电压 $U_\mathrm{R}=$_____$\mathrm{V}$，电抗电压 $U_\mathrm{X}=$_____$\mathrm{V}$，电路消耗的有功功率 $P=$_____$\mathrm{W}$。（计算结果保留 2 位小数）

$X_1$ 取值范围：100，200，300，400，500，600

**计算公式：**

$$I = \frac{U}{|Z|} = \frac{X_1}{50} = 0.02 X_1$$

$$U_\mathrm{R} = IR = \frac{U}{|Z|} \times R = \frac{X_1}{50} \times 40 = 0.8 X_1$$

$$U_\mathrm{X} = IX = \frac{X_1}{50} \times X = \frac{X_1}{50} \times (50 - 20) = 0.6 X_1$$

$$P = I^2 R = \left(\frac{X_1}{50}\right)^2 \times R = 0.016 X_1$$

**La4D4028** 如图 1-8 所示电路中，$R_1 = 2\Omega$，$R_2 = 3\Omega$，$R_3 = X_1\Omega$，$L_3 = X_2 \mathrm{H}$，当检流计指示为零时，$R_4 = $ _____ $\Omega$，$L_4 = $ _____ $\mathrm{H}$。

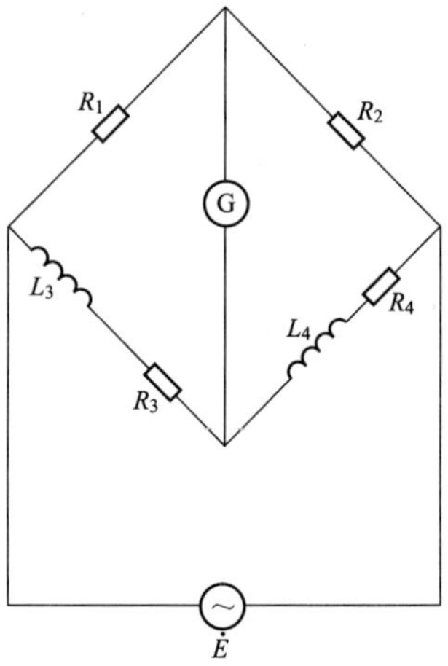

$X_1$ 取值范围：8～15 的整数

$X_2$ 取值范围：10～20 的整数

**计算公式：**

$$R_4 = \frac{R_2 R_3}{R_1} = \frac{3 X_1}{2} = 1.5 X_1$$

$$L_4 = \frac{R_2 L_3}{R_1} = \frac{3 X_2}{2} = 1.5 X_2$$

**La4D4029** 一台额定二次电流 $I_2 = 1\mathrm{A}$ 的电流互感器，一次绕组匝数 $N_1 = X_1$ 匝，二次绕组匝数 $N_2 = 150$ 匝，则一次、二次电流比 $k_1 = $ _____。若要将上述互感器改为 $X_2/1\mathrm{A}$，则其一次绕组匝数 $N_1' = $ _____ 匝。

$X_1$ 取值范围：5，10，15

$X_2$ 取值范围：50，75，250

**计算公式：**

$$k_1 = \frac{N_2}{N_1} = \frac{150}{X_1}$$

$$N_1'' = \frac{N_2 I_2}{I_1} = \frac{150 \times 1}{X_2} = \frac{150}{X_2}$$

**La4D4030** 有一电流互感器，铭牌标明一次匝数 $N_1 = X_1$ 时电流比 $I_1 = 250/1\mathrm{A}$，试求将该电流互感器改用为 $I_2 = 100/1\mathrm{A}$ 时，一次侧应穿 $N_2 = $ _____ 匝。

$X_1$ 取值范围：2～10 的整数

**计算公式：**

$$N_2 = \frac{N_1 I_1}{I_2} = \frac{250 X_1}{100} = 2.5 X_1$$

**Lb4D4031** 校验某厂三相三线有功电能表，测得接入第一元件有功功率 $P_1 = 60\mathrm{W}$，接入第二元件有功功率 $P_2 = 135\mathrm{W}$，三相电压、电流平衡，分别 $X_1 \mathrm{V}$、$X_2 \mathrm{A}$。则该厂功率因数为 $\cos\varphi = $ _____。（计算结果保留 2 位小数）

$X_1$ 取值范围：99～102 之间 1 位小数的数

$X_2$ 取值范围：1.0～2.0 之间 1 位小数的数

图 1-8

计算公式：

$$\cos\varphi=\frac{P_1+P_2}{\sqrt{3}UI}=\frac{60+135}{\sqrt{3}X_1X_2}=\frac{195}{\sqrt{3}X_1X_2}$$

**La4D5032** 如图 1-9 所示的三相四线制电路，其各相电阻分别为 $R_U=X_1\Omega$，$R_V=R_W=10\Omega$。已知对称三相电源的线电压 $U_L=380V$，则线电流分别为 $I_U=$ _____ A，$I_V=$ _____ A，$I_W=$ _____ A，中线电流 $I_N$ 为 _____ A。（计算结果取整数）

$X_1$ 取值范围：4，5，10，20

计算公式：

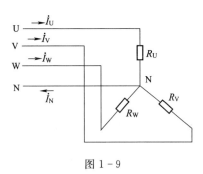

$$I_U=\frac{\frac{380}{\sqrt{3}}}{R_U}=\frac{\frac{380}{\sqrt{3}}}{X_1}=\frac{380}{X_1\sqrt{3}}$$

$$I_V=I_W=22$$

$$I_N=22-\frac{380}{X_1\sqrt{3}}$$

图 1-9

**La4D5033** 三相四线制电路中，对称星形负载每相 $Z=X_1+jX_2\Omega$。若电源线电压为 380V，问 V 相断路时，中线电流 $I_{N1}$ 为 _____ A，若接成三线制（即星形连接不用中线），V 相断路时，线电流 $I_{N2}$ 为 _____ A。（计算结果保留 2 位小数）

$X_1$ 取值范围：3，4，5

$X_2$ 取值范围 4，5，6

计算公式：

$$I_{N1}=\frac{\frac{380}{\sqrt{3}}}{\sqrt{X_1^2+X_2^2}}=\frac{220}{\sqrt{X_1^2+X_2^2}}$$

$$I_{N2}=\frac{\frac{380}{2}}{\sqrt{X_1^2+X_2^2}}=\frac{190}{\sqrt{X_1^2+X_2^2}}$$

**La4D5033** 如图 1-10 所示，$E=X_1V$，则 $R_5$ 上的电流 $I_5=$ _____ A，总电流 $I=$ _____ A。（计算结果保留 2 位小数）

$X_1$ 取值范围：10~40 的整数

计算公式：

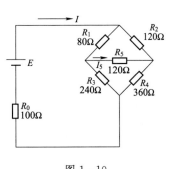

$$I_5=0$$

$$I=\frac{E}{R}=\frac{E}{100+\frac{(80+240)\times(120+360)}{(80+240)+(120+360)}}=\frac{X_1}{292}$$

图 1-10

**Je4D1034** 某三相四线智能表（380/220V，1.5/6A）经电流互感器（500/5A）接入，前一次抄表时有功总示数为 50.5kW·h，后一次抄表时有功总示数 $X_1$ kW·h。该表在以上两次抄表间所计电能 $W$ 是_____ kW·h。

$X_1$ 取值范围：$100\sim300$ 之间 1 位小数的数

**计算公式：**

$$W=(X_1-50.5)\times\frac{500}{5}=100X_1-5050$$

**Je4D1035** 某三相低压平衡负荷用户，安装的三相四线电能表 U 相失压，V 相低压 TA 开路，TA 变比均为 1000/5A，若抄回表码为 $X_1$ kW·h（电能表起码为 0），则应追补的电量 $\Delta W$ 为_____ kW·h。

$X_1$ 取值范围：200，300，400，500，600

**计算公式：**

$$\Delta W=2X_1\times\frac{1000}{5}=400X_1$$

**Je4D1036** 已知三相三线有功电能表接线错误，其接线形式为：Ⅰ元件 $\dot{U}_{WU}$，$-\dot{I}_U$；Ⅱ元件 $\dot{U}_{VU}$，$-\dot{I}_W$。功率因数角 $\varphi=X_1°$，则更正系数 $G=$_____。（结果保留 2 位小数）

$X_1$ 取值范围：10，20，30，45，60

**计算公式：**

$$G=\frac{\sqrt{3}UI\cos\varphi}{UI[\cos(30°-\varphi)+\cos(90°-\varphi)]}=\frac{2}{1+\sqrt{3}\tan X_1}$$

**Je4D1037** 已知三相三线有功电能表接线错误，其接线形式为：Ⅰ元件 $\dot{U}_{UW}$、$\dot{I}_U$，Ⅱ元件 $\dot{U}_{VW}$、$-\dot{I}_W$，功率因数角 $\varphi=X_1°$，则更正系数 $G=$_____。（计算结果保留 2 位小数）

$X_1$ 取值范围：15，20，30，45，60

**计算公式：**

$$G=\frac{\sqrt{3}UI\cos\varphi}{UI[\cos(30°-\varphi)+\cos(30°-\varphi)]}=\frac{\sqrt{3}}{\sqrt{3}+\tan X_1}$$

## 1.5 识图题

**La4E1001** 图 1-11 是电流互感器原理图。（　　）

（A）正确；（B）错误。

**答案：A**

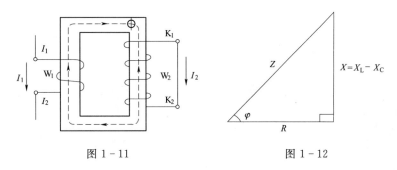

图 1-11　　　　　　　　　图 1-12

**La4E2002** 图 1-12 是电阻、电感和电容串联交流电路的阻抗三角形。（　　）

（A）正确；（B）错误。

**答案：A**

**La4E3003** 图 1-13 中表示内相角 60°型无功电能表的内部接线图为（　　）。

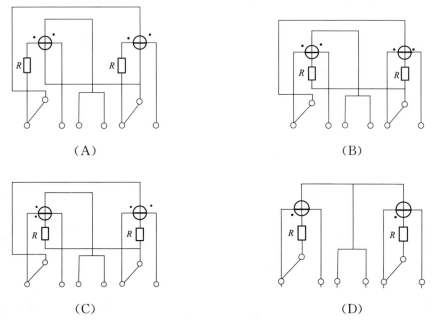

图 1-13

**答案：B**

**La4E3004** 图 1-14 中表示跨相 90°型无功电能表的内部接线图为（　　）。

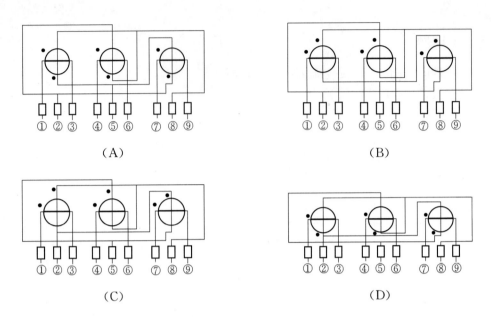

（A）　　　　　　　　　　　　　（B）

（C）　　　　　　　　　　　　　（D）

图 1-14

**答案：A**

**La4E4005**　图 1-15 中是两台单相电压互感器按 V/V12 组接线（二次侧不接负载）的是（　　）。

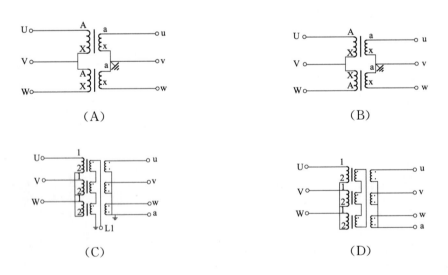

（A）　　　　　　　　　　　　　（B）

（C）　　　　　　　　　　　　　（D）

图 1-15

**答案：A**

**La4E4006**　图 1-16 中，国网单相费控智能电能表（外置继电器）辅助端子接线图正确的是（　　）。

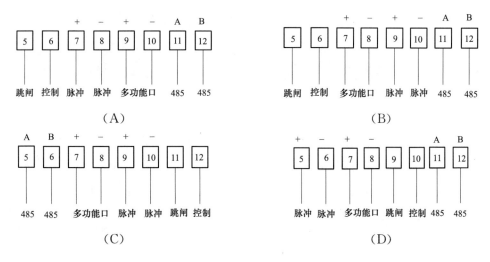

图 1 - 16

**答案：A**

**Lb4E1007** 单相智能表出现图 1 - 17 所示符号，表示表计功率反向。（ ）

（A）正确；（B）错误。

图 1 - 17

**答案：A**

**Lb4E1008** 图 1 - 18 中，以下错误接线中造成电能表不转的是（ ）。

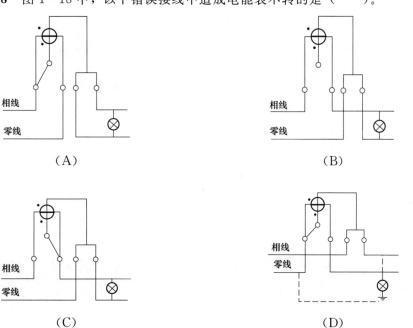

图 1 - 18

**答案：B**

**Lb4E1009**　图 1-19 中，以下错误接线中造成电能表反转的是（　　）。

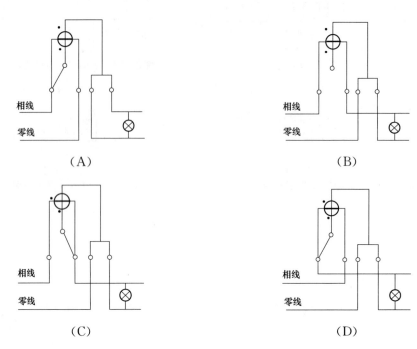

图 1-19

答案：**D**

**Lb4E2010**　图 1-20 是电流型漏电保护器动作方框图。（　　）

（A）正确；（B）错误。

答案：**A**

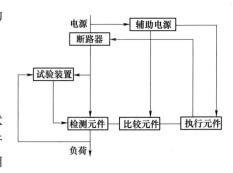

图 1-20

**Lb4E2011**　三相智能电能表三相实时电流状态指示如图 1-21 所示，其中 $I_a$、$I_b$、$I_c$ 分别对于 A、B、C 相电流，当某相电流反向时，显示该相对应符号前的 "一"。（　　）

（A）正确；（B）错误。

答案：**B**

$$U_a\, U_b\, U_c\, 逆相序 - I_a - I_b - I_c$$

图 1-21

$$U_b\, U_c\, 逆相序 - I_a - I_b - I_c$$

图 1-22

**Lb4E2012**　三相智能电能表三相实时电压状态指示如图 1-22 所示，其中 $U_a$、$U_b$、$U_c$ 分别对于 A、B、C 相电压，当 A 相断相时，该相对应的字符不显示。（　　）

（A）正确；（B）错误。

**答案：A**

**Lb4E3013** 智能电能表 LCD 图形显示图 1-23 所示符号，是允许编程状态指示。（　　）

（A）正确；（B）错误。

**答案：A**

图 1-23

**Lb4E3014** 图 1-24 是用调压器 AV、AA、标准电流互感器 TA0、两只 0.5 级以上的交流电流表来测量电流互感器 TAx 变比的接线图。（　　）

（A）正确；（B）错误。

**答案：A**

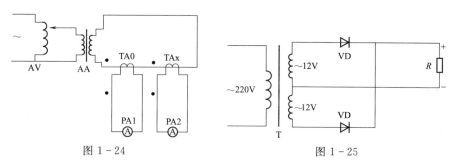

图 1-24　　　　　　　　　　　图 1-25

**Lb4E3015** 现有电源变压器 T 一台，其参数为 220V/2×12（二次侧有两个绕组），另有两只参数相同的整流二极管 VD 和一负载电阻 $R$，图 1-25 是将它们连接成全波整流电路原理图。（　　）

（A）正确；（B）错误。

**答案：A**

**Lb4E3016** 图 1-26 是感应型单相电能表的简化相量图。（　　）

（A）正确；（B）错误。

**答案：B**

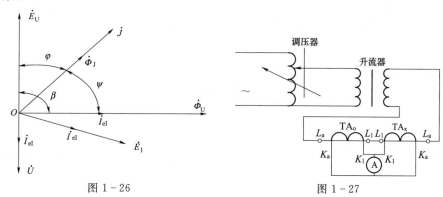

图 1-26　　　　　　　　　　　图 1-27

**Lb4E5017** 图 1-27 是用"比较法"检查电流互感器极性的试验接线图，当电流表计数很小接近于零时，说明被试电流互感器为加极性。（　　）

（A）正确；（B）错误。

答案：**B**

**Je4E3018** 图 1-28 是带二次绕组镇流器荧光灯的控制电路图。（　　）

（A）正确；（B）错误。

答案：**B**

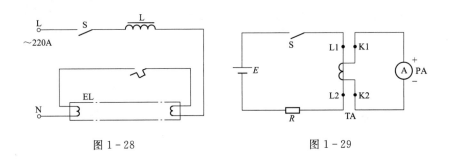

图 1-28　　　　　　　　　　图 1-29

**Je4E3019** 图 1-29 是用直流法检查单相双线圈电流互感器的极性，当控制开关断开时，直流电流表正偏。（　　）

（A）正确；（B）错误。

答案：**B**

**Jf4E1020** 图 1-30 中的绳结中，（　　）是双结。

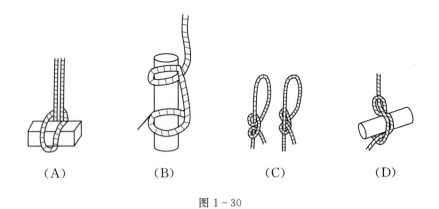

（A）　　　　　　（B）　　　　　　（C）　　　　　　（D）

图 1-30

答案：**C**

**Jf4E1021** 图 1-31 中，内相角 60°型（DX2 型）无功电能表的内、外部接线图为（　　）。

172

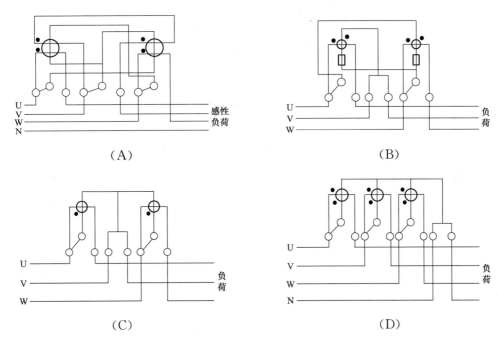

图 1-31

**答案：B**

**Jf4E2022** 图 1-32 中，三相四线有功电能表的直接接入方式接线图为（　　）。

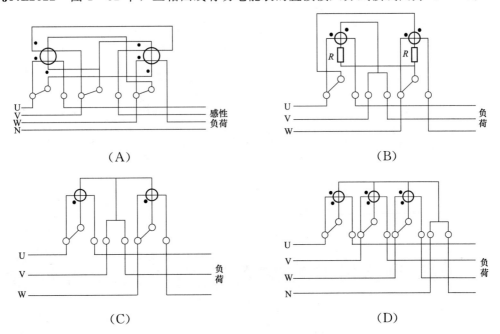

图 1-32

**答案：D**

**Jf4E3023** 图 1 – 33 表示智能表当前正在使用第一套阶梯电价。（　　）

图 1 – 33

（A）正确；（B）错误。

**答案：A**

# 2 技能操作

## 2.1 技能操作大纲

装表接电工种（中级工）技能鉴定技能操作考核大纲

| 等级 | 考核方式 | 能力种类 | 能力项 | 考核项目 | 考核主要内容 |
|---|---|---|---|---|---|
| 中级工 | 技能操作 | 基本技能 | 01. 电气识图、操作 | 计量二次回路接线核查 | 熟知常用电气图用图形符号；掌握电力设备的标注方法 |
| | | | 02. 低压作业 | 01. 停电线路挂接地线作业 | 熟悉安全规程工作要求，能正确完成相应安全措施 |
| | | | | 02. 多芯导线的分支连接 | 识别常用导线的型号、规格并鉴定导线的绝缘性能 |
| | | 专业技能 | 01. 安装调试 | 低压三相四线电能表配合电流互感器安装 | 能对经互感器接入的低压电能表进行安装 |
| | | | 02. 电能表现场检验 | 01. 电能表串户检查 | 能对电能表进行现场检验 |
| | | | | 02. 智能电能表功能检查、判断 | 能对智能电能表进行现场检验及电能表的应用 |
| | | | | 03. 互感器极性判断 | 能安装互感器并使用专用仪器对互感器简单测量 |
| | | | | 04. 互感器变比判断 | 能安装互感器并使用专用仪器对互感器简单测量 |
| | | | | 05. 测量实际负荷下的低压单相电能表误差 | 能对电能表进行现场检验 |
| | | | 03. 电能计量装置施工方案的编制 | 编制低压三相供电的客户计量方案 | 会编制电能计量装置施工方案 |
| | | | 04. 安装调试 | 01. 单相电能表接线检查及更正 | 能在带电的情况下检查电能表安装是否正确，并更正错误接线方式 |
| | | | | 02. 带电更换低压三相四线电能表 | 能在带电的情况下更换三相四线电能表 |
| | | 相关技能 | 计算机应用 | 文档的排版与打印 | 能应用操作系统；能应用 WPS |

## 2.2 技能操作项目

### 2.2.1 ZJ4JB0101 计量二次回路接线核查

**一、作业**

（一）工器具、材料、设备

（1）工器具：碳素笔、手电筒、低压验电笔、"一"字改锥、"十"字改锥、斜口钳、万用表。

（2）材料、设备：高压计量模拟柜、二次回路图纸、A4 纸。

（二）安全要求

（1）工作服、安全帽、绝缘鞋、线手套等穿戴整齐。

（2）正确填用第二种工作票，履行工作许可、工作监护、工作终结手续。

（3）检查高压计量模拟柜接地良好，并对外壳验电确认计量柜外壳不带电。

（4）检查确认工具绝缘良好。

（5）操作时站在绝缘垫上。

（三）操作步骤及要求

（1）进场前检查所带仪表、工器具、材料是否齐全完好，着装是否规范。

（2）办理工作许可手续，口头交代危险点和安全防范措施。

（3）检查带电设备接地是否良好，并对设备外壳验电。

（4）根据给定的二次接线图纸，在高压计量模拟柜上，找出导线连接的错误，并改正。

**二、考核**

（一）考核场地

（1）场地面积应能同时容纳多个工位（桌子），并保证工位之间的距离合适。

（2）现场应有高压计量模拟柜。

（3）每个工位备有桌椅，同时在考场内设置计时器。

（二）考核时间

参考时间为 30min，考评员允许开工开始计时，到时即停止工作。

（三）考核要点

（1）工器具使用正确、熟练。

（2）检查程序、测试步骤完整、正确。

（3）计量装置二次线错误查找结果正确，改正正确。

（4）安全文明生产。

## 三、评分标准

行业：电力工程　　　　　　　　　工种：装表接电工　　　　　　　　　等级：四

| 编　号 | ZJ4JB0101 | 行为领域 | e | 鉴定范围 | | |
|---|---|---|---|---|---|---|
| 考核时间 | 30min | 题型 | A | 满分 | 100 分 | 得分 |
| 试题名称 | 计量二次回路接线核查 | | | | | |
| 考核要点及其要求 | (1) 给定条件：现场相关工作票和许可手续已经齐备，错误接线已经在高压计量模拟柜上设置完毕。<br>(2) 工器具使用正确、熟练。<br>(3) 检查程序、测试步骤完整、正确。<br>(4) 计量装置二次接线错误查找结果正确，改正正确。<br>(5) 安全文明生产 | | | | | |
| 现场设备、工器具、材料 | (1) 高压计量模拟柜、二次回路图纸、A4 纸、低压验电笔、"一"字改锥、"十"字改锥、万用表、手电筒。<br>(2) 考生自备工作服、绝缘鞋、安全帽、线手套 | | | | | |
| 备　注 | | | | | | |

### 评 分 标 准

| 序号 | 考核项目名称 | 质量要求 | 分值 | 扣分标准 | 扣分原因 | 得分 |
|---|---|---|---|---|---|---|
| 1 | 开工准备 | (1) 着装规范、整齐。<br>(2) 工器具选用正确，携带齐全。<br>(3) 办理工作票和开工许可手续 | 10 | (1) 着装不规范或不整齐，每件扣 1 分。<br>(2) 工器具选用不正确或携带不齐全，每件扣 1 分。<br>(3) 未办理工作票或开工许可手续，每项扣 5 分。<br>(4) 该项分值扣完为止 | | |
| 2 | 检查程序 | (1) 检查计量装置接地并对外壳验电。<br>(2) 检查计量柜门锁及封签，检查电能表及试验接线盒封签 | 15 | (1) 未检查计量装置接地、未对设备外壳验电的每项扣 2 分，验电程序错误扣 5 分。<br>(2) 未检查计量柜门锁及封签、电能表及试验接线盒封签，每处扣 1 分。<br>(3) 该项分值扣完为止 | | |
| 3 | 检查过程 | 找出计量二次接线错误导线，并按图纸编号予以改正 | 50 | 每少找出 1 处错误扣 10 分；未改正接线错误 1 处扣 10 分。该项分值扣完为止 | | |
| 4 | 加封，清理现场 | (1) 对计量装置需加封处进行加封。<br>(2) 清理作业现场 | 15 | (1) 漏加封 1 处扣 3 分。<br>(2) 未清理现场扣 5 分。<br>(3) 该项分值扣完为止 | | |
| 5 | 安全文明生产 | (1) 操作过程中无人身伤害、设备损坏、工器具掉落等事件。<br>(2) 操作完毕清理现场及整理好工器具材料。<br>(3) 办理工作终结手续 | 10 | (1) 发生人身伤害或设备损坏事故的本项不得分。<br>(2) 工器具掉落一次扣 5 分，未清理现场或未整理工器具材料的扣 5 分。<br>(3) 未办理工作终结手续扣 5 分。<br>(4) 该项分值扣完为止 | | |
| 6 | 否决项 | 否决内容 | | | | |
| 6.1 | 安全否决 | 未检查高压计量模拟柜是否接地，并对外壳验电 | 否决 | 整个操作项目得 0 分 | | |

### 2.2.2 ZJ4JB0201 停电线路挂接地线作业

**一、作业**

**（一）工器具、材料、设备**

25mm² 带透明护套的接地线、验电笔、信号发生器、绝缘手套、盒尺、全方位安全带、脚扣、工具兜、电工个人工具。

**（二）安全要求**

（1）着装规范，工作服、安全帽、登高工具等检查完好。

（2）挂接地线前必须进行验电。

（3）登杆过程及站位要注意与带电体的安全距离。

**（三）操作步骤及工艺要求**

（1）选择正确工器具放至工位，对所选工器具进行外观检查。

（2）核对线路名称、杆号，做登杆前的各项检查。

（3）装设接地线接地端。

（4）登杆至合适位置。

（5）验电。

（6）装设接地线。

（7）经考评员同意后，拆除接地线，下杆。

（8）清理工作现场。

**二、考核**

**（一）考核场地**

（1）培训线路为 12m 直线单层单杆，三角排列，场地面积应能同时容纳多个工位，并保证工位之间的距离合适。

（2）每个工位备有桌椅、计时器。

**（二）考核时间**

参考时间为 20min，考评员允许开工开始计时，到时即停止工作。

**（三）考核要点**

（1）核对线路名称、杆号，做登杆前各项检查。

（2）接地线在装设前应详细检查。并先在登杆前装设接地线接地端，装设好后将导线端用传递绳系好。

（3）装设接地线接地端时，埋深不得小于 0.6m，持锤时不得戴手套。验电时必须戴绝缘手套，使用相应电压等级的验电器，且保证验电器完好（先在信号发生器上进行试验）。

（4）装设接地线导线端时应戴绝缘手套。

（5）装设时必须接触良好。

（6）安全文明施工。

## 三、评分标准

| 编　号 | ZJ4JB0201 | 行为领域 | d | 鉴定范围 | | |
|---|---|---|---|---|---|---|
| 考核时间 | 20min | 题型 | A | 满分 | 100分 | 得分 |

| 试题名称 | 停电线路挂接地线作业 |
|---|---|
| 考核要点<br>及其要求 | （1）核对线路名称、杆号，做登杆前各项检查。<br>（2）接地线在装设前应详细检查。并先在登杆前装设接地线接地端，装设好后将导线端用传递绳系好。<br>（3）装设接地线接地端时，埋深不得小于0.6m，持锤时不得戴手套。验电必须戴绝缘手套，使用相应电压等级的验电器，且保证验电器完好（先在信号发生器上进行试验）。<br>（4）装设接地线导线端时应戴绝缘手套。<br>（5）装设时必须接触良好。<br>（6）安全文明施工 |
| 工器具、材料、设备、场地 | （1）25mm²带透明护套的接地线、盒尺、验电笔、信号发生器、绝缘手套、全方位安全带、脚扣。<br>（2）考生自备工作服、安全帽、绝缘鞋、线手套、常用电工工具。<br>（3）12m直线单层单杆，三角排列训练场地 |
| 备　注 | |

评　分　标　准

| 序号 | 考核项目名称 | 质量要求 | 分值 | 扣分标准 | 扣分原因 | 得分 |
|---|---|---|---|---|---|---|
| 1 | 着装 | 安全帽应完好，佩戴应正确、规范，着棉质长袖工装，穿绝缘鞋，戴棉手套 | 5 | （1）未按要求着装每处扣2分。<br>（2）着装不规范每处扣1分。<br>（3）该项分值扣完为止 | | |
| 2 | 准备工器具及线材 | 全方位安全带、脚扣、传递绳、接地线、验电器、信号发生器、绝缘手套 | 10 | （1）漏选或错选每件扣2分。<br>（2）未检查工器具扣3分 | | |
| 3 | 核对线路 | 核对线路名称、杆号 | 5 | 未核对线路名称、杆号的扣5分，少核对每项扣2分，不是双重编号扣1分 | | |
| 4 | 装设接地端 | 装设接地线接地端，装好后将导线端用传递绳系好 | 10 | （1）接地端埋深不足0.6米扣5分。<br>（2）装接地端时持锤戴手套扣5分 | | |
| 5 | 登杆前准备 | 检查电杆的牢固性，对脚扣、安全带做冲击试验 | 20 | （1）未检查杆基情况的扣5分。<br>（2）未检查埋深扣5分。<br>（3）未对脚扣、安全带、二次绳进行试验扣10分，少做1项试验扣4分，试验方法不到位扣1项2分。<br>（4）该项分值扣完为止 | | |

| 序号 | 考核项目名称 | 质 量 要 求 | 分值 | 扣 分 标 准 | 扣分原因 | 得分 |
|------|------------|------------|------|------------|----------|------|
| 6 | 登杆 | 登杆动作熟练正确，站位正确，工作活动范围与导线保持安全距离大于0.7m | 10 | (1) 脚扣打滑一次扣2分。<br>(2) 未保持安全距离扣5分 | | |
| 7 | 验电 | 戴绝缘手套进行验电，验电顺序要先近后远，先下后上 | 10 | (1) 未戴绝缘手套扣5分。<br>(2) 验电顺序不对扣5分 | | |
| 8 | 挂接地线 | 线路验明确无电压后，立即装设接地线，装设顺序先近后远、先下后上，装设时应连接可靠，人体不得触碰接地线 | 15 | (1) 人体碰地线一次扣2分。<br>(2) 地线装设不牢固1处扣2分。<br>(3) 装设顺序不对扣5分 | | |
| 9 | 拆接地线 | 经考评员同意后，拆除接地线导线端，拆除顺序与装设时相反 | 5 | 拆除顺序不对扣5分 | | |
| 10 | 安全文明施工 | (1) 在杆上工作时，传递绳应绑牢，杆上工作不得掉落东西。<br>(2) 清理现场，恢复原状 | 10 | (1) 现场未清理或不彻底扣5分。<br>(2) 发生违章行为每处扣5分 | | |

### 2.2.3 ZJ4JB0202 多芯导线的分支连接

**一、作业**

（一）工器具、材料、设备

（1）工器具：电工个人工具。

（2）材料、设备：BV－16mm² 多股铜芯塑料绝缘线等各种规格导线各若干米、砂纸、绝缘胶布。

（二）安全要求

（1）着装符合要求，工作服、安全帽、棉手套整洁完好。

（2）操作时应注意工器具的正确选择和使用，不损坏工器具及元器件。

（3）特别注意电工刀的使用，防止伤人或损伤导线线芯。

（三）操作步骤及工艺要求

（1）选择 BT－16mm² 多股铜芯塑料绝缘线，将导线绝缘部分剥去，将分支芯线的根部至线端部分导线绞紧，其余线段呈伞状，剥线时不得伤及线芯。

（2）绞紧芯线根部至线端 1/8 长度的一段芯线。

（3）分支芯线的线头分两组，分别插入干线的线芯，连接前要清除芯线表面的氧化层。

（4）右端一组芯线顺时针方向缠绕 4 圈。

（5）左端一组芯线逆时针方向缠绕 4 圈。

（6）完成分支接头制作，芯线压接平光无毛刺，芯线缠绕平光无毛刺，芯线缠绕紧密，不得将芯线缠绕到导线的绝缘层上。

（7）绝缘恢复。

**二、考核**

（一）考核场地

（1）场地面积应能同时容纳多个工位，并保证工位之间的距离合适，操作面积不小于 1500mm×1500mm。

（2）每个工位备有桌椅、计时器。

（二）考核时间

参考时间为 15min，考评员允许开工开始计时，到时即停止工作。

（三）考核要点

（1）着装规范。

（2）工器具及线材选择、使用正确。

（3）分支接线制作规范、正确。

（4）绝缘恢复规范、正确。

（5）安全文明施工。

## 三、评分标准

**行业：电力工程**　　　　　　　**工种：装表接电工**　　　　　　　**等级：四**

| 编　号 | ZJ4JB0202 | 行为领域 | | d | | 鉴定范围 | | |
|---|---|---|---|---|---|---|---|---|
| 考核时间 | 15min | 题型 | | A | 满分 | 100 分 | 得分 | |
| 试题名称 | 多芯导线的分支连接 | | | | | | | |
| 考核要点及其要求 | (1) 给定条件：使用 BV－16mm² 多股铜芯塑料绝缘线完成分支连接制作。<br>(2) 着装规范，独立完成操作。<br>(3) 工器具及线材选择、使用正确。<br>(4) 分支接线制作规范、正确。<br>(5) 绝缘恢复规范、正确。<br>(6) 安全文明施工 | | | | | | | |
| 工器具、材料、设备、场地 | (1) BV－16mm² 多股铜芯塑料绝缘线等各种规格导线各若干米、砂纸、绝缘胶布。<br>(2) 考生自备工作服、安全帽、绝缘鞋、线手套、常用电工工具 | | | | | | | |
| 备　注 | | | | | | | | |

### 评　分　标　准

| 序号 | 考核项目名称 | 质 量 要 求 | 分值 | 扣 分 标 准 | 扣分原因 | 得分 |
|---|---|---|---|---|---|---|
| 1 | 着装 | 安全帽应完好，佩戴应正确规范，着棉质长袖工装，穿绝缘鞋，戴棉手套 | 5 | (1) 未按要求着装每少 1 处扣 1 分。<br>(2) 着装不规范每处扣 1 分 | | |
| 2 | 准备工器具及线材 | 钢丝钳、电工刀、BV－16mm² 多股铜芯塑料绝缘线、砂纸、绝缘胶布 | 10 | (1) 漏选或错选每件扣 2 分。<br>(2) 未检查工器具扣 3 分 | | |
| 3 | 剖削与处理 | (1) 量取电工刀长度剖削导线绝缘层，刀口朝外剖削，力度及角度适当，不伤及线芯。<br>(2) 清除导线表面污垢，用砂纸去除氧化 | 10 | (1) 长度不合适扣 3 分。<br>(2) 剖削方法不对扣 3 分。<br>(3) 损伤线芯扣 2 分。<br>(4) 未清除线芯污垢及氧化层扣 2 分 | | |
| 4 | 绞紧分支芯线根部段 | | 10 | (1) 芯线近绝缘层 1/8 处绞紧，否则扣 5 分。<br>(2) 其余压平拉直，否则扣 5 分 | | |
| 5 | 两组导线插入 | | 5 | 分支芯线的线头分成两组，分别插入干线的芯线，否则扣 5 分 | | |

| 序号 | 考核项目名称 | 质 量 要 求 | 分值 | 扣 分 标 准 | 扣分原因 | 得分 |
|---|---|---|---|---|---|---|
| 6 | 右缠绕 | | 10 | （1）右端一组芯线顺时针方向缠绕，否则扣5分。<br>（2）缠绕不足4圈扣15分 | | |
| 7 | 左缠绕 | | 10 | （1）左端一组芯线逆时针方向缠绕，否则扣5分。<br>（2）缠绕不足4圈扣5分 | | |
| 8 | 完成制作 | | 20 | （1）芯线压接平光无毛刺，否则扣5分。<br>（2）芯线缠绕松散，接触不牢扣5分。<br>（3）芯线缠绕到干线的绝缘层上扣10分 | | |
| 9 | 绝缘恢复 | 用绝缘胶布进行包缠，相互压缠宽度为其宽度的1/2 | 10 | （1）导线上缠绕长度不得低于2cm。<br>（2）压缠宽度不足扣5分 | | |
| 10 | 安全文明施工 | （1）仪表、工器具使用应正确，操作过程符合规程要求。<br>（2）清理现场，恢复原状 | 10 | （1）使用钢丝钳钳口应朝内侧，错误扣3分。<br>（2）现场未清理或不彻底扣2分。<br>（3）发生违章行为每处扣5分 | | |

### 2.2.4 ZJ4ZY0101 低压三相四线电能表配合电流互感器安装

**一、作业**

**(一) 工器具、材料、设备**

(1) 工器具：电工个人工具，钢锯1把，电钻（配 $\Phi$12.5钻头），锤子1把，卷尺1把，低压验电器1只，万用表1只，500V绝缘电阻表1只。

(2) 材料：BV-1×6黄、绿、红、黑导线若干，BV-1×2.5黄、绿、红、黑导线若干，BV-1×4黄、绿、红导线若干，3mm×150mm尼龙绑扎带1袋，铅封若干，M10×20螺栓，$\Phi$12垫片，$\Phi$32 PVC管3m及管卡若干。

(3) 设备：带互感器塑料表箱1块，3×1.5（6）A三相四线智能电能表1只，100/5电流互感器3只，联合接线盒1个，DZ47-60 3P C32断路器1只。

**(二) 安全要求**

(1) 现场做好安全措施。

(2) 正确使用电动及手持工具，与带电部位保证足够安全距离，以防触电。

**(三) 操作步骤及工艺要求（含注意事项）**

**1. 施工要求**

(1) 按要求安装。

(2) 检查着装、工器具、材料、设备、电能计量表计等。

**2. 施工步骤**

(1) 电表箱固定。在指定位置安装电表箱。

(2) 一次回路接线。根据要求安装电流互感器、完成一次布线。

(3) 按要求连接二次回路。采用500V的绝缘导线连接并采用电压、电流分线接法。二次电流回路导线截面积不小于4mm²，二次电压回路导线截面积不小于2.5mm²。

(4) 绝缘测试。接线安装完毕检查接线无误后，应对二次回路绝缘进行测试。选用500V绝缘电阻表，测试电阻不应小于0.5MΩ。

(5) 加封处理。安装完毕后，经检查无误可对计量装置进行加封。

**二、考核**

**(一) 考核场地**

(1) 场地面积能满足2个及以上考核工位且不互相干扰；设置2套评判桌椅和计时表。

(2) 室内或室外应有220V临时电源，同时满足多个工位需要。

**(二) 考核时间**

(1) 参考时间为45min。

(2) 选用工器具、设备、材料时间为5min，到时停止选料，节约用时不加分。

(3) 许可开工后记录考核开始时间。

(4) 现场清理完毕后，汇报工作终结。

**(三) 考核要点**

(1) 检查电能表、互感器。

(2) 正确选择电能表、导线和工器具。

（3）核对电流互感器的极性、倍率。

（4）电流电压分线接法。

（5）正确连接导线并检查。

（6）安装完成后对现场处理。

（7）安全文明生产。

## 三、评分标准

行业：电力工程　　　　　　工种：装表接电工　　　　　　等级：四

| 编　号 | ZJ4ZY0101 | 行为领域 | e | 鉴定范围 | | |
|---|---|---|---|---|---|---|
| 考核时间 | 45min | 题型 | B | 满分 | 100分 | 得分 |
| 试题名称 | 低压三相四线电能表配合电流互感器安装 | | | | | |
| 考核要点及其要求 | （1）现场安全措施已做好；电表箱要固定，线要穿管。<br>（2）现场电能表、互感器均校验合格。<br>（3）正确选用电能表、导线和工器具。<br>（4）采用电流电压分线接法。<br>（5）正确连接导线并检查。<br>（6）安装完成后对现场处理。<br>（7）各项得分扣完为止。<br>（8）引发事故的立即停止操作 | | | | | |
| 现场设备、工器具、材料 | （1）工器具：电工个人工具，钢锯1把，电钻（配Φ12.5钻头），锤子1把，卷尺1把，低压验电器1只，万用表1只，500V绝缘电阻表1只。<br>（2）材料：BV-1×6黄、绿、红、黑导线若干，BV-1×2.5黄、绿、红、黑导线若干，BV-1×4黄、绿、红导线若干，3mm×150mm尼龙绑扎带1袋，铅封若干，M10×20螺栓，Φ12垫片，Φ32 PVC管3m及管卡若干。<br>（3）设备：带互感器塑料表箱1块，3×1.5（6）A三相四线智能电能表1只，100/5电流互感器3只，联合接线盒1个，DZ47-60 3P C32断路器1只 | | | | | |
| 备　注 | 考生自备工作服、绝缘鞋，可以自带个人工具 | | | | | |

评　分　标　准

| 序号 | 考核项目名称 | 质量要求 | 分值 | 扣分标准 | 扣分原因 | 得分 |
|---|---|---|---|---|---|---|
| 1 | 着装 | 安全帽佩戴规范，着长袖工作服，穿绝缘鞋，戴线手套 | 2 | （1）未按要求着装扣1分。<br>（2）未进行着装检查扣1分 | | |
| 2 | 工器具及其外观检查 | 检查规格、外观及机械性能；检查低压测电笔外观质量和电气性能，在有电设备上试电；工器具、材料一次性挑选齐全并检查 | 5 | （1）未检查规格、外观、性能扣1分。<br>（2）未检查试验合格证扣1分。<br>（3）低压测电笔未试验扣1分。<br>（4）仪表、工器具未检查扣1分。<br>（5）仪表、工器具漏选或错选扣1分 | | |

| 序号 | 考核项目名称 | 质 量 要 求 | 分值 | 扣 分 标 准 | 扣分原因 | 得分 |
|---|---|---|---|---|---|---|
| 3 | 检查计量器具 | 电能表、互感器的外观检查，检验报告证书齐全、规格正确，极性标识清楚 | 5 | （1）未检查电能表、互感器外观、规格、极性标识每项扣1分。<br>（2）该项分值扣完为止 | | |
| 4 | 表箱、线管固定 | 表箱安装倾斜不得超过1°，表箱、PVC管排列位置得当，固定牢固，布局合理 | 6 | （1）表箱、PVC管排列位置不当，布局不合理扣1分。<br>（2）表箱倾斜超过1°扣1分。<br>（3）PVC管不横平竖直扣1分。<br>（4）固定不牢固扣1分 | | |
| 5 | 设备安装 | 电能表安装倾斜不得超过1°，固定螺钉齐全，联合接线盒固定牢固，螺钉齐全 | 3 | （1）电能表安装倾斜超过1°扣1分。<br>（2）安装不牢固扣1分。<br>（3）导线固定螺钉不全扣1分 | | |
| 6 | 联合接线盒连接片 | 联合接线盒连接片连接正确 | 7 | （1）联合接线盒连接片连接错误每处扣1分。<br>（2）联合接线盒连接片不牢固扣2分。<br>（3）该项分值扣完为止 | | |
| 7 | 电能表与联合接线盒之间的连接 | 电压线、电流线以及相色清晰，紧固；导线应回头双线接入，先拧紧导线尾端螺钉，后拧紧绝缘层端螺钉 | 10 | （1）电压线、电流线错误每处扣2分。<br>（2）相色与相序不对应每处扣1分。<br>（3）导线压接不牢或单线头接入每处扣1分。<br>（4）螺钉未按顺序固定每处扣2分。<br>（5）该项分值扣完为止 | | |
| 8 | 联合接线盒与电流互感器的连接 | 电压线、电流线以及相色清晰，紧固；导线应回头双线接入，先拧紧上部螺钉，后拧紧下部螺钉。电压应从电源开关处取样 | 10 | （1）电压线、电流线错误每处扣2分。<br>（2）相色与相序不对应每处扣1分。<br>（3）导线压接无顺序、不牢固或单线头接入每处扣1分。<br>（4）电压未在电源开关处取样每处扣1分。<br>（5）该项分值扣完为止 | | |
| 9 | 接线工艺 | 剥去绝缘层长度适中，金属部分不外露 | 6 | （1）导体外露每处扣1分。<br>（2）压导线绝缘每处扣2分。<br>（3）该项分值扣完为止 | | |

| 序号 | 考核项目名称 | 质 量 要 求 | 分值 | 扣 分 标 准 | 扣分原因 | 得分 |
|---|---|---|---|---|---|---|
| 10 | 布线工艺 | 布线做到横平竖直，交叉、跨越得当，弯矩半径符合规范，扎带绑扎合适 | 10 | （1）横平竖直、弯矩半径不符每处扣1分。<br>（2）绑扎不紧或交跨位置不合适每处扣1分。<br>（3）该项分值扣完为止 | | |
| 11 | 接线整理 | 对整个接线进行最后检查，保证接线正确，导线布局合理，处理扎带多余长度 | 4 | （1）未进行最后检查扣2分。<br>（2）布局不合理、扎带未处理扣2分 | | |
| 12 | 完工检查 | 通路检测，二次绝缘检测（阻值≥0.5MΩ），检查相序情况以及电能表运行情况 | 6 | （1）未停电检查、无检查扣3分。<br>（2）未查相序扣3分 | | |
| 13 | 计量封印 | 计量加封 | 6 | （1）未加封每处扣2分。<br>（2）该项分值扣完为止 | | |
| 14 | 现场清理 | 整理工器具、材料，清理操作现场 | 5 | （1）工器具、导线等物品遗漏每件扣2分。<br>（2）该项分值扣完为止 | | |
| 15 | 安全生产 | 操作符合规程和安全要求，无违章现象（量程选择与切换） | 10 | （1）发生违规、仪表使用错误每次扣5分。<br>（2）工器具跌落每次扣1分。<br>（3）该项分值扣完为止 | | |
| 16 | 接线正确 | 接线正确，不存在接错线和少接线现象 | 5 | （1）错接线（不含相序错误）扣2分。<br>（2）相序错误扣3分 | | |

### 2.2.5　ZJ4ZY0201　电能表串户检查

**一、作业**

（一）工器具、材料、设备

（1）工器具：碳素笔、手电筒、低压验电笔、"一"字改锥、"十"字改锥、斜口钳、铅封、封钳。

（2）材料、设备：抄核收仿真模拟柜、客户档案资料。

（二）安全要求

（1）工作服、安全帽、绝缘鞋、线手套穿戴整齐。

（2）正确填用第二种工作票，履行工作许可、工作监护、工作终结手续。

（3）检查抄核收仿真模拟柜接地良好，并对外壳验电，确认不带电。

（4）检查确认工具绝缘无破损。

（5）操作时站在绝缘垫上。

（三）操作步骤及要求

（1）进场前检查所带仪表、工器具、材料是否齐全完好，着装是否整齐。

（2）办理工作许可手续，口头交代危险点和防范措施。

（3）检查带电设备接地是否良好，并对外壳验电。

（4）检查电能表加封处的封签是否齐全完好。

（5）通过现场核对客户台账和实际信息以及采用断负荷方式查找串户客户，并做好记录。

**二、考核**

（一）考核场地

（1）现场应有抄核收仿真模拟柜。

（2）现场备有桌椅、计时器。

（二）考核时间

参考时间为40min，考评员允许开工开始计时，到时即停止工作。

（三）考核要点

（1）工器具使用正确、熟练。

（2）检查程序、测试步骤完整、正确。

（3）正确找出低压电表串户表计并写下更正方法。

（4）安全文明生产。

## 三、评分参考标准

行业：电力工程　　　　　　　工种：装表接电工　　　　　　　等级：四

| 编　号 | ZJ4ZY0201 | 行为领域 | e | 鉴定范围 | |
|---|---|---|---|---|---|
| 考核时间 | 40min | 题型 | A | 满分 | 100分 | 得分 | |

| 试题名称 | 电能表串户检查 |
|---|---|
| 考核要点及其要求 | （1）给定条件：现场给定任务书，需要手工填写低压第二种工作票，经考评员审批后开始。<br>（2）工器具使用正确、熟练。<br>（3）检查程序、测试步骤完整、正确。<br>（4）正确找出低压电表串户表计并写下更正方法。<br>（5）安全文明生产 |
| 现场设备、工器具、材料 | （1）抄核收仿真模拟柜、客户档案资料。<br>（2）考生自备工作服、绝缘鞋、安全帽、线手套 |
| 备　注 | |

### 评　分　标　准

| 序号 | 考核项目名称 | 质量要求 | 分值 | 扣分标准 | 扣分原因 | 得分 |
|---|---|---|---|---|---|---|
| 1 | 开工准备 | （1）着装规范、整齐。<br>（2）工器具选用正确，携带齐全 | 5 | 着装不规范或不整齐，每处扣1分；工器具选用不正确或携带不齐全，每处扣1分；该项分值扣完为止 | | |
| 2 | 工作票、许可 | 填写工作票和开工许可手续 | 15 | 未办理工作票和开工许可手续，每样扣5分；工作票填写内容不规范，每处扣2分，该项分值扣完为止 | | |
| 3 | 检查程序 | （1）检查仿真模拟装置接地并对外壳验电。<br>（2）检查电能表封签 | 15 | 未检查仿真模拟装置接地并对外壳验电每样扣2分；验电流程不正确扣5分；未检查电能表封签，每处扣1分；该项分值扣完为止 | | |
| 4 | 检查过程 | （1）核对电能表编号和客户台账是否一致。<br>（2）现场通过停断负荷方式进一步判断低压电表串户情况 | 40 | 电表编号每抄错1户扣2分；每少发现1处错误扣10分；改正方法不正确每处扣5分；该项分值扣完为止 | | |
| 5 | 加封，清理现场 | （1）对计量装置实施加封齐全。<br>（2）清理作业现场 | 15 | 错漏加封1处扣2分；未清理现场扣5分；该项分值扣完为止 | | |
| 6 | 安全文明生产 | （1）操作过程中无人身伤害、设备损坏、工器具掉落等事件。<br>（2）操作完毕清理现场及整理好工器具材料。<br>（3）办理工作终结手续 | 10 | 未清理现场及整理工器具材料扣5分；未办理工作终结手续扣5分；该项分值扣完为止 | | |

**附表**

低压第二种工作票

编号：×××

1. 工作单位及班组： _____×××_____

2. 工作负责人： _____×××_____

3. 工作班成员： _____×××_____ 共 __2__ 人。

4. 工作任务： _____

5. 工作地点与杆号： _____

6. 计划工作时间：自    年    月    日    时    分

                 至    年    月    日    时    分

7. 注意事项（安全措施） _____

_____

_____

_____

_____

_____

8. 工作票签发人（签名） ___×××___ ， ___年___月___日___时___分

工作负责人（签名）×××(开工) ___年___月___日___时___分

            （终结） ___年___月___日___时___分

工作许可人（签名）×××(开工) ___年___月___日___时___分

            （终结） ___年___月___日___时___分

9. 现场补充安全措施（工作负责人填）： ___×××_____

_____

工作许可人填： ___×××_____

_____

10. 备注： ___×××_____

11. 工作班成员签名： _____×××_____

## 低压客户串户记录卡

| 考生姓名 | | 考生准考证号 | | 岗位 | |
|---|---|---|---|---|---|
| 序号 | 户名 | 户号 | 电表编号 | 表底 | 是否串户 | 备 注 |
| 1 | | | | | | |
| 2 | | | | | | |
| 3 | | | | | | |
| 4 | | | | | | |
| 5 | | | | | | |
| 6 | | | | | | |
| 7 | | | | | | |
| 8 | | | | | | |
| 9 | | | | | | |
| 10 | | | | | | |
| 11 | | | | | | |
| 12 | | | | | | |

串户如何更改:

### 2.2.6 ZJ4ZY0202 智能电能表功能检查、判断

**一、作业**

（一）工器具、材料、设备

（1）工器具：电工常用工具。

（2）材料：记录纸，铅封，单相、三相智能电能表、封签。

（3）设备：电能表运行模拟装置。

（二）安全要求

（1）考生需穿工作服、绝缘鞋及戴手套，口述安全措施且由考评员许可后开工。

（2）操作过程中，考评员负责监护，如考生存在可能危及安全的操作，考评员有权终止考评，并取消考生本项考试资格。

（三）操作步骤及工艺要求

**1. 检查计量装置封印、外观**

智能电能表应有生产厂家铅封和检定铅封，无破损，铭牌标志清晰完整，端子盒有接线图和输出端子标识。

**2. 带电检查智能电能表显示情况**

（1）检查智能电能表的显示是否正确。智能电能表具备自动循环和按键两种显示方式；自动循环显示时间间隔为 5s；按键显示时，LCD 应启动背光，带电时无操作 60s 后自动关闭背光。电能表如果出现故障，显示器即停留在该代码上（智能表显示项见表 2-1、表 2-2）。

表 2-1　　　　　　　　　　　　单相智能表显示项目列表

| 自动循环显示项目列表 | | |
|---|---|---|
| 序　号 | 显 示 项 目 | 数 据 标 识 |
| 1 | 当前日期 | 04000101 |
| 2 | 当前时间 | 04000102 |
| 3 | 当前组合有功总电量 | 00000000 |
| 按键循环显示项目列表 | | |
| 序　号 | 显 示 项 目 | 数 据 标 识 |
| 1 | 当前组合有功总电量 | 00000000 |
| 2 | 当前组合有功尖电量 | 00000100 |
| 3 | 当前组合有功峰电量 | 00000200 |
| 4 | 当前组合有功平电量 | 00000300 |
| 5 | 当前组合有功谷电量 | 00000400 |
| 6 | 上1个月组合有功总电量 | 00000001 |
| 7 | 上1个月组合有功尖电量 | 00000101 |
| 8 | 上1个月组合有功峰电量 | 00000201 |
| 9 | 上1个月组合有功平电量 | 00000301 |

| 序　号 | 显　示　项　目 | 数　据　标　识 |
|---|---|---|
| 10 | 上 1 个月组合有功谷电量 | 00000401 |
| 11 | 上 2 个月组合有功总电量 | 00000002 |
| 12 | 上 2 个月组合有功尖电量 | 00000102 |
| 13 | 上 2 个月组合有功峰电量 | 00000202 |
| 14 | 上 2 个月组合有功平电量 | 00000302 |
| 15 | 上 2 个月组合有功谷电量 | 00000402 |
| 16 | 客户编号低 8 位 | 0400040E |
| 17 | 客户编号高 4 位 | 0400040E |
| 18 | 表号低 8 位 | 04000402 |
| 19 | 表号高 4 位 | 04000402 |
| 20 | 当前日期 | 04000101 |
| 21 | 当前时间 | 04000102 |
| 22 | 电压（对应 U 相电压） | 02010100 |
| 23 | 电流（对应 U 相电流） | 02020100 |
| 24 | 零线电流 | 02800001 |
| 25 | 功率（对应 U 相有功功率） | 02030100 |
| 26 | 功率因数（对应 U 相功率因数） | 02060100 |
| 27 | 每月第 1 结算日 | 04000801 |

表 2-2　　　　　　　　　　三相智能表显示项目列表

| 自动循环显示项目列表 | | | |
|---|---|---|---|
| 序　号 | 显示项目 | 数据标识 | 组成序号 |
| 1 | 当前日期 | 04000101 | 00 |
| 2 | 当前时间 | 04000102 | 00 |
| 3 | 当前组合有功总电量 | 00000000 | 00 |
| 4 | 当前正向有功总电量 | 00010000 | 00 |
| 5 | 当前正向有功尖电量 | 00010100 | 00 |
| 6 | 当前正向有功峰电量 | 00010200 | 00 |
| 7 | 当前正向有功平电量 | 00010300 | 00 |
| 8 | 当前正向有功谷电量 | 00010400 | 00 |
| 9 | 当前正向有功总最大需量 | 01010000 | 00 |
| 10 | 当前组合无功 1 总电能 | 00030000 | 00 |
| 11 | 当前组合无功 2 总电能 | 00040000 | 00 |
| 12 | 当前第 1 象限无功总电量 | 00050000 | 00 |
| 13 | 当前第 2 象限无功总电量 | 00060000 | 00 |
| 14 | 当前第 3 象限无功总电量 | 00070000 | 00 |

| 序　号 | 显示项目 | 数据标识 | 组成序号 |
|---|---|---|---|
| 15 | 当前第4象限无功总电量 | 00080000 | 00 |
| 16 | 当前反向有功总电量 | 00020000 | 00 |
| 17 | 当前反向有功尖电量 | 00020100 | 00 |
| 18 | 当前反向有功峰电量 | 00020200 | 00 |
| 19 | 当前反向有功平电量 | 00020300 | 00 |
| 20 | 当前反向有功谷电量 | 00020400 | 00 |

| 按键循环显示项目列表 | | | |
|---|---|---|---|
| 序号 | 显　示　项　目 | 数据标识 | 组成序号 |
| 1 | 当前日期 | 04000101 | 00 |
| 2 | 当前时间 | 04000102 | 00 |
| 3 | 当前组合有功总电量 | 00000000 | 00 |
| 4 | 当前正向有功总电量 | 00010000 | 00 |
| 5 | 当前正向有功尖电量 | 00010100 | 00 |
| 6 | 当前正向有功峰电量 | 00010200 | 00 |
| 7 | 当前正向有功平电量 | 00010300 | 00 |
| 8 | 当前正向有功谷电量 | 00010400 | 00 |
| 9 | 当前正向有功总最大需量 | 01010000 | 00 |
| 10 | 当前正向有功总最大需量发生日期 | 01010000 | 01 |
| 11 | 当前正向有功总最大需量发生时间 | 01010000 | 02 |
| 12 | 当前反向有功总电量 | 00020000 | 00 |
| 13 | 当前反向有功尖电量 | 00020100 | 00 |
| 14 | 当前反向有功峰电量 | 00020200 | 00 |
| 15 | 当前反向有功平电量 | 00020300 | 00 |
| 16 | 当前反向有功谷电量 | 00020400 | 00 |
| 17 | 当前反向有功总最大需量 | 01020000 | 00 |
| 18 | 当前反向有功总最大需量发生日期 | 01020000 | 01 |
| 19 | 当前反向有功总最大需量发生时间 | 01020000 | 02 |
| 20 | 当前组合无功1总电能 | 00030000 | 00 |
| 21 | 当前组合无功2总电能 | 00040000 | 00 |
| 22 | 当前第1象限无功总电量 | 00050000 | 00 |
| 23 | 当前第2象限无功总电量 | 00060000 | 00 |
| 24 | 当前第3象限无功总电量 | 00070000 | 00 |
| 25 | 当前第4象限无功总电量 | 00080000 | 00 |
| 26 | 上1个月正向有功总电量 | 00010001 | 00 |
| 27 | 上1个月正向有功尖电量 | 00010101 | 00 |

| 序号 | 显 示 项 目 | 数据标识 | 组成序号 |
|---|---|---|---|
| 28 | 上 1 个月正向有功峰电量 | 00010201 | 00 |
| 29 | 上 1 个月正向有功平电量 | 00010301 | 00 |
| 30 | 上 1 个月正向有功谷电量 | 00010401 | 00 |
| 31 | 上 1 个月正向有功总最大需量 | 01010001 | 00 |
| 32 | 上 1 个月正向有功总最大需量发生日期 | 01010001 | 01 |
| 33 | 上 1 个月正向有功总最大需量发生时间 | 01010001 | 02 |
| 34 | 上 1 个月反向有功总电量 | 00020001 | 00 |
| 35 | 上 1 个月反向有功尖电量 | 00020101 | 00 |
| 36 | 上 1 个月反向有功峰电量 | 00020201 | 00 |
| 37 | 上 1 个月反向有功平电量 | 00020301 | 00 |
| 38 | 上 1 个月反向有功谷电量 | 00020401 | 00 |
| 39 | 上 1 个月反向有功总最大需量 | 01020001 | 00 |
| 40 | 上 1 个月反向有功总最大需量发生日期 | 01020001 | 01 |
| 41 | 上 1 个月反向有功总最大需量发生时间 | 01020001 | 02 |
| 42 | 上 1 个月第 1 象限无功总电量 | 00050001 | 00 |
| 43 | 上 1 个月第 2 象限无功总电量 | 00060001 | 00 |
| 44 | 上 1 个月第 3 象限无功总电量 | 00070001 | 00 |
| 45 | 上 1 个月第 4 象限无功总电量 | 00080001 | 00 |
| 46 | 电能表通信地址（表号）低 8 位 | 04000401 | 01 |
| 47 | 电能表通信地址（表号）高 4 位 | 04000401 | 00 |
| 48 | 485 口 1 通信波特率 | 04000703 | 00 |
| 49 | 485 口 2 通信波特率 | 04000704 | 00 |
| 50 | 有功脉冲常数 | 04000409 | 00 |
| 51 | 无功脉冲常数 | 0400040A | 00 |
| 52 | 时钟电池使用时间 | 0280000A | 00 |
| 53 | 最近 1 次编程日期 | 03300001 | 00 |
| 54 | 最近 1 次编程时间 | 03300001 | 01 |
| 55 | 总失压次数 | 10000001 | 00 |
| 56 | 总失压累计时间 | 10000002 | 00 |
| 57 | 最近 1 次失压起始日期 | 10000101 | 00 |
| 58 | 最近 1 次失压起始时间 | 10000101 | 01 |
| 59 | 最近 1 次失压结束日期 | 10000201 | 00 |
| 60 | 最近 1 次失压结束时间 | 10000201 | 01 |
| 61 | 最近 1 次 U 相失压起始时刻正向有功电量 | 10010201 | 00 |
| 62 | 最近 1 次 U 相失压结束时刻正向有功电量 | 10012601 | 00 |

| 序号 | 显　示　项　目 | 数据标识 | 组成序号 |
|---|---|---|---|
| 63 | 最近 1 次 U 相失压起始时刻反向有功电量 | 10010301 | 00 |
| 64 | 最近 1 次 U 相失压结束时刻反向有功电量 | 10012701 | 00 |
| 65 | 最近 1 次 V 相失压起始时刻正向有功电量 | 10020201 | 00 |
| 66 | 最近 1 次 V 相失压结束时刻正向有功电量 | 10022601 | 00 |
| 67 | 最近 1 次 V 相失压起始时刻反向有功电量 | 10020301 | 00 |
| 68 | 最近 1 次 V 相失压结束时刻反向有功电量 | 10022701 | 00 |
| 69 | 最近 1 次 W 相失压起始时刻正向有功电量 | 10030201 | 00 |
| 70 | 最近 1 次 W 相失压结束时刻正向有功电量 | 10032601 | 00 |
| 71 | 最近 1 次 W 相失压起始时刻反向有功电量 | 10030301 | 00 |
| 72 | 最近 1 次 W 相失压结束时刻反向有功电量 | 10032701 | 00 |
| 73 | U 相电压 | 02010100 | 00 |
| 74 | V 相电压 | 02010200 | 00 |
| 75 | W 相电压 | 02010300 | 00 |
| 76 | U 相电流 | 02020100 | 00 |
| 77 | V 相电流 | 02020200 | 00 |
| 78 | W 相电流 | 02020300 | 00 |
| 79 | 瞬时总有功功率 | 02030000 | 00 |
| 80 | 瞬时 U 相有功功率 | 02030100 | 00 |
| 81 | 瞬时 V 相有功功率 | 02030200 | 00 |
| 82 | 瞬时 W 相有功功率 | 02030300 | 00 |
| 83 | 瞬时总功率因数 | 02060000 | 00 |
| 84 | 瞬时 U 相功率因数 | 02060100 | 00 |
| 85 | 瞬时 V 相功率因数 | 02060200 | 00 |
| 86 | 瞬时 W 相功率因数 | 02060300 | 00 |
| 87 | 当前 U 相正向有功电量 | 00150000 | 00 |
| 88 | 当前 U 相反向有功电量 | 00160000 | 00 |
| 89 | 当前 V 相正向有功电量 | 00290000 | 00 |
| 90 | 当前 V 相反向有功电量 | 002A0000 | 00 |
| 91 | 当前 W 相正向有功电量 | 003D0000 | 00 |
| 92 | 当前 W 相反向有功电量 | 003E0000 | 00 |
| 93 | 每月第 1 结算日 | 04000B01 | 00 |

（2）检查智能电能表功能：

1）计量功能。检查显示的电量数据、分时电量等情况。

2）费控功能。检查该功能是否正常。

3）事件记录。检查事件记录情况。

（3）根据智能表显示判断有无异常（表2-3、表2-4）。

表2-3                                    故 障 类 异 常 指 示

| 异常名称 | 异常类型 | 异常代码 | 备　注 |
|---|---|---|---|
| 控制回路错误 | 电表故障 | Err-01 | 单相表规范已定义 |
| ESAM错误 | 电表故障 | Err-02 | 单相表规范已定义 |
| 内卡初始化错误 | 电表故障 | Err-03 | |
| 时钟电池电压低 | 电表故障 | Err-04 | 单相表规范已定义 |
| 内部程序错误 | 电表故障 | Err-05 | 无意义 |
| 存储器故障或损坏 | 电表故障 | Err-06 | |
| 时钟故障 | 电表故障 | Err-07 | 单相表规范已定义 |

表2-4                                    事 件 类 异 常 提 示

| 异常名称 | 异常类型 | 异常代码 | 备　注 |
|---|---|---|---|
| 过载 | 事件类异常 | Err-51 | |
| 电流严重不平衡 | 事件类异常 | Err-52 | |
| 过压 | 事件类异常 | Err-53 | |
| 功率因数超限 | | Err-54 | |
| 超有功需量报警事件 | 事件类异常 | Err-55 | |
| 有功电能方向改变（双向计量除外） | 事件类异常 | Err-56 | |
| 失压 | 事件类异常 | | 有液晶提示符号 |
| 断相 | 事件类异常 | | 有液晶提示符号 |
| 失流 | 事件类异常 | | 有液晶提示符号 |
| 逆相序 | 事件类异常 | | 有液晶提示符号 |
| 停电显示电池欠压 | 运事件类异常 | | 有液晶提示符号 |

3. 收工检查

（1）计量装置加封。

（2）清理工作现场、撤离现场。

**二、考核**

（一）考核场地

可室内进行，相邻工位距离合适，不存在影响安全的因素。

（二）考核时间

参考时间30min。

（三）考核要点

（1）个人工器具的使用。

（2）操作规范性。

（3）记录完整性。

## 三、评分标准

行业：电力工程　　　　　　工种：装表接电工　　　　　　等级：四

| 编　号 | ZJ4ZY0202 | 行为领域 | | e | 鉴定范围 | | |
|---|---|---|---|---|---|---|---|
| 考核时间 | 30min | 题型 | | A | 满分 | 100分 | 得分 |
| 试题名称 | 智能电能表功能检查、判断 | | | | | | |
| 考核要点及其要求 | (1) 个人工器具的使用。<br>(2) 操作规范性。<br>(3) 记录完整性 | | | | | | |
| 工器具、材料、设备、其他 | (1) 工器具：电工常用工具。<br>(2) 材料：记录纸，铅封，单相、三相智能电能表、封签。<br>(3) 设备：电能表运行模拟装置。<br>(4) 其他：每个工位备有桌椅、计时器。给考试人员发放的相关资料：单相、三相智能电能表显示项目列表、智能表故障类异常指示数据 | | | | | | |
| 备　注 | | | | | | | |

评　分　标　准

| 序号 | 考核项目名称 | 质　量　要　求 | 分值 | 扣　分　标　准 | 扣分原因 | 得分 |
|---|---|---|---|---|---|---|
| 1 | 着装 | (1) 着装规范穿工作服、绝缘鞋，戴安全帽、线手套。<br>(2) 出示准考证，经许可后才可开工 | 10 | (1) 未按要求着装每处扣2分。<br>(2) 未经许可开工扣5分。<br>(3) 该项分值扣完为止 | | |
| 2 | 工器具使用 | 正确使用工器具 | 15 | (1) 未正确使用或跌落工具，每次扣2分。<br>(2) 损坏仪器扣15分。<br>(3) 该项分值扣完为止 | | |
| 3 | 智能表外观检查 | (1) 检查智能电表外观是否完好，按键是否正常。<br>(2) 检查计量装置封印及外观是否正常。<br>(3) 检查、记录智能电能表铭牌标注 | 10 | (1) 少检查1项扣2分。<br>(2) 未记录扣2分。<br>(3) 该项分值扣完为止 | | |
| 4 | 通电检查智能表 | (1) 检查智能电能表通电时显示是否正确、是否有断码。<br>(2) 检查智能电能表的各项指示并填写记录 | 35 | (1) 检查日历、时钟等显示项，未检查扣5分，每处异常漏检或未记录扣3分。<br>(2) 少记录1项扣2分。<br>(3) 该项分值扣完为止 | | |
| 5 | 智能表功能检查及判断 | (1) 编程封开启情况判断正确。<br>(2) 电池欠压时显示判断正确。<br>(3) 电能表失压显示判断正确。<br>(4) 电能表断流显示判断正确 | 20 | (1) 考评员询问程序具体含义，答不上来扣5分。<br>(2) 对欠压、失压、断流情况判断错误，每项扣5分。<br>(3) 该项分值扣完为止 | | |
| 6 | 完工检查 | 计量装置加封 | 5 | (1) 未加封扣5分，漏封每处扣2分。<br>(2) 该项分值扣完为止 | | |

| 序号 | 考核项目名称 | 质 量 要 求 | 分值 | 扣 分 标 准 | 扣分原因 | 得分 |
|---|---|---|---|---|---|---|
| 7 | 文明生产 | 清理现场，无违章现象 | 5 | (1)未清理现场扣5分。<br>(2)清理不彻底的扣3分 | | |
| 8 | 否决项 | 否决内容 | | | | |
| 8.1 | 安全否决 | 发生电压回路短路等危及安全操作违章行为 | 否决 | 整个操作项目得0分 | | |

# 附表

## 智能表电能表功能检验记录

| 准考证号 | | 姓名 | | 单位 | | 工位号 | |
|---|---|---|---|---|---|---|---|
| 环境条件 | 温度/℃ | | | 湿度/% | | | |
| 电能表 | 型号 | | 编号 | | 准确度 | | |
| | 厂家 | | 规格 | 3× V，3× A | 常数 | | imp/(kW·h) |

| 序号 | 显示项目 | | 序号 | 显示项目 | |
|---|---|---|---|---|---|
| 1 | 当前日期 | | 29 | 上1个月第1象限无功总电量 | |
| 2 | 当前时间 | | 30 | 上1个月第2象限无功总电量 | |
| 3 | 当前组合有功总电量 | | 31 | 上1个月第3象限无功总电量 | |
| 4 | 当前正向有功总电量 | | 32 | 上1个月第4象限无功总电量 | |
| 5 | 当前正向有功峰电量 | | 33 | 电能表通信地址（表号）低8位 | |
| 6 | 当前正向有功平电量 | | 34 | 电能表通信地址（表号）高4位 | |
| 7 | 当前正向有功谷电量 | | 35 | 485口1通信波特率 | |
| 8 | 当前正向有功总最大需量 | | 36 | 485口2通信波特率 | |
| 9 | 当前正向有功总最大需量发生日期 | | 37 | 有功脉冲常数 | |
| 10 | 当前正向有功总最大需量发生时间 | | 38 | 无功脉冲常数 | |
| 11 | 当前反向有功总电量 | | 39 | 时钟电池使用时间 | |
| 12 | 当前反向有功峰电量 | | 40 | 最近1次编程日期 | |
| 13 | 当前反向有功平电量 | | 41 | 最近1次编程时间 | |
| 14 | 当前反向有功谷电量 | | 42 | 总失压次数 | |
| 15 | 当前反向有功总最大需量 | | 43 | 总失压累计时间 | |
| 16 | 当前反向有功总最大需量发生日期 | | 44 | 最近1次失压起始日期 | |
| 17 | 当前反向有功总最大需量发生时间 | | 45 | 最近1次失压起始时间 | |
| 18 | 当前组合无功1总电能 | | 46 | 最近1次失压结束日期 | |
| 19 | 当前组合无功2总电能 | | 47 | 最近1次失压结束时间 | |
| 20 | 当前第1个象限无功总电量 | | 48 | U相电压 | |
| 21 | 当前第2个象限无功总电量 | | 49 | V相电压 | |
| 22 | 当前第3个象限无功总电量 | | 50 | W相电压 | |
| 23 | 当前第4个象限无功总电量 | | 51 | U相电流 | |
| 24 | 上1个月正向有功总电量 | | 52 | V相电流 | |
| 25 | 上1个月反向有功总电量 | | 53 | W相电流 | |
| 26 | 上1个月反向有功峰电量 | | 54 | 瞬时总有功功率 | |
| 27 | 上1个月反向有功平电量 | | 55 | 瞬时总功率因数 | |
| 28 | 上1个月反向有功谷电量 | | 56 | 每月第1结算日 | |
| 异常判断 | | | | | |

**2.2.7 ZJ4ZY0203 互感器极性判断**

**一、作业**

**(一)工器具、材料、设备**

(1)工器具:电工用个人工具、低压计量装置故障诊断仪1台、数字式万用表(或机械式)1只、专用电流测试线1条、调压器1台、升流器1台、电源盘1个、绝缘垫2块、函数计算器1个。

(2)材料:第二种工作票1张、记录纸1张、绝缘胶布。

(3)设备:低压配电盘(含单相电能表和去除极性变比标识的低压式电流互感器)。

**(二)安全要求**

(1)考生需穿工作服、绝缘鞋,戴安全帽及手套,口述安全措施且由考评员许可后开工。

(2)现场设防护围栏、警示牌,实验区敷设绝缘垫。

(3)操作过程中,考评员负责监护,如考生存在可能危及安全的操作,考评员有权终止考评,并取消考生本项考试资格。

**(三)操作步骤及工艺要求**

(1)检查工作电源,低压计量装置故障诊断仪通电检查及参数设置。

(2)合理选择电流互感器一次、二次侧电流测试点,将低压计量装置故障诊断仪大、小电流钳形互感器分别接入被测电流回路,并检查接线是否正常,如图2-1所示。

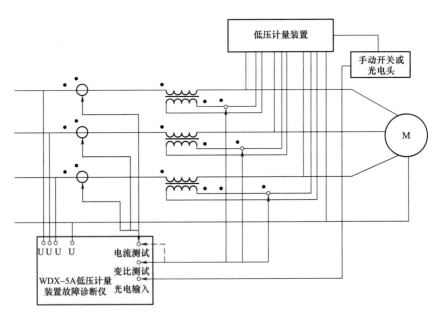

图2-1 低压计量装置故障诊断仪测量一次、二次侧电流

1)电压接线:

①检验三相三线电能表接线时,$U_u$、$U_w$接线端子接U相和W相电压,$U_o$端子接V

相电压。

②检验三相四线电能表接线时，$U_u$、$U_v$、$U_w$ 端子分别接到 U、V、W 三相电压，$U_0$ 端子接系统中性线。

③电压接线时应注意安全，严格按用电现场操作规程工作。

2）钳形电流互感器接线：

①仪器配置为 3 只大钳形电流互感器，3 只小钳形电流互感器。大钳形电流互感器接入电流测试钳口，用来测量一次电量及综合误差。

②小钳形电流互感器接入 TA 测试钳口，与每相大钳形电流互感器配合，测量互感器变比值、极性、变比误差和角差；也可用小钳形电流互感器接入测试钳口，用来测量二次侧电量及单相或三相电能表误差。

3）测量电流互感器一次、二次侧电流大小，计算电流互感器变比，判断电流互感器极性。

4）计算电流互感器所接计量装置的倍率。

（四）完工检查

（1）断开电源后拆除全部接线。

（2）清理工作现场，上交工作记录，报完工后撤离现场。

**二、考核**

（一）考核场地

（1）考试可室内多个工位同时进行，每个工位约需 1.5m×2m 场地，且需提供交流 220V 电源。

（2）低压配电盘前应放置绝缘垫，工作区域应使用围栏隔离，出入口悬挂"由此出入"标示牌，相邻工位应确保距离合适，不应存在影响安全的其他因素。

（二）考核时间

（1）考试总时间为 30min。

（2）许可开工后即开始计时，满 30min 终止考试。

（3）考试时间内，考生报完工时间记录为考试结束时间。

（三）考核要点

1. 安全

（1）个人安全防护。

（2）安全措施执行。

2. 技能

（1）个人工器具的使用。

（2）仪器设备的使用。

（3）操作规范性。

（4）计算结果、结论的正确性，记录完整性。

## 三、评分标准

行业：电力工程          工种：装表接电工          等级：四

| 编　号 | ZJ4ZY0203 | 行为领域 | | d | 鉴定范围 | |
|---|---|---|---|---|---|---|
| 考核时间 | 30min | 题型 | | A | 满分 | 100 分 | 得分 | |
| 试题名称 | 互感器极性判断 | | | | | |
| 考核要点及其要求 | （1）低压计量装置故障诊断仪接线。<br>（2）低压计量装置故障诊断仪操作。<br>（3）测试结果判断、计算 | | | | | |
| 工器具、材料、设备 | （1）工器具：低压计量装置故障诊断仪、"一"字改锥、"十"字改锥、试电笔、万用表、专用电流测试线、调压器、升流器。<br>（2）材料：记录纸、绝缘胶布。<br>（3）设备：低压配电盘（含单相电能表和去除极性变比标识的低压式电流互感器） | | | | | |
| 备　注 | | | | | | |

### 评　分　标　准

| 序号 | 考核项目名称 | 质量要求 | 分值 | 扣分标准 | 扣分原因 | 得分 |
|---|---|---|---|---|---|---|
| 1 | 着装 | 安全帽应完好，佩戴应正确规范，着棉质长袖工装，穿绝缘鞋，戴棉手套 | 5 | （1）未按要求着装每处扣1分。<br>（2）着装不规范每处扣1分。<br>（3）该项分值扣完为止 | | |
| 2 | 开工许可 | 口述安全措施并经许可后开工 | 5 | （1）未口述安全措施扣2分，安全措施不完备扣3分。<br>（2）未经许可进入工位该项不得分 | | |
| 3 | 工器具使用 | 合理选择并正确使用工器具 | 2 | （1）选择工器具不合理扣1分。<br>（2）使用工器具不正确扣1分 | | |
| 4 | 前期准备 | 对工作电源进行测量 | 3 | 未进行电源测量扣3分 | | |
| | | 低压计量装置故障诊断仪通电检查及参数设置 | 20 | （1）通电前需完成设备侧接线，接线需牢固、可靠，否则各扣5分。<br>（2）通电后完成参数设置，应保证端口与设置对应，设置错误每处扣5分。<br>（3）互感器匝数判断错误扣5分。<br>（4）该项分值扣完为止 | | |
| | | 合理将低压计量装置故障诊断仪及大、小钳形电流互感器分别接入 | 25 | （1）大、小钳形电流互感器一次、二次侧使用错误扣10分，极性错误一次扣5分，测试中应保持钳形电流互感器钳口闭合，否则一次扣5分。<br>（2）该项分值扣完为止 | | |

202

| 序号 | 考核项目名称 | 质 量 要 求 | 分值 | 扣 分 标 准 | 扣分原因 | 得分 |
|------|------------|-----------|------|-----------|---------|------|
| 5 | 测试 | 判断电流互感器极性 | 20 | 未判断及结论错误本项不得分 | | |
| | | 拆除所有接线，并关闭测试仪电源 | 5 | 先关闭电源后拆接线扣5分 | | |
| 6 | 安全文明生产 | 安全文明操作，不损坏工器具，不发生安全事故 | 15 | （1）损坏仪器扣10分。<br>（2）未清理现场或未报完工扣5分 | | |
| 7 | 否决项 | 否决内容 | | | | |
| 7.1 | 安全否决 | 发生电压回路短路等危及安全操作违章行为 | 否决 | 整个操作项目得0分 | | |

### 2.2.8 ZJ4ZY0204 互感器变比判断

#### 一、作业

（一）工器具、材料、设备

（1）工器具：电工用个人工具、低压计量装置故障诊断仪1台、数字式万用表（或机械式）1只、专用电流测试线1条、调压器1台、升流器1台、电源盘1个、绝缘垫2块、函数计算器1个。

（2）材料：第二种工作票1张、记录纸1张、绝缘胶布。

（3）设备：低压配电盘（含单相电能表和去除极性变比标识的低压式电流互感器）。

（二）安全要求

（1）现场设防护围栏、警示牌，实验区敷设绝缘垫。

（2）考生需穿工作服、绝缘鞋，戴安全帽及手套，口述安全措施且由考评员许可后开工。

（3）操作过程中，考评员负责监护，如考生存在可能危及安全的操作，考评员有权终止考评，并取消考生本项考试资格。

（三）操作步骤及工艺要求

（1）检查工作电源，低压计量装置故障诊断仪通电检查及参数设置。

（2）合理选择电流互感器一次、二次侧电流测试点，将低压计量装置故障诊断仪大、小电流钳形互感器分别接入被测电流回路，并检查接线是否正常，如图2-2所示，本项测试无需使用光电头。

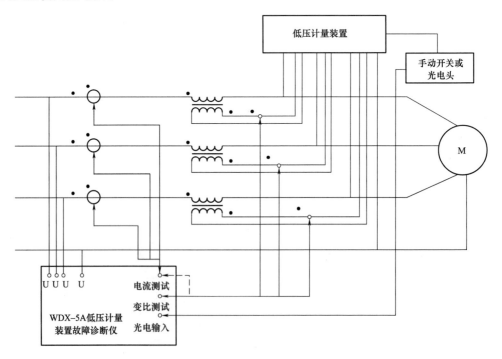

图2-2 低压计量装置故障诊断仪测量一次、二次侧电流

1) 电压接线：

①检验三相三线电能表接线时，$U_u$、$U_w$ 接线端子接 U 相和 W 相电压，$U_0$ 端子接 V 相电压。

②检验三相四线电能表接线时，$U_u$、$U_v$、$U_w$ 端子分别接到 U、V、W 三相电压，$U_0$ 端子接系统中性线。

③电压接线时应注意安全，严格按用电现场操作规程工作。

2) 钳形电流互感器接线：

①仪器配置为 3 只大钳形电流互感器（1500A/500A/100A），3 只小钳形电流互感器（5A）。大钳形电流互感器接入电流测试钳口，用来测量一次电量及综合误差。

②小钳形电流互感器接入 TA 测试钳口，与每相大钳形电流互感器配合，测量互感器变比值、极性、变比误差和角差；也可用小钳形电流互感器接入测试钳口，用来测量二次侧电量及单相或三相电能表误差。

（3）测量电流互感器一次、二次侧电流大小，计算电流互感器变比，判断电流互感器极性。

（4）计算电流互感器所接计量装置的倍率。

（四）完工检查

（1）断开电源后拆除全部接线。

（2）清理工作现场，上交工作记录，报完工后撤离现场。

**二、考核**

（一）考核场地

（1）考试可室内多个工位同时进行，每个工位约需 1.5m×2m 场地，且需提供交流 220V 电源。

（2）低压配电盘前应放置绝缘垫，工作区域应使用围栏隔离，出入口悬挂"由此出入"标示牌，相邻工位应确保距离合适，不应存在影响安全的其他因素。

（二）考核时间

（1）考试总时间为 30min。

（2）许可开工后即开始计时，满 30min 终止考试。

（3）考试时间内，考生报完工时间记录为考试结束时间。

（三）考核要点

1. 安全

（1）个人安全防护。

（2）安全措施执行。

2. 技能

（1）个人工器具的使用。

（2）仪器设备的使用。

（3）操作规范性。

（4）计算结果、结论的正确性，记录完整性。

### 三、评分标准

行业：电力工程　　　　　　　　工种：装表接电工　　　　　　　　等级：四

| 编　号 | ZJ4ZY0204 | 行为领域 | d | 鉴定范围 | |
|---|---|---|---|---|---|
| 考核时间 | 30min | 题型 | A | 满分 100 分 | 得分 |
| 试题名称 | 互感器变比判断 | | | | |
| 考核要点及其要求 | (1) 低压计量装置故障诊断仪接线。<br>(2) 低压计量装置故障诊断仪操作。<br>(3) 测试结果判断、计算 | | | | |
| 工器具、材料、设备 | (1) 工器具：低压计量装置故障诊断仪、"一"字改锥、"十"字改锥、试电笔、万用表、专用电流测试线、调压器、升流器。<br>(2) 材料：记录纸、绝缘胶布。<br>(3) 设备：低压配电盘（含单相电能表和去除极性变比标识的低压式电流互感器） | | | | |
| 备　注 | | | | | |

评　分　标　准

| 序号 | 考核项目名称 | 质量要求 | 分值 | 扣分标准 | 扣分原因 | 得分 |
|---|---|---|---|---|---|---|
| 1 | 着装 | 安全帽应完好，佩戴应正确规范，着棉质长袖工装，穿绝缘鞋，戴棉手套 | 5 | (1) 未按要求着装每处扣1分。<br>(2) 着装不规范每处扣1分。<br>(3) 该项分值扣完为止 | | |
| 2 | 开工许可 | 口述安全措施并经许可后开工 | 5 | (1) 未口述安全措施扣2分，安全措施不完备扣3分。<br>(2) 未经许可进入工位该项不得分 | | |
| 3 | 工器具使用 | 合理选择并正确使用工器具 | 2 | (1) 选择工器具不合理扣1分。<br>(2) 使用工器具不正确扣1分 | | |
| 4 | 前期准备 | 对工作电源进行测量 | 3 | 未进行电源测量扣3分 | | |
| | | 低压计量装置故障诊断仪通电检查及参数设置 | 20 | (1) 通电前需完成设备侧接线，接线需牢固、可靠，否则各扣5分。<br>(2) 通电后完成参数设置，应保证端口与设置对应，设置错误每处扣5分。<br>(3) 互感器匝数判断错误扣5分。<br>(4) 该项分值扣完为止 | | |
| | | 合理将低压计量装置故障诊断仪及大、小钳形电流互感器分别接入 | 20 | (1) 大、小钳形电流互感器一次、二次侧使用错误扣10分，极性错误一次扣5分。<br>(2) 测试中应保持钳形电流互感器钳口闭合，否则每次扣5分。<br>(3) 该项分值扣完为止 | | |

| 序号 | 考核项目名称 | 质 量 要 求 | 分值 | 扣 分 标 准 | 扣分原因 | 得分 |
|---|---|---|---|---|---|---|
| 5 | 测试 | 计算电流互感器变比、倍率 | 25 | （1）无计算过程或结论错误本项不得分。<br>（2）计算电流互感器变比、倍率错误每项扣10分。<br>（3）该项分值扣完为止 | | |
| | | 拆除所有接线，并关闭测试仪电源 | 5 | 先关闭电源后拆接线扣5分 | | |
| 6 | 安全文明生产 | 安全文明操作，不损坏工器具，不发生安全事故 | 15 | （1）损坏仪器扣10分。<br>（2）未清理现场、未报完工各扣5分。<br>（3）该项分值扣完为止 | | |
| 7 | 否决项 | 否决内容 | | | | |
| 7.1 | 安全否决 | 发生电压回路短路等危及安全操作违章行为 | 否决 | 整个操作项目得0分 | | |

**2.2.9　ZJ4ZY0205　测量实际负荷下的低压单相电能表误差**

**一、作业**

（一）工器具、材料、设备

（1）工器具：电工个人工具、湿、温度计、低压验电笔。

（2）材料：记录纸、绝缘胶布、封签。

（3）设备：单相电能表现场校验仪、低压单相电能表现场模拟装置。

（二）安全要求

（1）现场设防护围栏、警示牌，计量柜下敷设绝缘垫。

（2）考生需穿工作服、绝缘鞋，戴安全帽及手套，口述安全措施且由考评员许可后开工。

（3）操作过程中，考评员负责监护，如考生存在可能危及安全的操作，考评员有权终止考评，并取消考生本项考试资格。

（三）操作步骤及工艺要求（含注意事项）

（1）使用低压验电笔对计量柜门验电，目测检查计量装置封印、外观及接线是否正常。

（2）启封并检查单相电能表各项显示是否正常，抄录电能表止码等信息。

（3）带电测量电能表误差：

1）电能表现场校验仪开机，设定参数并检查仪器工作状态。

2）采用钳表接入的方式，将被测电能表电流引入现场校验仪。实际负荷下低压单相电能表误差。

3）测量电能表电流、电压及相位。

4）测量电能表相对误差并记录。

5）误差保留整数并判断电能表误差结果。

**二、考核**

（一）考核场地

（1）考试可室内进行，每个工位约需 1.5m×2m 场地，且需提供交流 220V 电源。

（2）低压单相电能表现场模拟装置表屏前应放置绝缘垫，本体上应悬挂"在此工作"标示牌，工作区域应使用围栏隔离，出入口悬挂"由此出入"标示牌，相邻工位应确保距离合适，不应存在影响安全的其他因素。

（二）考核时间

（1）考试总时间为 30min。

（2）许可开工后即开始计时，满 30min 终止考试。

（3）考试时间内，考生报完工后记录为考试结束时间。

（三）考核要点

1. 安全

（1）个人安全防护。

（2）安全措施执行。

2. 技能

（1）个人工器具的使用。

（2）现场检验仪器接线顺序是：

1）先开启现场检验仪电源，再依次接入电压试验线和钳形电流互感器。

2）按用户容量（或电能表额定电流）选取合适的钳形电流互感器。

3）检验仪的钳形电流互感器应夹接在被试电能表出线侧。

4）电压回路应接在被检电能表接线端钮盒相应电压端钮。

5）现场检验仪通电预热。

**3. 操作规范性**

略。

**4. 记录完整性**

应检查日历、时钟、时段设置、电池状态等显示项，应测量电压电流相位关系，画出相量图并分析接线是否正确，判断误差是否合格。

### 三、评分标准

| 行业：电力工程 | | | 工种：装表接电 | | | 等级：四 | |
|---|---|---|---|---|---|---|---|

| 编　号 | ZJ4ZY0205 | 行为领域 | e | 鉴定范围 | | | |
|---|---|---|---|---|---|---|---|
| 考核时间 | 30min | 题型 | B | 满分 | 100分 | 得分 | |
| 试题名称 | 测量实际负荷下的低压单相电能表误差 | | | | | | |
| 考核要点及其要求 | （1）电能表现场校验仪检查及参数设置。<br>（2）高压电能表实际负荷下误差测试。<br>（3）记录正确、完整 | | | | | | |
| 现场设备、工器具、材料、设备 | （1）工器具：电工个人工具、护目镜、湿温度计、低压验电笔。<br>（2）材料：记录纸、绝缘胶布、封签。<br>（3）设备：单相电能表现场校验仪、低压单相电能表现场模拟装置 | | | | | | |
| 备　注 | | | | | | | |

| 评　分　标　准 | | | | | | |
|---|---|---|---|---|---|---|
| 序号 | 考核项目名称 | 质 量 要 求 | 分值 | 扣 分 标 准 | 扣分原因 | 得分 |
| 1 | 着装 | 需正确佩戴安全帽，穿工作服、绝缘鞋，工作过程中戴手套 | 5 | （1）未穿工作服扣3分，工作服未系袖扣、敞怀各扣1分，其他每缺1项扣2分。<br>（2）工作中脱安全帽及手套各扣2分。<br>（3）未正确佩戴安全帽扣1分。<br>（4）该项分值扣完为止 | | |
| 2 | 开工许可 | （1）准备时间办理工作票。<br>（2）口述安全措施并经许可后开工 | 5 | （1）未办理工作票扣3分，未口述安全措施或安全措施不完备扣2分。<br>（2）未经许可进入工位该项不得分 | | |

| 序号 | 考核项目名称 | 质量要求 | 分值 | 扣分标准 | 扣分原因 | 得分 |
|---|---|---|---|---|---|---|
| 3 | 工器具使用 | 合理选择并正确使用工器具 | 5 | (1) 选择工具不合理每次扣1分。<br>(2) 使用工具不正确每次扣1分。<br>(3) 该项分值扣完为止 | | |
| | | 使用验电笔进行计量柜验电 | 2 | (1) 未进行验电扣2分,验电操作不正确扣1分。<br>(2) 使用验电笔验电时,应脱去手套,未脱手套扣1分。<br>(3) 该项分值扣完为止 | | |
| | | 检查计量装置封印、外观及接线是否正常 | 3 | 未检查扣3分,每处漏检扣1分 | | |
| 4 | 外观检查 | (1) 检查单相电能表各项显示,发现并记录电能表异常报警,检查电能表时钟,当时差大于5mm时视为故障。<br>(2) 通电情况下,检查电能表时段设置,应符合当前电价策略 | 10 | (1) 应检查日历、时钟、时段设置、电池状态,每处异常漏检或未记扣2分。<br>(2) 检查失压、断流记录等显示项及有无故障代码。出现失压、断流每处异常漏检或未记扣3分。<br>(3) 该项分值扣完为止 | | |
| | | 判断电能表现场校验仪有效期 | 4 | 未检查扣4分 | | |
| | | 开机检查电能表现场校验仪,并设置参数 | 6 | (1) 未检查扣3分,检查了但设置脉冲参数不正确扣2分。<br>(2) 先接线、后开机顺序错误扣3分 | | |
| 5 | 检查电能表现场校验仪 | 利用钳形表接取被试单相电能表电流:<br>(1) 要注意电流的进出方向,现场检测直接接入式电能表,钳形电流表应夹接在被试电能表出线侧。<br>(2) 电压导线在被检表表尾处接入 | 10 | 现场检验仪器接线顺序是:<br>(1) 开启现场检验仪电源,再依次接入电压试验线和钳形互感器,顺序错扣3分。<br>(2) 按用户容量(或电能表额定电流)选取合适的钳形电流互感器,极性、量程错误每项扣3分。<br>(3) 检验仪的钳形电流互感器应夹接在被试电能表出线侧,否则每项扣2分。<br>(4) 电压回路应接在被检电能表接线端钮盒相应电压端钮,否则扣2分。<br>(5) 现场检验仪通电预热,否则每项扣2分。<br>(6) 该项分值扣完为止 | | |
| | | 接取被试电能表电压及脉冲信号 | 6 | 极性接错、虚接、掉落一次各扣2分 | | |
| | | 记录相位测量结果,画出实际接线矢量图,并判断接线正确与否 | 8 | (1) 相位测量错误及矢量错误1处扣2分,未画出实际接线矢量图扣4分。<br>(2) 未判断接线及判断不正确扣4分。<br>(3) 该项分值扣完为止 | | |

| 序号 | 考核项目名称 | 质 量 要 求 | 分值 | 扣 分 标 准 | 扣分原因 | 得分 |
|---|---|---|---|---|---|---|
| 6 | 误差测试 | 现场检验条件应符合下列要求：<br>（1）电压对额定值的偏差不应超过±10％。<br>（2）频率对额定值的偏差不应超过±2％ | 8 | （1）误差测试前应记录被试电能表电流、电压、功率因数等值，满足测试条件后继续，测试前未检查、记录每项扣1分。<br>（2）选取被检表脉冲数应足够，且符合规程的要求。记录不正确，单位、符号不全、涂改每处扣1分。<br>（3）该项分值扣完为止 | | |
| | | 正确抄录电能表止码等信息 | 2 | （1）抄录止码不正确每项扣1分，漏项、涂改、错项扣1分。<br>（2）该项分值扣完为止 | | |
| | | 判断误差是否合格 | 3 | （1）误差结论以取整后为准，未判断及判断错误本项不得分。<br>（2）符号错误每处扣1分。<br>（3）该项分值扣完为止 | | |
| | | 拆除电能表现场校验仪接线，防止电压二次回路短路，防止电流二次回路开路 | 5 | （1）拆除检验仪钳形电流互感器，拆除检验仪电压接线，电能表检验仪显示值从实测值全部变为零，关闭检验仪电源，顺序错误扣3分。<br>（2）整理试验接线，未整理扣2分 | | |
| 7 | 完工检查 | 计量装置加封 | 3 | （1）漏封每处扣1分。<br>（2）该项分值扣完为止 | | |
| 8 | 安全文明生产 | 安全文明操作，不损坏工器具，不发生安全事故 | 15 | （1）损坏仪器扣10分。<br>（2）未清理现场、未报完工扣5分 | | |
| 9 | 否决项 | 否决内容 | | | | |
| 9.1 | 安全否决 | 发生电压回路短路等危及安全操作违章行为 | 否决 | 整个操作项目得0分 | | |

## 附表

### 单相电能表现场检验记录

检验日期： 年 月 日

| 准考证号 | | 考生姓名 | | 工作单位 | | 工位 | |
|---|---|---|---|---|---|---|---|
| 环境条件 | 温度/℃ | | | 湿度/% | | | |
| 标准信息 | 型号 | | 编 号 | | 准确度 | | |
| | 型号 | | 编 号 | | 准确度 | | |
| 被试表信息 | 厂家 | | 规格 | | 常数 | | |

| | | 电压 | 电流 | 总功率 | 最大需量 |
|---|---|---|---|---|---|
| | | | | | |

| | 示值组合误差 | 合格（ ）不合格（ ） | 电池欠压 | 欠压（ ）不欠压（ ） |
|---|---|---|---|---|
| 功能检查 | 日历时钟 | 正确（ ）不正确（ ） | 当前费率 | 正确（ ）不正确（ ） |
| | 失压记录 | | | 总： |

| | 功率因数 | | 相序 | | 实际接线相量图 |
|---|---|---|---|---|---|
| | 相角 | | | | |
| | | | | | |
| | | | | | |
| 接线检查 | 结论 | | | | |

| 误差测试 /% | 误差直读 | 平均误差 | 化整误差 | 结论 |
|---|---|---|---|---|
| | | | | |

| 有效加封 | 电能表小盖封编号 | 防窃电接线盒封编号 | 计量箱门封编号 |
|---|---|---|---|
| | 拆： 装： | 拆： 装： | 拆： 装： |

| 异常记录及备注 | |
|---|---|
| | |

**2.2.10　ZJ4ZY0301　编制低压三相供电的客户计量方案**

**一、作业**

（一）工器具、材料、设备

（1）工器具：函数计算器、黑色中性书写笔、2B铅笔、电工绘图模板。

（2）材料、设备：含不同客户背景（计算参数：电压、负荷大小、用电类别等）资料的编号试卷、A4答题白纸、三色彩色草稿纸等。

（二）场地要求

（1）标准培训教室。

（2）内网畅通，SG186系统能够正常登录，扩音系统、投影系统，书写白板。

（三）操作步骤及要求

（1）分析客户背景，计算电气参数，按照相关法规要求确定供电方式、计量方式。

（2）计量点信息：

1）基本信息：计量点级数、分类、性质、用途类型、计量方式、接线方式、装置分类。

2）计费信息：电量计算方式、线损计费标志、变损计算方式。

（3）电能表信息：类别、类型、相线、电压、电流、准确度、装置分类、示数类型、考核表标志。

（4）互感器信息：类别、类型、变比、相别、准确度。

（5）二次回路方案：回路类别，接线方式，导线型号、规格、长度、截面。

（6）计量箱方案：类型、表位、材料、型号、封锁。

（7）采集方案：采集方式。

**二、考核**

（一）考核场地

（1）考场可以设在培训抄表核算的地方进行。单人桌椅、分组、分区已定置就位。

（2）分区设置明显的隔离围栏。

（3）设置评判桌椅和计时器。

（二）注意事项

（1）考生进场抽签决定考位、题号。要确保考位四方位（前后左右）的试卷题号不同、稿纸颜色不同，且至少当天所有批次的考题答案没有重复。

（2）要求单人答卷。考生就位，检查答题工具（计算器、笔、绘图工具）无误。

（3）监考人员发放试卷、稿纸、答题纸，经许可后开始答题，并开始计时。

（4）在规定时间内完成答题，将正确的答案填写在答题纸上。

（5）在规定时间内答题完成的考生，必须立即将试卷、答题纸、草稿纸反扣在桌面上，将答题工具整理归位，方可离场。

（6）计时结束，不论是否完成答题，考生必须立即将试卷、答题纸、草稿纸反扣在桌面上，离开考场。

（7）考生不得携带任何计算工具、纸张、通信工具进入考场，否则按作弊处理。

（8）监考人员必须每轮次都重新清理、检查、布置考位。

（三）考核要点

1. 安全文明行为

（1）按电力营销工作现场规定着装。

（2）遵守考场规定。

2. 技能

（1）政策的正确运用。

（2）电气参数的准确计算。

（3）相关信息确认的精确、规范。

（4）记录完整。

3. 考核时间

（1）考试总时间为 15min。

（2）许可开工后即开始计时，到时终止考试。

（3）考试时间内，考生交卷离场记录为考试结束时间。

## 三、评分标准

行业：电力工程　　　　　　工种：装表接电工　　　　　　等级：四

| 编　号 | ZJ4ZY0301 | 行为领域 | | e | 鉴定范围 | |
|---|---|---|---|---|---|---|
| 考核时间 | 15min | 题型 | | A | 满分 | 100 分 | 得分 | |
| 试题名称 | 编制低压三相供电的客户计量方案 | | | | | | |
| 考核要点及其要求 | （1）根据客户背景资料编制计量方案。<br>（2）确定的信息精确规范 | | | | | | |
| 现场设备、工器具、材料 | （1）工器具：函数计算器、黑色中性书写笔、2B 铅笔、电工绘图模板。<br>（2）材料：含不同客户背景（计算参数：电压、负荷大小、用电类别等）资料的编号试卷、A4 答题白纸、三色彩色草稿纸等 | | | | | | |
| 备　注 | | | | | | | |

| | | 评　分　标　准 | | | | | |
|---|---|---|---|---|---|---|---|
| 序号 | 考核项目名称 | 质量要求 | 分值 | 扣分标准 | 扣分原因 | 得分 |
| 1 | 检查工器具、材料 | 根据工作要求检查工器具及材料等 | 5 | （1）未检查的扣 5 分。<br>（2）漏、错检查每件扣 1 分。<br>（3）该项分值扣完为止 | | |
| 2 | 着装、穿戴 | 工作服装穿戴整齐 | 5 | 不按规定穿着扣 5 分 | | |
| 3 | 政策运用 | 法规依据准确、明晰 | 10 | （1）未写明依据扣 5 分。<br>（2）未正确引用或遗漏的扣 5 分 | | |
| 4 | 电气参数计算 | 正确无误 | 10 | （1）不正确扣 10 分。<br>（2）漏项每处扣 5 分。<br>（3）该项分值扣完为止 | | |
| 5 | 计量点信息 | 术语精确规范 | 10 | （1）不正确扣 10 分。<br>（2）漏项每处扣 5 分。<br>（3）该项分值扣完为止 | | |

| 序号 | 考核项目名称 | 质 量 要 求 | 分值 | 扣 分 标 准 | 扣分原因 | 得分 |
|---|---|---|---|---|---|---|
| 6 | 电能表信息 | 术语精确规范 | 10 | （1）不正确扣 10 分。<br>（2）漏项每处扣 5 分。<br>（3）该项分值扣完为止 | | |
| 7 | 互感器信息 | 术语精确规范 | 10 | （1）不正确扣 10 分。<br>（2）漏项每处扣 5 分。<br>（3）该项分值扣完为止 | | |
| 8 | 二次回路方案 | 术语精确规范 | 10 | （1）不正确扣 10 分。<br>（2）漏项每处扣 5 分。<br>（3）该项分值扣完为止 | | |
| 9 | 计量箱方案 | 术语精确规范 | 5 | （1）不正确扣 5 分。<br>（2）漏项每处扣 2 分。<br>（3）该项分值扣完为止 | | |
| 10 | 采集方案 | 术语精确规范 | 5 | （1）不正确扣 5 分。<br>（2）漏项每处扣 2 分。<br>（3）该项分值扣完为止 | | |
| 11 | 书写 | 工整、清晰 | 5 | （1）不工整扣 3 分。<br>（2）涂改每处扣 2 分。<br>（3）该项分值扣完为止 | | |
| 12 | 清理现场 | 交卷前清理工具，答卷等，定置归位 | 5 | （1）交卷前不清理扣 5 分。<br>（2）不定置归位每件扣 3 分。<br>（3）该项分值扣完为止 | | |
| 13 | 安全文明生产 | 文明答题，禁止交谈讨论，不损坏工器具，不发生作弊等违规行为 | 10 | （1）交谈讨论每次扣 5 分。<br>（2）损坏工器具每件扣 10 分。<br>（3）该项分值扣完为止 | | |
| 14 | 否决项 | 否决内容 | | | | |
| 14.1 | 质量否决 | 有作弊行为 | 否决 | 整个操作项目得 0 分 | | |

**2.2.11 ZJ4ZY0401 单相电能表接线检查及更正**

**一、作业**

（一）工器具、材料、设备

（1）工器具：低压验电笔、"一"字改锥、"十"字改锥、斜口钳。

（2）材料：铅封、电能计量装置现场校验记录单。

（3）设备：电能表接线智能仿真装置、现场校验仪。

（二）安全要求

（1）工作服、安全帽、绝缘鞋、线手套穿戴整齐。

（2）正确填用第二种工作票，履行工作许可、工作监护、工作终结手续。

（3）检查计量柜（箱）接地良好，并对外壳验电，确认不带电。

（4）检查确认仪表功能正常，表线及工具绝缘无破损。

（5）正确选择伏安表挡位和量程，禁止带电换挡和超量程测试。

（6）查看工作点周边环境并采取相应安全防范措施，加强监护。

（三）操作步骤及工艺要求

（1）进场前检查所带仪表、工器具、材料是否齐全完好，着装是否整齐。

（2）办理工作许可手续，口头交代危险点和防范措施。

（3）检查带电设备接地是否良好，并对外壳验电。

（4）检查计量柜（箱）门锁及铅封是否完好。

（5）开启铅封和箱门，按电能表接线检查分析记录单格式抄录计量装置铭牌信息和事件记录。

（6）检查电能表等加封点的铅封是否齐全完好。

（7）开启电能表接线盒铅封及盒盖，按比较法接线。

（8）恰当选择现场校验仪挡位和量程并正确接线，分别测量电能表的运行参数。

1）测量电能表表尾对地电压 $U_{相0}$、$U_{N0}$。

2）测量电能表尾的相电压 $U$、$I$、功率因数、功率，取值保留小数点后 1 位并如实抄录在记录单上。要求每个参数至少测 2 次，取平均值记录。

3）测量时注意观察电流钳的极性标志和钳口的咬合紧密度。

（9）根据测量值判断计量装置接线是否正确。

1）根据电压测量值判断电压回路是否断路或连接点接触不良。

2）根据电流测量值判断电流互感器变比是否合理，回路接线是否正确。

3）根据相位测量值判断电能表火线接线是否正确。

（10）根据测量值绘制接线相量图。相量图绘制要求：应有电压相量和电流相量；应有电能表电压与电流间的夹角标线，应有功率因数角标线和符号。

（11）判断错误接线并改正。

（12）电能表误差测量，取值保留小数点后 1 位并如实抄录在记录单上。要求每个参数至少测 3 次，取平均值记录。

（13）清理操作现场，对计量装置实施加封。要求计量柜（箱）内及操作区无遗留的工具和杂物，计量柜（箱）的门、窗、锁等无损坏和污染，加封无遗漏。

（14）办理工作终结手续。

## 二、考核

（一）工器具、材料、设备

（1）工器具：低压验电笔、"一字"改锥、"十"字改锥、斜口钳。

（2）材料：铅封、电能计量装置现场校验记录单。

（3）设备：电能表接线智能仿真装置、现场校验仪。

（二）考核时间

参考时间为 30min，其中不包括被考评者填写工作票、选备材料及工器具时间。不得超时作业，未完成全部操作的按实际完成评分。

（三）考核要点

（1）工器具使用正确、熟练。

（2）检查程序、测试步骤完整、正确。

（3）相量图绘制正确。

（4）计量装置故障差错的分析、判断结果正确。

（5）误差测量正确。

（6）错误接线检查分析记录单填写清晰、完整、规范。

（7）错误接线更正。

（8）安全文明生产。

## 三、评分标准

| 编　号 | ZJ4ZY0401 | 行为领域 | e | 鉴定范围 | |
|---|---|---|---|---|---|
| 考核时间 | 30min | 题型 | A | 满分 100 | 得分 |
| 试题名称 | 单相电能表接线检查及更正 | | | | |
| 考核要点及其要求 | (1) 工器具使用正确、熟练。<br>(2) 检查程序、测试步骤完整、正确。<br>(3) 相量图绘制正确。<br>(4) 计量装置故障差错的分析、判断结果正确。<br>(5) 错误接线检查分析记录单填写清晰、完整、规范。<br>(6) 错误接线更正。<br>(7) 误差测量正确。<br>(8) 安全文明生产 | | | | |
| 现场设备、工器具、材料、设备 | (1) 工器具：低压验电笔、"一"字改锥、"十"字改锥、偏口钳。<br>(2) 材料：铅封、电能计量装置现场校验记录单。<br>(3) 设备：电能表接线智能仿真装置、现场校验仪 | | | | |
| 备　注 | | | | | |

评 分 标 准

| 序号 | 考核项目名称 | 质 量 要 求 | 分值 | 扣 分 标 准 | 扣分原因 | 得分 |
|---|---|---|---|---|---|---|
| 1 | 开工准备 | (1) 着装规范、整齐。<br>(2) 工器具选用正确，携带齐全。<br>(3) 办理工作票和开工许可手续 | 5 | (1) 着装不规范或不整齐，每件扣 0.5 分。<br>(2) 工器具选用不正确或携带不齐全，每件扣 0.5 分。<br>(3) 未办理工作票和开工许可手续，每样扣 2 分。<br>(4) 该项分值扣完为止 | | |
| 2 | 检查程序 | (1) 检查计量装置接地并对外壳验电。<br>(2) 检查计量柜（箱）门锁及封签，检查电能表及试验接线盒封签。<br>(3) 查看并记录电能表铭牌。<br>(4) 测量电压、电流、功率、功率因数、相位角等参数。<br>(5) 检查电能表及试验接线盒接线 | 20 | (1) 未检查计量装置接地并对外壳验电每样扣 2 分。<br>(2) 未检查计量柜（箱）门锁及铅封、电能表铅封，每处扣 1 分。<br>(3) 未查看并记录电能表铭牌，每缺 1 个参数扣 1 分。<br>(4) 未检查电能表接线每处扣 3 分。<br>(5) 该项分值扣完为止 | | |
| 3 | 记录及绘图 | (1) 正确绘制实际接线相量图。<br>(2) 记录单填写完整、正确、清晰 | 20 | (1) 相量图错误扣 15 分。<br>(2) 符号、角度错误或遗漏，每处扣 1 分。<br>(3) 记录单记录有错误、缺项和涂改，每处扣 1 分。<br>(4) 该项分值扣完为止 | | |

| 序号 | 考核项目名称 | 质量要求 | 分值 | 扣分标准 | 扣分原因 | 得分 |
|------|------------|---------|------|---------|---------|------|
| 4 | 错误接线判断 | （1）实际接线形式的判断结果正确。<br>（2）更正接线正确 | 20 | （1）实际接线形式判断全部错误扣20分。<br>（2）部分错误则每元件扣5分。<br>（3）接线更正不正确扣10分。<br>（4）该项分值扣完为止 | | |
| 5 | 更正错误接线 | 更正错误接线 | 10 | 没有更正扣10分 | | |
| 6 | 误差测量 | （1）正确输入电能表常数。<br>（2）正确测量电能表误差 | 5 | 测量次数错误扣5分 | | |
| 7 | 仪表及工器具使用 | （1）仪表接线、换挡、选量程规范正确。<br>（2）工器具选用恰当，动作规范 | 10 | （1）在仪表接线、换挡、选量程等过程中发生操作错误，每次扣1分。<br>（2）工器具使用方法不当或掉落，每次扣0.5分。<br>（3）该项分值扣完为止 | | |
| 8 | 加封，清理现场 | （1）对计量装置实施加封齐全。<br>（2）清理作业现场 | 5 | （1）错漏加封1处扣1分。<br>（2）未清理现场扣2分。<br>（3）该项分值扣完为止 | | |
| 9 | 安全文明生产 | （1）操作过程中无人身伤害、设备损坏、工器具掉落等事件。<br>（2）操作完毕清理现场及整理好工器具材料。<br>（3）办理工作终结手续 | 5 | （1）发生人身伤害或设备损坏事故本项不得分。<br>（2）工器具掉落1次扣1分，未清理现场及整理工器具材料扣2分。<br>（3）未办理工作终结手续扣2分。<br>（4）该项分值扣完为止 | | |
| 10 | 否决项 | 否决内容 | | | | |
| 10.1 | 质量否决 | 正确选择伏安表挡位和量程，禁止带电换挡和超量程测试 | 否决 | 整个操作项目得0分 | | |

**2.2.12** ZJ4ZY0402 带电更换低压三相四线电能表

**一、作业**

（一）工器具、材料、设备

（1）工器具：电工个人工具、护目镜、相位伏安表、钳形电流表、万用表、相序表、封印钳、绝缘垫。

（2）材料：黄、绿、红、黑色绝缘胶带若干，5mm×150mm 尼龙扎带若干，一次性铅封若干，干燥棉布、业务工作单。

（3）设备：计量柜 1 台，经电流互感器接入低压三相四线电能表 1 块。

（二）安全要求

（1）正确填用第二种工作票，工作服、安全帽、手套、护目镜齐全完好，符合要求，工器具绝缘良好，整齐完备。

（2）检查计量柜接地良好，对外壳无油漆处验电，确认无电，否则终止调换工作。

（3）确认计量柜带电部位，保持安全距离，严禁扩大工作范围。

（4）短接电流互感器二次回路连片、断开电压回路连片应迅速准确。

（5）加强监护，严防电流互感器二次回路开路和电压回路短路事故。

（6）登高 2m 及以上应系好安全带，保持与带电设备的安全距离，在梯子上作业应有人扶持。

（7）根据周边环境，制定现场安全防护措施。

（三）操作步骤及工艺要求

1. 准备工作

（1）查看现场，监护人向工作人交代危险点，必要时补充制定现场安全措施，工作人明确工作任务并确认以上事项，开工前在工作票上签名认可。

（2）核对并填写新、旧电能表信息。

（3）熟悉经电流互感器接入低压三相四线电能表原理接线图。

（4）按工艺要求拆换电能表，监护人监护到位，防止事故发生。

（5）清理现场，请客户签字认可，工作人在工作单上签字，确认工作完毕。

2. 操作要求

（1）经电流互感器接入低压三相四线电能表原理接线图如图 2-3 所示。

（2）打开计量柜检查电能计量装置外观状态。

（3）打开电能表接线盒和试验接线盒铅封、大盖，在试验接线盒处依次松开 U、V、W 三相电流互感器二次回路下方连片螺钉，拨动该连片短接电流互感器二次回路，接着依次松开 U、V、W 三相电压连片，观察表计显示情况，同时记录此时时间、表计计量数据（峰、平、谷时段有功和无功示数、三相电流和电压数值、功率因数、最大需量）并请客户见证，如图 2-4 所示。

（4）依次拆出电能表进线相线、出线相线、中性线的螺钉，轻轻拔出导线，松开固表螺钉取下电能表并用干燥棉布擦净收取。

（5）检查新表完好后将其垂直固定于原表位，打开电能表接线盒，对应并可靠接入中性线、出线相线、进线相线的螺钉，先压接内侧螺钉，再压接外侧螺钉，力度适中有压

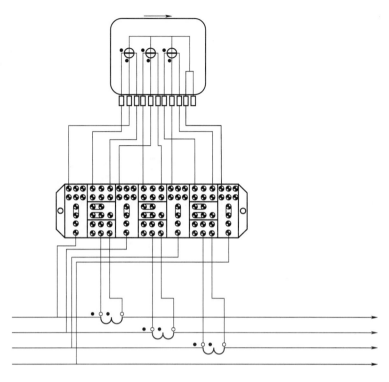

图 2-3　经电流互感器接入低压三相四线电能表原理接线图

痕，严禁压接绝缘层，如图 2-5 所示。

图 2-4　试验接线盒的
换表状态

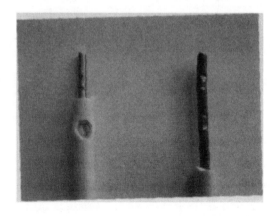

图 2-5　力度适中有压痕

（6）确认新表接线正确，二次回路导线横平竖直，中间无接头，扎带间隔合理，如图 2-6 所示。

（7）在试验接线盒处依次还原拧紧 U、V、W 三相电压连片螺钉，查看表计电压显示正常，接着依次松开 U、V、W 三相电流互感器二次短路连片螺钉，接通电流互感器二次回路，查看表计电流显示正常，严防开路。

（8）记录换表时间，抄录新表信息，计算换表期间无表计量应追补的电量并请客户签字认可。

（9）用相位伏安表检测，双方在工作单上签字确认。

（10）清理工位。

**二、考核**

作相量图分析，检查电能表运行正常，加铅封，材料摆放整齐，无不安全现象发生，做到安全文明生产。

图 2-6　扎带间隔合理

（一）工器具、材料、设备

（1）工器具：电工个人工具、护目镜、相位伏安表、钳形电流表、万用表、相序表、封印钳、绝缘垫。

（2）材料：黄、绿、红、黑色绝缘胶带若干，5mm×150mm 尼龙扎带若干，一次性铅封若干，干燥棉布、业务工作单。

（3）设备：计量柜 1 台，经电流互感器接入低压三相四线电能表 1 块。

（4）考核场地：

1）场地面积应能同时容纳多个工位（操作台），并保证工位之间的距离合适。

2）操作面积不小于 1500mm×1500mm。

3）每个工位配有桌椅、计时器。

4）计量柜能通电带负荷运行。

（二）考核时间

参考时间为 30min，从报开工起到报完工止，不包括选用工具、元器件、材料时间。

（三）考核要点

（1）履行工作手续完备。

（2）装拆顺序正确，无短路、开路事故发生。

（3）接线连接正确，符合工艺要求。

（4）通电运行后完成相量图测试分析。

（5）工作单填写正确、规范。

（6）换表期间追补电量计算正确。

（7）安全文明生产。

## 三、评分标准

| 行业：电力工程 | 工种：装表接电工 | 等级：四 |
|---|---|---|

| 编　号 | ZJ4ZY0402 | 行为领域 | e | 鉴定范围 | |
|---|---|---|---|---|---|
| 考核时间 | 30min | 题型 | A | 满分 100 | 得分 |
| 试题名称 | 带电更换低压三相四线电能表 | | | | |

| 考核要点及其要求 | (1) 给定条件：现场相关工作票和许可手续已齐备，在计量柜内带电调换经电流互感器接入的低压三相四线电能表1块。<br>(2) 电能表经检定合格，检定标记、铅封完整。<br>(3) 着装规范，劳动防护措施齐全。<br>(4) 正确选择、准备工具、仪表、材料，无遗漏。<br>(5) 开工前检查仪表、设备良好。<br>(6) 正确、安全使用工器具、仪表，执行作业流程工艺质量要求。<br>(7) 各项得分均扣完为止。 |
|---|---|
| 现场设备、工器具、材料 | (1) 设备：计量柜1台，经电流互感器接入低压三相四线电能表1块。<br>(2) 材料：尼龙扎带若干，一次性铅封若干，干燥棉布，业务工作单。<br>(3) 工器具、仪表：相位伏安表、钳形电流表、万用表、相序表、登高工具、绝缘垫（可现场选择，也可自备，但不能使用智能仪表和电动工具）。<br>(4) 考生自备工作服、安全帽、线手套、绝缘鞋、护目镜、电工个人工具 |
| 备　注 | |

| 评　分　标　准 | | | | | | |
|---|---|---|---|---|---|---|
| 序号 | 考核项目名称 | 质量要求 | 分值 | 扣分标准 | 扣分原因 | 得分 |
| 1 | 规范着装 | 安全帽应完好、经试验合格且在有效期内；安全帽佩戴应正确规范，着棉质长袖工装，系好领口和袖口，穿绝缘鞋，戴线手套及护目镜 | 4 | (1) 未按要求着装每处扣0.5分。<br>(2) 着装不规范每处扣0.5分。<br>(3) 该项分值扣完为止 | | |
| 2 | 工器具的准备、外观检查和试验 | 正确选择工器具、仪表，不漏选<br>(1) 常用工器具检查：检查其规格、外观质量及机械性能。<br>(2) 电气安全器具检查：检查低压验电笔外观质量和电气性能，并在确认有电的电源插座上试电，发光时为正常。<br>(3) 测量仪表检查：检查其外观和电气性能，并进行相关试验 | 3 | (1) 操作过程中借用工具仪表扣1分。<br>(2) 工器具未进行外观检查扣1分。<br>(3) 仪表未进行试验扣1分 | | |
| 3 | 材料选择 | 正确选择材料，不漏选，要求数量适量，规格合格且质量良好 | 2 | (1) 操作过程中借用材料扣1分。<br>(2) 未对材料进行数量及规格检查扣1分 | | |
| 4 | 检查新装电能表 | 检查电能表外观是否良好，铅封是否完整，是否经检定合格 | 3 | (1) 未检查外观扣1分。<br>(2) 未检查检定标志扣1分。<br>(3) 未检查铅封完整性扣1分 | | |
| 5 | 作业环境检查 | 确认作业现场是否需要增加隔离、登高和照明设施 | 1 | 未进行作业环境检查不得分 | | |

| 序号 | 考核项目名称 | 质 量 要 求 | 分值 | 扣 分 标 准 | 扣分原因 | 得分 |
|---|---|---|---|---|---|---|
| 6 | 接地检查和验电 | （1）目测检查计量柜的接地极、导线和表箱的连接是否良好。<br>（2）用低压验电笔在柜体无油漆处验明计量柜无电 | 2 | （1）未检查接地是否良好扣1分。<br>（2）未对计量柜进行验电或验电错误扣1分。 | | |
| 7 | 原电能表的检查 | 检查电能表外观、铅封是否完好，接线和运行是否正常 | 2 | （1）未检查电能表外观、铅封和接线扣1分。<br>（2）未检查电能表运行状态扣1分。 | | |
| 8 | 短接试验接线盒电流连片 | 将试验接线盒中接有电流互感器 $S_1$、$S_2$ 端子导线的连接片可靠短接，防止电流互感器二次开路，及时记录短接时的时间 | 8 | （1）未短接电流互感器二次端子导线连接片或操作错误即拆线换表，当即终止考评。<br>（2）短接不牢固扣2分。<br>（3）未检查智能表线路电流扣2分。<br>（4）未记时并签收扣4分 | | |
| 9 | 断开试验接线盒电压连片 | 将试验接线盒中电压端子连片断开 | 5 | （1）未断开即拆线换表当即终止考评。<br>（2）连片松脱掉落扣5分 | | |
| 10 | 拆除旧表 | 拆线时先电压线、后电流线，先出线、后进线，先相线、后零线，从左到右 | 3 | 拆线顺序不正确扣3分 | | |
| 11 | 固定新表 | 电能表应垂直、牢固地固定在表箱底板上 | 5 | （1）电能表安装不牢固扣2分。<br>（2）电能表定位螺钉不全扣1分。<br>（3）电能表安装倾斜度不超过1°，超过扣2分 | | |
| 12 | 新表接线 | （1）按中性线、相线；出线、相线进线的顺序依次连接导线。<br>（2）压接螺钉时，先固定内侧螺钉，后固定外侧螺钉 | 2 | （1）未按先出后进、先零后相、从右到左的顺序接线扣1分。<br>（2）螺钉未按顺序固定扣1分 | | |
| 13 | 接线工艺 | （1）导线接头连接牢固。<br>（2）导线接头金属部分不外露，不压绝缘 | 4 | （1）导线金属部分外露扣1分。<br>（2）压住绝缘扣1分。<br>（3）接头连接不牢固扣1分。<br>（4）因操作不当造成导线绝缘破损扣1分 | | |
| 14 | 导线连接工艺 | （1）各连接导线要做到横平竖直。<br>（2）弯角弧度合适、长线在外、短线在内，绑扎线位置合适 | 5 | （1）导线不横平竖直（明显有角度偏差5°以上）扣1分，布线绞线扣1分。<br>（2）绑扎线距转角两端超过3~5cm，每处扣2分。<br>（3）绑扎线绑扎不紧扣1分 | | |

| 序号 | 考核项目名称 | 质 量 要 求 | 分值 | 扣 分 标 准 | 扣分原因 | 得分 |
|---|---|---|---|---|---|---|
| 15 | 接线整理 | 对整个接线进行最后检查，保证接线正确，处理扎带多余长度 | 3 | 尼龙扎带尾线未修剪扣2分，剩余尾线修剪后长度超过2mm扣1分 | | |
| 16 | 恢复试验接线盒计量状态 | （1）依次将试验接线盒中断开的电压连片合上。（2）将短接各相电流互感器$S_1$、$S_2$端子导线的连接片断开。（3）观察表计显示电压、电流参数及运行状态，及时记录恢复计量的时间 | 15 | （1）共6处操作，每遗漏1项扣2分。（2）未检查电能表电压、电流等参数扣2分。（3）未计时扣1分 | | |
| 17 | 通电检查 | 使用相位伏安表检测，绘制相量图并分析，数据记录正确完整 | 10 | （1）使用相位伏安表不规范扣1分。（2）相量图不正确扣0.5分，共9项，每错1项扣0.5分。（3）三相电流、电压、相位角漏记1个扣0.5分，共9项 | | |
| 18 | 加封 | 对电能表表盖、联合接线盒、计量柜门分别进行加封 | 3 | （1）未对电能表表盖、联合接线盒、计量柜进行加封扣2分。（2）多余的铅封线头未剪除扣1分 | | |
| 19 | 工作终结 | （1）工作终结后，填写业务工作单，计算换表期间无表用电的追补电量，并请客户签收。（2）对工器具和作业现场进行整理与清理 | 10 | （1）追补电量错扣7分。（2）工器具每遗漏1件扣1分。（3）作业现场留有电线头、胶带等，每件扣2分 | | |
| 20 | 安全生产 | 操作符合规程和安全要求，无违章现象 | 10 | （1）操作中发生违规每次扣4分。（2）工具跌落扣1分。（3）损坏仪表扣2分。（4）该项分值扣完为止 | | |
| 21 | 否决项 | 否决内容 | | | | |
| 21.1 | 质量否决 | 正确选择伏安表挡位和量程，禁止带电换挡和超量程测试 | 否决 | 整个操作项目得0分 | | |

**2.2.13** ZJ4XG0101 文档的排版与打印

**一、作业**

（一）工器具、材料、设备

设备、材料：装有 Windows 操作系统和 WPS Office 或 MS Office 办公软件的计算机，打印机、打印纸。

（二）考试要求

（1）凭准考证或身份证开考前 15min 内进入考试场地。

（2）不得携带手机、U 盘等其他电子设备进入考试场地。

（3）采用无纸化考试，上机操作，在规定时间内完成指定操作。

（三）操作步骤及工艺要求

（1）打开 WPS Office 或 MS Office 程序，新建一个空白文档。

（2）按照给定的样张输入文字内容。

（3）按照排版要求进行排版。

（4）对文档按照要求进行存盘。

（5）将文档打印在 A4 纸上，交至考评员手中。

（6）离开机房。

**二、考核**

（一）考核场地

多媒体教室。

（二）考核时间

参考时间为 20min，考评员允许开工开始计时，到时即停止工作。

（三）考核要点

（1）在 Windows 7 操作系统下，能应用 WPS Office 或 MS Office 完成文档的创建。

（2）掌握办公文档的基本编辑方法、高级排版、编辑的主要技巧。

## 三、评分标准

行业：电力工程　　　　　　工种：装表接电工　　　　　　等级：四

| 编　号 | ZJ4XG0101 | 行为领域 | | f | 鉴定范围 | | |
|---|---|---|---|---|---|---|---|
| 考核时间 | 20min | 题型 | | B | 满分 | 100 分 | 得分 |
| 试题名称 | 文档的排版与打印 | | | | | | |
| 考核要点及其要求 | （1）打开 WPS Office 或 MS Office 程序，新建一个空白文档。<br>（2）按照给定的样张输入文字内容。<br>（3）按照排版要求进行排版。<br>（4）对文档按照要求进行存盘。<br>（5）将文档打印在 A4 纸上，交至考评员手中。<br>（6）离开多媒体教室 | | | | | | |
| 工器具、材料、设备、场地 | （1）装有 Windows 操作系统和 WPS Office 或 MS Office 办公软件的计算机，打印机、打印纸。<br>（2）多媒体教室 | | | | | | |
| 备　注 | | | | | | | |

### 评　分　标　准

| 序号 | 考核项目名称 | 质量要求 | 分值 | 扣分标准 | 扣分原因 | 得分 |
|---|---|---|---|---|---|---|
| 1 | 创建文档 | （1）打开 WPS Office 或 MS Office 程序，新建 1 个空白文档。<br>（2）按照给定的样张输入文字内容 | 25 | 每错 1 字扣 1 分，最多扣 25 分 | | |
| 2 | 设置页面格式 | 设置页面格式：A4 纸、纵向；上、下页边距为 3cm，左、右页边距为 2cm；页眉距边界 2.5cm，页脚距边界 2.0cm | 10 | 设置错误 1 处扣 2 分，最多扣 10 分 | | |
| 3 | 设置标题 | 标题"前言"两字中间空两格，设置为居中，宋体，二号字，加粗。在段落间设置为段前间距 1 行，段后间距为 1 行 | 10 | 1 处设置错误扣 2 分，最多扣 10 分 | | |
| 4 | 设置字体 | 将正文中的中文字体设置为华文仿宋、三号，西文字体设置为 Arial、常规、三号 | 5 | 1 处设置错误扣 1 分，最多扣 5 分 | | |
| 5 | 设置段落 | （1）两端对齐，每段首行缩进 2 字符，行间距固定值为 28 磅。<br>（2）将第二段等分为等宽的两栏，栏间距为 6 字符、两栏之间设分隔线 | 15 | （1）1 处设置错误扣 2 分。<br>（2）将其他段落进行分栏设置扣 5 分。<br>（3）该项分值扣完为止 | | |
| 6 | 插入文本框 | 在第三自然段后（最后文字处）插入文本框。文本框设为黑色实线条，粗细为 1.5 磅。文本框内容为：装表接电。文本框高度设置为绝对高度 2cm，宽度 5cm，缩放不锁定纵横比版式为四周型，右对齐 | 15 | 插入位置不对，扣 2 分，内容错误扣 3 分，边框设置错误扣 3 分，大小设置错误扣 4 分，版式设置错误扣 4 分 | | |

| 序号 | 考核项目名称 | 质 量 要 求 | 分值 | 扣 分 标 准 | 扣分原因 | 得分 |
|------|------------|-----------|------|-----------|---------|------|
| 7 | 插入页码 | 页码设在页面底端居中位置 | 5 | 设置错误扣5分 | | |
| 8 | 存盘 | 对文档进行存盘，将文件存在桌面、装表接电技能鉴定文件夹内。文件名为"考生姓名考试文档" | 10 | （1）位置存盘错误扣5分。（2）存盘的文件名称不对扣5分 | | |
| 9 | 打印 | 要求正反面打印，份数1份 | 5 | 多打份数扣5分 | | |

**样张：**

# 前　　言

为大力实施"人才强企"战略，加快培养高素质人才队伍，国家电网公司按照"集团化运作、集约化发展、精益化管理、标准化建设"的工作要求，充分发挥集团化优势，组织公司系统一大批优秀管理、技术、技能和培训教学专家，历时两年多，按照统一标准，开发了覆盖电网企业输电、变电、配电、营销、调度等34个职业种类的生产技能人员系列培训教材，形成了国内首套面向供电企业一线生产人员的模块化培训教材体系。

本套教材以《国家电网公司生产技能人员职业能力培训规范》（Q/GDW 232—2008）为依据。在编写原则上，突出以岗位能力为核心；在内容定位上，遵循"知识够用、为技能服务"的原则，突出针对性和实用性，并涵盖了电力行业最新的政策、标准、规程；在写作方式上，做到深入浅出，避免烦琐的理论推导和验证；在编写模式上，采用模块化结构，便于灵活施教。

本套教材共72个分册，本册为《装表接电》部分。

装表接电

# 第 3 篇　高　　级　　工

# 1 理论试题

## 1.1 单选题

**La3A1001** 经检定合格的电能表在库房中保存时间超过（　　）个月应重新进行检定。

(A) 3；(B) 6；(C) 9；(D) 12。

答案：**B**

**La3A1002** 哪种情况下不易现场校验电能表？（　　）

(A) 电压为 $85\%U_n$；(B) 功率因数为 0.6；(C) 负载电流为 $15\%I_n$；(D) 负载电流为 $20\%I_n$。

答案：**A**

**La3A1003** 电压互感器文字符号用（　　）标志。

(A) PT；(B) CT；(C) TV；(D) TA。

答案：**C**

**La3A1004** 电流互感器文字符号用（　　）标志。

(A) PT；(B) CT；(C) TA；(D) TV。

答案：**C**

**La3A1005** 运动导体切割磁力线，产生最大电动势时，导体与磁力线间夹角应为（　　）。

(A) 90°；(B) 60°；(C) 30°；(D) 0°。

答案：**A**

**La3A1006** 三相负载无论是"Y"连接还是"△"连接，不管对称与否，总功率为（　　）。

(A) $P=UI\cos\varPhi$；(B) $P=3UI\cos\varPhi$；(C) $P=P_a+P_b+P_c$；(D) $P=UI\cos\varPhi$。

答案：**C**

**La3A1007** 表示磁场大小和方向的量是（　　）。

(A) 磁通；(B) 磁力线；(C) 磁感应强度；(D) 电磁力。

答案：**C**

**La3A1008** 设 $U_m$ 是交流电压最大值，$I_m$ 是交流电流最大值，则视在功率 $S$ 等于（　　）。

（A）$2U_mI_m$；（B）$\sqrt{2}U_mI_m$；（C）$0.5U_mI_m$；（D）$U_mI_m$。

答案：C

**La3A1009** 有一个直流电路，电源电动势为 10V，电源内阻为 1Ω，向负载 $R$ 供电。此时，负载要从电源获得最大功率，则负载电阻 $R$ 为（　　）Ω。

（A）∞；（B）9；（C）1；（D）1.5。

答案：C

**La3A2010** 对同一电网内的同一电压等级、同一用电类别的用电户执行（　　）的电价标准。

（A）不同；（B）相近；（C）相同；（D）相似。

答案：C

**La3A2011** 经检定合格的工作计量器具需要结论时，应出具（　　）。

（A）测试报告；（B）检定结果通知书；（C）检定证书；（D）检定合格证。

答案：C

**La3A2012** 计量检定规程属于（　　）。

（A）计量技术规范；（B）计量技术法规；（C）计量技术规章；（D）计量法律。

答案：B

**La3A2013** "属于国际单位制的单位都是我国的法定单位"这句话（　　）。

（A）完全正确；（B）基本正确，但不全面；（C）基本正确，个别单位不是；（D）不正确。

答案：A

**La3A2014** 运行中的 35kV 的电压互感器二次回路，其电压降至少每（　　）年测试一次。

（A）1；（B）2；（C）3；（D）4。

答案：B

**La3A2015** 对用户属于Ⅰ类和Ⅱ类计量装置的电流互感器，其准确度等级应分别不低于（　　）。

（A）0.2S，0.2S；（B）0.2S，0.5S；（C）0.5S，0.5S；（D）0.2，0.2。

答案：A

**La3A2016**　低压电流互感器从运行的第 20 年起，每年应抽取（　　）％进行轮换和检定，统计合格率应不低于 98％。

（A）5；（B）10；（C）15；（D）20。

答案：**B**

**La3A2017**　《电能计量装置技术管理规程》（DL/T 448—2000）规定，计量故障差错率应不大于（　　）％。

（A）0.4；（B）0.6；（C）1；（D）1.5。

答案：**C**

**La3A2018**　在低压线路工程图中信号器件的文字符号用（　　）标志。

（A）K；（B）H；（C）P；（D）Q。

答案：**B**

**La3A2019**　为提高低负荷计量的准确性，应选用过载（　　）倍及以上的电能表。

（A）2；（B）4；（C）6；（D）10。

答案：**B**

**La3A2020**　三台单相电压互感器 Y 接线，接于 110kV 电网上，则选用的额定一次电压和基本二次绕组的额定电压为（　　）。

（A）一次侧为 110/3kV，二次侧为 100V；（B）一次侧为 110kV，二次侧为 100V；（C）一次侧为 100kV，二次侧为 100/3V；（D）一次侧为 110kV，二次侧为 100V。

答案：**B**

**La3A2021**　电流互感器的一次电流要满足正常运行的最大负荷电流，并使正常工作电流不低于额定电流的（　　）％。

（A）30；（B）60；（C）70；（D）100。

答案：**A**

**La3A2022**　为了防止断线，电流互感器二次回路中不允许有（　　）。

（A）接头；（B）隔离开关辅助触点；（C）开关；（D）接头、隔离开关辅助触点、开关。

答案：**D**

**La3A2023**　运行中的电流互感器开路时，最严重的会造成（　　），危及人身和设备安全。

（A）激磁电流减少，铁芯损坏；（B）一次侧产生峰值相当高的电压；（C）一次侧电流剧增，线圈损坏；（D）二次侧产生峰值相当高的电压。

答案：D

**La3A2024** LFZ-35 表示（　　）。

（A）环氧浇注线圈式 10kV 电流互感器型号；（B）单相环氧浇注式 10kV 电压互感器型号；（C）母线式 35kV 电流互感器型号；（D）单相环氧树脂浇铸式 35kV 电流互感器型号。

答案：D

**La3A2025** LQJ-10 表示（　　）。

（A）单相油浸式 35kV 电压互感器型号；（B）单相环氧浇注式 10kV 电压互感器型号；（C）环氧浇注线圈式 10kV 电流互感器型号；（D）母线式 35kV 电流互感器型号。

答案：C

**La3A2026** 把并联在回路的四个相同大小的电容器串联后接入回路，则其电容是原来并联的（　　）倍。

（A）4；（B）1/4；（C）16；（D）1/16。

答案：D

**La3A2027** 两只额定电压相同的电阻，串联在适当的电压上则额定功率大的电阻（　　）。

（A）发热量较大；（B）与功率小的发热量相同；（C）发热量较小；（D）不能确定。

答案：C

**La3A2028** 两个线圈的电感分别为 0.1H 和 0.2H，它们之间的互感是 0.2H，当将两个线圈作正向串接时，总电感等于（　　）H。

（A）0.7；（B）0.5；（C）0.1；（D）0.8。

答案：A

**La3A2029** 下列说法中，错误的是（　　）。

（A）电压串联负反馈电路能放大电压，电流并联负反馈电路能放大电流；（B）引入串联负反馈后，放大电路的输入电阻将增大；（C）引入电流负反馈后，放大电路的输出电阻将增加；（D）电流并联负反馈电路能将输入电压变换为输出电流。

答案：D

**La3A2030** 保证功放电路稳定输出的关键部分是（　　）。

（A）护保电路；（B）稳幅电路；（C）阻抗匹配电路；（D）控制电路。

答案：B

**La3A2031** 结型场效应管工作在线性区时，有放大作用。它是用栅-源间的电压控制漏极电流的。由它构成的放大电路（　　），并有一定的电压放大倍数。

（A）输入电阻很大；（B）输入电阻很小；（C）输出电阻很大；（D）输出电阻很小。

答案：**A**


**La3A2032** 表征稳压性能的主要指标是稳压值、动态电阻和温度系数，要使稳压性能好，动态电阻要小，因此限流电阻要（　　）。

（A）大一些好；（B）小一些好；（C）很小；（D）很大。

答案：**A**


**La3A2033** 下列说法中，错误的说法是（　　）。

（A）叠加法适于求节点少、支路多的电路；（B）戴维南定理适于求复杂电路中某一支路的电流；（C）支路电流法是计算电路的基础但比较麻烦；（D）网孔电流法是一种简便适用的方法，但仅适用于平面网络。

答案：**A**


**La3A2034** 下列说法中，错误的说法是（　　）。

（A）铁磁材料的磁性与温度有很大关系；（B）当温度升高时，铁磁材料磁导率上升；（C）铁磁材料的磁导率高；（D）表示物质磁化程度称为磁场强度。

答案：**B**


**La3A2035** 关于磁感应强度。下面说法中错误的是（　　）。

（A）磁感应强度 $B$ 和磁场 $H$ 有线性关系，$H$ 定了，$B$ 就定了；（B）$B$ 值的大小与磁介质性质有关；（C）$B$ 值还随 $H$ 的变化而变化；（D）磁感应强度是表征磁场的强弱和方向的量。

答案：**A**


**La3A2036** 单相桥式整流电路与半波整流电路相比，桥式整流电路的优点是：变压器无需中心抽头，变压器的利用率较高，且整流二极管的反向电压是后者的（　　），因此获得了广泛的应用。

（A）$1/2$；（B）$\sqrt{2}$；（C）$2\sqrt{2}$；（D）$\sqrt{2}/2$。

答案：**A**


**La3A2037** 关于磁场强度和磁感应强度的说法，下列说法中，错误的说法是（　　）。

（A）磁感应强度和磁场强度都是表征增长率强弱和方向的物理量，是一个矢量；（B）磁场强度与磁介质性质无关；（C）磁感应强度的单位采用特斯拉；（D）磁感应强度与磁介质性质无关。

答案：D


**La3A2038** 将电动势为 1.5V，内阻为 0.2Ω 的四个电池并联后，接入一阻值为 1.45Ω 的负载，此时负载电流为（　　）A。

(A) 2；(B) 1；(C) 0.5；(D) 3。

答案：B


**La3A2039** 关于电位、电压和电动势，正确的说法是（　　）。

(A) 电位是标量，没有方向性，但它的值可为正或负；(B) 两点之间的电位差就是电压，所以，电压也没有方向性；(C) 电压和电动势是一个概念，只是把空载时的电压称为电动势；(D) 电动势也没有方向。

答案：A


**La3A2040** 当电容器 $C_1$、$C_2$、$C_3$ 串联时，等效电容为（　　）。

(A) $C_1+C_2+C_3$；(B) $1/C_1+1/C_2+1/C_3$；(C) $1/(1/C_1+1/C_2+1/C_3)$；(D) $1/(C_1+C_2+C_3)$。

答案：C


**La3A2041** 把一只电容和一个电阻串联在 220V 交流电源上，已知电阻上的压降是 120V，所以电容器上的电压为（　　）V。

(A) 100；(B) 120；(C) 184；(D) 220。

答案：C


**La3A3042** 破坏电力、煤气或者其他易燃易爆设备，危害公共安全，尚未造成严重后果的，应处以（　　）有期徒刑。

(A) 3 年以上 5 年以下；(B) 3 年以下；(C) 5 年以下；(D) 3 年以上 10 年以下。

答案：D


**La3A3043** 使用强制检定工作计量器具的单位（　　）。

(A) 如具备自行检定条件，可开展强检工作；(B) 不能自行开展强检工作；(C) 不具备自行检定条件，也可开展强检工作；(D) 如具备自行检定条件，经计量行政部门考核、授权后，可开展强检工作。

答案：D


**La3A3044** 行业标准与国家标准的关系是：（　　）。

(A) 行业标准的技术规定不得低于国家标准；(B) 行业标准的技术规定不得高于国

家标准；（C）行业标准的技术规定个别条文可以高于或低于国家标准；（D）行业标准的技术规定可以高于或低于国家标准，关键是要经行业主管部门批准。

答案：A

La3A3045  35kV 及以下贸易结算用电能计量装置中电压互感器二次回路，（    ）。
（A）应装设熔断器；（B）可装设隔离开关辅助接点，但不应装设熔断器；（C）应装隔离开关辅助接点和熔断器；（D）应不装隔离开关辅助接点和熔断器。

答案：D

La3A3046  在简单照明工程中不经常用到的图纸有（    ）。
（A）配线原理接线图；（B）剖面图；（C）平面布线图；（D）展开图。

答案：D

La3A3047  使用（    ）电能表不仅能考核用户的平均功率因数，而且更能有效地控制用户无功补偿的合理性。
（A）三相四线无功；（B）三相三线无功；（C）双向计量无功；（D）一只带止逆器的无功。

答案：C

La3A3048  为了准确考核用电客户的功率因数，安装在客户处的电能计量装置应具有（    ）的功能。
（A）计量正向有功和无功电量；（B）计量正、反向有功和无功电量；（C）计量正向有功和正、反向无功电量；（D）计量正向有功，反向无功。

答案：C

La3A3049  10kV 电压互感器高压侧熔丝额定电流应选用（    ）A。
（A）1；（B）0.5；（C）2；（D）3。

答案：B

La3A3050  电压互感器在运行中严禁短路，否则将产生比额定容量下的工作电流大（    ）的短路电流，而烧坏互感器。
（A）几倍；（B）几十倍；（C）几百倍以上；（D）无法计算。

答案：C

La3A3051  下列说法中，正确的是（    ）。
（A）电能表采用经电压、电流互感器接入方式时，电能表电流与电压连片应连接；（B）电能表采用直接接入方式时，需要增加连接导线的数量；（C）电能表采用直接接入方式时，电流电压互感器二次应接地；（D）电能表采用经电压、电流互感器接入方式时，电流、电压互感器的二次侧必须分别接地。

答案：**D**

**La3A3052** 二次侧 100V 的单相电压互感器额定容量为 25VA，则额定阻抗为（　　）Ω。

（A）200；（B）400；（C）2500；（D）4000。

答案：**B**

**La3A3053** 电流互感器铭牌上所标的额定电压是指（　　）。

（A）一次绕组的额定电压；（B）一次绕组对二次绕组和对地的绝缘电压；（C）二次绕组的额定电压；（D）一次绕组所加电压的峰值。

答案：**B**

**La3A3054** 电流互感器的额定电流从广义上讲是指互感器所通过的（　　）。

（A）运行中不会发生热损的总电流；（B）最大电流的瞬时值；（C）线路的工作电流；（D）最大电流的有效值。

答案：**A**

**La3A3055** 电流互感器的二次电流和一次电流的关系是（　　）。

（A）随着二次电流的大小而变化；（B）随着一次电流的大小而变化；（C）保持恒定不变；（D）无关。

答案：**B**

**La3A3056** 实用中，常将电容与负载并联，而不用串联，这是因为（　　）。

（A）并联电容时，可使负载获得更大的电流，改变了负载的工作状态；（B）并联电容时，可使线路上的总电流减少，而负载所取用的电流基本不变，工作状态不变，使发电机的容量得到了充分利用；（C）并联电容后，负载感抗和电容容抗限流作用相互抵消，使整个线路电流增加，使发电机容量得到充分利用；（D）并联电容，可维持负载两端电压，提高设备稳定性。

答案：**B**

**La3A3057** 产生串联谐振的条件是（　　）。

（A）$X_L > X_C$；（B）$X_L < X_C$；（C）$X_L = X_C$；（D）$X_L + X_C = R$。

答案：**C**

**La3A4058** 低压三相三线供电用户使用 220V 电器设备应视为（　　）。

（A）违章；（B）窃电；（C）用电不规范；（D）正常用电。

答案：**B**

**La3A4059** 按 DL/T 448—2000 规程规定，第Ⅰ类客户计量装置的有功、无功电能表与测量用电压、电流互感器的准确等级分别应为（　　）。

（A）0.2，2.0，0.2，0.2；（B）0.2S 或 0.5S，2.0，0.2，0.2S；（C）0.5S，2.0，0.2，0.5S；（D）0.5，2.0，0.2，0.5。

答案：**B**

**La3A4060** 硬母线水平排列的允许载流量比竖直排列时要（　　）。

（A）一样；（B）大；（C）小；（D）略大。

答案：**C**

**La3A4061** 一只进口表的常数是 $C=720\mathrm{Ws/r}$，它相当于（　　）$\mathrm{r/(kW \cdot h)}$。

（A）2000；（B）7200；（C）5000；（D）2950。

答案：**C**

**La3A4062** 发现电流互感器有异常音响，二次回路有放电声、且电流表指示较低或到零，可判断为（　　）。

（A）二次回路断线；（B）电流互感器绝缘损坏；（C）二次回路短路；（D）电流互感器内部故障。

答案：**A**

**La3A4063** 某单位欲将功率因数值由 $\cos\varphi_1$ 提高至 $\cos\varphi_2$，则所需装设的补偿电容器应按（　　）式选择。

（A）$Q_c=P(\cos\varphi_1-\cos\varphi_2)$；　（B）$Q_c=P(\tan\varphi_1-\tan\varphi_2)$；　（C）$Q_c=P(\cos\varphi_2-\cos\varphi_1)$；（D）$Q_c=P(\tan\varphi_2-\tan\varphi_1)$。

答案：**B**

**La3A4064** 在任意三相电路中，（　　）。

（A）三个相电压的相量和必为零；（B）三个线电压的相量和必为零；（C）三个线电流的相量和必为零；（D）三个相电流的相量和必为零。

答案：**B**

**La3A4065** 一变压器铁芯的截面积是 $2.5\mathrm{cm^2}$，绕组匝数为 3000 匝，额定电压是 220V，额定频率是 50Hz，所以，在铁芯中的磁感应强度最大值是（　　）。

（A）1.32T；（B）13200T；（C）0.32T；（D）0.3T。

答案：**A**

**La3A4066** 三极管的作用是（　　）载流子。

（A）发射；（B）收集；（C）控制；（D）输送和控制。

答案：**D**

**La3A5067** 国标规定：分时电能表日计时误差应小于（    ）s。

（A）1；（B）0.3；（C）0.5；（D）2。

答案：**C**


**La3A5068** 三相电压互感器 Y/Y－6 接法一次、二次相角差为（    ）。

（A）0°；（B）90°；（C）120°；（D）180°。

答案：**D**


**La3A5069** 电流互感器二次阻抗折合到一次侧后，应乘（    ）倍（电流互感器的变比为 $K$）。

（A）$K^2$；（B）$1/K^2$；（C）$K$；（D）$1/K$。

答案：**B**


**La3A5070** 电流互感器一次安匝数（    ）二次安匝数。

（A）大于；（B）约等于；（C）小于；（D）等于。

答案：**B**


**La3A5071** 在电容器串联电路中，已知 $C_1 > C_2 > C_3$，则各电容器两端的电压：（    ）。

（A）$U_1 > U_2 > U_3$；（B）$U_1 = U_2 = U_3$；（C）$Q_1 < Q_2 < Q_3$；（D）$U_1 < U_2 < U_3$。

答案：**D**


**La3A5072** 在放大器中引入了负反馈后，使（    ）下降，但能够提高放大器的稳定性，减少失真，加宽频带，改变输入、输出阻抗。

（A）放大倍数；（B）负载能力；（C）输入信号；（D）输出阻抗。

答案：**A**


**Jb3A1073** 在低压计量中，低压供电方式为单相二线者，应安装（    ）。

（A）三相四线有功电能表；（B）单相有功电能表；（C）三相三线无功电能表；（D）三相三线有功电能表。

答案：**B**


**Jb3A1074** 三相导线排列的次序：面向负荷侧从左至右，低压配电线路为（    ）。

（A）ANBC；（B）ABNC；（C）ABCN；（D）NABC。

答案：**A**


**Jb3A1075** 电锤电源线和外壳接地线应用（    ），外壳应可靠接地。

（A）塑料护套软线；（B）橡套软线；（C）玻璃丝编织塑料绝缘软线；（D）双股护套硬线。

答案：**B**

**Jb3A2076** 带电换表时，若接有电压、电流互感器，则应分别（　　）。

（A）短路、开路；（B）开路、短路；（C）均开路；（D）均短路。

答案：**B**


**Jb3A2077** 检定有功电能表时，使用的电能表检定装置的等级与被检电能表的等级相比，一般（　　）。

（A）高一个等级；（B）高两个等级；（C）高三个等级；（D）相等。

答案：**B**


**Jb3A4078** 检定时，判断电能表的相对误差是否超过允许值，一律以（　　）的结果为准。

（A）调前误差；（B）调后误差；（C）平均误差；（D）化整后。

答案：**D**


**Jb3A5079** 检定电能表时，其实际误差应控制在规程规定基本误差限的（　　）%以内。

（A）50；（B）60；（C）70；（D）80。

答案：**C**


**Jb3A5080** 判断电能表是否超差应以（　　）的数据为准。

（A）原始；（B）多次平均；（C）修约后；（D）第一次。

答案：**C**


**Lb3A1081** 1kW·h 电能可供"220V 40W"灯泡正常发光时间是（　　）h。

（A）100；（B）200；（C）95；（D）25。

答案：**D**


**Lb3A1082** 测量用电压互感器的准确度等级从 1.0 级到 0.05 级共分为（　　）个等级。

（A）9；（B）7；（C）5；（D）3。

答案：**C**


**Lb3A1083** 标准电能表的预热时间一般为（　　）。

（A）按其技术要求确定；（B）电压线路 1h、电流线路 30min；（C）电压、电流线路各 1h；（D）电压线路 1h，电流线路 15min。

答案：**A**


**Lb3A1084** 互感器校验仪的检定周期一般不超过（　　）。

（A）半年；（B）1 年；（C）2 年；（D）3 年。

答案：**B**

**Lb3A1085** 用户对供电质量有特殊要求的，供电企业应当根据其必要性和电网的可能提供相应的（　　）。

（A）电能；（B）电量；（C）电压；（D）电力。

答案：**D**

**Lb3A1086** 中断供电将造成人身死亡，产品大量报废，主要设备损坏以及企业的生产不能很快恢复，中断供电将造成重大（　　）影响的用电负荷属一类负荷。

（A）市场；（B）社会；（C）质量；（D）政治。

答案：**D**

**Lb3A1087** 在电能表经常运行的负荷点，Ⅰ类装置允许误差应不超过（　　）%。

（A）±0.25；（B）±0.4；（C）±0.5；（D）±0.75。

答案：**D**

**Lb3A1088** 电源频率增加 1 倍，变压器绕组的感应电动势（　　）（电源电压不变）。

（A）增加 1 倍；（B）不变；（C）是原来的 1/2；（D）略有增加。

答案：**A**

**Lb3A1089** 有一台 800kVA 的配电变压器一般应配备（　　）保护。

（A）差动、过流；（B）过负荷；（C）差动、气体、过流；（D）气体、过流。

答案：**D**

**Lb3A1090** 六氟化硫电器中六氟化硫气体的纯度不小于（　　）%。

（A）95；（B）98；（C）99.5；（D）99.8。

答案：**D**

**Lb3A1091** 一台 50Hz、4 极的异步电动机，满载时转差率为 5%，电动机的转速是（　　）/min。

（A）1425；（B）1500；（C）1250；（D）1000。

答案：**A**

**Lb3A1092** 一只 10kV 电流互感器变比为 50/5，准确度等级为 0.2 级，该互感器在额定电流的 20%时测出的电流误差不应超过（　　）%。

（A）0.8；（B）0.75；（C）0.5；（D）0.35。

答案：**D**

**Lb3A1093** 要使变压器容量在三相不平衡负荷下充分利用，并有利于抑制三次谐波电流时，宜选用绕组接线为（　　）的变压器。

（A）Yyn0；（B）Dyn11；（C）Yd11；（D）YNd11。

答案：B

**Lb3A1094** 三相桥式整流器的交流电源一相故障时，将会造成直流母线电压（　　）。

（A）降低70%左右；（B）降到零；（C）降低50%左右；（D）降低20%左右。

答案：D

**Lb3A2095** 低压三相四线制线路中，在三相负荷对称情况下，A、C相电压接线互换，则电能表（　　）。

（A）烧表；（B）反转；（C）正常；（D）停转。

答案：D

**Lb3A2096** 用钳形电流表测量电流互感器V/V接线时，$I_a$ 和 $I_c$ 电流值相近，而 $I_a$ 和 $I_c$ 两相电流合并后测试值为单独测试时电流的1.732倍，则说明（　　）。

（A）有两相电流互感器的极性接反；（B）有一相电流互感器的极性接反；（C）有一相电流互感器断线；（D）有两相电流互感器断线。

答案：B

**Lb3A2097** 塑壳式自动空气断路器，可以用于保护（　　）的用电设备。

（A）容量大；（B）总开关；（C）容量大的分路开关；（D）容量不大。

答案：D

**Lb3A2098** 自动空气断路器用于照明电路时，电磁脱扣器的瞬时电流整定值一般取负载电流的（　　）倍。

（A）4；（B）5；（C）6；（D）8。

答案：C

**Lb3A2099** 对改善功率因数没有效果的是（　　）。

（A）合理选择电力变压器容量；（B）合理选择电机等设备容量；（C）合理选择测量仪表准确度；（D）合理选择功率因数补偿装置容量。

答案：C

**Lb3A2100** 用户的功率因数低，将不会导致（　　）。

（A）用户电压降低；（B）用户有功负荷提升；（C）设备容量需求增大；（D）线路损耗增大。

答案：B

**Lb3A2101** 在同一线路输送有功电能不变，功率因数越高，（　　）。

(A) 线路压降越小；(B) 线路损耗越大；(C) 电流越大；(D) 线路压降越大。

答案：A


**Lb3A2102** 在中性点不接地或经高阻抗接地的低压电网中，当发生单相金属性接地时，中性点对地电压为（　　）。

(A) 0；(B) 线电压；(C) 相电压；(D) 大于0小于相电压。

答案：C


**Lb3A2103** 在年平均雷电日大于（　　）天的地区，配电变压器低压侧每相宜装设低压避雷器。

(A) 20；(B) 30；(C) 40；(D) 50。

答案：B


**Lb3A2104** 当停电检修线路与另一10kV及以下高压线路交叉且间距小于（　　）m，另一回路也应停电并挂接地线。

(A) 0.8；(B) 1.0；(C) 1.5；(D) 2.0。

答案：B


**Lb3A2105** 低压用户接户线的线间距离一般不应小于（　　）mm。

(A) 100；(B) 200；(C) 300；(D) 400。

答案：B


**Lb3A2106** 接户线与通信、广播线交叉时，接户线在上时其最小距离为（　　）m。

(A) 0.4；(B) 0.6；(C) 1.2；(D) 2.0。

答案：B


**Lb3A2107** 接户线跨越通车困难的街道时，其对地最小距离为（　　）m。

(A) 3.5；(B) 5.0；(C) 6.0；(D) 6.5。

答案：A


**Lb3A2108** 接户线跨越阳台、平台时，其最小距离为（　　）m。

(A) 1.5；(B) 2.5；(C) 3.5；(D) 4.5。

答案：B


**Lb3A2109** 两路电源引入的接户线（　　）。

(A) 可以同杆架设；(B) 应平行；(C) 不宜同杆架设；(D) 未作要求。

答案：C

**Lb3A2110** 一般对于周期检定的电子式标准电能表，可通过测试绝缘电阻来确定电表绝缘性能，测量输入端子和辅助电源端子对外壳，输入端子对辅助电源端子之间的绝缘电阻应不低于（    ）MΩ。

（A）2.5；（B）500；（C）100；（D）1000。

答案：**C**

**Lb3A2111** 当三相三线有功电能表，二元件的接线分别为 $I_aU_{cb}$ 和 $I_cU_{ab}$，负载为感性，转盘（    ）。

（A）正转；（B）反转；（C）不转；（D）转向不定。

答案：**C**

**Lb3A2112** 当电压互感器一次、二次绕组匝数增大时，其误差的变化是（    ）。

（A）增大；（B）减小；（C）不变；（D）不定。

答案：**A**

**Lb3A2113** 用电负荷是指用户电气设备所需用的（    ）。

（A）电流；（B）电功率；（C）现在功率；（D）电能。

答案：**B**

**Lb3A2114** 直接影响电容器自愈性能的是（    ）。

（A）金属化膜的质量；（B）金属化膜的材料；（C）金属化膜的厚薄；（D）金属化膜的均匀程度。

答案：**C**

**Lb3A2115** 6～10kV 导线最大计算弧垂与建筑物垂直部分的最小距离是（    ）m。

（A）5.0；（B）3.0；（C）4.0；（D）3.5。

答案：**B**

**Lb3A2116** 额定电压为 10kV 的断路器用于 6kV 电压上，其遮断容量（    ）。

（A）不变；（B）增大；（C）减小；（D）波动。

答案：**C**

**Lb3A2117** 变压器高压侧为单电源，低压侧无电源的降压变压器，不宜装设专门的（    ）。

（A）气体保护；（B）差动保护；（C）零序保护；（D）过负荷保护。

答案：**C**

**Lb3A3118** 10kV 配电线路允许的电压损失值为（    ）%。

(A) 5；(B) 6；(C) 7；(D) 10。

答案：A


**Lb3A3119** 10kV 架空线路的对地距离按规定，城市和居民区为（　　）m。

(A) 4.0；(B) 4.5；(C) 5；(D) 6.5。

答案：D


**Lb3A3120** 直接接入式电能表的标定电流应按正常运行负荷电流的（　　）％左右选择。

(A) 20；(B) 30；(C) 60；(D) 100。

答案：B


**Lb3A3121** 带互感器的单相机电式电能表，如果电流进出线接反，则（　　）。

(A) 停转；(B) 正常；(C) 反转；(D) 烧表。

答案：C


**Lb3A3122** 现场测得三相三线电能表第一元件接 $I_a$、$U_{cb}$，第二元件接 $I_c$、$U_{ab}$，则更正系数为（　　）。

(A) 无法确定；(B) 1；(C) 2；(D) 0。

答案：A


**Lb3A3123** 当两只单相电压互感器按 V/V 接线，二次侧空载时，二次线电压 $V_{ab}=$ 0V，$V_{bc}=100V$，$V_{ca}=100V$，那么（　　）。

(A) 电压互感器二次回路 B 相断线；(B) 电压互感器一次回路 A 相断线；(C) 电压互感器一次回路 C 相断线；(D) 无法确定。

答案：B


**Lb3A3124** 电压互感器 Y/y 接线，一次侧 U 相断线，二次侧空载时，则（　　）。

(A) $U_{uv}=U_{vw}=U_{wu}=100V$；(B) $U_{uv}=U_{vw}=U_{wu}=57.7V$；(C) $U_{uv}=U_{wu}=50V$，$U_{WU}=100V$；(D) $U_{uv}=U_{wu}=57.7V$，$U_{vw}=100V$。

答案：D


**Lb3A3125** 两只单相电压互感器 V/V 接线，测得 $U_{uv}=U_{vw}=50V$，$U_{uw}=100V$，则可能是（　　）。

(A) 一次侧 U 相熔丝烧断；(B) 二次侧 U 相熔丝烧断；(C) 一次侧 V 相熔丝烧断；(D) 一只互感器极性接反。

答案：C

**Lb3A3126** 快速型自动空气断路器的分断时间是（    ）ms。

(A) 5～10；(B) 10～15；(C) 8～20；(D) 10～20。

答案：**D**

**Lb3A3127** 熔断器的断流能力，比自动断路器（    ）。

(A) 小；(B) 大；(C) 一样；(D) 略大。

答案：**A**

**Lb3A3128** 熔断器式刀开关，适用于负荷电流小于（    ）A 的配电网络。

(A) 400；(B) 600；(C) 800；(D) 1000。

答案：**B**

**Lb3A3129** 配电网中的不明电量损耗是指（    ）电量。

(A) 技术线损；(B) 理论线损；(C) 统计线损；(D) 管理线损。

答案：**D**

**Lb3A3130** 变压器的铁损与（    ）相关。

(A) 负载电流；(B) 负载电流的平方；(C) 变压器的额定电压；(D) 负载电压的平方。

答案：**C**

**Lb3A3131** 中性点直接接地的电网的可靠性，一般比中性点不接地电网（    ）。

(A) 低；(B) 高；(C) 一样；(D) 说不定。

答案：**A**

**Lb3A3132** 锥形钢筋混凝土电杆的重心，在根径以上（    ）倍杆长的地方。

(A) 0.30；(B) 0.35；(C) 0.44；(D) 0.55。

答案：**C**

**Lb3A3133** 低压线路的"U"形抱箍一般用截面为（    ）$mm^2$ 的圆钢制作。

(A) 10；(B) 14；(C) 16；(D) 20。

答案：**C**

**Lb3A3134** 支路熔断器的熔体熔断电流，与干路的熔断电流应相差（    ）级。

(A) 1；(B) 1～2；(C) 2～3；(D) 3～4。

答案：**B**

**Lb3A3135** 低压线路与 6～10kV 高压线路同杆架设时，直线横担之间的垂直距离不应小于（　　）m。

（A）1.0；（B）1.2；（C）1.5；（D）2.5。

答案：**B**


**Lb3A3136**　低压用户接户线自电网电杆至用户第一个支持物最大允许挡距为（　　）m。

（A）15；（B）25；（C）35；（D）45。

答案：**B**


**Lb3A3137**　配电线路导线接头距导线的固定点，不应小于（　　）m。

（A）0.3；（B）0.5；（C）0.8；（D）1.0。

答案：**B**


**Lb3A3138**　在载流量不变，损耗不增加的前提下，用铝芯电缆替换铜芯电缆，则截面应为铜芯的（　　）倍。

（A）1.0；（B）1.5；（C）1.65；（D）2.0。

答案：**C**


**Lb3A3139**　按照机械强度的要求，室内布线铝芯塑料护套线截面不应小于（　　）$mm^2$。

（A）1.5；（B）2.5；（C）4.0；（D）6.0。

答案：**A**


**Lb3A3140**　一台三相电动机额定容量为10kW，额定效率85％，功率因数为0.8，额定电压为380V，则其计算电流为（　　）A。

（A）19；（B）16；（C）23；（D）26。

答案：**C**


**Lb3A3141**　一台单相380V电焊机额定容量为10kW，功率因数为0.35，额定电压380V。求得其计算电流为（　　）A。

（A）56；（B）75；（C）125；（D）155。

答案：**B**


**Lb3A3142**　电力系统的供电负荷，是指（　　）。

（A）综合用电负荷加各发电厂的厂用电；（B）各工业部门消耗的功率与农业交通运输和市政生活消耗的功率和；（C）综合用电负荷加网络中损耗和厂用电之和；（D）综合用电负荷加网络中损耗的功率之和。

答案：**D**

**Lb3A3143** 在额定频率、额定功率因数及二次负荷为额定值的（　　）之间的任一数值内，测量用电压互感器的误差不得超过规程规定的误差限值。

(A) 20%～100%；(B) 25%～100%；(C) 20%～120%；(D) 25%～120%。

答案：**B**

**Lb3A3144** 电子式标准电能表在 24h 内的基本误差改变量的绝对值不得超过该表基本误差限绝对值的（　　）。

(A) 1/2；(B) 1/3；(C) 1/5；(D) 1/10。

答案：**C**

**Lb3A3145** 假定电气设备的绕组绝缘等级是 A 级，那么它的耐热温度是（　　）℃。

(A) 120；(B) 110；(C) 105；(D) 100。

答案：**C**

**Lb3A3146** 接地线沿建筑物墙壁水平敷设时，离地面距离（　　）mm 为宜。

(A) 100～150；(B) 150～200；(C) 200～250；(D) 250～300。

答案：**D**

**Lb3A3147** 大工业用户暂停部分用电容量后，其未停止运行的设备容量应按（　　）电价计费。

(A) 普通工业；(B) 大工业；(C) 非工业；(D) 单一制。

答案：**B**

**Lb3A3148** 在计算转供户用电量、最大需量及功率因数调整电费时，应扣除被转供户公用线路与变压器消耗的有功、无功电量。最大需量折算：二班制用电量（　　）(kW·h)/月折合为 1kW。

(A) 150；(B) 180；(C) 360；(D) 540。

答案：**C**

**Lb3A3149** 一台容量为 1000kVA 的变压器，24h 的有功用电量为 15360kW·h，功率因数为 0.85，该变压器 24h 的利用率为（　　）%。

(A) 54；(B) 64；(C) 75.3；(D) 75。

答案：**C**

**Lb3A4150** 电压互感器 Y/Y 接线，线电压为 100V，若 W 相极性接反，则 $U_{uv} =$（　　）V。

(A) 33.3；(B) 50；(C) 100；(D) 57.7。

答案：**C**

**Lb3A4151** 电压互感器 V/V 接线，线电压 100V，当 U 相极性接反时，则（　　）。

(A) $U_{uv}=U_{vw}=U_{wu}=100V$；(B) $U_{uv}=U_{vw}=100V$，$U_{wu}=173V$；(C) $U_{uv}=U_{wu}=100V$，$U_{vw}=173V$；(D) $U_{uv}=U_{vw}=U_{wu}=173V$。

答案：B

**Lb3A4152** 电压互感器 V/V 接线，当 U 相一次断线，若 $U_{vw}=100V$，在二次侧空载时，$U_{uv}=$（　　）V。

(A) 0；(B) 50；(C) 57.7；(D) 100。

答案：A

**Lb3A4153** 刀开关中增加一片速断辅助刀片的作用是（　　）。

(A) 冷却灭弧；(B) 吹弧灭弧；(C) 速拉灭弧；(D) 防止触头炭化。

答案：C

**Lb3A4154** 放线滑轮直径不应小于导线直径的（　　）倍。

(A) 8；(B) 10；(C) 15；(D) 20。

答案：B

**Lb3A4155** 钢芯铝绞线导线损伤导致强度损失不超过总拉断力的 5%，且铝股损伤截面又超过导电部分总截面的（　　）%时，必须锯断重接。

(A) 15；(B) 25；(C) 35；(D) 40。

答案：B

**Lb3A4156** 导线在绝缘子上固定的铝质绑线直径应为（　　）mm。

(A) 1.0~1.5；(B) 2.0~2.5；(C) 2.6~3；(D) 4。

答案：C

**Lb3A4157** 低压架空线与引线之间的净空距离不应小于（　　）cm。

(A) 5；(B) 10；(C) 15；(D) 20。

答案：C

**Lb3A4158** 反复短时工作电动机设备计算容量应换算至暂载率为（　　）%时的额定功率。

(A) 25；(B) 50；(C) 75；(D) 100。

答案：A

**Lb3A4159** 某 10kV 线路，已知导线电阻为 5Ω，导线电抗为 3.5Ω，有功功率为 400kW，功率因素为 0.8，则电压损失为（　　）V。

（A）100；（B）305；（C）1000；（D）3050。

答案：B

**Lb3A4160** 采用 Yd11 接线的标准电压互感器，使标准有功电能表与 60°无功电能表具有相同接线附加误差，其接线系数为（　　）。

（A）1；（B）$\sqrt{3}$；（C）$1/\sqrt{3}$；（D）1/2。

答案：A

**Lb3A4161** 数字移相实质上就是（　　）。

（A）控制两相正弦波合成时清零脉冲输出的间隔；（B）控制两相正弦波合成的时间；（C）控制两相正弦波合成的频率；（D）控制两相正弦波的转换周期。

答案：A

**Lb3A4162** 元件转矩平衡是保证感应式三相三线电能表在正、逆相序接线时，误差相同的（　　）。

（A）必要条件；（B）充分条件；（C）充分必要条件；（D）充分非必要条件。

答案：A

**Lb3A4163** 额定电压为100V的电能表的所有端钮应是独立的，端钮间的电位差如超过（　　）V时，应用绝缘间壁隔开。

（A）100；（B）86.6；（C）50；（D）70.7。

答案：C

**Lb3A4164** 电力负荷控制装置一般都具有（　　）功能。

（A）遥测；（B）遥信、遥测；（C）遥控、遥信；（D）遥控、遥信、遥测。

答案：D

**Lb3A5165** 某 10kV 用户有功负荷为 250kW，功率因数为 0.8，则应选择变比分别为（　　）的电流互感器和电压互感器。

（A）50/5、10000/100；（B）30/5、10000/100；（C）75/5、10000/100；（D）100/5、10000/100。

答案：B

**Lb3A5166** 电压互感器 Y/y 接线，$U_u = U_v = U_w = 57.7V$，若 V 相极性接反，（　　）。

（A）$U_{uv} = U_{vw} = U_{wu} = 100V$；（B）$U_{uv} = U_{vw} = U_{wu} = 173V$；（C）$U_{uv} = U_{vw} = U_{wu} = 57.7V$；（D）$U_{uv} = U_{vw} = 57.7V$，$U_{wu} = 100V$。

答案：D

**Lb3A5167** 电压互感器 V/V 接线，当 V 相一次断线，若 $U_{uw} = 100V$，在二次侧空载时，$U_{uv} = (\quad)$ V。

(A) 33.3；(B) 57.7；(C) 50；(D) 100。

答案：**C**


**Lb3A5168** 电压互感器 Yy0 接线，$U_u = U_v = U_w = 57.7V$，若 U 相极性接反，则 $U_{uv} = (\quad)$ V。

(A) 33.3；(B) 50；(C) 57.7；(D) 100。

答案：**C**


**Lb3A5169** 电容器在额定电流下运行，其峰值电流为额定电流的 (\quad) 倍。

(A) 1.3；(B) 1.4；(C) 1.5；(D) 1.6。

答案：**B**


**Lb3A5170** 变压器的铜损与 (\quad) 成正比。

(A) 负载电流；(B) 负载电压；(C) 负载电流的平方；(D) 负载电压的平方。

答案：**C**


**Lb3A5171** 管型避雷器是在大气过电压时，用以保护 (\quad) 的绝缘薄弱环节。

(A) 电缆线路；(B) 变压器；(C) 架空线路；(D) 动力设备。

答案：**C**


**Lb3A5172** 橡皮绝缘，聚氯乙烯绝缘低压电缆导线芯，长期允许工作的温度不应超过 (\quad) ℃。

(A) 55；(B) 65；(C) 75；(D) 85。

答案：**B**


**Lb3A5173** 照明用户的平均负荷难以确定时，可按式 (\quad) 确定电能表误差。

(A) 误差＝$I_b$ 时的误差；(B) 误差＝($I_{max}$ 时误差＋$I_b$ 时的误差＋0.1$I_b$ 时的误差)/3；(C) 误差＝($I_{max}$ 时误差＋3$I_b$ 时的误差＋0.1$I_b$ 时的误差)/5；(D) 误差＝($I_{max}$ 时误差＋3$I_b$ 时的误差＋0.2$I_b$ 时的误差)/5。

答案：**D**


**Lb3A5174** 用互感器校验仪测定电压互感器二次回路压降引起的比差和角差时，采用户外（电压互感器侧）的测量方式 (\quad)。

(A) 使标准互感器导致较大的附加误差；(B) 所用的导线长一些；(C) 保证了隔离用标准电压互感器不引入大的附加误差；(D) 接线简单。

答案：**C**

**Lb3A5175** 电焊机的设备容量是指换算至暂载率为（　　）％时的额定功率。

（A）25；（B）50；（C）75；（D）100。

答案：**D**

**Lb3A5176** 一只 220V 60W 的灯泡，把它改接到 110V 的电源上，消耗功率为（　　）W。

（A）5；（B）10；（C）15；（D）20。

答案：**C**

**Lb3A5177** 额定最大电流为 20A 的电能表的电流线路端钮孔径应不小于（　　）mm。

（A）4.5；（B）3；（C）4；（D）5。

答案：**A**

**Lb3A5178** 在集中负荷控制装置中，执行控制命令的组件是（　　）。

（A）中央控制器；（B）信号编码器；（C）接收终端；（D）信号发射装置。

答案：**B**

**Lb3A5179** 用电检查人员在执行用电检查任务时，应遵守用户的保卫保密规定，不得在检查现场（　　）用户进行电工作业。

（A）命令；（B）指挥；（C）替代；（D）要求。

答案：**C**

**Lb3A5180** 10kV 电压互感器二次绕组三角处并接一个电阻的作用是（　　）。

（A）限制谐振过电压；（B）防止断开熔断器、烧坏电压互感器；（C）限制谐振过电压，防止断开熔断器、烧坏电压互感器；（D）平衡电压互感器二次负载。

答案：**C**

**Lb3A5181** 变压器二次侧突然短路，会产生一个很大的短路电流通过变压器的高压侧和低压侧，使高、低压绕组受到很大的（　　）。

（A）径向力；（B）电磁力；（C）电磁力和轴向力；（D）径向力和轴向力。

答案：**D**

**Lc3A1182** 配电变压器的大修又称（　　）。

（A）故障性检修；（B）不吊心检修；（C）吊心检修；（D）突击检修。

答案：**C**

**Lc3A2183** 电力系统的频率标准规定，不足 300 万 kW 容量的系统频率允许偏差是（　　）。

（A）不得超过±0.2Hz；（B）不得超过±0.3Hz；（C）不得超过±0.5Hz；（D）不得超过±0.4Hz。

答案：C

**Lc3A2184** 电力系统的频率标准规定，300万kW及以上容量的系统频率允许偏差是（　　）。

（A）不得超过±0.3Hz；（B）不得超过±0.2Hz；（C）不得超过±0.5Hz；（D）不得超过±0.4Hz。

答案：B

**Lc3A2185** 企业标准包括技术标准和（　　）两个方面的内容。

（A）产品标准；（B）管理标准；（C）工艺标准；（D）服务标准。

答案：B

**Lc3A3186** 长途电力输送线，有时采用钢芯铝线，而不采用全铝线的原因，下列说法中正确的是（　　）。

（A）加强机械强度；（B）避免集肤效应；（C）铝的电阻率比铜大；（D）降低导线截面。

答案：A

**Lc3A4187** 是否采用高压供电是根据供、用电的安全，用户的用电性质、用电量以及当地电网的（　　）确定的。

（A）供电量；（B）供电线路；（C）供电条件；（D）供电电压。

答案：C

**Lc3A4188** 电力系统高峰、低谷的负荷悬殊性是人们生产与生活用电（　　）所决定的。

（A）时间；（B）范围；（C）规律；（D）制度。

答案：C

**Lc3A4189** 计量方式是业扩工作确定供电（　　）的一个重要环节。

（A）方式；（B）方案；（C）方法；（D）方针。

答案：B

**Jd3A1190** 在活络扳手的使用中说法错误的是（　　）。

（A）选择大扳手扳大螺母；（B）扳动大螺母时应握在扳手柄尾部；（C）不可以当撬棒；（D）活络扳手可以反过来使用。

答案：D

**Jd3A1191** 使用手锤时错误的说法是（　　　）。

（A）保持锤柄干净无油污；（B）使用前应检查锤柄是否紧固；（C）要戴工作手套；（D）锤柄用整根硬木制成。

**答案：C**

**Jd3A3192** 二次回路的绝缘电阻测量，采用（　　　）V兆欧表进行测量。

（A）250；（B）500；（C）1000；（D）2500。

**答案：B**

**Jd3A3193** 配电线路的10kV高压线路中，直线杆应选用（　　　）。

（A）悬式绝缘子；（B）针式绝缘子；（C）蝶式绝缘子；（D）合成绝缘子。

**答案：B**

**Jd3A5194** 当用万用表的R×1000欧姆挡检查容量较大的电容器质量时，按RC充电过程原理，下述论述中正确的是（　　　）。

（A）指针不动，说明电容器的质量好；（B）指针有较大偏转，说明电容器的质量好；（C）指针有较大偏转，返回无穷大，说明电容器在测量过程中断路；（D）指针有较大偏转，随后返回，接近于无穷大。

**答案：D**

**Je3A2195** 当两只单相电压互感器按V/V接线，二次线电压$U_{ab}=100V$，$U_{bc}=100V$，$U_{ca}=173V$，那么可能是电压互感器（　　　）。

（A）二次绕组A相或C相极性接反；（B）二次绕组B相极性接反；（C）一次绕组A相或C相极性接反；（D）二次绕组B相极性接反。

**答案：A**

**Je3A2196** 下列说法中，正确的是（　　　）。

（A）电能表采用经电压、电流互感器接入方式时，电流、电压互感器的二次侧必须分别接地；（B）电能表采用直接接入方式时，需要增加连接导线的数量；（C）电能表采用直接接入方式时，电流、电压互感器二次应接地；（D）电能表采用经电压、电流互感器接入方式时，电能表电流与电压连片应连接。

**答案：A**

**Je3A2197** 10kV室内配电装置，带电部分至接地部分的最小距离为（　　　）mm。

（A）90；（B）100；（C）120；（D）125。

**答案：D**

**Je3A2198** 有一台三相电动机绕组连成星形，接在线电压为380V的电源上，当一相熔丝熔断，其三相绕组的中性点对地电压为（　　　）V。

(A) 110；(B) 173；(C) 220；(D) 190。

答案：**A**

**Je3A3199** 下列配电屏中不是抽出式交流低压配电柜的是（　　　）。

(A) GGD 型；(B) GMH 型；(C) NGS 型；(D) GCS 型。

答案：**A**

**Je3A3200** 下列配电屏中不是低压配电屏的有（　　　）。

(A) PGL 型；(B) KYN－10 型；(C) BFC 型；(D) GGD 型。

答案：**B**

**Je3A3201** 杆上营救的最佳位置是救护人高出被救者约（　　　）mm。

(A) 50；(B) 500；(C) 20；(D) 200。

答案：**D**

**Je3A3202** 导线接头最容易发生故障的是（　　　）连接形式。

(A) 铜-铜；(B) 铜-铝；(C) 铝-铝；(D) 铜-铁。

答案：**B**

**Jf3A0203** 工作人员工作中正常活动范围与 35kV 带电设备的安全距离为（　　　）m。

(A) 0.3；(B) 0.6；(C) 0.8；(D) 1.0。

答案：**B**

**Jf3A0204** 调整导线弧垂应（　　　）。

(A) 使用第一种工作票；(B) 使用第二种工作票；(C) 可用口头命令；(D) 可用电话命令。

答案：**A**

**Jf3A0205** 当没有遮栏物体时人体与 35kV 带电体的最小安全距离是（　　　）m。

(A) 0.6；(B) 1.0；(C) 1.2；(D) 1.5。

答案：**B**

**Jf3A1206** 堆放物资时与 110kV 带电体的最小距离不小于（　　　）m。

(A) 2；(B) 3；(C) 4；(D) 5。

答案：**C**

**Jf3A1207** 当运行中电气设备发生火灾时，不能用（　　　）进行灭火。

(A) 泡沫灭火器；(B) 二氧化碳灭火器；(C) 四氯化碳灭火器；(D) 黄沙。

答案：**A**

## 1.2 判断题

**La3B1001** 单相电压、电流互感器有加、减极性。（√）

**La3B1002** 电流互感器铭牌上的额定电压是指一次绕组对地及对二次绕组的绝缘强度。（√）

**La3B1003** 相序表是用来判别三相交流电源电流顺序的一种电工工具仪表。（×）

**La3B1004** 型号 LQJ－10 为环氧浇注线圈式 10kV 电流互感器。（√）

**La3B1005** 直流单臂电桥每次开始重复测量时，都必须将保护电阻放到阻值最大处，以保护检流计。（√）

**La3B1006** 电子式付费率电能表的峰、平、谷电量之和与总电量之差不得大于 ±0.1%。（√）

**La3B1007** 三相四线表测试时，测试引线要求必须有足够的绝缘强度，以防止对地短路。（√）

**La3B1008** 电能计量装置实施封印的位置为电能表接线端子、计量柜（箱）门等，实施铅封后应由运行人员或用户对铅封的完好签字认可。（×）

**La3B1009** 《供电营业规则》规定：100kVA 及以上高压供电的用户功率因数为 0.95 以上。（×）

**La3B1010** 低于供电客户其最大负荷电流为 30A 及以下时，采用直接接入电能表。（×）

**La3B1011** 发现电能计量装置失窃应终止工作，并进行失窃报办。（√）

**La3B1012** 绕越供电企业用电计量装置用电是窃电行为。（√）

**La3B1013** 发现电能计量装置有传票中未列出的故障、接线错误，倍率差错等异常时，做好检查记录并交客户签字确认报业务部门后续处理。（√）

**La3B1014** 受电装置经检验不合格，在指定期间未改善者，经批准可中止供电。（√）

**La3B1015** 非强制检定的计量器具，不属于依法管理的计量器具。（×）

**La3B1016** 计量标准器具是指准确度低于计量基准的计量器具。（×）

**La3B2017** 钳型电流表的钳头实际上是一个电流互感器。（√）

**La3B2018** 带互感器的计量装置，应使用专用接线盒接线。（×）

**La3B2019** 严禁在带电的电流互感器与短路端子之间的回路和导线上进行任何工作。（√）

**La3B2020** 在电流互感器二次回路上工作时，应先将电流互感器二次侧短路。（√）

**La3B2021** 特殊情况时可以在带电的电流互感器与短路端子之间的回路和导线上进行任何工作。（×）

**La3B2022** 绝缘电阻表按结构和工作原理的不同可以分为机电式和数字式两大类。（×）

**La3B2023** 电压互感器的误差分为比差和角差。（√）

**La3B2024** V/V 形电压互感器接法中，二次空载时，测得二次电压 $U_{ab}=0V$，$U_{bc}=$

0V，$U_{ca}=100V$，属于 C 相二次熔断器烧断。（×）

**La3B2025** 接入中性点绝缘系统的 3 台电压互感器，35kV 及以上的电压互感器宜采用 Y/y 方式接线。（√）

**La3B2026** 电压互感器到电能表的二次电压回路的电压降不得超过 2%。（×）

**La3B2027** 电压互感器的一次侧隔离断开后，其二次回路应有防止电压反馈的措施。（√）

**La3B2028** 时钟电池采用绿色环保锂电池，在电能表寿命周期内无需更换，断电后可维持内部时钟正确工作时间累计不少于 8 年。（×）

**La3B2029** 三只单相电能表测三相四线电路有功功率电能时，电能消耗等于 3 只表的代数和。（√）

**La3B2030** 电子式多功能电能表，其功能越多，可靠性越高。（×）

**La3B2031** 单片机是电子式电能表的核心。（×）

**La3B2032** 电子式多功能电能表由测量单元和数据处理单元等组成。（√）

**La3B2033** 新投运或改造后的Ⅰ、Ⅱ、Ⅲ、Ⅳ类高压电能计量装置应在 1 个月内进行首次现场检验。（√）

**La3B2034** 国家电网公司电能计量管理机构设在国家电网公司营销部，归口负责公司系统的电能计量管理工作；省公司电能计量管理机构设在各公司的营销部门，归口负责本公司系统的电能计量管理工作。（√）

**La3B2035** 35kV 以下的计费用互感器应为专用互感器。（√）

**La3B2036** 管理措施缺失等原因会引起现场作业误操作造成设备损坏。（√）

**La3B2037** 用户可自行在其内部装设考核能耗用的电能表，但该表所示读数不得作为供电企业计费依据。（√）

**La3B2038** 供电企业在新装、换装及现场校验后应对用电计量装置加封，并请用户在工作凭证上签章，拆回的电能计量装置应在表库至少存放 1 个月。（√）

**La3B2039** 供电企业在新装、换装及现场校验后应对用电计量装置加封，可以不在凭证上签章。（×）

**La3B2040** 《供电营业规则》规定：农业用电，功率因数为 0.80 以上。（√）

**La3B2041** 并户后的受电装置无需供电企业重新装表计费。（×）

**La3B2042** 强制检定是指工作计量器具必须定期定点由法定机构检定。（×）

**La3B2043** 供电企业的电能计量技术机构应开展电能计量器具的检定、修理和其他计量测试工作；负责电能计量装置的安装、维护、现场检验、周期检定（轮换）及抽检工作。（×）

**La3B3044** W 相电压互感器二次侧断线，将造成三相三线有功电能表可能正转、反转或不转。（√）

**La3B3045** 直流单臂电桥适用于测量 1Ω 以下的小电阻。（√）

**La3B3046** 直接接入式与经互感器接入式电能表的根本区别在于计量原理。（×）

**La3B3047** 35kV 以上贸易结算用电能计量装置中电压互感器二次回路，应不装设隔离开关辅助接点和熔断器。（×）

**La3B3048** 三相四线有功电能表，当相序接反时，电能表将反转。（×）

**La3B3049** 经联合试验盒接入的电能计量装置，试验盒电压回路可以安装熔断器。（×）

**La3B3050** 三相无功电能表的电压接线，要求负序接线。（×）

**La3B3051** 在 Excel 工作表中，同一工作表中的数据才能进行合并计算。（×）

**La3B3052** 户外式智能电能表极限工作温度范围是 $-40\sim60℃$。（×）

**La3B3053** 电流互感器二次回路每只接线螺钉不允许接入两根导线。（×）

**La3B3054** 供电企业之间的电量交换点的电能计量装置属于 Ⅱ 类计量装置。（√）

**La3B3055** 月平均用电量 10 万 kW·h 以上或变压器容量为 315kVA 及以上的计费用户的电能计量装置属于 Ⅲ 类计量装置。（√）

**La3B3056** 计量屏（箱）的活动门必须能加封，门上应有带玻璃的观察窗，以便于抄表读数与观察表计运转情况。（√）

**La3B3057** 计量屏（箱）的设计应符合国家有关标准、电力行业标准及有关规程对电能计量装置的要求。（√）

**La3B3058** 检定电子表基本误差时，对其工作位置的垂直性要求为 1°。（×）

**La3B3059** 计量二次回路导线额定电压不低于 380V。（×）

**La3B3060** 《电能计量装置技术管理规程》（DL/T 448—2000）规定：电能计量测用电压和电流互感器的二次导线截面积至少应为 $2.5mm^2$ 和 $4mm^2$。（√）

**La3B3061** 《电力用户用电信息采集系统功能规范》（Q/GDW 1373—2013）要求：系统的主要采集方式有定时自动采集、人工召测、主动上报。（√）

**La3B3062** 《电能计量装置技术管理规程》（DL/T 448—2000）规定：贸易结算用高压电能计量装置应装设电压失压计时器。（√）

**La3B3063** 选择线路导线截面必须满足机械强度、发热条件、电压损失的要求。（√）

**La3B3064** 在电力系统非正常状况下，用户受电端的电压最大允许偏差不应超过额定值的 ±15%。（×）

**La3B3065** 220V 单相供电的供电电压允许偏差为额定值的 ±7%。（×）

**La3B3066** 窃电时间无法查明时，窃电日至少以 3 个月计算。（×）

**La3B3067** 因违约用电或窃电造成供电企业供电设施损坏的，责任者必须承担供电设施的修复费用或进行赔偿。（√）

**La3B3068** 用户暂因修缮房屋等原因需要暂时停止用电并拆表的超过 6 个月时间要求复装接电者，按新装手续办理。（√）

**La3B3069** 受理用户的移表申请应查清移表原因和电源，选择适当的新表位，并考虑用户线路架设应符合安全技术规定等问题；对较大的动力用户，还应注意因移表引起的计量方式和运行方式的变化。（√）

**La3B3070** 计量标准器具是指准确度低于计量基准的计量器具。（×）

**La3B4071** 正弦交流电三要素是：幅值、角频率、初相角。（√）

**La3B4072** 互感器实际二次负荷应在 25%～100% 额定二次负荷范围内，电压互感器

额定二次功率因数应与实际二次负荷的功率因数接近。（√）

**La3B4073** 任何部门企事业单位均可自行建立社会公用计量标准，为社会服务。（×）

**La3B4074** 改变计量装置接线，致使电能表计量不准确，称为违约用电。（×）

**La3B4075** 供电企业应在用户每一个受电点内按不同电价类别，分别安装用电计量装置。（√）

**La3B5076** 使用电压互感器时，二次绕组应并联接入高压线路中。（×）

**La3B5077** 10kV 线路将两只电压互感器接成 V/V 形接线，电压互感器一次电压为 10kV，二次电压为 100V。（√）

**La3B5078** 接入非中性点绝缘系统的 3 台电压互感器，宜采用 $Y_0/Y_0$ 方式接线，其一次侧接地方式和系统接地方式一致。（√）

**La3B5079** 用于计费用的电压互感器，在电压互感器二次侧可装设熔断器。（×）

**La3B5080** 电压互感器超过 2 倍额定电压下过电压运行，从而引起一次、二次绕组过电流而致烧坏。（√）

**La3B5081** 电压互感器与变压器相比，两者在工作原理上没有什么区别，电压互感器相当于普通变压器处于空载运行状态。（√）

**La3B5082** 使用电压互感器时，一次绕组应并联接入高压线路中。（√）

**La3B5083** 低压直接接入式的电能表，单相最大电流容量为 100A。（√）

**La3B5084** 电表清零可清除电能表内存储的电能量、最大需量、冻结量、事件记录、负荷记录等数据。电能表底度值既可清零，也可设定。（×）

**La3B5085** 标准电能表接入电路的通电预热时间，应严格遵守使用说明中的要求，如无明确要求，通电时间不得少于 15min。（√）

**La3B5086** 多功能电能表的示值应正常，各时段记度器示值电量之和与总记度器示值电量的相对误差应不大于 0.5%，否则应查明原因，及时更换。（×）

**La3B5087** 如果在 Excel 工作表中插入一列，则工作表中的总列数会增加 1 个。（×）

**La3B5088** 根据 2013 年智能电表系列标准，智能表取消了编程按键。（√）

**La3B5089** 100MW 及以上的发电机的计量装置属于 Ⅱ 类计量装置。（√）

**La3B5090** Ⅴ 类电能计量装置应配置 2.0 级有功电能表及 0.5s 级电流互感器。（√）

**La3B5091** Ⅰ类、Ⅱ类、Ⅲ类贸易结算用电能计量装置应按计量点配置计量专用电压、电流互感器或者专用二次绕组。（√）

**La3B5092** 计量箱与墙壁的固定点应不少于 4 个，使箱体不能前后左右移动。（×）

**La3B5093** 电能计量柜的各柜门上必须设置可铅封门锁，并应有带玻璃的观察窗。（√）

**La3B5094** 电能表安装位置的温度一般应保持在 0～40℃。（×）

**La3B5095** 运行中的Ⅳ类电能计量装置中的电能表轮换周期一般为 3～4 年。（×）

**La3B5096** 关于强制检定周期，使用单位根据实际情况自行确定。（×）

**Lb3B1097** 在制定自动化抄表计划时一个台区内只能有一个抄表段编号。（×）

**Lb3B1098** 互感器安装时，一次回路可以使用铝质绝缘导线连接电能表。（×）

**Lb3B1099** 三相三线计量方式时，电流互感器二次回路为三线接线方式时，任一台互感器的极性接反，公共线上电流都要增大至正常的 1.732 倍。（×）

**Lb3B1100** 在低压供电线路中，从防雷角度出发，通常电流互感器二次绕组不接地。（√）

**Lb3B1101** 互感器必须经过法定计量检定机构检定合格才能使用。严禁使用未经检定的互感器。（√）

**Lb3B1102** 高压电压互感器二次侧要有一点接地，金属外壳也要接地。（√）

**Lb3B2103** 专变采集终端工作电源的额定频率为 50Hz，允许偏差为 $-6\% \sim +2\%$。（√）

**Lb3B2104** 用电信息采集系统是对电力用户的用电信息进行采集、处理和实时监控的系统。（√）

**Lb3B2105** RS－485 接口是美国电子工业协会（EIA）的数据传输标准，它采用串行二进制数据交换的数据终端设备和数据传输设备之间的平衡电压数字接口，简称 485 接口。（√）

**Lb3B2106** 绝缘材料在电场中，由于极化、泄漏电流或场区局部放电所产生的热损坏等作用，当电场强度超过其承受值时，就会在绝缘材料中形成电流通道而使绝缘破坏，这种现象称绝缘击穿。（√）

**Lb3B2107** 经电流互感器接入式电能表，导线应采用铜质单芯绝缘导线。（√）

**Lb3B2108** 选择户外跌落式熔断器时，要使被保护线段的三相短路电流计算值大于其断流容量下限值，小于其断流容量的上限。（√）

**Lb3B2109** 安装电能表时，电能表的额定电压应与接入回路电压相符。（√）

**Lb3B2110** 零线上不得装设熔断器和开关设备。（√）

**Lb3B2111** 为了防止触电事故，在一个低压电网中，不能同时共用保护接地和保护接零两种保护方式。（√）

**Lb3B2112** 日光灯镇流器是一个电感量很大的电感线圈，将它串联在日光灯电路中时，当电路中的电流发生变化，在镇流器上就会产生感应电动势阻止电流的变化，因此称之为"镇流器"。（√）

**Lb3B2113** 在三相负载平衡的情况下，某三相三线有功电能表 C 相电流未加，此时负荷功率因数为 0.5 时，电能表停转。（√）

**Lb3B2114** 电能计量箱与墙壁的固定点不应少于 3 个，并使电能计量箱不能前后、左右移动。（√）

**Lb3B2115** 电压相序接反，有功电能表反转。（×）

**Lb3B2116** 近似数 0.0080 有 5 位有效位数。（×）

**Lb3B2117** 在检验电能表时被检表的采样脉冲应选择恰当，不能太少，至少应使两次出现误差的时间间隔不小于 10s。（×）

**Lb3B2118** 安装式电子式电能表校核常数可用计读脉冲法、标准表法和走字试验法。（√）

**Lb3B2119** 一般对新装或改装、重接二次回路后的电能计量装置都必须先进行带电

接线检查。（×）

**Lb3B2120** 受电装置经检验不合格，在指定期间改善者，经批准可继续供电。（√）

**Lb3B3121** 主控板是双向终端的核心，是双向终端与主控站通信，实现各种功能的指挥中心。（√）

**Lb3B3122** 互感器安装时，一次回路若遇选配的导线过粗时，应采用断股后再接入电能表端钮盒的方式。（√）

**Lb3B3123** 在运行中的电能表有时会反转，那么这只电能表接线一定是错误的。（×）

**Lb3B3124** 当三相电流不平衡时，用三相三线计量方式会造成电能计量误差，必须用三相四线计量方式。（√）

**Lb3B3125** 某三相三线有功电能表 C 相电流线圈接反，此时，负荷平衡且功率因数为 1.0 时，电能表停转。（√）

**Lb3B3126** 用"六角图法"判断计量装置接线的正确性，必须满足三相电压基本对称，负载电流、电压、基本稳定且用"六角图法"判断计量装置接线的正确性，必须满足三相电压基本对称，负载电流、电压、基本稳定且值大致确定。（√）

**Lb3B3127** 三相四线有功电能表的中线不能与 A、B、C 中任何一根相线颠倒。（√）

**Lb3B3128** 两个单相电压互感器接成 V/V 形接线，采用加极性接法提供三相电能的电压。（×）

**Lb3B3129** 现场检验数据应及时存入计算机管理档案，并应用计算机对电能表历次现场检验数据进行分析，以考核其变化趋势。（√）

**Lb3B3130** 互感器实际二次负荷应在 25%～100%额定二次负荷范围内。（√）

**Lb3B3131** 电能计量专用电压、电流互感器或专用二次绕组及其二次回路不得接入与电能计量无关的设备。（√）

**Lb3B3132** 按国际通用定义，绝对误差是测量结果减去被测量真值。（√）

**Lb3B4133** 用于三相四线回路及中性点接地系统的电路叫星形接线。（√）

**Lb3B4134** 在同一回路负荷大小相同时，功率因数越高，线路压降越大。（×）

**Lb3B4135** 经电流互感器接入式电能表，电压线宜单独接入，可以与电流线公用（等电位法）。（×）

**Lb3B4136** 当三相电压、电流完全对称时，三相两元件电能表 B 相电压断线时，电能表应少计量 1/3。（×）

**Lb3B4137** 在三相负载平衡的情况下，三相三线有功电能表 A 相电压未加，此时负荷功率因数为 0.5 时电能表计量正确。（√）

**Lb3B5138** 用户提高功率因数只对电力系统有利，对用户无利。（×）

**Lb3B5139** 三相三线接线方式如有一相电流反接，在相量图上 $I_a$ 和 $I_c$ 的夹角为 120°。（×）

**Lb3B5140** 相位表法即用便携式伏安相位表测量相位，绘制相量图，进行接线分析。（√）

**Lb3B5141** 差错电量指的是正确接线的电能值减去错误接线时电能表所计电能值。

（√）

**Lb3B5142** 正确接线时，三相三线两元件有功电能表第一元件和第二元件的功率表达式分别为：$P_1 = I_a U_{ab} \cos(30° + \phi_a)$，$P_2 = I_c U_{cb} \cos(30° - \phi_c)$。（√）

**Lb3B5143** 用电压表依次测量三相三线电能表电压端子，三个线电压相差较大，且某线电压明显小于100V，则说明电压回路有断线或接触不良的情况。（√）

**Lb3B5144** 经电流互感器接入的电能表，应保证其在正常运行中的实际负荷电流达到额定值的60％左右，至少应不小于30％。（√）

**Lb3B5145** 现场检验仪和试验端子之间的连接导线应有良好的绝缘，中间不允许有接头，应有明显的极性和相别标志。（√）

**Lb3B5146** 现场检验电能表时，严禁电流互感器二次回路开路，严禁电压互感器二次回路短路。（√）

**Lb3B5147** 为防止电流互感器在运行中烧坏，其二次侧应装熔断器。（×）

**Lb3B5148** 测量误差时至少应测量两次数值，取这两次数值的平均值作为测量结果（检验证书数据应化整）。（√）

**Jd3B3149** 钳形电流互感器使用时钳口接触应良好，测量时应用手夹紧钳头。（×）

**Jd3B3150** 当使用电流表时，它的内阻越小越好；当使用电压表时，它的内阻越大越好。（√）

**Jd3B3151** 自动空气开关前必须安装有明显断开点的隔离刀闸。（√）

**Je3B1152** 有故障的测量设备在故障被排除后就可以投入使用。（×）

**Je3B1153** 电能计量柜中计量单元的电压和电流回路，应先经试验接线盒再接入电能计量仪表。（√）

**Je3B1154** 三相三线两元件电能表电路中，当三相电路完全对称，且功率因数为0.5（感性）时，C相元件的电压相量滞后于电流。（×）

**Je3B1155** 经电流互感器接入的电能表，电流互感器的二次侧应不接地。（×）

**Je3B2156** 故障电能表的更换期限，城区不超过3d，其他地点不超过7d。（√）

**Je3B3157** 计量屏（箱）内电能表、互感器的安装位置，应考虑现场检查及拆换工作的方便。（√）

**Je3B3158** 计量现场工作中发现计量装置封印缺失时，应当立即将封印补齐。（×）

**Je3B3159** 轮换和拆除的电能计量器具，在二、三级表库或退回一级表库保存1-3个抄表周期后，按计量资产管理规定后续处理。（×）

**Je3B4160** 低压断路器是用于电路中发生过载、短路和欠电压等不正常情况时，能自动断开电路的电器。（√）

**Je3B4161** 执行功率因数调整电费的客户，应安装能计量有功电量、感性和容性无功电量的电能计量装置。（√）

**Je3B4162** 电能表端钮盒盖在接入最大引线后与交流接线螺钉间的最小距离应不小于3mm。（√）

**Je3B4163** 在Power Point中，超级链接的颜色设置是无法改变的。（×）

**Je3B5164** 安装式电能表的标定电流是指长期允许的工作电流。（×）

**Je3B5165** 接入中性点绝缘系统的电能计量装置，应采用三相四线有功、无功电能表或 3 只感应式无止逆单相电能表。（×）

**Je3B5166** 接入中性点绝缘系统的电能计量装置，应采用三相三线有功、无功电能表。（√）

**Jf3B1167** 二次系统和照明等回路上工作，无需将高压设备停电或做安全措施者。应填用第一种工作票。（√）

**Jf3B2168** 为防突然来电，当验明检修设备确已无电压后，应立即将设备短接，并三相接地。（√）

**Jf3B3169** 到用户现场带电检查时，检查人员应不得少于 2 人。（√）

**Jf3B3170** 在不停电的情况下，进行电能表现场检验、计量用电压互感器二次回路导线压降的测试及电压互感器实际二次负荷测定时，应填用第一种工作票。（×）

**Jf3B3171** 在 Power Point 中，只能在占位符中插入图片、形状等。（×）

**Jf3B5172** 高压设备发生接地故障时，室内不得接近故障点 4m 以内，室外不得接近故障点 8m 以内。（√）

**Jf3B5173** 接户线线路装置绝缘电阻规定用 2500V 兆欧表测量，相线与大地之间不应少于 22MΩ。（×）

**Jf3B5174** 接户线与通信线、广播线交叉时，其最小距离为 0.6m。（√）

**Jf3B5175** 在屋顶以及其他危险的边沿进行工作，临空一面应装设安全网或防护栏杆。（√）

## 1.3 多选题

**La3C1001** 直接接入式三相智能表电压规格包括（　　）V。

（A）3×220/380；（B）3×57.7/100；（C）3×100；（D）3×380。

**答案：AD**

**La3C2002** 以下符合《智能电能表功能规范》（Q/GDW 1354—2013）中对事件记录描述正确的是（　　）。

（A）应记录各相失压的总次数，最近 10 次失压发生时刻、结束时刻及对应的电能量数据等信息；（B）应记录掉电的总次数，以及最近 10 次掉电发生及结束的时刻；（C）记录最近 10 次电能表清零事件的发生时刻及清零时的电能量数据；（D）应记录需量清零的总次数，以及最近 10 次需量清零的时刻、操作者代码。

**答案：ABD**

**La3C2003** 编写二次线头的号排的要求为（　　）。

（A）首先认清每个设备的安装单位的安装编号或元件的代表符号；（B）本线头应编写本线头另一端的安装单位的编号或元件代表符号及元件的接线端子号码；（C）认清每个安装单位或元件接线端子的顺序号码；（D）计量回路的端子排组应用空端子排与其他回路的端子排隔开。

**答案：ABC**

**La3C2004** 电力运行事故对用户造成的损害由下列（　　）引起时，电力企业不承担赔偿责任。

（A）不可抗力；（B）用户自身的过错；（C）第三人责任；（D）供电企业自身过错。

**答案：ABC**

**La3C2005** 国家对电力供应和使用，实行的管理原则是（　　）。

（A）安全用电；（B）合理利用；（C）节约用电；（D）计划用电。

**答案：ACD**

**La3C2006** 库房环境"三防"措施有哪些具体内容（　　）。

（A）定期打扫；（B）定期盘库；（C）通风；（D）空调控制湿度。

**答案：ACD**

**La3C2007** 下面哪几类智能电能表要求有相同的外形规格（　　）。

（A）0.5S 级三相费控智能电能表（无线）；（B）1 级三相费控智能电能表；（C）1 级三相费控智能电能表（载波）；（D）0.5S 级三相智能电能表。

**答案：ABC**

**La3C2008** 智能电能表按有功电能计量准确度等级可分为（　　）级。

（A）0.2S；（B）0.5S；（C）1；（D）3。

**答案：ABC**


**La3C3009** 不将用户的功率因数提高到1的原因是（　　）。

（A）用户的自然功率因数一般在0.8以下，如果补偿到1，则要增加许多补偿设备，从而增加了投资；（B）用户负荷是变化的，若满负荷时的功率因数为1，低负荷时必然造成过补偿；（C）过补偿造成无功过量进相运行，电压过高，影响电压质量；（D）产生冲击性负荷、影响三相负荷平衡。

**答案：ABC**


**La3C3010** 3个电流互感器二次接线方式有（　　）。

（A）V形接线；（B）星形接线；（C）六线接线；（D）零序接线。

**答案：BCD**


**La3C3011** 系统变电站内电能表的二次回路端子排的选用和排列原则是（　　）。

（A）电流的端子排应选用可断开、可短接和串接的试验端子排；（B）每一组安装单位应设独立的端子排；（C）电压的端子应选用可并联的直通端子排；（D）计量回路的端子排组应用空端子排与其他回路的端子排隔开。

**答案：ABCD**


**La3C4012** 电流互感器的作用有（　　）。

（A）避免测量仪表和工作人员与高压回路直接接触，保证人员和设备的安全；（B）使测量仪表小型化、标准化；（C）利用电流互感器扩大表计的测量范围，提高仪表测量的准确度；（D）降低生产成本。

**答案：ABC**


**La3C4013** 供电企业应当按照（　　）向用户计收电费。

（A）国家核准的电价；（B）地方政府规定的电价；（C）供电企业规定的电价；（D）用电计量装置的记录。

**答案：AD**


**La3C4014** 供电企业应当在其营业场所公告（　　），并提供用户须知资料。

（A）用电的程序；（B）用电制度；（C）收费标准；（D）规章制度。

**答案：ABC**


**La3C4015** 以下哪些内容属于到货后检测范畴（　　）。

（A）全性能检测；（B）抽样检测；（C）全检验收试验；（D）现场检测。

**答案：BC**

**La3C4016** 智能表具有冻结电量的功能，按时间可以分为几类冻结（　　）。

（A）日冻结；（B）月冻结；（C）年冻结；（D）整点冻结。

答案：**ABD**


**La3C4017** 智能表通信方式包括（　　）。

（A）无限通信；（B）载波通信；（C）红外通信；（D）485 通信。

答案：**BCD**


**La3C4018** 智能电能表的光报警事件类型包括（　　）。

（A）端纽盖打开；（B）时钟电池欠压；（C）失压；（D）电压逆相序。

答案：**ABCD**


**La3C4019** 智能电能表由（　　）等组成，具有电能量计量、数据处理、实时监测、自动控制、信息交互等功能的电能表。

（A）测量单元；（B）数据处理单元；（C）通信单元；（D）信息交互单元。

答案：**ABC**


**La3C5020**　《电力互感器检定规程》（JJG 1021—2007）规定，以下（　　）检定项目属于电力互感器的首次检定项目。

（A）基本误差测量；（B）稳定性试验；（C）运行变差试验；（D）磁饱和裕度试验。

答案：**ACD**


**La3C5021**　测量电流互感器极性的意义是（　　）。

（A）反映二次回路中电流瞬时方向是否按应有的方向流动；（B）如果极性接错，则二次回路中电流的瞬时值按反方向流动；（C）如果极性接错，将可能使有电流方向要求的继电保护装置拒动和误动；（D）如果极性接错，将可能造成电能表计量错误。

答案：**ABCD**


**La3C5022**　低压用户计量用表形式一般有（　　）。

（A）居民住宅一般是用单相 220V 或三相四线有功电能表；（B）动力、照明混用用户，动力、照明电能表串接或并接；（C）单相供电在负荷电流为 80A 及以下的可采用直接接入式电能表；80A 以上的均应采用经电流互感器接入式电能表；（D）100kVA（kW）及以上的工业、非农业、农业用户，均实行功率因数考核，加装无功电能表。

答案：**ABCD**


**La3C5023** 电压互感器测量检定项目有（　　）等。

（A）外观检查；（B）退磁；（C）绕组极性检查；（D）误差测量。

答案：**ACD**

**La3C5024** 关于电压互感器下列说法错误的是（　　）。

（A）二次绕组可以开路；（B）二次绕组可以短路；（C）二次绕组不能接地；（D）二次绕组不能开路。

**答案：BCD**


**La3C5025** 判断智能表潜动的条件是（　　）。

（A）电能表施加115％的参比电压；（B）电能表的电流线圈中无电流；（C）电能表在启动电流下产生一个脉冲的10倍时间，测量输出应多于一个脉冲；（D）电能表的电压线圈无额定电压。

**答案：ABC**


**La3C5026** 影响电流互感器误差的因素有（　　）。

（A）二次电流的变化；（B）电源频率的变化；（C）二次负载功率因数的变化；（D）二次负载增大。

**答案：ABCD**


**Lb3C2027** 电工仪表按动作原理分类有（　　）。

（A）全电子电动式；（B）电子闭锁式；（C）电磁式；（D）机械电子式。

**答案：ACD**


**Lb3C2028** （　　）型号的终端有2个资产编号，分别是终端资产号和电能表局编号。

（A）DC－GL14；（B）GPRS电能表（用户）；（C）DJ－GZ24（载波集中器）；（D）GPRS电能表（配变）。

**答案：BCD**


**Lb3C2029** 常用的额定电压为交流500V及以下的绝缘导线有（　　）。

（A）橡皮绝缘线；（B）塑料绝缘线；（C）塑料护套线；（D）橡套和塑料套可移动软线。

**答案：ABCD**


**Lb3C2030** 导线BX、BV、BLV、BVV型号中的各字母代表含义正确的是（　　）。

（A）第二个字母"X"表示橡皮绝缘；（B）第二个字母"V"表示聚氯乙烯型料绝缘线；（C）第三个字母"V"表示塑料护套；（D）型号中带"L"字母的为铜芯线，不带"L"的为铝导线。

**答案：ABC**


**Lb3C2031** 智能电表清零功能包含哪几种？（　　）

（A）电表清零；（B）软件清零；（C）需量清零；（D）事件清零。

答案：AC

**Lb3C2032** 电表数据报表中能够查询到的数据有（　　）。

（A）正向有功示数；（B）正向有功需量；（C）当日电压；（D）当日电流。

答案：**ABCD**

**Lb3C2033** 集抄终端调试，对电表（　　）参数可以进行批量修改。

（A）电表规约；（B）大小类号；（C）采集端口；（D）通信速率。

答案：**ABD**

**Lb3C2034** 现场故障处理时发现集中器有信号但不能正常上线可能与哪些内容有关？（　　）

（A）APN；（B）主站 IP 和端口；（C）电表参数；（D）在线方式。

答案：**ABD**

**Lb3C2035** 用电信息采集系统中，当出现主站任何命令发出，终端均无反应的现象时。原因可能是（　　）。

（A）终端装置熔断器熔断；（B）终端主控单元故障；（C）表计故障；（D）终端电源故障。

答案：**ABD**

**Lb3C2036** 在采集主站系统的配变运行监测页面中，可以监测到以下哪些异常数据？（　　）

（A）超载或轻载；（B）功率因素不足；（C）欠（失）压或欠（断）流；（D）电流反向。

答案：**ABCD**

**Lb3C2037** 在采集主站系统中，对于广播校时方面的以下描述中，正确的是（　　）。

（A）电表每次只能调整±5min 内；（B）分时表每天可以调整一次；（C）单费率表每月可以调整一次；（D）智能表每天可以调整一次。

答案：**ACD**

**Lb3C2038** 在采集主站系统中已经建档且投运的配变终端，但在配变运行监测页面的监测数清单中找不到（即监测数较少），则需检查以下哪几种原因？（　　）

（A）配变表是否已经关联考核计量点；（B）在配变需量查询页，已经为配变关联上运行的公变变压器；（C）变压器容量≥0；（D）计量点综合倍率＞1。

答案：**ABD**

**Lb3C2039** 在抄表数据比对页面中，查询条件工程状态包括哪几类？（　　）

（A）待验收；（B）未验收；（C）已验收；（D）已移交。

答案：ACD


**Lb3C3040** 可以实现对电能质量监测的采集终端有（　　）几类。

（A）专变采集终端；（B）集中器；（C）采集器；（D）分布式能源监控终端。

答案：ABD


**Lb3C3041** 用电信息采集系统数据采集主要方式包括（　　）。

（A）人工采集，录入系统；（B）定时自动采集；（C）人工召测；（D）主动上报。

答案：BCD


**Lb3C3042** 电能计量装置现场检验工作人员发现客户有（　　）行为，停止工作，保护现场，通知和等候用电检查（稽查）人员处理。

（A）违约用电；（B）不用电；（C）窃电；（D）正常用电。

答案：AC


**Lb3C3043** 电能表现场效验仪准确度应为（　　）。

（A）0.05；（B）0.1；（C）0.5；（D）1.0。

答案：AB


**Lb3C3044** 网省公司应组织编写采集系统紧急情况应急处置预案。应急处置预案分为（　　），至少应每年修订和检验一次。

（A）国网级；（B）网省级；（C）地市级；（D）县级。

答案：BCD


**Lb3C3045** 低压电气设备正常工作时的环境因素的要求（　　）。

（A）环境温度和空气的相对湿度；（B）设备安装地点应无显著的冲击振动；（C）设备附近应无腐蚀性的气体、液体及灰尘，其周围应无爆炸危险的介质；（D）海拔一般不超过 1500m。

答案：ABC


**Lb3C3046** 以下属于智能表信号输出的是（　　）。

（A）电能量脉冲输出；（B）多功能信号输出；（C）控制输出；（D）报警事件信号输出。

答案：ABC


**Lb3C3047** 低压集中器终端的主要功能有（　　）。

（A）远程通信功能；（B）抄表功能；（C）数据存储功能；（D）跳闸功能。

**答案：ABC**


**Lb3C3048** 电动机在运行中有（　　）功率损耗。

（A）定子、转子铁损耗；（B）铜损耗；（C）机械损耗；（D）附加损耗。

**答案：BCD**


**Lb3C3049** 对接户线的铜铝接头的要求是（　　）。

（A）接户线的铜铝接头不应承受拉力；（B）接户线的铜铝接头应接在弓子线上；（C）接户线的铜铝接头不应接在弓子线上；（D）导线在 $10mm^2$ 以上铜铝接头应用铜铝过渡板连接。

**答案：ABD**


**Lb3C3050** 多功能电能表常见故障有（　　）。

（A）表计无显示；（B）表计不计电量或少计电量；（C）在进行抄读时 RS－485 通信不成功；（D）参数设置不成功。

**答案：ABCD**


**Lb3C3051** 集中抄表终端功能配置中数据采集项包括（　　）。

（A）电能表数据采集；（B）状态量采集；（C）交流模拟量采集；（D）重点用户采集。

**答案：ABC**


**Lb3C3052** 目前系统中可以新建的集抄传票种类有（　　）。

（A）集抄终端故障；（B）集抄抄表故障；（C）变更通知单；（D）巡视报告。

**答案：AB**


**Lb3C3053** 若电表已下发，修改（　　）等相关参数后，电表下发状态置为"未下发"，需要到快速下发页面重新下发修改后的参数（除 GPRS 电能表、DJ－GZ24 终端默认电表）。

（A）大类号、小类号；（B）接线方式；（C）电表规约；（D）采集端口号。

**答案：ACD**


**Lb3C3054** 铜芯导线的优缺点是（　　）。

（A）导线电气性能好；（B）接头不易发热；（C）价格较贵；（D）线质软故敷设较方便。

**答案：ABC**


**Lb3C3055** 有哪些情况会导致营销接收不到数据（　　）。

（A）采集系统未采集到数据；（B）采集到的数据是无效数据；（C）制定抄表计划出错；（D）数据准备出错。

**答案：ABCD**

**Lb3C3056** 月综合数据报表中能够查询到的数据有（    ）。

（A）日功率；（B）功率极值；（C）小时功率；（D）当月电量。

**答案：ABD**

**Lb3C3057** 在抄表数据比对页面中，采集数据状态可处理为（    ）。

（A）未核对；（B）正常；（C）已核对；（D）差错。

**答案：ABD**

**Lb3C3058** 终端验收条件正确的是（    ）。

（A）终端地址不能为空；（B）运行终端下所有电表都有箱体，采集成功率大于等于98％；（C）运行终端下所有电表都有箱体并且在同一个箱体中，采集成功率大于等于98％；（D）终端的 SIM 卡已入库。

**答案：ABD**

**Lb3C4059** 多费率电能表的组成有（    ）。

（A）电能采样回路单片机、存储器、时钟回路；（B）显示器、脉冲输出、通信接口；（C）复位电路；（D）电源电路。

**答案：ABCD**

**Lb3C4060** 用户交费成功后，可以直接合闸的控制方式为（    ）。

（A）电能表实施费控；（B）采集终端实施费控；（C）主站实施费控；（D）以上答案都不正确。

**答案：ABC**

**Lb3C4061** 运行状况管理包括（    ）运行状况监测和操作监测。

（A）主站；（B）电能表；（C）终端；（D）专用中继站。

**答案：ACD**

**Lb3C4062** 集中器可用（    ）方式采集电能表的数据。

（A）实时采集；（B）定时自动采集；（C）自动补抄；（D）手动采集。

**答案：ABC**

**Lb3C4063** 集中器显示支持按键（    ）。

（A）查询模式；（B）交互模式；（C）轮显模式；（D）按键设置模式。

**答案：ACD**

**Lb3C4064** 以下哪些试验项目属于集中抄表终端电磁兼容性要求（　　）。

（A）静电放电抗扰度；（B）工频磁场抗扰度；（C）射频场感应的传导骚扰抗扰度；（D）电源电压影响。

**答案：ABC**

**Lb3C4065** 用电负荷按用电负荷在政治上和经济上造成损失或影响的程度，分为（　　）。

（A）一级负荷；（B）二级负荷；（C）三级负荷；（D）四级负荷。

**答案：ABC**

**Lb3C4066** 载波集中器搜表建档，召测集中器自动搜表结果添加电表建档，前提条件是（　　）。

（A）集中器已经登录；（B）集中器当前在线；（C）集中器之表号已关联到配变考核计量点；（D）集中器具备自动搜表功能且已安装 24h。

**答案：BD**

**Lb3C4067** 在采集主站系统的配变运行监测页面中，下列有一些异常的统计说明中，正确的是（　　）。

（A）超载：月最大负载率＞1；（B）月供电可靠率低：可靠率＜0.98；（C）电流反向：A/B/C 三相（非 0 序）电流曲线各点的数值中，在未乘倍率之前，至少有 1 个点的数值≤－0.2；（D）不平衡度＞0.6。

**答案：ABC**

**Lb3C5068** 本地费控智能表（2013 标准）的卡片类型有（　　）。

（A）购电卡；（B）继电器卡；（C）参数预制卡；（D）数据回抄卡。

**答案：AC**

**Lb3C5069** 集抄终端调试，通过检测功能可以获得终端相关的（　　）信息。

（A）终端型号；（B）终端厂商；（C）信号强度；（D）SIM 卡号。

**答案：BC**

**Lb3C5070** 下列说法中，错误的是（　　）。

（A）电能表采用经电压、电流互感器接入方式时，电流、电压互感器的二次侧必须分别接地；（B）电能表采用直接接入方式时，需要增加连接导线的数量；（C）电能表采用直接接入方式时，电流、电压互感器二次应接地；（D）电能表采用经电压、电流互感器接入方式时，电能表电流与电压连片应连接。

**答案：BCD**

**Lb3C5071** 选择电流互感器的要求有（　　　）。

（A）电流互感器的额定电压应与运行电压相同；（B）根据预计的负荷电流，选择电流互感器的变比；（C）电流互感器的准确度等级应符合规程规定的要求；（D）电流互感器实际二次负荷应在 50％～100％额定二次负荷范围内。

答案：**ABC**

**Lc3C1072** 变、配电所电气主接线的基本要求是（　　　）。

（A）根据需要保证供用电的可靠性和电能质量；（B）降低电能损耗；（C）接线简单、运行灵活，还应为发展留有余地；（D）必须在经济上合理，使投资和年运行费用最少。

答案：**ACD**

**Lc3C1073** 采集系统运行考核指标至少应包括（　　　）。

（A）采集系统覆盖率；（B）采集系统可用率；（C）数据采集可靠率；（D）采集成功率。

答案：**ABD**

**Lc3C1074** 电力电线长期过载运行，其后果是（　　　）。

（A）导线伸长弧垂增大，引起对地安全距离不合格，风偏角也加大；（B）导线截面变小或发生断股，使导线拉断力减弱；（C）接头接触电阻变大，发热甚至烧坏造成断线；（D）线路电能损耗增大。

答案：**ABCD**

**Lc3C1075** 电力生产与电网运行应当遵循的原则是（　　　）。

（A）安全；（B）优质；（C）经济；（D）可靠。

答案：**ABC**

**Lc3C1076** 电网中可能发生的短路有（　　　）。

（A）单相接地短路；（B）两相接地短路；（C）两相短路；（D）三相短路。

答案：**ABCD**

**Lc3C1077** 对继电保护装置的基本要求有（　　　）。

（A）选择性；（B）可靠性；（C）灵敏性；（D）安全性。

答案：**ABC**

**Lc3C1078** 下列哪些指标属于国网公司制定的智能表质量管控指标评价体系（　　　）。

（A）供货环节检测指标；（B）仓储考核评价指标；（C）运行环节评价指标；（D）供应商评价考核指标。

答案：**ACD**

**Lc3C1079** 遥控和遥信测试的工作内容有（　　）。

（A）抄录、核对终端抄读的数据是否与电能表显示数据一致；（B）按照负荷控制轮次依次进行遥控试跳被控开关；（C）检查开关位置信号是否正确；（D）遥控试跳后，解除控制，应恢复正常。

答案：BCD

**Lc3C2080** 电网公司战略实施的"两个转变"是指（　　）。

（A）电网运行方式的转变；（B）公司发展方式的转变；（C）电网发展方式的转变；（D）营销管理方式转变。

答案：BC

**Lc3C3081** 对运行中10kV避雷器应巡视（　　）内容。

（A）瓷套管是否完整、清洁；（B）导线和引下线有无烧伤痕迹和断股现象；（C）油温是否异常；（D）避雷器上帽引线处密封是否严密。

答案：ABD

**Lc3C3082** 各种防雷接地装置的工频接地电阻最大值按规程规定不大于（　　）数值。

（A）变电所独立避雷针为4Ω；（B）变电所进线架上避雷针为10Ω；（C）与母线连接但与旋转电机有关的避雷器为10Ω；（D）20kV以上电压等级的架空线路交叉杆上的管型避雷器及35～110kV架空线路及木杆上的管形避雷器为15Ω。

答案：BD

**Lc3C3083** 上网电价应该实行的三同原则是（　　）。

（A）同网；（B）同质；（C）同量；（D）同价。

答案：ABD

**Lc3C3084** 运行中的配电变压器的正常巡查项目有（　　）。

（A）油位应在油位线上，外壳清洁、无渗漏现象；（B）油温应正常，不应超过70℃；（C）有气体继电器时，查其油位是否正常；（D）负荷正常。

答案：ACD

**Lc3C4085** 10kV阀型避雷器特性数据有（　　）。

（A）灭弧电压：12～7kV；（B）冲击放电电压：不大于56kV；（C）工频放电电压：不大于36kV；（D）残压：不大于47kV。

答案：ABD

**Lc3C4086** 通过（　　）帮助用户提高功率因数。

（A）减少大马拉小车现象，提高使用设备效率；（B）采用无功补偿，串联电容器；

（C）调整负荷，提高设备利用率；（D）利用新技术，加强设备维护。

答案：**ACD**

**Lc3C4087** 运行中的变压器在有以下（　　）异常情况时应退出运行。

（A）油位在油位线下，外壳清洁、有渗漏现象；（B）油温异常，超过 70℃；（C）防爆管爆破或油枕冒油；（D）出现接头过热、喷油、冒烟。

答案：**CD**

**Lc3C4088** 在（　　）情况下，供电企业不经批准即可终止向客户供电。

（A）不可抗力和紧急避险；（B）欠电费；（C）客户确有窃电行为；（D）拒绝用电安全检查。

答案：**AC**

**Lc3C4089** 多用户台账报表中能够查询到的数据有（　　）。

（A）用户名称；（B）终端地址；（C）当日有功总电量；（D）SIM 卡号。

答案：**ABD**

**Lc3C4090** （　　）是开关柜的五防功能。

（A）防止带负荷拉、合隔离开关；（B）防止雷电击入；（C）防止误跳、合断路器；（D）防止带地线合隔离开关。

答案：**ACD**

**Lc3C5091** 低压线路上产生电压损失的原因是（　　）。

（A）供电线路太长超出合理的半径，特别是在农村供电线路上情况相当严重；（B）用户用电功率因数低，若在用电设备处又没有无功补偿装置，则电流通过低压线路所消耗的无功功率就多，引起电压损耗就越大；（C）线路导线截面选择过大，电压损失越大；（D）冲击性负荷、三相不平衡负荷的影响。

答案：**ABD**

**Jd3C2092** 使用活络扳手时，要注意（　　）。

（A）应按螺母大小选用适当大小的扳手；（B）扳动大螺母时，手应握在手柄尾部；（C）活络扳手不可反过来使用；（D）可以当撬棒或锤子使用。

答案：**ABC**

**Je3C2093** 采集系统建设是公司坚强智能电网建设的重要组成部分。建设的总体目标是实现对国家电网公司经营区域内直供直管电力用户的（　　）。

（A）全智能；（B）全覆盖；（C）全采集；（D）全费控。

答案：**BCD**

**Je3C2094** 电能表的多功能信号输出端子可输出的信号有（    ）。

（A）电能量脉冲；（B）时间信号；（C）需量周期信号；（D）时段投切信号。

**答案：BCD**

**Je3C2095** 利用秒表和电能表测算三相电路的有功功率必备的参数是（    ）。

（A）电能表测量时的脉冲数；（B）电能表常数；（C）所测时间；（D）电流、电压变比。

**答案：ABCD**

**Je3C3096** 减少电压互感器二次回路压降误差的方法有（    ）。

（A）设置计量专用的二次回路；（B）选择合适的导线截面积；（C）互感器的二次负载应小于额定值；（D）采用专用电压互感器。

**答案：ABC**

**Je3C3097** 交流耐压试验中遇（    ）情况应立即切断电源查明原因。

（A）电流表指示不稳，指针摆动幅度大；（B）毫伏表指示电流值急剧增大；（C）绝缘有烧焦味或冒烟；（D）被试设备内有放电声。

**答案：BCD**

**Je3C3098** 以下属于判断三相四线低压电能表接线是否正确的方法有（    ）。

（A）测量各相、线电压值；（B）判断 B 相；（C）测定三相电压的排列顺序；（D）检查电流。

**答案：ABCD**

**Je3C3099** 以下属于测量用电压表接线方式的是（    ）。

（A）直接并入；（B）带有附加电阻串入；（C）带有附加电阻并入；（D）带有互感器并入。

**答案：ACD**

**Je3C3100** 本地费控电能表支持以（    ）为计费周期的阶梯算费方式，并支持电能表在指定时间实现两种方式自动切换。

（A）周；（B）月；（C）季度；（D）年。

**答案：BD**

**Je3C3101** 常见的错误接线方式有（    ）。

（A）电压线圈（回路）失压；（B）电源相序由 UVW 更换为 VWU 或 WUV；（C）断中线或电源相序（一次或二次）接错相线或中性线对换位置；（D）电流线圈（回路）接反。

**答案：ABCD**

**Je3C3102** 配电装置包括（　　）设备。

（A）开关设备。断路器、隔离开关等；（B）保护设备。熔断器、避雷器等；（C）测量设备。电压互感器、电流互感器等；（D）母线装置及其必要的辅助设备。

**答案：ABCD**


**Je3C3103** 调换电能表和表尾线应注意的事项有（　　）。

（A）先拆电源侧；（B）先接电源侧；（C）先拆负荷侧；（D）先接负荷侧。

**答案：AD**


**Je3C4104** 以下符合《智能电能表功能规范》（Q/GDW 1354—2013）中对报警事件描述正确的是（　　）。

（A）失压；（B）电池欠压；（C）过载；（D）功率反向（双向表）。

**答案：ABC**


**Je3C4105** 使用钳型电流表进行测量时，应注意的有（　　）。

（A）使用钳型电流表前，先应注意其测量挡位，使其指针正确指示，不能使指针过头或指示过小；（B）可以同时钳住两根导线或多根导线；（C）测量时铁芯钳口要紧密闭合，被测导线尽量置于孔中心，以减小测量误差；（D）要保持安全距离，不得造成相间短路或接地，烧坏设备或危及人身安全。

**答案：ACD**


**Je3C4106** 系统误差分类按误差来源包括（　　）。

（A）工具误差；（B）装置误差；（C）人员误差；（D）方法误差。

**答案：ABCD**


**Je3C4107** 用电信息采集系统可以实现（　　）等数据管理。

（A）数据合理性检查；（B）数据计算、分析；（C）数据存储管理；（D）数据应用。

**答案：ABC**


**Je3C4108** 同一组的电流（电压）互感器应采用（　　）均相同的互感器。

（A）制造厂、型号；（B）额定电流（电压）变比；（C）准确度等级；（D）额定二次容量。

**答案：ABCD**


**Je3C4109** 以下属于智能表的显示功能规范的是（　　）。

（A）停电后唤醒显示功能；（B）具备自动循环和按键显示方式；（C）具备上电全显示功能；（D）按键或插卡触发背光启动后，30s无操作自动关闭背光。

**答案：AD**

**Je3C4110** 现场检查接线的内容有（　　）。

（A）检查接线有无开路或接触不良；（B）检查接线有无短路；（C）检查有无越表接线和私拉乱接；（D）检查 TA‑TV 接线是否符合要求。

答案：**ABCD**

**Je3C5111** 电流互感器运行时二次开路后的处理有（　　）。

（A）运行中的高压电流互感器，其二次出口端开路时，因二次开路电压高，限于安全距离，人不能靠近，必须停电处理；（B）运行中的低压电流互感器发生二次开路，可以带电的处理；（C）若因二次接线端子螺丝松造成二次开路，在降低负荷电流和采取必要的安全措施（有人监护，处理时人与带电部分有足够的安全距离，使用有绝缘柄的工具）的情况下，可不停电将松动的螺丝拧紧；（D）电流互感器的二次导线，因受机械机械损两断开可以连接再用。

答案：**AC**

**Je3C5112** 无线电负荷控制中心对双向终端用户可采取（　　）从而实行反窃电监控。

（A）通过分析用户不同时期的负荷曲线，判断该用户用电情况是否正常；（B）根据其行业生产的特点、用电时间，并和以往的负荷曲线进行比较，判断是否有窃电嫌疑；（C）对于用电量有大幅下降的用户，应重点监控；（D）在可疑时间内进行突击检查。

答案：**ABCD**

**Je3C5113** 选择电流互感器时应考虑以下（　　）内容。

（A）根据系统的供电方式，选择互感器的台数和满足继电保护方式的要求；（B）电流互感器的二次额定电压和运行电压相同；（C）根据测量的目的和保护方式的要求，选择其准确度等级；（D）注意使二次负载所消耗的功率不超过额定负载。

答案：**ACD**

**Je3C5114** 在以下步骤中用直流法测量电流互感器的极性正确的有（　　）。

（A）将电池"＋"极接在电流互感器一次侧的 L1，电池"－"极接 L2；（B）将电池"－"极接在电流互感器一次侧的 L1，电池"＋"极接 L2；（C）将万用表的"＋"极接在电流互感器二次侧的 K1，"－"极接 K2；（D）将万用表的"－"极接在电流互感器二次侧的 K1，"＋"极接 K2。

答案：**AC**

**Je3C5115** 集中器全性能试验时的环境影响试验项目有（　　）。

（A）高温；（B）低温；（C）湿热；（D）阳关辐射防护。

答案：**ABC**

**Je3C5116** 在送电前校对核查电力电缆线的相位的方法为（　　）。

（A）先将电缆芯一端的单根接地，用万用表、兆欧表或电池灯查找另一端的相通芯线，两端均做好标记；（B）再换一根芯线，用同样方法查找，也做好标记；（C）全部芯线均核对完后，用黄、绿、红色油漆标在电缆头的引线上；（D）测量电缆两端的电压。

**答案：ABC**


**Jf3C2117** 下列（　　）电气设备需要保护接地。

（A）变压器、电动机、电器、手握式及移动式电器；（B）电力设备的传动装置；（C）配电装置的金属框架、配电框及保护控制屏的框架；（D）配电线的金属保护管、开关金属接线盒等。

**答案：ABCD**


**Jf3C3118** 在带电的低压线路上挑火和搭火时，应注意（　　）。

（A）选好工作位置；（B）分清相线和地线；（C）挑火时，先挑相线，再挑零线；（D）搭火时，先搭零线，再搭相线。

**答案：ABCD**


**Jf3C3119** 营销户变关系建档，根据集中器的表号所在台区添加电表建档，前提条件是（　　）。

（A）集中器当前在线；（B）集中器已经登录；（C）集中器之表号已关联到配变考核计量点；（D）营销资产管理模块已导入集中器的资产号-表号对照关系。

**答案：BCD**


**Jf3C4120** 在（　　）场所必须使用铜芯线。

（A）加油站；（B）图书馆；（C）体育馆；（D）大型商场。

**答案：ABCD**

## 1.4 计算题

**La3D1001** 一个 $X_1$H 电感器，在 $f_1=$ _____ Hz 频率时具有 $3000\Omega$ 的感抗。一个 $X_2\mu$F 的电容器，在 $f_2=$ _____ Hz 频率时具有 $1000\Omega$ 的容抗。（计算结果保留 2 位小数）

$X_1$ 取值范围：$2\sim10$ 的整数

$X_2$ 取值范围：$10\sim100$ 的整数

**计算公式：**

$$f_1=\frac{X_L}{2\pi L}=\frac{3000}{2\pi X_1}=\frac{1500}{\pi X_1}$$

$$f_2=\frac{\dfrac{1}{X_2}}{2\pi C}=\frac{1\times10^6}{2\times1000\pi X_2}=\frac{500}{\pi X_2}$$

**La3D1002** 电阻 $R_1=1500$，误差为 $X_1$；电阻 $R_2=2000$，误差为 $X_2$。当将两者串联使用时，求合成电阻的误差 $\Delta R=$ _____ $\Omega$ 和电阻实际值 $R=$ _____ $\Omega$。

$X_1$ 取值范围：$1\sim5$ 的整数

$X_2$ 取值范围：$-3\sim5$ 的整数

**计算公式：**

$$\Delta R=X_1+X_2$$

$$R=R_1+R_2-\Delta R=3500-X_1-X_2$$

**La3D4003** 电容器 $C_1=2\mu$F、$C_2=3\mu$F，相串联后接到 $X_1$V 电压上。则每个电容器上的电压分别为 $U_{C1}=$ _____ V、$U_{C2}=$ _____ V。

$X_1$ 取值范围：$900$，$1200$，$1500$，$1800$，$2700$

**计算公式：**

$$U_{C1}=\frac{UC}{C_1}=\frac{\dfrac{C_1C_2}{C_1+C_2}U}{C_1}=\frac{\dfrac{2\times3}{2+3}X_1}{2}=0.6X_1$$

$$U_{C2}=\frac{UC}{C_2}=\frac{\dfrac{C_1C_2}{C_1+C_2}U}{C_2}=\frac{\dfrac{2\times3}{2+3}X_1}{3}=0.4X_1$$

**La3D4004** 已知加在 $C=200\mu$F 电容器上电压 $u_C=X_1\sin(10^3t-30°)$V。则电流的有效值 $I$ 为 _____ A、无功功率 $Q_C$ 为 _____ var，电容最大储能 $W_{cm}$ 为 _____ J。（计算结果保留 2 位小数）

$X_1$ 取值范围：$50\sim300$ 的整数

计算公式：

$$I = \frac{\frac{U_m}{\sqrt{2}}}{X_C} = \frac{X_1}{\sqrt{2} \times \frac{1}{10^3 \times 200 \times 10^{-6}}} = \frac{X_1}{5\sqrt{2}}$$

$$Q_C = \frac{U^2}{X_C} = \frac{U_m^2}{2 \times 5} = 0.1 X_1^2$$

$$W_{cm} = \frac{1}{2} C U_C^2 = \frac{1}{2} \times 200 \times 10^{-6} \times X_1^2 = 1 \times 10^{-4} X_1^2$$

**La3D4005** 频率为 50Hz 的两正弦电流，其解析式分别为 $i_1 = X_1 \sin(314t + X_2)$ A，$i_2 = 141 \sin(314t + X_2 - 120°)$ A，则电流 $i_1 + i_2$ 的有效值 $I_1$ 为 _____ A，初相角 $\varphi_1$ 为 _____；$i_1 - i_2$ 的有效值 $I_2$ 为 _____ A，初相角 $\varphi_2$ 为 _____。（有效值保留 2 位小数，角度取整）

$X_1$ 取值范围：10~200 的整数

$X_2$ 取值范围：5~50 的整数

计算公式：

$$I_1 = \frac{X_1}{\sqrt{2}}$$

$$\varphi_1 = X_2 - 60°$$

$$I_2 = \frac{\sqrt{\frac{3}{2}} X_1}{\sqrt{2}}$$

$$\varphi_2 = X_2 + 30°$$

**La3D4006** 已知两正弦电压 $u_1 = X_1 \sin(\omega t + X_2)$ V，$u_2 = X_1 \sin(\omega t + X_2 + 120°)$ V，则电压 $u_1 + u_2$ 的有效值 $U_1$ 为 _____ V，初相角 $\varphi_1$ 为 _____；$u_1 - u_2$ 的有效值 $U_2$ 为 _____ V，初相角 $\varphi_2$ 为 _____。（有效值保留 2 位小数，角度取整）

$X_1$ 取值范围：100~500 的整数

$X_2$ 取值范围：5~50 的整数

计算公式：

$$U_1 = \frac{X_1}{\sqrt{2}}$$

$$\varphi_1 = X_2 + 60$$

$$U_2 = \sqrt{\frac{3}{2}} X_1$$

$$\varphi_2 = X_2 - 30$$

**La3D4007** 一台三相电动机接成三角形，功率 $P = X_1$ MW，线电压 $U = 10$ kV，功率

因数 $\cos\varphi=0.8$，则线电流 $I_{线}$ 为_____A，相电流 $I_{相}$ 为_____A。（计算结果保留 2 位小数）

$X_1$ 取值范围：$20\sim60$ 的整数

**计算公式：**

$$I_{线}=\frac{P}{\sqrt{3}U\cos\varphi}=\frac{1000P}{\sqrt{3}\times10\times0.8}=\frac{125X_1}{\sqrt{3}}$$

$$I_{相}=\frac{I_{线}}{\sqrt{3}}=\frac{P}{3U\cos\varphi}=\frac{1000P}{3\times10\times0.8}=\frac{125X_1}{3}$$

**La3D5008** 电容器 $C_1=600\mu F$，工作电压为 $X_1 V$；$C_2=400\mu F$，工作电压为 900V。则将两个电容器串联后能承受的最高电压 $U_{max}=$_____V。

$X_1$ 取值范围：600，900，1000，1200

**计算公式：**

$$U_{max}=\frac{q_{max}}{C}=\frac{U_1C_1}{\dfrac{C_1C_2}{C_1+C_2}}=\frac{600X_1}{\dfrac{400\times600}{400+600}}=2.5X_1$$

**La3D5009** 如图 1-1 所示电路中，电压表 $V_1$、$V_2$、$V_3$ 读数分别为 $U_R=X_1 V$，$U_L=X_2 V$，$U_C=30V$。则电压表 V 的读数 $U=$_____V。若电流表读数为 $I=3A$，则电路视在功率 $S=$_____VA。（计算结果保留 2 位小数）

$X_1$、$X_2$ 取值范围：$20\sim150$ 的整数

**计算公式：**

$$U=\sqrt{U_R^2+(U_L-U_C)^2}=\sqrt{X_1^2+(X_2-30)^2}$$

$$S=UI=3\sqrt{X_1^2+(X_2-30)^2}$$

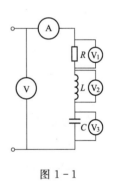

图 1-1

**La3D5010** 有一个 $RCL$ 串联电路，电阻 $R=X_1\Omega$，电容 $C=6.3\mu F$，电感 $L=X_2 H$。当将它们作为负载接电压为 100V、频率为 50Hz 的交流电源时，则电流 $I=$_____A、负载功率因数 $\cos\varphi=$_____、负载消耗的有功功率 $P=$_____W。（计算结果保留 3 位小数）

$X_1$ 取值范围：100，200，300，400

$X_2$ 取值范围：$2\sim5$ 之前 2 位小数的数

**计算公式：**

$$I=\frac{U}{Z}=\frac{100}{\sqrt{X_1^2+\left(314X_2-\dfrac{1\times10^6}{314\times6.37}\right)^2}}=\frac{100}{\sqrt{X_1^2+(314X_2-500)^2}}$$

$$\cos\varphi = \frac{R}{Z} = \frac{X_1}{\sqrt{X_1^2 + (314X_2 - 500)^2}}$$

$$P = I^2 R = \frac{10000X_1}{X_1^2 + (314X_2 - 500)^2}$$

**La3D5011** 某对称三相电路的负载作星形连接时，线电压为 380V，每相负载阻抗为：$R = X_1\Omega$，$X = X_2\Omega$，负载的相电流 $I = $ _____ A。（计算结果保留 2 位小数）

$X_1$ 取值范围：5～10 的整数

$X_2$ 取值范围：10～20 的整数

计算公式：

$$I = \frac{\dfrac{380}{\sqrt{3}}}{\sqrt{R^2 + X^2}} = \frac{220}{\sqrt{X_1^2 + X_2^2}}$$

**Lb3D3012** 某一工厂低压计算负荷为 200kW，平均功率因数为 $\cos\varphi = X_1$，则配置电流互感器时，一次额定电流计算结果 $I = $ _____ A。（按 DL/T 448 规程配置）（计算结果四舍五入取整）

$X_1$ 取值范围：0.75～0.99 保留两位小数的值

计算公式：

$$I = \frac{P}{\sqrt{3}U\cos\varphi \times k} = \frac{200}{\sqrt{3} \times 0.38X_1 \times 0.6}$$

**Lb3D5013** 有一个三相对称负载，每相的等效电阻 $R = X_1\Omega$，等效感抗 $X_L = X_2\Omega$，等效容抗 $X_C = 20\Omega$。接线为星形。当把它接到线电压 $U = 380$V 的三相对称电源时，则负载消耗的电流 $I = $ _____ A、有功功率 $P = $ _____ kW。（计算结果保留 2 位小数）

$X_1$ 取值范围：10～30 的整数

$X_2$ 取值范围：25～50 的整数

计算公式：

$$I = \frac{\dfrac{380}{\sqrt{3}}}{\sqrt{R^2 + (X_L - X_C)^2}} = \frac{220}{\sqrt{X_1^2 + (X_2 - 20)^2}}$$

$$P = \sqrt{3}UI\cos\varphi = \sqrt{3} \times \frac{380}{1000} \times \frac{220}{\sqrt{X_1^2 + (X_2 - 20)^2}} \times \frac{X_1}{\sqrt{X_1^2 + (X_2 - 20)^2}} = \frac{83.8\sqrt{3}X_1}{X_1^2 + (X_2 - 20)^2}$$

**Je3D3014** 某三相低压用户安装的是三相四线计量表，计量 TA 变比为 200/5A，V

相 TA 故障，装表人员误将 TA 安装成 $X_1/5$A，故障期间实抄电量为 30 万 kW·h，用户三相负荷平衡，更正系数 $G=$_____，应追补的电量 $\Delta W=$_____万 kW·h。（计算结果保留 2 位小数）

$X_1$ 取值范围：300，500，800，1000，1200

**计算公式：**

$$G=\frac{3UI\cos\varphi}{2UI\cos\varphi+\dfrac{200}{X_1}UI\cos\varphi}=\frac{3}{2+\dfrac{200}{X_1}}=\frac{3X_1}{2X_1+200}$$

$$\Delta W=(G-1)W_{已抄}=\left(\frac{3X_1}{2X_1+200}-1\right)\times30=\frac{X_1-200}{2X_1+200}\times30$$

**Je3D3015** 某三相四线低压三相负荷平衡用户，原电流互感器变比为 500/5A，装表人员更换 TA 时误将 U 相的变比换成 $X_1/5$A，而计算电量时仍然全部按 500/5 计算，更正系数 $G=$_____。若故障期间电能表走字为 1000 字，应追补的电量 $\Delta W=$_____ kW·h。（计算结果保留 2 位小数）

$X_1$ 取值范围：100，150，200

**计算公式：**

$$G=\frac{3UI\cos\varphi}{2UI\cos\varphi+\dfrac{500}{X_1}UI\cos\varphi}=\frac{3}{2+\dfrac{500}{X_1}}=\frac{3X_1}{2X_1+500}$$

$$\Delta W=(G-1)W_{已抄}=\left(\frac{3X_1}{2X_1+500}-1\right)\times1000=\frac{X_1-500}{2X_1+500}\times1000$$

$\Delta W$ 为负值，表示向用户退电量。

**Je3D3016** 某三相低压用户，安装的是三相四线有功电能表，计量 TA 变比为 300/5A，装表时计量人员误将 V 相 TA 极性接反，故障更正时抄见表码为 $X_1$ kW·h，表码起码为 100，更正系数 $G=$_____，应追补的电量 $\Delta W$ 为_____ kW·h（故障期间平均功率因数为 0.85）。

$X_1$ 取值范围：10～500 的整数

**计算公式：**

$$G=\frac{3UI\cos\varphi}{2UI\cos\varphi-UI\cos\varphi}=3$$

$$\Delta W=(G-1)W_{故障}=(3-1)\times(X_1-100)\times\frac{300}{5}=120(X_1-100)$$

**Je3D4017** 已知某 10kV 用户，三相电路对称，10kV 电能计量装置接线图如图 1-2 所示，$\varphi=X_1$，接入电能表电压端钮相序为 a、b、c，则该用户更正系数 $G=$_____。

（计算结果保留 2 位小数）

$X_1$ 取值范围：0～45 的整数

**计算公式：**

$$G=\frac{\sqrt{3}UI\cos\varphi}{UI\cos(30°+\varphi)+UI\cos(150°+\varphi)}$$

$$=-\frac{\sqrt{3}}{\tan\varphi}=-\frac{\sqrt{3}}{\tan X_1}$$

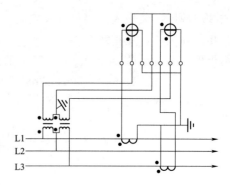

图 1-2

**Je3D4018** 已知某 6kV 用户，三相电路对称，6kV 电能计量装置接线图如图 1-3 所示，$\varphi=X_1$，接入电能表电压端钮相序为 a、c、b，则该用户更正系数 $G=$ _____ 。（计算结果保留 2 位小数）

$X_1$ 取值范围：0～45 的整数

**计算公式：**

$$G=\frac{\sqrt{3}UI\cos\varphi}{2UI\cos(30°-\varphi)}=\frac{\sqrt{3}}{\tan X_1+\sqrt{3}}$$

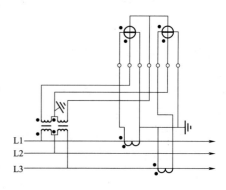

图 1-3

**Je3D4019** 已知某 35kV 用户，三相电路对称，35kV 电能计量装置接线图如图 1-4 所示，$\varphi=X_1$，接入电能表电压端钮相序为 b、a、c，则该用户更正系数 $G=$ _____ 。（计算结果保留 2 位小数）

$X_1$ 取值范围：-5～45 的整数

**计算公式：**

$$G=\frac{\sqrt{3}UI\cos\varphi}{2UI\cos(150°-\varphi)}=\frac{\sqrt{3}}{\tan X_1-\sqrt{3}}$$

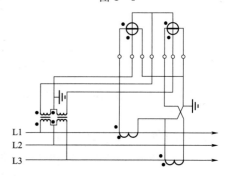

图 1-4

**Je3D4020** 已知某 35kV 用户，三相电路对称，35kV 电能计量装置电气接线图如图 1-5 所示，$\varphi=X_1$，接入电能表电压端钮相序为 b、c、a，则该用户更正系数 $G=$ _____ 。（计算结果保留 2 位小数）

$X_1$ 取值范围：0～45 的整数

**计算公式：**

$$G=\frac{\sqrt{3}UI\cos\varphi}{UI\cos(90°-\varphi)+UI\cos(150°-\varphi)}$$

$$=\frac{2}{\sqrt{3}\tan X_1-1}$$

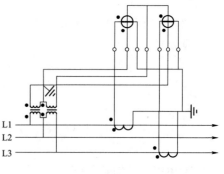

图 1-5

**Je3D4021** 已知某 10kV 用户，三相电路对称，10kV 电能计量装置接线图如图 1 - 6 所示，接入电能表电压端钮相序为 c、a、b，$\varphi = X_1$。则该用户更正系数 $G=$ _____ 。（计算结果保留 2 位小数）

$X_1$ 取值范围：5～60 的整数

**计算公式：**

$$G = \frac{\sqrt{3}UI\cos\varphi}{UI\cos(150°+\varphi)+UI\cos(90°+\varphi)} = \frac{-2}{\sqrt{3}\tan X_1+1}$$

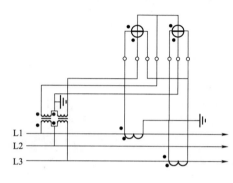

图 1 - 6

## 1.5 识图题

**La3E1001** 硅晶体三极管的图形符号及各管脚的名称如图 1-7 所示。（　　）

（A）正确；（B）错误。

**答案：A**

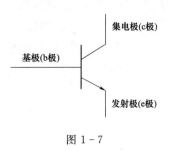

图 1-7

**La3E1002** 图 1-8 中，硅晶体二极管的正向伏安特性图是（　　）。

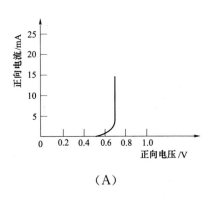

（A）

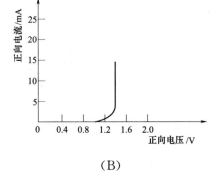

（B）

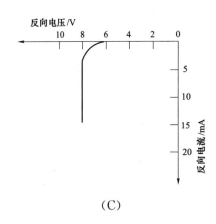

（C）

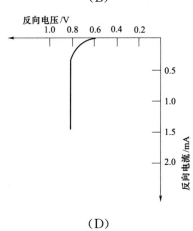

（D）

图 1-8

**答案：A**

**La3E2003** 由电源变压器 T（220V/12V）、整流二极管 VD、负载电阻 R 各 1 支，将它们连接成一个半波整流电路如图 1-9 所示。（　　）

（A）正确；（B）错误。

**答案：A**

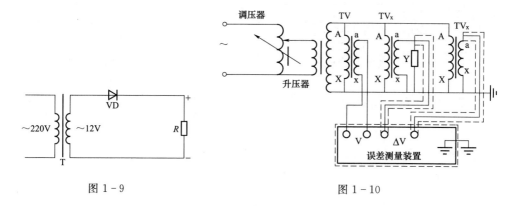

图 1-9

图 1-10

**La3E3004** 图 1-10 是用互感器误差测量装置与一般的标准电压互感器从低压电位端取出差压进行误差检定接线图。（　　）

（A）正确；（B）错误。

**答案：B**

**La3E3005** 如图 1-11 所示全波整流稳压电路中，起滤波作用的元件是（　　）。

（A）D；（B）C；（C）W；（D）R。

**答案：C**

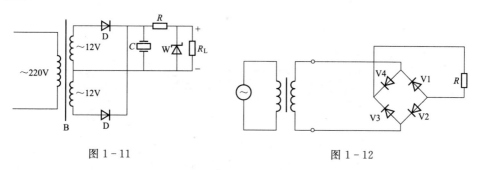

图 1-11

图 1-12

**La3E4006** 单相桥式整流电路图，如图 1-12 所示。（　　）

（A）正确；（B）错误。

**答案：A**

**La3E4007** 图 1-13 是变比为 1 电流互感器，二次负载阻抗为 $Z$ 时的 T 形等值电路图。（　　）

（A）正确；（B）错误。

**答案：A**

**La3E4008** 图 1-14 中，时间分割乘法型电子式多功能电能表原理框图是（　　）。

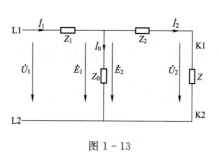

图 1-13

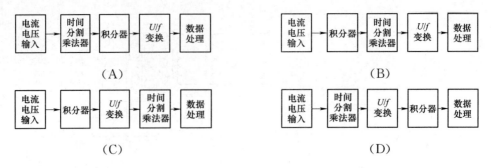

图 1-14

答案：**A**

**La3E4009** 图 1-15 中，数字乘法器型电子式电能表工作原理图是（　　）。

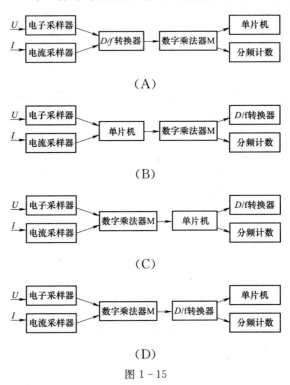

图 1-15

答案：**D**

**La3E5010** 图 1-16 为三相桥式全波整流电路原理图。（　　）

（A）正确；（B）错误。

答案：**A**

**Lb3E1011** 三相三线有功电能表正确

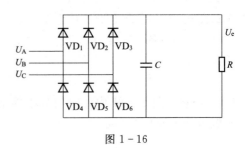

图 1-16

接线时的相量图如图 1-17 所示。（　　）

（A）正确；（B）错误。

**答案：A**

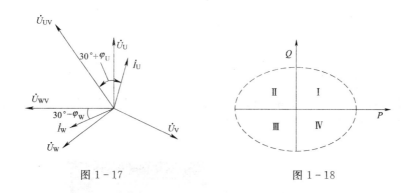

图 1-17　　　　　　　　　　图 1-18

**Lb3E1012**　图 1-18 中，智能电能表图形显示此符号，是当前运行象限指示。（　　）

（A）正确；（B）错误。

**答案：A**

**Lb3E1013**　图 1-19 中，单相费控电能表 LCD 图形符号：①②代表第 1 套、第 2 套时段。（　　）

（A）正确；（B）错误。

**答案：A**

图 1-19

**Lb3E2014**　图 1-20 中，两台单相电压互感器按 V/V-12 接线正确的是（　　）。

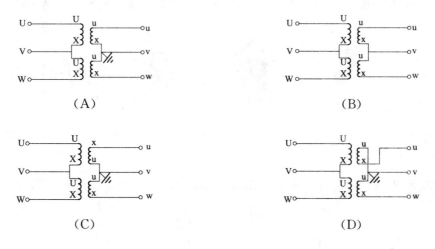

（A）　　　　　　　　　　（B）

（C）　　　　　　　　　　（D）

图 1-20

**答案：A**

**Lb3E2015**  图 1-21 中，国网三相智能电能表液晶上，表示当前运行在第 2 套时段的符号是（    ）。

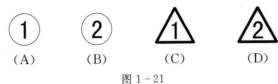

图 1-21

答案：**B**

**Lb3E3016**  图 1-22 中，智能表液晶屏出现表计可能正在进行载波通信动作。（    ）
（A）正确；（B）错误。

答案：**B**

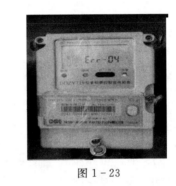

图 1-22                  图 1-23

**Lb3E3017**  图 1-23 所示的智能表出现报警应进行换表处理。（    ）
（A）正确；（B）错误。

答案：**A**

**Lb3E3018**  图 1-24 中，单相智能电能表液晶显示部分内容，含义为载波通信中的示意图为（    ）。

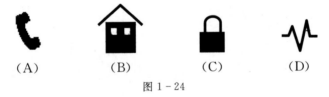

图 1-24

答案：**D**

**Lb3E3019**  图 1-25 中，集中器液晶屏上出现什么符号表示与主站连接成功。（    ）

图 1-25

答案：**C**

**Lb3E3020** 图 1-26 中，电流互感器是（    ）。

（A）①；（B）②；（C）③；（D）④。

**答案：D**

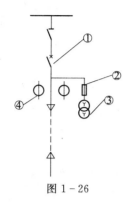

图 1-26

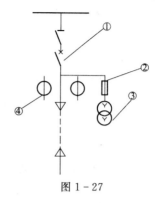

图 1-27

**Lb3E3021** 图 1-27 中，电压互感器是（    ）。

（A）①；（B）②；（C）③；（D）④。

**答案：C**

**Lb3E3022** 图 1-28 中，用单线表示的一组导线，共有 3 根的是（    ）。

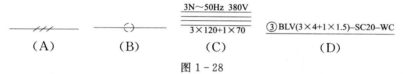

（A）          （B）          （C）          （D）

图 1-28

**答案：A**

**Lb3E3023** 三相三线有功电能表的错误接线如图 1-29 所示，其相量图是（    ）。

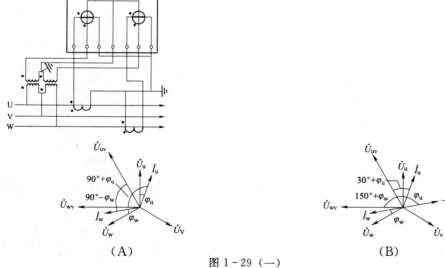

（A）                    （B）

图 1-29（一）

（C）                                （D）

图 1-29（二）

**答案：B**

**Lb3E3024**  三相三线有功电能表的错误接线如图 1-30 所示，其相量图是（　　）。

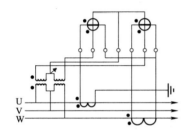

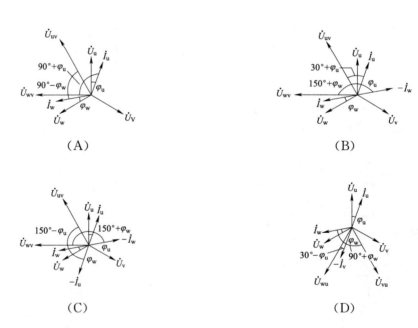

（A）                                （B）

（C）                                （D）

图 1-30

**答案：A**

**Lb3E3025**  图 1-31 中，三相三线两元件有功电能表错误接线中，接入电压相序为 UVW，V 相电流正向进入第二元件的是（　　）。

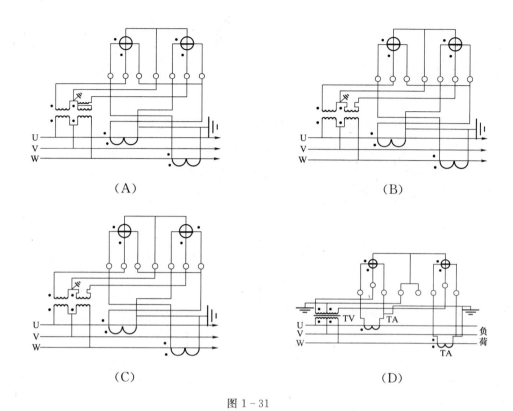

（A）

（B）

（C）

（D）

图 1 - 31

**答案：B**

**Lb3E3026** 图 1 - 32 中，三相三线两元件有功电能接线正确的是（　　）。

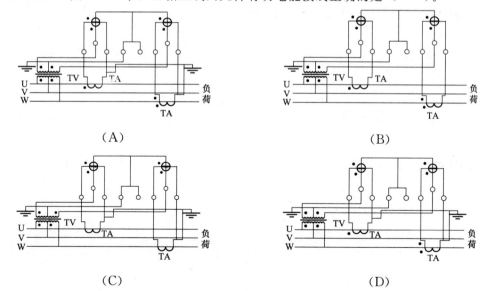

（A）

（B）

（C）

（D）

图 1 - 32

**答案：D**

**Lb3E4027** 图 1-33 是双绕组变压器差动保护原理图。
（　　）

（A）正确；（B）错误。

答案：**B**

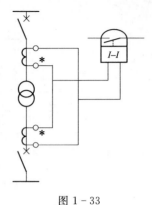

图 1-33

**Lb3E4028** 图 1-34 中，三相智能电能表三相实时电流状态指示，$I_u$、$I_v$、$I_w$ 分别对于 U、V、W 相电流。某相失流时，该相对应的字符闪烁；某相电流小于 $10\%I_u$ 时则不显示。某相功率反向时，显示该相对应符号前的"—"。（　　）

（A）正确；（B）错误。

答案：**B**

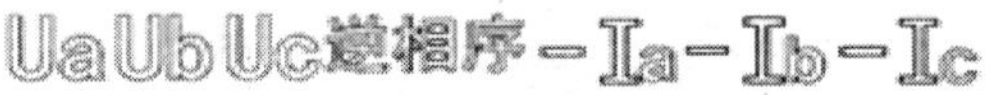

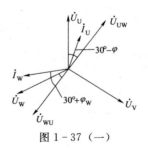

图 1-34

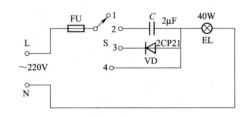

图 1-35

**Lb3E4029** 图 1-35 是一种分级调光灯电路，开关 S 在（　　）挡时，亮度约为正常亮度的一半。

（A）1；（B）2；（C）3；（D）4。

答案：**C**

**Lb3E4030** 图 1-36 中表示屏蔽导线的是（　　）。

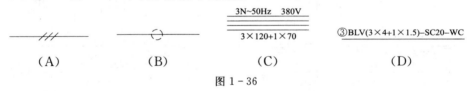

（A）　　　　　　（B）　　　　　　（C）　　　　　　（D）

图 1-36

答案：**B**

**Lb3E4031** 已知三相三线有功电能表的错误接线时相量图如图 1-37 所示，其接线图是（　　）。

图 1-37（一）

296

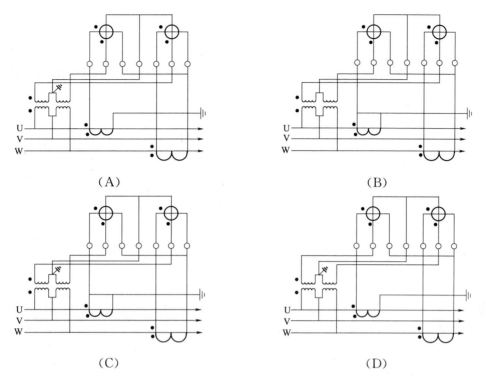

（A）

（B）

（C）

（D）

图 1-37（二）

**答案：D**

**Lb3E4032** 已知三相三线有功电能表的错误接线时相量图如图 1-38，其接线图是（　）。

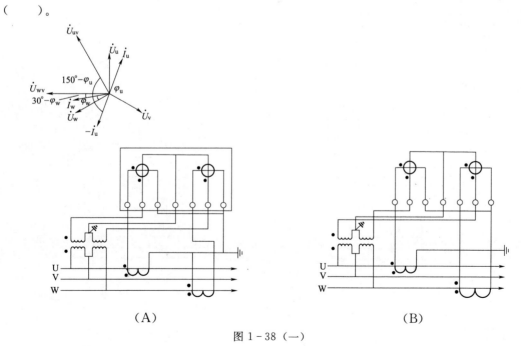

（A）

（B）

图 1-38（一）

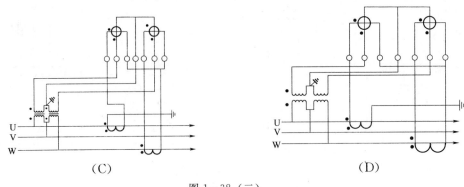

图 1 - 38（二）

**答案：C**

**Lb3E4033** 图 1 - 39 中，低压三相四线有无功电能表带 TA，联合接线盒接线图正确的是（　　）。

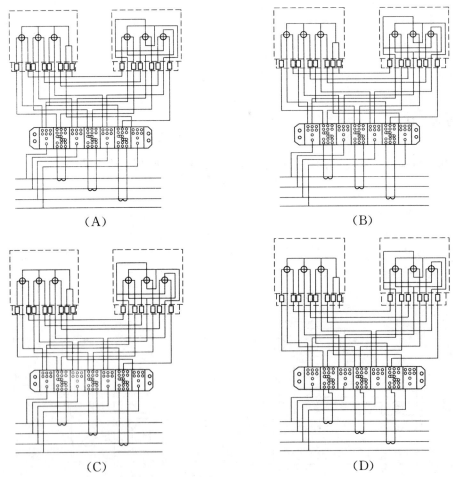

图 1 - 39

**答案：B**

**Lb3E4034**　图 1 - 40 中，低压三相四线有功电能表带接线盒的接线图正确的是（　　）。

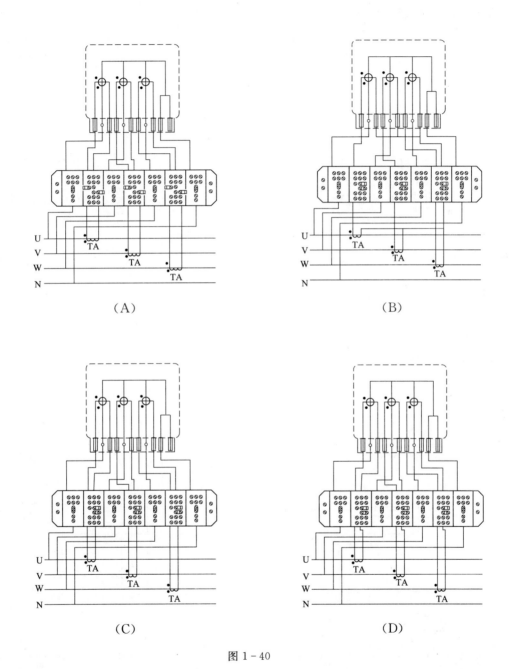

（A）　　　　　　　　　　（B）

（C）　　　　　　　　　　（D）

图 1 - 40

**答案：C**

**Lb3E5035**　图 1 - 41 中，国网三相费控智能电能表（外置继电器）辅助端子接线图正确的是（　　）。

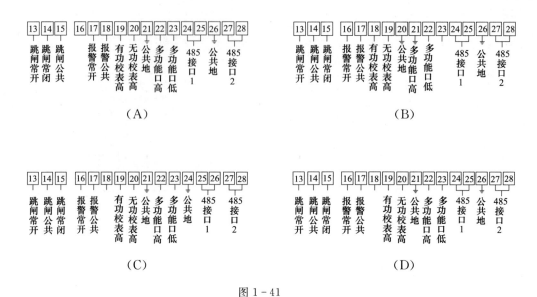

（A）

（B）

（C）

（D）

图 1-41

**答案：D**

**Lb3E5036** 图 1-42 所示为三相二元件有功、无功电能表，带 TV、TA 和接线盒的联合接线图，正确的是（ ）。

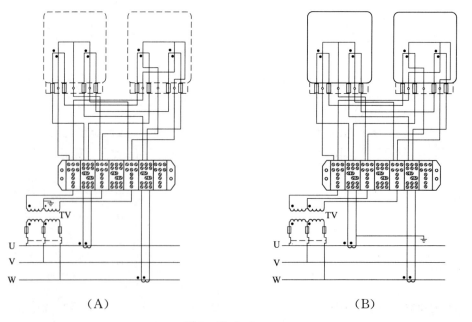

（A）

（B）

图 1-42（一）

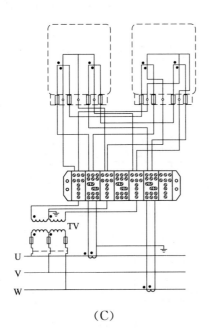
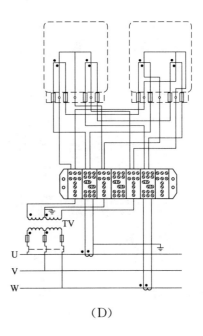

$$(C) \qquad\qquad\qquad (D)$$

图 1-42（二）

**答案：C**

**Jd3E1037** 图 1-43 是用 HEG 型比较仪式互感器校验仪检定电流互感器误差的检定接线图。（  ）

（A）正确；（B）错误。

**答案：A**

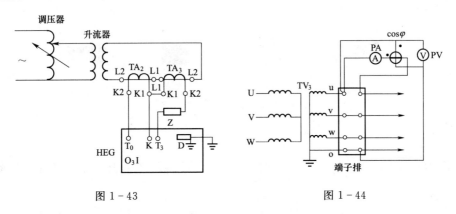

图 1-43          图 1-44

**Jd3E1038** 图 1-44 是用电流表、电压表单相功率因数表在不停电情况下测量按 Y/Y₀-12 组接线的三相电压互感器 U 相实际二次负载的测量接线图。（  ）

（A）正确；（B）错误。

**答案：A**

**Jd3E1039** 图 1-45 所示为三相二元件有功、无功电能表带 TV、TA 和接线盒的联合接线图。（　　）

（A）正确；（B）错误。

**答案：A**

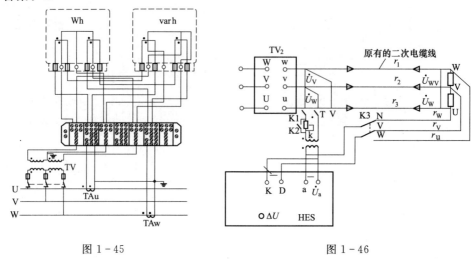

图 1-45　　　　　　　　　　　　图 1-46

**Jd3E2040** 图 1-46 所示为用 HES 型电位差式互感器校验仪在变电所测定电压互感器二次导线压降的接线图。（　　）

（A）正确；（B）错误。

**答案：A**

**Je3E2041** 正常三相智能电能表（载波）液晶出现图 1-47 所示的显示，不可能出现的（满屏除外）是（　　）。

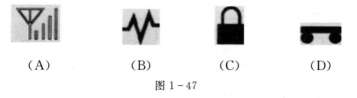

（A）　　　　　（B）　　　　　（C）　　　　　（D）

图 1-47

**答案：A**

**Jf3E2042** 图 1-48 所示的一次回路常用电气设备的图形符号中，跌开式熔断器是（　　）。

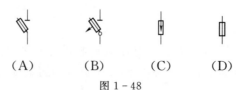

（A）　　　（B）　　　（C）　　　（D）

图 1-48

**答案：B**

# 2 技能操作

## 2.1 技能操作大纲

装表接电工种（高级工）技能鉴定技能操作考核大纲

| 等级 | 考核方式 | 能力种类 | 能力项 | 考核项目 | 考核主要内容 |
|---|---|---|---|---|---|
| 高级工 | 技能操作 | 基本技能 | 01. 电气识图、绘图 | 根据展开接线图绘制安装接线图 | 熟悉电能计量装置一次、二次接线的施工图；绘制各种复杂线路的施工图和竣工图 |
| | | | 02. 电能计量装置施工方案的编制 | 带电更换单相客户电能计量装置施工方案编制 | 能编制电能计量装置施工方案 |
| | | 专业技能 | 01. 安装调试 | 01. 经互感器接入高压三相三线智能表安装 | 能对经互感器接入的电能表进行安装 |
| | | | | 02. 高压三相三线电能计量装置及采集终端安装调试 | 能对高压三相三线电能表进行采集终端安装并调试正常 |
| | | | | 03. 带电更换高压三相三线计量表计 | 能够在带电的情况下更换高压三相三线电能表 |
| | | | 02. 电能表现场检验 | 01. 使用便携式校表仪对三相三线表计进行误差校验 | 能对电能表进行现场检验 |
| | | | | 02. 三相四线电能表接线现场检查 | 能对高压三相三线电能表计，进行简单错误接线查找 |
| | | | 03. 电能计量装置的检查与处理 | 01. 带互感器的三相四线电能表错误接线现场检查 | 三相四线计量装置复杂错误接线检查、分析和故障处理 |
| | | | | 02. 窃电行为的判定与处理 | 计量装置复杂错误接线检查、分析和故障处理 |
| | | 相关技能 | 01. 电费、电价 | 电力客户电能表的抄读与电费计算 | 能准确对电能表进行读取，并根据电价计算电费 |
| | | | 02. 计算机应用 | 创建与编辑工作表 | 能应用操作系统；能应用 WPS Office |

## 2.2 技能操作项目

### 2.2.1 ZJ3JB0101 根据展开接线图绘制安装接线图

**一、作业**

（一）工器具、材料、设备

（1）工器具、材料：电工绘图工具、计算器等自动化办公用品、A4白纸。

（2）设备：设备表见表2-1。某客户计量回路展开接线图见图2-1～图2-4。

表2-1 设 备 表

| 符　号 | 名　称 | 数　量 | 备　注 |
|---|---|---|---|
| 1.2PJW | 最大需量表 | 2 | |
| 3PJW | 复费率电能表 | 1 | |
| 4PJW | 有功电能表 | 1 | |
| 1.4PJV | 无功电能表 | 2 | |
| SY | 失压计时仪 | 1 | |
| TV | 电压互感器 | 2 | |
| TA | 电流互感器 | 2 | |

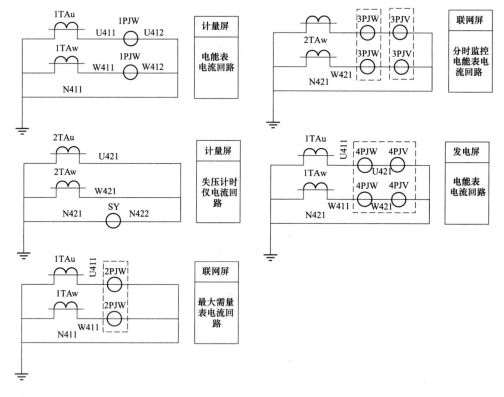

图 2-1

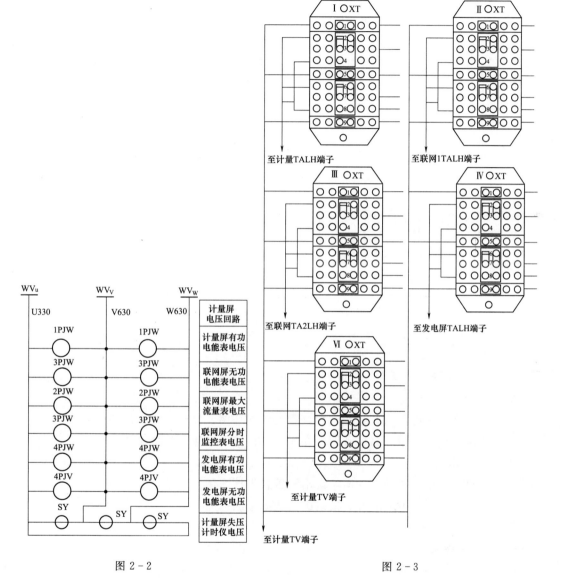

图 2-2

图 2-3

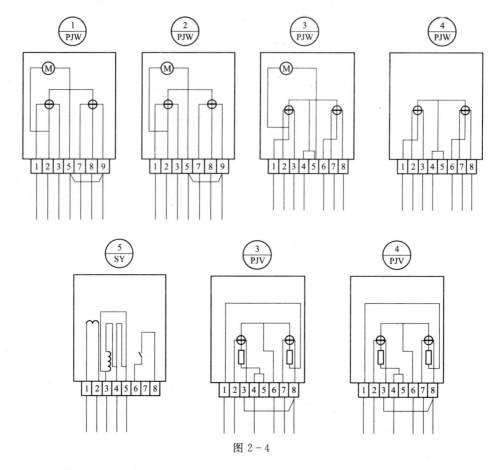

图 2-4

（二）操作步骤及要求

1. 操作步骤

（1）了解客户用电需求，查看客户计量回路展开图，接受考核人员的提问。

（2）根据给定的计量回路展开图，在安装接线图上标注相关接线编号。

2. 操作要求

（1）根据客户计量回路展开图，说出配置各表计作用。

（2）在给定答题卡上完成安装接线图接线编号的标注。

**二、考核**

（一）考核场地

（1）客户计量回路展开图。

（2）考核工位配有桌椅、计时器。

（二）考核时间

参考时间为 30min，从报开工起到报完工止。

（三）考核要点

（1）讲解客户配置各种表计的作用。

（2）根据给定的计量回路展开图，在安装接线图上标注相关接线编号。

## 三、评分标准

行业：电力工程　　　　　　　工种：装表接电工　　　　　　　等级：三

| 编　号 | ZJ3JB0101 | 行为领域 | e | | 鉴定范围 | | |
|---|---|---|---|---|---|---|---|
| 考核时间 | 30min | 题型 | C | 满分 | 100 | 得分 | |
| 试题名称 | 根据展开接线图绘制安装接线图 | | | | | | |
| 考核要点<br>及其要求 | (1) 给定条件：客户计量回路展开图。<br>(2) 根据客户计量回路展开图，讲解客户配置各种表计的作用。<br>(3) 根据给定的计量回路展开图，在安装接线图上标注相关接线编号。<br>(4) 各项得分均扣完为止 | | | | | | |
| 现场设备、<br>工器具、材料 | (1) 设备：电工绘图工具、计算器等自动化办公用品、A4白纸。<br>(2) 材料、工器具：某客户计量回路展开图 | | | | | | |
| 备　注 | | | | | | | |

| | | 评　分　标　准 | | | | | |
|---|---|---|---|---|---|---|---|
| 序号 | 考核项目名称 | 质　量　要　求 | 分值 | 扣　分　标　准 | | 扣分原因 | 得分 |
| 1 | 说明配置表计作用 | 对照客户计量回路展开图讲解最大需量表、有功表、无功表、失压计时仪的作用 | 20 | (1) 未说明或讲解错误每项扣5分。<br>(2) 该项分值扣完为止 | | | |
| 2 | 安装接线图端子号标注 | 接线端子盒接线端子的标注、编号应正确、齐全 | 40 | (1) 漏标、错误标注1处1扣2分。<br>(2) 该项分值扣完为止 | | | |
| | | 表计表尾接线端子盒接线端子的标注、编号应正确、齐全 | 40 | (1) 漏标、错误标注1处1扣2分。<br>(2) 该项分值扣完为止 | | | |

### 2.2.2 ZJ3JB0201 带电更换单相客户电能计量装置施工方案编制

**一、作业**

（一）工器具、材料

（1）工器具：黑色中性书写笔。

（2）材料：A4答题白纸、三色彩色草稿纸等。

（二）场地要求

考核工位配有桌椅、计时器。

（三）操作步骤及要求

带电更换单相客户电能计量装置，从安装前的准备工作，包括准备工作安排、人员要求、主要仪器仪表和工具；现场作业注意事项，包括危险点分析、安全措施、事故预想及异常情况处理、文明施工细则；现场安装工序，包括安装作业流程、电表安装竣工检查，三方面编制计量装置施工方案。

**二、考核**

（一）考核场地

（1）考场单人桌椅、分组、分区已定置就位。

（2）分区设置明显的隔离围栏。

（3）设置评判桌椅和倒计时语音计时器。

（二）注意事项

（1）考生进场抽签决定考位、题号。

（2）要求单人答卷。考生就位，检查答题工具无误。

（3）监考人员发放试卷、稿纸、答题纸，经许可后开始答题，并开始计时。在规定时间内完成答题，将正确的答案填写在答题纸上。

（4）在规定时间内答题完成的考生，必须立即将试卷、答题纸、草稿纸反扣在桌面，将计算工具整理归位，方可离场。

（5）计时结束，不论是否完成答题，考生必须立即将试卷、答题纸、草稿纸反扣在桌面，离开考场。

（6）考生不得携带任何答题工具、纸张、通信工具进出考场，否则按作弊处理。

（7）监考人员必须每轮次都重新清理、检查、布置考位环境。

（三）考核要点

1. 安全文明行为

（1）按营销工作现场规定着装。

（2）遵守考场规定。

2. 技能

（1）安装前准备工作详细、人员要求具体、工器具准备齐全。

（2）危险点分析到位，安全措施具体、齐全。

（3）安装作业流程正确、具体。

（4）施工方案编制具体，不缺项。

3. 考核时间

（1）考试总时间为 40min。

（2）许可开工后即开始计时，到时终止考试。

（3）考试时间内，考生交卷离场后记录为考试结束时间。

## 三、评分标准

行业：电力工程　　　　　　　　工种：装表接电工　　　　　　　　等级：三

| 编　号 | ZJ3JB0201 | 行为领域 | e | 鉴定范围 | |
|---|---|---|---|---|---|
| 考核时间 | 40min | 题型 | A | 满分 | 100 分 | 得分 | |

| 试题名称 | 带电更换单相客户电能计量装置施工方案编制 |
|---|---|
| 考核要点<br>及其要求 | （1）根据客户背景资料编制计量装置施工方案。<br>（2）确定的信息精确规范 |
| 现场设备、<br>工器具、材料 | （1）工器具：黑色中性书写笔。<br>（2）材料：A4 答题白纸、三色彩色草稿纸等 |
| 备　注 | |

评 分 标 准

| 序号 | 考核项目名称 | | 质量要求 | 分值 | 扣分标准 | 扣分原因 | 得分 |
|---|---|---|---|---|---|---|---|
| 1 | 安装前准备 | 准备工作安排 | 准备工作安排应详细具体。具体应包括工作任务描述、现场作业环境分析、测量仪表和安全工器具要求、填写工作票或派工单要求等内容 | 10 | （1）缺少 1 项扣 2 分，内容不全面扣 1 分。<br>（2）该项分值扣完为止 | | |
| 2 | | 人员要求 | 工作班成员不少于 2 人，工作人员要求持证上岗等内容 | 10 | （1）缺少 1 项扣 2 分，内容不全面扣 1 分。<br>（2）该项分值扣完为止 | | |
| 3 | | 主要仪器仪表和工具 | 现场应准备主要仪器、仪表，工具应齐全、完备，满足带电更换单相表计需要 | 15 | （1）每少 1 件仪器、仪表和工具扣 1 分。<br>（2）该项分值扣完为止 | | |
| 4 | 现场作业注意事项 | 危险点分析 | 应从人员着装、现场标识牌悬挂、遮栏设置、电流回路、电压回路注意事项，防高摔措施，工器具使用等方面进行分析 | 10 | （1）每少 1 项扣 2 分，危险点分析不到位扣 1 分。<br>（2）该项分值扣完为止 | | |
| 5 | | 安全措施 | 安全措施应结合施工现场条件进行编制，应符合安规内对带电工作的安全措施 | 15 | （1）安全措施每少 1 项扣 3 分。<br>（2）该项分值扣完为止 | | |
| 6 | | 事故预想及异常处理情况 | 应预想到带电更换单相表有可能出现的事故情况，并提出具体措施 | 2 | 没有事故预想扣 2 分，不具体扣 1 分 | | |
| 7 | | 文明施工细则 | 应从施工现场环境卫生、科学组织施工、施工废料收集、遵守施工现场文明施工等方面进行编写 | 3 | （1）文明施工细则每少 1 项扣 1 分，不具体扣 0.5 分。<br>（2）该项分值扣完为止 | | |

| 序号 | 考核项目名称 | 质 量 要 求 | 分值 | 扣 分 标 准 | 扣分原因 | 得分 |
|---|---|---|---|---|---|---|
| 8 | 现场安装工序及竣工检查 | 安装作业流程 | 按照规范施工环节，按照从断开负荷观察电能表运行状态、拆出表接线、拔出导线绝缘措施、拆除电表、记录度数、固定新表、恢复原来接线、检查接线是否正确、客户送电、送电后对电压测试是否合格、表尾表箱加封加锁等顺序写出具体安装作业流程 | 20 | （1）安装作业顺序不正确每项扣2分；缺少安装关键步骤扣2分；安装步骤不全扣2分。<br>（2）该项分值扣完为止 | | |
| 9 | | 电表安装竣工检查 | 安装竣工检查从现场是否遗留工器具、材料，清点工具、清理施工现场，工作记录是否齐全以及工作票（派工单）终结等方面进行编写 | 5 | （1）每少1项扣2分，项目不具体扣1分。<br>（2）该项分值扣完为止 | | |

## 附件：

# 评 分 参 考 答 案

**一、安装前准备**

1. 准备工作安排

1.1　根据工作任务要求，确定工作内容。使全体工作人员熟悉工作内容、进度要求、作业标准、安全注意事项。由工作负责人监督检查。

1.2　了解现场作业环境条件，分析可能遇到的问题，提出有效的预防措施。

1.3　测量仪表和安全工机具经过定期检验且合格。

1.4　携带的工具和材料能够满足安装作业的需求。

1.5　填写工作票或派工单，内容清楚、工作任务和工作范围明确。

2. 人员要求

2.1　现场作业人员应身体健康、精神状态良好。

2.2　现场工作负责人必须具备相关工作经验，且熟悉电气设备安全知识。

2.3　工作班成员不得少于2人。

2.4　工作人员必须具备必要的电气专业（或电工基础）知识，掌握本专业作业技能，必须持有上岗证。

2.5　工作班人员必须熟悉安规的相关知识，熟悉现场安全作业要求，并经安全规程考试合格。

3. 主要仪器仪表和工具

主要仪器仪表和工具见表2-2。

表 2-2　　　　　　　　　　　　　　主要仪器仪表和工具

| 序号 | 名　称 | 单位 | 备　注 |
|---|---|---|---|
| 1 | 绝缘手套 | 双 | |
| 2 | 绝缘鞋 | 双 | |
| 3 | 验电笔 | 支 | |
| 4 | 接地线 | 组 | |
| 5 | 低压短路环 | 组 | 短接二次电流回路专用 |
| 6 | 登高板 | 副 | |
| 7 | 绝缘梯 | 把 | |
| 8 | 低压短接线 | 组 | |
| 9 | 低压验电笔 | 支 | |
| 10 | 平口螺丝刀 | 把 | 螺丝刀金属裸露部分用绝缘胶带缠绕、螺丝刀口带磁 |
| 11 | "十"字螺丝刀 | 把 | 螺丝刀金属裸露部分用绝缘胶带缠绕、螺丝刀口带磁 |
| 12 | 平口钳 | 把 | |
| 13 | 尖嘴钳 | 把 | |
| 14 | 斜口钳 | 把 | |
| 15 | 电工刀 | 把 | 刀把需进行绝缘处理 |
| 16 | 剥线钳 | 把 | |
| 17 | 安全带 | 副 | |
| 18 | 安全帽 | 个 | |
| 19 | 常用接线工具 | 套 | 若干 |
| 20 | 记号笔 | 支 | |
| 21 | 护目镜 | 副 | |

## 二、现场作业注意事项

1. 危险点分析

危险点分析见表 2-3。

表 2-3　　　　　　　　　　　　　　危　险　点　分　析

| 序号 | 内　容 | 后　果 |
|---|---|---|
| 1 | 工作人员进入作业现场不戴安全帽 | 可能会发生人员伤害事故 |
| 2 | 工作现场不挂标示牌或不装设遮栏或围栏 | 工作人员可能会发生走错间隔及操作其他运行设备 |
| 3 | 二次电流回路开路或失去接地点 | 易引起人员伤亡及设备损坏 |
| 4 | 电压回路操作 | 有可能造成交流电压回路短路、接地 |
| 5 | 在高处安装计量装置时 | 可能造成高空坠落或高空坠物，引起人员伤亡及设备损坏 |
| 6 | 设备的标示不清楚 | 易发生误接线，造成运行设备事故 |
| 7 | 未使用绝缘工具 | 易引起人身触电及设备损坏 |
| 8 | 使用电钻时 | 可能碰及带电体 |
| 9 | 没有明显的电源断开点 | 易引起人身触电伤亡事故 |

2. 安全措施

2.1 进入工作现场，工作人员必须戴安全帽，穿工作服，正确使用劳动保护用品。

2.2 现场作业必须执行派工单制度，工作票制度、工作许可制度、工作监护制度、工作间断、转移和终结制度。

2.3 开工前，工作负责人应对工作人员详细交代在工作区内的安全注意事项，进行危险点分析。

2.4 工作现场应装设遮栏或围栏或标示牌或设置临时工作区等，操作必须有专人监护。

2.5 检查实际接线与现场、要求、图纸是否一致，实际安装位是否与派工内容一致，如发现不一致，应及时进行报告、更正，确认无误后方可进行安装作业。

2.6 在进行停电安装作业前，必须用验电笔验电，应确定表前（或低压电流互感器）、表后线（或低压电流互感器）是否带电，或者是否有明显的断开点，在确认无电、无误情况下方可进行安装工作。

2.7 使用绝缘工具，做好安全防范措施。

2.8 为防止震动引起保护误动，客户变电站作业，要采取与信号、控制、保护回路有效的隔离措施，防止误碰、误动。必要时可以暂停保护压板。

2.9 严禁火线（电压）短接、接地，严禁二次电流回路开路。

2.10 使用梯子或登杆作业时，应采取可靠防滑措施，并注意保持与带电设备的安全距离。

2.11 安装作业结束后，工作人员应对安装设备及电压、电流回路连接情况进行检查，并清理现场。

3. 事故预想及异常情况处理

工作过程中，如遇异常情况时，无论与本工作是否有关，必须立即暂停工作，待检查与本工作无关，方可恢复工作。

4. 文明施工细则

文明施工是指保持施工现场良好的作业环境、卫生环境和工作秩序。文明施工主要包括：规范施工现场的场容，保持作业环境的整洁卫生，科学组织施工；使生产有序进行；减少对施工场地周围居民和环境的影响。施工现场应设专用废料、废弃物回收桶或垃圾袋。施工中产生的废料、废弃物及时放入回收桶或垃圾袋。工作完毕后，工作班应清扫、整理现场。遵守施工现场文明施工的规定要求，保证维护施工的人身安全。

**三、现场安装工序及时间预算**

1. 安装作业流程

1.1 断开用户侧开关（预先通知用户），并观察电能表运行状态指示，确认已切除负荷。此时电子式电能表的指示灯停止闪动或熄灭；机械式电能表的转盘停转。

1.2 打开电表封印；拆出电表接线。先拆火线，再拆零线。

1.3 依次松开进线的火线接线端子螺丝，轻轻拔出导线并用绝缘胶带绑扎。

1.4 依次松开出线的火线接线端子的螺丝，轻轻拔出导线并用绝缘胶带绑扎。

1.5 再松开进线的零线接线端子的螺丝，轻轻拔出导线并用绝缘胶带绑扎。

1.6 松开出线的零线接线端子的螺丝，轻轻拔出导线并用绝缘胶带绑扎。

1.7 松开电能表固定螺丝轻轻取下电能表，核对拆下电表和装接单标明的是否一致，用布擦干净，记录拆下电能表的读数。

1.8 把电能表牢牢地固定在表箱的底版上安装完毕，用手推拉电能表，无松动现象并垂直于地面。

1.9 用螺丝刀松开电表接线端子盒盖螺丝，取下盒盖。检查端子的排列，通常有两种，从左到右数。

1.10 单相表的排列是火线进，火线出；零线进，零线出。

1.11 依次剥开预先分辨出的零线接头的胶带，把接头连接到电能表的零线进线端子上。

1.12 依次剥开预先分辨出的火线接头的胶带，把接头连接到电能表的火线进线端子上。先接零线，再接火线接头连接要牢固，用手捏住导线的绝缘层，轻拉无松动现象。

1.13 检查整理导线并进行绑扎导线排列应为横平、竖直、整齐和美观，导线应有良好的绝缘，中间不允许有接头。

1.14 检查整理完毕，盖上电能表接线端子的盒盖。确认接线正确，无错误接线。

1.15 通知用户准备送电。由用户合上用户侧开关（或保安器），检查电表运行状态。带负荷后，电子式的脉冲信号灯能闪烁，通过按键查询电压，电压应在 198V 至 235V 以内。

1.16 完成电表表盖、表箱门的封印工作。封印的螺丝以不可转出为准，封印用的铜线长短适中，确保封印起到防窃电的作用。

2. 电表安装竣工检查

2.1 检查设备上无遗留工器具和导线、螺钉材料。

2.2 清点工具，清理工作现场。

2.3 检查工作单上记录，严防遗漏项目。

2.4 工作负责人在工作记录上详细记录本次工作内容、工作结果和存在的问题等。

2.5 终结工作票（派工单）手续。

### 2.2.3 ZJ3ZY0101 经互感器接入高压三相三线智能表安装

**一、作业**

（一）工器具、材料、设备

（1）工器具：电工个人工具、"一"字螺丝刀、"十"字螺丝刀、克丝钳、偏口钳、尖嘴钳、活络扳手、万用表、绝缘垫和皮卷尺。

（2）材料：黄、绿、红、黑、黄绿相间 2.5mm² 、4mm² 单股铜芯塑料绝缘线若干，尼龙扎带、一次线相别标志若干、M4、M6 螺杆螺母若干，联合接线盒 1 个。

（3）设备：高压计量柜体 1 台，三相三线高压 3×1.5（6）A 多功能表 1 块、联合接线盒 1 个、10kV 电压互感器 2 个（为了便于实施，可以用 380V/100V 电压互感器代替）、10kV 电流互感器 2 个。

（二）安全要求

（1）正确填用第一种工作票，工作服、安全帽、手套整洁完好，符合要求，工器具绝缘良好，整齐完备。

（2）使用电工刀剥削导线时，刀口向外并与导线约成 45°，防止伤人。

（3）配线、安装时防止工具、导线意外伤人。

（4）接用临时电源应使用专用导线设备，应配有剩余电流动作保护器。

（5）使用仪表检测注意其挡位和量程选择，加强监护，严防短路事故。

（6）查看带电设备及周边环境，制定现场安全防护措施。

（7）着装符合要求，工作服、安全帽和棉手套整洁完好。

（三）操作步骤及工艺要求

1. 操作步骤

（1）查看现场，监护人向工作人交代危险点，必要时补充制定现场安全措施。

（2）工作人明确工作任务，并确认以上事项开工前在工作票上签名认可。

（3）选择检查元器件。

（4）熟悉经 10kV 电压、电流互感器接入高压三相三线智能表原理接线图。

（5）按工艺要求安装电能表，监护人监护到位，防止事故发生。

（6）清理现场，请客户签字认可，工作人在工作单上签字，确认工作完毕。

2. 工艺要求

（1）10kV 电压、电流互感器接入高压三相三线智能表接线图如图 2-5 所示。

（2）按电压、电流互感器固定位置进行二次线连接、安装。

（3）检查待装设备完好、垂直安装。

（4）选择导线规格，测量线长，准确截取导线，剥削线头尺寸合理，孔径恰当。

（5）导线横平竖直，转角曲率半径不小于 3 倍导线外径，扎带距转角两端不超过 3cm，直线段间距不超过 15cm。

（6）清净线头表面氧化层、对应 W、V、U

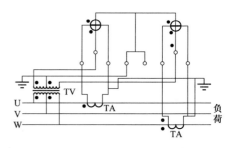

图 2-5 经电压、电流互感器接入
高压三相三线智能表接线图

三相进出线相线和中性线分别与设备连接、可靠压接，先压接上端螺钉，再压接下端螺钉，力度适中有压痕，无压绝缘层，如图2-6所示。

（7）认清电能表接线盒 U、V、W 相接线单元和黄绿红色绝缘导线，一一对应接入并及时轻拉导线无松动。

（8）检查新表接线正确，通电测试电能表正相序，电压、电流运行正常。

（9）加封完整，正确填写工作单，供电和用电双方在工作单上签字确认。

（10）清理工位，工具、材料摆放整齐，无不安全现象发生，做到安全文明生产。

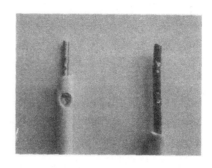

图2-6 无压绝缘层

## 二、考核

（一）考核场地

（1）每个工位配高压计量柜1台。

（2）室内备有通电试验用的三相电源（有接地保护）。

（二）考核时间

参考时间为30min，从报开工起到报完工止，不包括选用工器具、材料、设备时间和通电试验时间。

（三）考核要点

（1）履行工作手续完备。

（2）正确选择待装设备和导线规格，安全作业。

（3）导线压接到位，连接正确，符合工艺要求。

（4）通电后检查运行正常，履行电压质量及相序的测试。

（5）工作单填写正确、规范。

（6）安全文明生产。

## 三、评分标准

| 编　号 | ZJ3ZY0101 | 行为领域 | e | 鉴定范围 | |
|---|---|---|---|---|---|
| 考核时间 | 30min | 题型 | A | 满分 | 100分 | 得分 | |

| 试题名称 | 经互感器接入高压三相三线智能表安装 |
|---|---|
| 考核要点及其要求 | (1) 给定条件：现场相关工作票据和许可手续已齐备，安全措施已做好，设备不带电；现场安装高压计量箱1台，安装经电压、电流互感器接入式3×1.5(6) A三相三线智能电能表1块。除电能表外，上述设备均已固定安装。<br>(2) 智能表已经试验合格。<br>(3) 着装规范，劳动防护措施齐全。<br>(4) 正确选择、准备工器具、仪表、材料，无遗漏。<br>(5) 开工前检查仪表、设备良好。<br>(6) 正确、安全使用工器具、仪表。<br>(7) 接线方式按经10kV电压、电流互感器接入高压三相三线智能表接线，接线正确，正相序接入，导线相色正确。<br>(8) 安装走线总体要求：选择一次线相别，相序从上到下，从左到右，从里到外为U、V、W相；二次接线正确规范，层次清晰；布置合理，方位适中；集束成捆，互不交叠；横平竖直，边路走线。<br>(9) 正确、安全完成停电检查和通电检查。<br>(10) 各项得分扣完为止 |
| 现场设备、工器具、材料 | (1) 工器具：电工个人工具、断线钳、冲击钻、手锤、扳手、钳形电流表、万用表、相序表、压接钳、绝缘垫、皮卷尺。<br>(2) 材料：黄、绿、红、黑色2.5mm²及4mm²单股铜芯塑料绝缘线若干，黄、绿、红、黑色绝缘胶带、尼龙扎带、细砂纸、一次线相别标志若干，联合接线盒1个。<br>(3) 设备：10kV高压计量柜1台，三相三线高压3×1.5(6) A智能表1块。<br>(4) 考生自备工作服，安全帽，线手套，绝缘鞋 |
| 备　注 | |

### 评 分 标 准

| 序号 | 考核项目名称 | 质 量 要 求 | 分值 | 扣 分 标 准 | 扣分原因 | 得分 |
|---|---|---|---|---|---|---|
| 1 | 着装 | 安全帽应完好，佩戴应正确规范，着棉质长袖工作服，系好领口、袖口，穿绝缘鞋，戴线手套 | 3 | (1) 未按要求着装扣2分。<br>(2) 着装不规范扣1分 | | |
| 2 | 工器具、仪表外观检查和试验 | (1) 正确选择工器具、仪表，不漏选。<br>(2) 常用工具检查。检查其规格、外观质量及机械性能。<br>(3) 电气安全器具检查。检查低压验电笔外观质量和电气性能，并在确认有电的电源插座上试电，发光时为正常。<br>(4) 测量仪表检查其外观和电气性能 | 6 | (1) 借用工具扣1分。<br>(2) 漏选仪表扣1分。<br>(3) 未检查工器具扣2分。<br>(4) 未试验、检查仪表扣2分 | | |

| 序号 | 考核项目名称 | 质 量 要 求 | 分值 | 扣 分 标 准 | 扣分原因 | 得分 |
|---|---|---|---|---|---|---|
| 3 | 材料、设备选择 | 正确选择材料、设备，不漏选，检查主要设备外观完好，规格合适 | 6 | (1) 借用材料扣1分。<br>(2) 漏选设备扣1分。<br>(3) 未对设备和材料进行检查扣2分。<br>(4) 导线规格、颜色选择不正确扣2分 | | |
| 4 | 开工 | 履行开工手续 | 3 | 未口头交代工作票或施工票填写及措施扣3分 | | |
| 5 | 安装环境检查 | 安装场所符合安装要求 | 2 | 安装前未检查安装场所扣2分 | | |
| 6 | 设备安装 | 设备安装正确、布局合理 | 20 | (1) 设备之间及距边框不小于80mm，不合理扣2分。<br>(2) 电能表、联合接线盒安装不牢固每项扣2分。<br>(3) 电能表、联合接线盒固定螺钉不全每项扣2分。<br>(4) 电能表安装倾斜超过1°，或有明显倾斜扣1分。<br>(5) 该项分值扣完为止 | | |
| 7 | 线长测量 | 根据设备布局，测量所需导线长度，正确截取需要导线 | 5 | (1) 未进行线长测量扣2分。<br>(2) 导线选择过长，余线总长度超过50cm扣2分，超过100cm扣3分 | | |
| 8 | 整体布线合理、美观 | 布线路径合理、美观（横平竖直，弯角弧度合适，长线在外，短线在内），绑扎线位置合适 | 15 | (1) 布线路径不合理（安全距离、美观程度没有达到横平竖直）扣2分。<br>(2) 导线不横平竖直（明显有角度偏差5°以上）扣2分，布线绞线扣2分。<br>(3) 布线不美观（指导线存在弓弯，超过2mm）扣2分；导线转角弧度过大扣2分，过小（出现明显拉皮现象）扣5分；绑扎线距转角两端超过3～5cm扣2分，直线段间距超过15cm每处扣2分。<br>(4) 绑扎线绑扎不紧每处扣2分。<br>(5) 该项分值扣完为止 | | |
| 9 | 导线连接牢固、工艺良好 | (1) 导线连接牢固、接触良好，接线工艺美观，导线接头金属部分不外露，表尾螺钉压接时，先固定上端螺钉，后固定下端螺钉。<br>(2) 执行"先出后进、先零后相、从右到左"接线顺序原则 | 15 | (1) 电能表表尾、联合接线盒压线螺钉不全、不紧（明显松动）扣2分。<br>(2) 接线端子剥削绝缘过短，只有1个螺钉压线，扣2分。<br>(3) 电能表、联合接线盒接线平视露铜每处1分，其余部分导线接头露铜（超过2mm）扣1分，压绝缘扣2分。<br>(4) 损坏设备扣3分，导线剥削后未去氧化层扣1分，方法不正确扣1分。<br>(5) 安装过程中损伤导线绝缘扣2分。<br>(6) 一个接线孔接两根及以上导线的扣1分。<br>(7) 电能表表尾螺钉固定时，固定顺序错误扣1分。<br>(8) 互感器二次接线导线线鼻子弯圆方向与螺钉方向相反扣1分。<br>(9) 接线顺序错误扣2分。<br>(10) 该项分值扣完为止 | | |

| 序号 | 考核项目名称 | 质 量 要 求 | 分值 | 扣 分 标 准 | 扣分原因 | 得分 |
|---|---|---|---|---|---|---|
| 10 | 接线正确 | （1）按照正相序，分相色接入。<br>（2）无接错线和少接线现象 | 10 | （1）接线相序、相色错误扣5分。<br>（2）导线不分色扣5分 | | |
| 11 | 结束工作 | 按要求进行接线整理。进行停电检查和通电检查，加封，填写工作单，清理现场<br>按要求进行接线整理，进行停电检查和通电检查，加封，填写工作单，清理现场 | 10 | （1）尼龙扎带尾线未修剪扣1分，剩余尾线修剪后长度超过2mm扣1分。<br>（2）未使用万用表进行停电接线检查扣1分。<br>（3）未在通电状态下检查相序是否正确扣2分，未测量表尾电压扣2分。<br>（4）未进行无负载试验，检查有无潜动情况扣2分。<br>（5）未进行有负载试验，检查电能表运行情况扣2分。<br>（6）电能表、表箱缺少封签扣2分。<br>（7）工作单填写漏项扣1分。<br>（8）现场清理，工器具、仪表整理，剩余材料、附件清理，现场每遗漏一件物品扣1分。<br>（9）该项分值扣完为止 | | |
| 12 | 安全生产 | 操作符合规程和安全要求，无违章现象 | 5 | （1）操作中发生违规行为每次扣2分。<br>（2）工具使用不当扣1分。<br>（3）工具跌落扣1分。<br>（4）仪表使用不当扣2分，损坏仪表扣5分。<br>（5）该项分值扣完为止 | | |

### 2.2.4 ZJ3ZY0102 高压三相三线电能计量装置及采集终端安装调试

**一、作业**

（一）工器具、材料、设备

（1）工器具：电工个人工具、绝缘垫、万用表 1 块、500V 绝缘电阻表 1 块。

（2）材料：2.5mm²、4mm² 分色单芯硬质铜导线、通信 2 芯屏蔽线、3mm×150mm 尼龙绑扎带 1 袋，一次性铅封若干。

（3）设备：高压装表接电实训装置、中继器、接线检查仪、三相三线多功能电能表 [3×100V，3×1.5（6）A]，三相三线采集终端各 1 台，FJ6/DFY1 接线盒 1 个。

（二）安全要求

（1）做好安全措施。

（2）进入现场，必须穿工作服、戴安全帽、穿绝缘鞋。

（3）正确使用工器具。

（4）考评时做好监护工作（裁判为监护人或指定专职监护人）。

（5）风险辨识及预控措施落实到位。

（三）操作步骤及工艺要求

1. 准备工作

（1）按任务书要求做好材料、工器具和仪表等准备工作，并检查材料及工器具、仪表等是否齐备。

（2）选取电能表，并检查检定合格证、封印、校验日期是否在 6 个月以内，外观是否完好。

（3）对现场已固定安装的互感器进行检查。检查铭牌、变比、极性标志、合格证等是否齐全有效。

2. 工作过程

（1）电能表的安装。

（2）互感器的安装。

（3）二次回路的安装。

（4）用电信息采集（负控）终端的安装。

（5）用接线检查仪检查电表接线。

（6）用电信息采集（负控）终端的调试。

3. 工作终结

（1）对电能表、终端及端子接线盒实施铅封。

（2）清理现场，工作终结。

4. 技术要求

（1）电能表的安装。现场选用 DS 型电能表，电能表的标定电压 3×100V、电流 3×1.5（6）A；电能表应避免阳光直射，要垂直安装，接线正确。

（2）互感器的安装。

1）互感器安装要牢固，外壳金属部分应可靠接地。

2）同一组电流互感器应采用型号、额定电流比、准确度、二次容量相同的互感器，

319

按同一方向安装以保证该组电流互感器一次及二次回路电流的正方向均为一致。

3）多绕组电流互感器只用一个二次回路时，其余的次级绕组应可靠短接并接地。

（3）二次回路的安装。

1）电能计量装置的二次接线，对于中性点非有效接地系统，应采用 V/v 接线，该接线方式广泛运运用于 10kV、35kV 系统。

2）电能表和互感器二次回路应有明显的标志，采用导线编号或不同颜色的导线加以区分。户外组合型互感器的计量装置二次回路，使用 KVV22 计量专用铠装电缆。对于互感器在场地、电能表在室内的安装模式，需要采用足够长的导线来连接互感器和电能表，为满足计量准确度的要求，必要时，应根据现场实际合理选择二次导线截面。

3）二次回路走线要合理、整齐、美观。

4）二次导线接入端子如采用压接螺钉，不得压绝缘层，应根据螺钉直径大小将导线末端弯成一个环，其弯曲方向应与螺钉旋入方向相同，螺钉与导线间应加镀锌垫圈，导线芯不能裸露在接线桩外。

5）导线绑扎应紧密、均匀、牢固，尼龙带绑扎直线间距 80～100mm，线束弯折处绑扎应对称，转弯对称 30～40mm。

6）二次回路的导线不得接头，绝缘不得损伤，导线与端钮连接接触良好。弯角要求有弧度，不得出现死角或使用钳口弯曲导线。

（4）用电信息采集终端安装与调试。

1）终端的安装位置应方便管理、调试，终端的工作电源尽可能取自不同电源上。

2）终端安装位置要根据计量表计的位置来确定就近安装。

3）终端安装高度不小于 1.5m，通信系统由 RS-485 引出，通过中继器进行抄读。

4）与终端连接的电能表，原则上采取"一台终端与接入的所有电能表的 485 接口的同名端并联"方式连接，连接电缆的网状屏蔽层应在终端一侧可靠接地。

5）终端连接负荷控制开关，原则上采取"一个负荷控制开关一根控制电缆"方式。对于具有跳闸功能的终端，还要根据被控开关是失压形式还是施压形式，将跳闸控制线缆准确接入采集终端的对应接点端口。

6）各类电缆的敷设都应横平竖直，转角处应满足转弯半径要求，不得陡折、斜拉、盘绕和扭绞，导线的颜色应遵循行业规范。

7）联系负控后台进行调试，调试完毕恢复终端。

（5）电能表的接线检查。在安装完毕送电后，使用检查仪核对计量接线情况，保证计量准确。

**二、考核**

（一）考核场地

（1）考试使用高压装表接电实训装置，设 2 个工位，每个工位面积 1500mm×1500mm。

（2）配安全围栏。

（3）设置评判桌椅和秒表。

（二）考核时间

参考时间为 40min。

（三）考核要点

（1）正确选择电能表、导线和工器具。

（2）正确核对电流互感器的极性、倍率。

（3）电流互感器二次侧接地端必须接入接地螺栓，TV 二次回路的接地点应在 V 相出口侧接地，不可将接地与中性线绝缘支柱混接，以防失去可靠接地。

（4）采用电流电压分线接法。

（5）正确连接导线并检查。

（6）安装完成后对现场清理。

（7）安全文明生产。

## 三、评分标准

行业：电力工程　　　　　　　　工种：装表接电工　　　　　　　　等级：三

| 编　号 | ZJ3ZY0102 | 行为领域 | | e | | 鉴定范围 | | |
|---|---|---|---|---|---|---|---|---|
| 考核时间 | 40min | 题型 | | B | 满分 | 100 分 | 得分 | |

| 试题名称 | 高压三相三线电能计量装置及采集终端安装调试 |
|---|---|
| 考核要点<br>及其要求 | （1）现场工作票据和许可手续已齐备，安全措施已做好。现场对经 TA、TV 接入式三相三线电能计量装置安装，安装接线盒，现场一次设备已固定安装。<br>（2）电能表、互感器均进行校验且合格，安装环境满足要求。<br>（3）正确选择电能表、导线和工器具。<br>（4）正确核对电流互感器的极性。<br>（5）采用电流电压分线接法。<br>（6）正确连接导线并检查。<br>（7）电流互感器接地端、电压互感器 V 相二次侧出口可靠接地。<br>（8）安装完成后对现场处理。<br>（9）各项得分扣完为止。<br>（10）引发事故的立即停止操作 |
| 工器具、材料、<br>设备、场地 | （1）工器具：电工个人工具、绝缘垫、万用表 1 块、500V 绝缘电阻表 1 块。<br>（2）材料：2.5mm² 、4mm² 分色单芯硬质铜导线、通信 2 芯屏蔽线、3mm×150mm 尼龙绑扎带 1 袋、一次性铅封若干。<br>（3）设备：高压装表接电实训装置、接线检查仪、三相三线多功能电能表 [3×100V，3×1.5（6）A]，三相三线采集终端各 1 台，FJ6/DFY1 接线盒 1 个。<br>（4）考试使用高压装表接电实训装置，设 2 个工位，每个工位面积 1500mm×1500mm。<br>（5）配安全围栏。<br>（6）设置评判桌椅和秒表 |
| 备　注 | 考生自备工作服、安全帽、绝缘鞋、线手套 |

评　分　标　准

| 序号 | 考核项目名称 | 质量要求 | 分值 | 扣分标准 | 扣分原因 | 得分 |
|---|---|---|---|---|---|---|
| 1 | 着装 | 安全帽佩戴规范，着长袖工作服，穿绝缘鞋，戴线手套 | 2 | （1）未按要求着装扣1分。<br>（2）未进行着装检查扣1分 | | |
| 2 | 工器具及其<br>外观检查 | 检查规格、外观质量及机械性能；测量仪表检查其外观和电气性能；工器具、材料一次性挑选齐全并检查 | 5 | （1）未检查规格、外观、性能扣1分。<br>（2）未检查试验合格证扣1分。<br>（3）仪表、工具未检查扣1分。<br>（4）仪表、工具漏选或错选每件扣1分。<br>（5）该项分值扣完为止 | | |
| 3 | 检查计量器具 | 电能表、互感器的外观检查 | 3 | 未检查互感器外观、规格、极性试验每项扣1分 | | |
| 4 | 电流互感器<br>极性判别 | 单相互感器电流应从 P1 流入，P2 流出，S1 流出，S2 流入 | 5 | 互感器一次、二次侧进线错误扣5分 | | |

| 序号 | 考核项目名称 | 质量要求 | 分值 | 扣分标准 | 扣分原因 | 得分 |
|------|--------------|----------|------|----------|----------|------|
| 5 | 设备排列位置 | 表体、联合接线盒、互感器排列位置得当，布局合理 | 5 | （1）表体、联合接线盒、互感器排列位置不当，布局不合理每处扣2分。<br>（2）该项分值扣完为止 | | |
| 6 | 设备安装 | 电能表安装不得倾斜，固定螺钉齐全，互感器固定牢固，螺钉齐全 | 4 | （1）电能表安装倾斜扣1分。<br>（2）安装不牢固扣1分。<br>（3）导线固定螺钉不全每少一颗扣1分。<br>（4）该项分值扣完为止 | | |
| 7 | 联合接线盒固定及连接片连接 | 联合接线盒正向安装，不能倒置，连接片连接正确 | 6 | （1）联合接线盒安装倒置扣2分。<br>（2）联合接线盒连接片连接错误每处扣1分。<br>（3）联合接线盒连接片不牢固每处扣1分。<br>（4）该项分值扣完为止 | | |
| 8 | 电能表、终端与联合接线盒之间的连接 | 电压线、电流线以及相色清晰，端子依次接入、紧固；导线接入应先拧紧导线尾端螺钉，后拧紧绝缘层端螺钉 | 10 | （1）电压线、电流线错误每处扣2分。<br>（2）相色与相序不对应每处扣1分。<br>（3）导线压接不牢固每处扣1分。<br>（4）螺钉未按顺序固定每处扣2分。<br>（5）该项分值扣完为止 | | |
| 9 | 联合接线盒与组合互感器的连接 | 电压线、电流线以及相色清晰，端子依次接入、紧固；导线接入应先拧紧上部螺钉，后拧紧下部螺钉 | 5 | （1）电压线、电流线错误每处扣2分。<br>（2）相色与相序不对应每处扣1分。<br>（3）导线压接无顺序、不牢固每处扣1分。<br>（4）该项分值扣完为止 | | |
| 10 | 接线工艺 | 清除导体表面氧化层，剥去绝缘层长度适中，金属部分不得外露，不得压绝缘层 | 5 | （1）未清理氧化层、导体外露每处扣1分。<br>（2）压导线绝缘每处扣2分。<br>（3）该项分值扣完为止 | | |
| 11 | 电流、电压互感器 | 对接线进行检查，电流互感器二次侧接地端必须接入接地螺栓，TV二次回路的接地点应在V相出口侧接地。导线布局合理，处理扎带多余长度 | 4 | （1）未接地扣4分。<br>（2）接地不牢固扣2分 | | |

| 序号 | 考核项目名称 | 质 量 要 求 | 分值 | 扣 分 标 准 | 扣分原因 | 得分 |
|------|-------------|------------|------|-----------|---------|------|
| 12 | 布线工艺 | 布线做到横平竖直，交叉、跨越得当，弯矩半径符合规范，扎带绑扎合适 | 6 | （1）横平竖直、弯矩半径不符每处扣1分。<br>（2）绑扎不紧或交跨位置不合适每处扣1分。<br>（3）该项分值扣完为止 | | |
| 13 | 送电前检查 | 通路检测，二次绝缘检测（阻值≥0.5MΩ） | 6 | 未检查或检查无记录扣3分 | | |
| 14 | 送电后检查 | 使用检查仪检查确认接线正确，试验终端安装调试正确 | 10 | 未检查或方法错误扣10分 | | |
| 15 | 计量封印 | 计量加封 | 4 | （1）未加封每处扣3分。<br>（2）该项分值扣完为止 | | |
| 16 | 现场清理 | 整理工器具、材料，清理操作现场 | 5 | （1）工器具、导线等物品遗漏每件扣1分。<br>（2）该项分值扣完为止 | | |
| 17 | 安全生产 | 操作符合规程和安全要求无违章现象（量程选择与切换） | 10 | （1）发生违规、仪表使用错误每次扣5分。<br>（2）工具跌落每次扣1分。<br>（3）损坏仪表每只扣5分。<br>（4）该项分值扣完为止 | | |
| 18 | 接线正确 | 接线正确，不存在接错线和少接线现象 | 5 | （1）错接线（不含相序错误）扣2分。<br>（2）相序错误扣3分 | | |

### 2.2.5 ZJ3ZY0103 带电更换高压三相三线计量表计

**一、作业**

（一）工器具、材料、设备

（1）工器具：电工个人工具1套、万用表1块、相序表1块、钳形电流表1块、低压验电笔1支、绝缘垫1块、相位伏安表1块、记号笔1支。

（2）材料：联合接线盒1个，黄、绿、红色单芯硬质铜导线、尼龙绑扎带、一次性封签若干。

（3）设备：三相三线电能表、组合互感器或电流互感器、电压互感器。

（二）安全要求

（1）正确填用第二种工作票，穿工作服、戴安全帽、手套整洁完好符合要求，工器具绝缘良好，整齐完备。

（2）检查计量柜接地良好，对外壳验电，确认无电，查看计量柜带电部位，保持安全距离，严禁扩大工作范围，否则终止更换工作。

（3）加强监护，严禁电流二次回路开路和电压二次回路短路。

（4）短接联合接线盒电流二次回路连片、断开电压回路连片应迅速准确。

（5）高处作业应系好安全带，保持与带电设备的安全距离。使用梯子登高作业时，应有人扶持。

（6）进入工作现场，必须正确使用劳保用品，戴安全帽，上下转递物品不得抛掷。上层作业人员使用工具夹或工具袋，防止工具跌落。

（三）操作步骤及工艺要求

1. 操作步骤

（1）领取换表工作单。

（2）查看现场，履行开工手续，监护人同工作人员口头交代危险点，必要时补充制定现场措施，明确工作任务，工作人员在工作票上签字。

（3）核对并填写新、旧电能表信息，检查检定合格证是否齐全有效，对先期随一次设备安装的互感器进行检查，并检查其铭牌、极性标志是否完整、清晰，变比是否与工作单一致，检查电能计量装置有无异常，经检查，计量装置正常时方可开展工作。发现工作单信息与实际不符或现场不具备装换表条件时，应终止工作，并及时向班组长或相关部门报告，做好停止换表的原因记录，必要时向客户解释清楚，待具备条件后再行安排换表。

（4）熟悉经TA、TV接入的三相电能表接线原理图。

（5）按工艺要求拆换电能表、终端，监护人监护到位，防止事故发生。

（6）清理现场，请客户签字认可，工作负责人和工作班成员在工作单上签字，确认工作完毕。

2. 工艺要求

（1）规范接入三相三线电能表。

（2）电能表封印完好。

（3）打开电能表接线盒和试验接线盒封印，在接线盒处依次松开U、W两相TA二次回路连片螺钉，立即拨动该连片短接TA二次回路，接着依次松开U、V、W三相电压连片，记录此时时间、表计计量数据（峰、平、谷时段有功和无功示数、三相电流和电压数值、功率因数、最大需量）并请客户见证。

（4）依次拆出电能表进线、出线螺钉，然后依次拆除终端 U、V、W 三相电压线的螺钉，轻轻拔出导线，松开固定表计和终端的螺钉，取下电能表，用干燥棉布擦净收好。

（5）检查新表，确认完好，将其垂直固定在原表位，打开电能表接线盒，对应并可靠接入 U、W 两相出线、进线螺钉，然后对应可靠接入 U、V、W 三相电压相线。打开终端接线盒，对应可靠接入 U、V、W 三相电压相线，先压接上端螺钉，再压接下端螺钉，力度适中有压痕，无压绝缘层。

（6）确认新表接线正确，进出导线横平竖直，中间无接头。

（7）在试验接线盒处依次拧紧 U、V、W 三相电压连片螺钉，查看表计显示电压正常，接着依次松开 U、W 两相 TA 二次短路连片螺钉，立即接通 TA 二次回路。查看表计显示正常，严防开路。

（8）记录换表时间，抄录新表信息，计算换表期间无表计量应追补的电量，并请客户签字认可。换表期间电量 $\Delta A(\mathrm{kW \cdot h})$ 计算如下：

$$\Delta A = \sqrt{3}UI\cos\phi KT/1000$$

式中　$K$——倍率；

　　　$T$——换表时间，h。

（9）用相位伏安表检测，进行相量图分析，检查电能表运行正常，加封签，供用双方在工作单上签字确认。

（10）清理工位，工具、材料摆放整齐，无不安全现象发生，做到安全文明生产。

**二、考核**

（一）考核场地

（1）场地面积应能同时容纳 2 个工位（操作台），并保证工位之间的距离合适，操作面积不小于 1500mm×1500mm；设置 2 套评判桌椅和计时秒表。

（2）每个工位配有考生书写桌椅。

（3）计量柜能通电带负荷运行。

（二）考核时间

参考时间为 30min，从允许开工起到报完工止，不包括选用工具、元器件时间。

（三）考核要点

（1）履行工作手续完备。

（2）装拆顺序正确，无短路、开路事故发生。

（3）接线连接正确，符合工艺要求。

（4）通电运行后完成相量图测试分析。

（5）工作单填写正确、规范。

（6）换表期间追补电量计算正确。

（7）安全文明生产。

### 三、评分标准

行业：电力工程　　　　　　　　工种：装表接电工　　　　　　　　等级：三

| 编　号 | ZJ3ZY0103 | 行为领域 | e | 鉴定范围 | |
|---|---|---|---|---|---|
| 考核时间 | 30min | 题型 | B | 满分 | 100分 | 得分 | |

| 试题名称 | 带电更换高压三相三线计量表计 |
|---|---|
| 考核要点<br>及其要求 | （1）给定条件：现场相关工作票据和许可手续已齐备，现场计量柜内带电，更换经 TA、TV 接入的三相三线电能表电能表 1 块。<br>（2）电能表经检定合格，检定标记、封印完整。<br>（3）着装规范，劳动防护措施齐全。<br>（4）正确选择、准备工具、仪表、材料，无遗漏。<br>（5）开工前检查仪表、设备良好。<br>（6）正确、安全使用工器具、仪表。<br>（7）各项分值均扣完为止。<br>（8）引发事故时立即停止操作 |
| 工器具、材料、<br>设备、场地 | （1）工器具：电工个人工具 1 套、万用表 1 块、相序表 1 块、钳形电流表 1 块、低压验电笔 1 支、绝缘垫 1 块、记号笔 1 支。<br>（2）材料：联合接线盒 1 个、黄、绿、红色单芯硬质铜导线、尼龙绑扎带、一次性封签若干。<br>（3）设备：三相三线电能表、组合互感器或电流互感器、电压互感器 |
| 备　注 | 考生自备工作服、安全帽、线手套、绝缘鞋 |

评　分　标　准

| 序号 | 考核项目名称 | 质量要求 | 分值 | 扣分标准 | 扣分原因 | 得分 |
|---|---|---|---|---|---|---|
| 1 | 着装 | 安全帽应完好，安全帽佩戴应正确规范，着棉质长袖工装，穿绝缘鞋，戴棉手套 | 5 | （1）未按要求着装每处扣 1 分。<br>（2）着装不规范每处扣 1 分。<br>（3）该项分值扣完为止 | | |
| 2 | 工器具的准备、外观检查和试验 | 正确选择工具、仪表，不漏选：<br>（1）常用工具检查：外观质量及机械性能。<br>（2）电气安全器具检查：检查低压验电笔外观质量和电气性能，并在确认有电的电源插座上试电，发光时为正常。<br>（3）测量仪表检查：检查其外观和电气性能，并做相关试验 | 5 | （1）操作过程中借用工具仪表扣 1 分。<br>（2）工器具未进行外观检查扣 1 分。<br>（3）仪表未进行试验扣 1 分。<br>（4）该项分值扣完为止 | | |
| 3 | 材料选择 | 正确选择材料，不漏选，要求数量适量、规格合格且质量良好 | 2 | （1）操作过程中借用材料扣 1 分。<br>（2）未对材料进行规格检查扣 1 分 | | |
| 4 | 检查待装电能表 | 检查电能表外观是否良好，封签是否完整，是否经检定合格 | 3 | （1）未检查外观扣 1 分。<br>（2）未检查检定标志扣 1 分。<br>（3）未检查封印完整性扣 1 分。<br>（4）未检查该项不得分 | | |

| 序号 | 考核项目名称 | 质量要求 | 分值 | 扣分标准 | 扣分原因 | 得分 |
|---|---|---|---|---|---|---|
| 5 | 作业环境检查 | 确认作业现场是否需要增加隔离、登高和照明设施 | 1 | 未进行作业环境检查不得分 | | |
| 6 | 接电检查和验电 | 目测检查计量柜的接地极、导线和表箱的连接是否良好，用低压验电笔验明计量柜无电 | 2 | (1) 未检查接地是否良好扣1分。<br>(2) 未对计量柜验电扣1分 | | |
| 7 | 原电能表检查 | 检查电能表外观、封签是否完好，接线和运行是否正常 | 2 | (1) 未检查电能表外观、封签和接线扣1分。<br>(2) 未检查电能表运行状态扣1分 | | |
| 8 | 短接试验接线盒电流连片 | 将试验接线盒中接有电流互感器S1、S2端子导线的连接片可靠短接，防止电流互感器二次开路，及时记录短接时的时间 | 10 | (1) 未短接TA二次端子导线连接片或操作错误即拆线换表，当即终止考评。<br>(2) 短接不牢固扣2分。<br>(3) 未计时并签收扣4分 | | |
| 9 | 断开试验接线盒电压连片 | 将试验接线盒中电压端子连片断开 | 3 | (1) 未断开即拆线换表当即终止考评。<br>(2) 连片松脱掉落扣3分 | | |
| 10 | 拆除旧表 | 拆线时应按进线、出线、485通信线顺序，对拆下的电能表应用棉布擦拭干净 | 4 | (1) 拆线顺序不正确扣3分。<br>(2) 未擦拭拆下的旧表扣1分 | | |
| 11 | 固定新表 | 电能表应垂直、牢固地固定在表箱底板上 | 3 | (1) 电能表安装不牢扣1分，电能表定位螺钉不全扣1分。<br>(2) 电能表安装倾斜度超过1°扣1分 | | |
| 12 | 新表接线 | 按出线、进线、485通信线的顺序依次连接导线，表尾螺钉压接时，先固定上端螺钉，后固定下端螺钉 | 3 | (1) 未按顺序接线扣1分。<br>(2) 螺钉未按顺序固定扣1分。<br>(3) 未接通信线扣1分 | | |
| 13 | 接线部分工艺 | 导线接头连接牢固，导线接头金属部分不外露，不压绝缘层 | 4 | (1) 导线金属部分外露扣1分。<br>(2) 压绝缘层扣1分。<br>(3) 接头连接不牢扣1分。<br>(4) 因操作不当造成导线绝缘破损扣1分。<br>(5) 该项分值扣完为止 | | |
| 14 | 导线连接工艺 | 各连接导线要做到横平竖直，弯角弧度合适、长线在外、短线在内，绑扎线位置合适 | 8 | (1) 导线不横平竖直（明显有角度偏差5°以上）扣2分，布线绞线扣1分。<br>(2) 绑扎线距转角两端超过3～5cm扣2分。<br>(3) 绑扎线绑扎不紧每处扣1分。<br>(4) 该项分值扣完为止 | | |

| 序号 | 考核项目名称 | 质 量 要 求 | 分值 | 扣 分 标 准 | 扣分原因 | 得分 |
|---|---|---|---|---|---|---|
| 15 | 接线整理 | 对整个接线进行最后检查,保证接线正确,处理扎带多余长度 | 3 | 尼龙绑扎带尾线未修剪扣2分,剩余尾线修剪后长度超过2mm扣1分 | | |
| 16 | 恢复试验接线盒计量状态 | 依次将试验接线盒中断开的电压连片合上,短接的各相电流互感器S1、S2端子导线的连接片断开,观察表计运行状态,及时记录恢复计量的时间 | 14 | (1)共6处操作,每遗漏一处扣1.5分。<br>(2)未计时扣5分 | | |
| 17 | 通电检查 | 使用相位伏安表检测,绘制相量图分析,数据记录正确完整 | 11 | (1)使用相位伏安表不正确扣2分。<br>(2)相量图不正确每处扣0.5分,共9处。<br>(3)三相电流、电压,相位角漏记一项扣0.5分,共9项 | | |
| 18 | 加封 | 对电能表表盖、联合接线盒、计量柜门进行加封 | 3 | (1)未对电能表表盖、联合接线盒、计量柜进行加封每处扣0.5分。<br>(2)该项分值扣完为止 | | |
| 19 | 工作终结 | 工作终结后,填写工作单,计算换表期间无表用电的追补电量,并请客户签收;对工器具和作业现场进行整理与清理 | 8 | (1)追补电量错扣5分。<br>(2)工器具每遗漏一件扣1分。<br>(3)作业现场留有电线头、胶带等扣2分。<br>(4)该项分值扣完为止 | | |
| 20 | 安全文明生产 | 安全文明操作,不损坏工器具,不发生安全事故操作符合规程和安全要求,无违章现象 | 6 | (1)操作中发生违规或不规范每次扣3分。<br>(2)该项分值扣完为止 | | |
| 21 | 否决项 | 否决内容 | | | | |
| 21.1 | 安全否决 | (1)检查计量柜接地良好,对外壳验电,确认无电,查看计量柜带电部位,保持安全距离,严禁扩大工作范围,否则终止更换工作。<br>(2)加强监护,严禁电流二次回路开路和电压二次回路短路 | 否决 | 整个操作项目得0分 | | |

## 2.2.6  ZJ3ZY0201  使用便携式校表仪对三相三线表计进行误差校验

### 一、作业

（一）工器具、材料、设备

（1）工器具："一"字改锥、"十"字改锥、低压验电笔、尖嘴钳。

（2）材料：电能表现场校验记录单、铅封和封钳。

（3）设备：电能表接线模拟装置、电能表现场校验仪。

（二）安全要求

（1）穿工作服、穿绝缘鞋、戴线手套，现场交代安全措施且由考评员许可后开工。

（2）检查电能表接线模拟装置接地良好，并对外壳验电，确认不带电。

（3）操作时站在绝缘垫上。

（4）加强监护，严防 TV 二次回路短路、TA 二次回路开路。

（5）操作时，禁止现场校验仪接入前打开校验仪电源开关，接入后插拔电流钳。

（三）操作步骤及工艺要求

（1）对仪器、工器具等进行检查，确认完好。

（2）作好开工前准备，办理工作许可手续，口头交代危险点和防范措施。

（3）检查电能表接线模拟装置接地是否良好，并对外壳验电。

（4）检查计量箱门、电能表、试验接线盒封印是否完好。

（5）抄录电能表信息、显示数据和事件记录。

（6）检查电能表的运行是否正常，包括显示测量功能检查、报警内容检查等，判断电能表运行状态是否正常。

（7）检查电能表接线是否正确，并检测电能表误差。要求误差数据至少测 2 次，取平均值并记录。

（8）对计量装置加封、清理工作现场，上交工作记录，报完工后撤离现场。

### 二、考核

（一）考核场地

（1）场地：场地面积应能同时容纳多个工位，并保证工位之间的距离合适。

（2）每个工位备有桌椅、计时器。

（二）考核时间

参考时间为 40min，考评员允许开工开始计时，到时即停止工作。

（三）考核要点

（1）个人工器具的使用、仪器设备的使用。

（2）检查程序、测试步骤完整、正确。

（3）电能表现场校验仪的接线和收线程序正确，数据识读判断正确。

（4）记录完整性。

（5）安全文明生产。

## 三、评分标准

行业：电力工程　　　　　工种：装表接电工　　　　　等级：三

| 编　号 | ZJ3ZY0201 | 行为领域 | e | | 鉴定范围 | | |
|---|---|---|---|---|---|---|---|
| 考核时间 | 40min | 题型 | B | 满分 | 100 分 | 得分 | |
| 试题名称 | 使用便携式校表仪对三相三线表计进行误差校验 | | | | | | |
| 考核要点及其要求 | (1) 现场已布置好安全措施。<br>(2) 个人工器具的使用、仪器设备的使用。<br>(3) 检查程序、测试步骤完整、正确。<br>(4) 电能表现场校验仪的接线和收线程序正确，数据识读判断正确。<br>(5) 记录完整性。<br>(6) 安全文明生产 | | | | | | |
| 工器具、材料、设备、场地 | (1) 工器具："一"字改锥、"十"字改锥、低压验电笔、尖嘴钳。<br>(2) 材料：电能表现场校验记录单、铅封、封钳。<br>(3) 设备：电能表接线智能仿真装置、电能表现场校验仪。<br>(4) 场地：场地面积应能同时容纳多个工位，并保证工位之间的距离合适。<br>(5) 其他：每个工位备有桌椅、计时器 | | | | | | |
| 备　注 | | | | | | | |

### 评 分 标 准

| 序号 | 考核项目名称 | 质 量 要 求 | 分值 | 扣 分 标 准 | 扣分原因 | 得分 |
|---|---|---|---|---|---|---|
| 1 | 开工准备 | (1) 着装规范，穿工作服、绝缘鞋，戴安全帽、线手套。<br>(2) 经许可后才可开工 | 5 | (1) 未按要求着装每处扣2分。<br>(2) 未经许可擅自开工扣5分。<br>(3) 该项分值扣完为止 | | |
| 2 | 外观检查 | (1) 检查计量装置接地并对外壳验电。<br>(2) 检查计量柜门锁封印，检查电能表及试验接线盒封印 | 10 | (1) 未检查计量装置接地并对外壳验电或检查方法错扣5分。<br>(2) 未检查封印每处扣2分。<br>(3) 该项分值扣完为止 | | |
| 3 | 功能检查及数据抄录 | (1) 检查智能电表外观是否完好，抄录铭牌。<br>(2) 检查显示测量功能。<br>(3) 检查报警内容及事件记录。<br>(4) 抄录检查数据 | 20 | (1) 少检查一项扣3分。<br>(2) 未记录扣10分。<br>(3) 该项分值扣完为止 | | |
| 4 | 校验仪及工具使用 | (1) 校验前检查仪器和工具状况完好。<br>(2) 校验仪参数正确。<br>(3) 工器具选用恰当，动作规范 | 15 | (1) 校验前未检查工具和仪器扣3分，校验仪参数设置不正确扣15分。<br>(2) 工器具选用不恰当，动作不规范每次扣1分。<br>(3) 该项分值扣完为止 | | |

| 序号 | 考核项目名称 | 质量要求 | 分值 | 扣分标准 | 扣分原因 | 得分 |
|------|------------|---------|------|---------|---------|------|
| 5 | 误差测量 | （1）接线无失误。<br>（2）收线程序规范。<br>（3）绘制实际接线相量图。<br>（4）测试值读取和记录正确 | 20 | （1）错一项扣5分。<br>（2）该项分值扣完为止 | | |
| 6 | 检查及校验结果处理 | （1）检查结果处理正确。<br>（2）校验结果处理正确 | 10 | 错一项扣5分 | | |
| 7 | 加封 | 计量装置加封 | 10 | （1）未加封扣10分，漏封每处扣3分。<br>（2）该项分值扣完为止 | | |
| 8 | 文明生产 | 清理现场，无违章现象 | 10 | （1）发生违章行为，每次扣5分。<br>（2）未清理现场扣5分 | | |
| 9 | 否决项 | 否决内容 | | | | |
| 9.1 | 安全否决 | 发生电压回路短路等危及安全操作违章行为 | 否决 | 整个操作项目得0分 | | |

### 2.2.7 ZJ3ZY0202 三相四线电能表接线现场检查

**一、作业**

**（一）工器具、材料、设备**

（1）工器具：低压验电笔、"一"字改锥、"十"字改锥、斜口钳、封钳。

（2）材料：铅封、电能计量装置检查记录单。

（3）设备：电能表接线智能仿真装置、相位伏安表。

**（二）安全要求**

（1）工作服、安全帽、绝缘鞋和线手套穿戴整齐。

（2）正确填用第二种工作票，履行工作许可、工作监护和工作终结手续。

（3）检查计量柜接地良好，并对外壳验电，确认设备外壳不带电。

（4）检查确认仪表功能正常，表线及工具绝缘无破损。

（5）正确选择伏安表挡位和量程，禁止带电换挡和超量程测试。

（6）查看工作点周边环境并采取相应安全防范措施，加强监护。

**（三）操作步骤及工艺要求**

（1）进场前检查所带仪表、工器具、材料是否齐全完好，着装是否整齐。

（2）办理工作许可手续，口头交代危险点和防范措施。

（3）检查带电设备接地是否良好，并对外壳验电。

（4）检查计量柜门锁及铅封是否完好。

（5）开启铅封和箱门，按电能表接线检查分析记录单格式抄录计量装置铭牌信息和事件记录。

（6）检查电能表等加封点的铅封是否齐全完好。

（7）开启电能表接线盒铅封及盒盖，按比较法接线。

（8）恰当选择相位伏安表挡位和量程并正确接线，分别测量电能表的运行参数。

1）测量电能表表尾一元件、二元件、三元件相电压 $U_{10}$、$U_{20}$、$U_{30}$，相间电压 $U_{12}$、$U_{23}$、$U_{31}$。

2）测量电能表表尾一元件、二元件、三元件电流 $I_1$、$I_2$、$I_3$。

3）测量相电压间相位角，判断相序。

4）测量一元件、二元件、三元件电压与电流间相位角，判断各元件接线。

5）取值保留小数点后 1 位并如实抄录在记录单上。要求每个参数至少测 2 次，取平均值记录。

6）测量时注意观察电流钳的极性标志和钳口的咬合紧密度。

（9）根据测量值绘制接线相量图。相量图绘制要求：应有电压相量和电流相量；应有电能表电压与电流间的夹角标线；应有功率因数角标线和符号。

（10）判断错误接线计算更正系数。

（11）改正错误接线。

（12）清理操作现场，对计量装置实施加封。要求计量柜内及操作区无遗留的工具和杂物，计量柜的门、窗、锁等无损坏和污染，加封无遗漏。

（13）办理工作终结手续。

## 二、考核

（一）考核场地

场地面积能容纳多个工位，并保证工位之间距离合适。

（二）考核时间

参考时间为 30min，其中不包括被考评者填写工作票、选材料及工器具时间。不得超时作业，未完成全部操作的按实际完成评分。

（三）考核要点

（1）工器具使用正确、熟练。

（2）检查程序、测试步骤完整、正确。

（3）相量图绘制正确。

（4）计量装置故障差错的分析、判断结果正确。

（5）错误接线检查分析记录单填写清晰、完整、规范。

（6）错误接线更正。

（7）安全文明生产。

## 三、评分标准

行业：电力工程　　　　　　　　工种：装表接电工　　　　　　　　等级：三

| 编　号 | ZJ3ZY0202 | 行为领域 | | e | | 鉴定范围 | |
|---|---|---|---|---|---|---|---|
| 考核时间 | 30min | 题型 | | A | 满分 | 100分 | 得分 |
| 试题名称 | 三相四线电能表接线现场检查 | | | | | | |
| 考核要点<br>及其要求 | (1) 工器具使用正确、熟练。<br>(2) 检查程序、测试步骤完整、正确。<br>(3) 相量图绘制正确。<br>(4) 计量装置故障差错的分析、判断结果正确。<br>(5) 错误接线检查分析记录单填写清晰、完整、规范。<br>(6) 错误接线更正。<br>(7) 安全文明生产 | | | | | | |
| 现场设备、<br>工器具、材料 | (1) 工器具：低压验电笔、"一"字改锥、"十"字改锥、斜口钳、封钳。<br>(2) 材料：铅封、电能计量装置现场校验记录单。<br>(3) 设备：电能表接线智能仿真装置、相位伏安表 | | | | | | |
| 备　注 | | | | | | | |

评　分　标　准

| 序号 | 考核项目名称 | 质量要求 | 分值 | 扣分标准 | 扣分原因 | 得分 |
|---|---|---|---|---|---|---|
| 1 | 开工准备 | (1) 着装规范、整齐。<br>(2) 工器具选用正确，携带齐全。<br>(3) 办理工作票和开工许可手续 | 5 | (1) 着装不规范或不整齐，每件扣0.5分。<br>(2) 工器具选用不正确或携带不齐全，每件扣0.5分。<br>(3) 未办理工作票和开工许可手续，每样扣2分。<br>(4) 该项分值扣完为止 | | |
| 2 | 检查程序 | (1) 检查计量装置接地并对外壳验电。<br>(2) 检查计量柜门锁及封签，检查电能表及试验接线盒封签。<br>(3) 查看并记录电能表铭牌。<br>(4) 测量电压、电流、相位角等参数。<br>(5) 检查电能表及试验接线盒接线 | 20 | (1) 未检查计量装置接地并对设备外壳验电的每处扣2分。<br>(2) 未检查计量柜门锁及铅封、电能表铅封，每处扣1分。<br>(3) 未查看并记录电能表铭牌，每缺1个参数扣1分。<br>(4) 未检查电能表接线每处扣3分。<br>(5) 该项分值扣完为止 | | |
| 3 | 记录及绘图 | (1) 正确绘制实际接线相量图。<br>(2) 记录单填写完整、正确、清晰 | 20 | (1) 相量图错误扣15分。<br>(2) 符号、角度错误或遗漏，每处扣1分。<br>(3) 记录单记录错误、缺项和涂改，每处扣1分。<br>(4) 该项分值扣完为止 | | |
| 4 | 错误接线判断 | 实际接线形式的判断结果正确 | 20 | (1) 实际接线形式判断全部错误扣20分，部分错误则每元件扣5分。<br>(2) 该项分值扣完为止 | | |

| 序号 | 考核项目名称 | 质 量 要 求 | 分值 | 扣 分 标 准 | 扣分原因 | 得分 |
|---|---|---|---|---|---|---|
| 5 | 更正错误接线 | 更正错误接线 | 15 | 接线没有更正的扣15分，更正未全部完成的按完成情况酌情扣分 | | |
| 6 | 仪表及工具使用 | （1）仪表接线、换挡、选量程规范正确。<br>（2）工器具选用恰当，动作规范 | 10 | （1）在仪表接线、换挡、选量程等过程中发生操作错误，每次扣1分。<br>（2）工器具使用方法不当或掉落，每次扣0.5分。<br>（3）该项分值扣完为止 | | |
| 7 | 加封，清理现场 | （1）对计量装置实施加封齐全。<br>（2）清理作业现场 | 5 | （1）错漏加封一处扣1分。<br>（2）未清理现场扣2分。<br>（3）该项分值扣完为止 | | |
| 8 | 安全文明生产 | （1）操作过程中无人身伤害、设备损坏、工器具掉落等事件。<br>（2）操作完毕清理现场及整理好工器具材料。<br>（3）办理工作终结手续 | 5 | （1）工器具掉落一次扣1分。<br>（2）未清理现场及整理工器具材料扣2分。<br>（3）未办理工作终结手续扣2分。<br>（4）该项分值扣完为止 | | |
| 9 | 否决项 | 否决内容 | | | | |
| 9.1 | 安全否决 | 发生电压回路短路等危及安全操作违章行为 | 否决 | 整个操作项目得0分 | | |

## 2.2.8　ZJ3ZY0301　带互感器的三相四线电能表错误接线现场检查

### 一、作业

（一）工器具、材料、设备

（1）工器具：碳素笔、手电筒、低压验电笔、"一"字改锥、"十"字改锥、斜口钳、绝缘梯或木凳。

（2）材料：封签、电能计量装置接线检查记录单、草稿纸、考核评分表。

（3）设备：电能表接线智能仿真装置、双钳数字相位伏安表、计时表。

（二）安全要求

（1）工作服、安全帽、绝缘鞋、线手套穿戴整齐。

（2）正确填用第二种工作票，履行工作许可、工作监护、工作终结手续。

（3）检查计量柜接地良好，并对外壳验电，确认不带电。

（4）检查确认仪表功能正常，表线及工具绝缘无破损。

（5）正确选择伏安表挡位和量程，禁止带电换挡和超量程测试。

（6）操作时站在绝缘垫或绝缘梯上，若登高 2m 及以上应系好安全带。

（7）查看工作点周边环境并采取相应安全防范措施，加强监护，严防 TV 二次回路短路、TA 二次回路开路及扩大作业范围。

（三）操作步骤及工艺要求

（1）进场前检查所带仪表、工器具、材料是否齐全完好，着装是否整齐。

（2）办理工作许可手续，口头交代危险点和防范措施。

（3）检查带电设备接地是否良好，并对外壳验电。

（4）检查计量柜门锁及封签是否完好。

（5）开启封签和柜门，按电能表接线检查分析记录单格式抄录计量装置铭牌信息和事件记录。

（6）检查电能表、试验接线盒加封处的封签是否齐全完好。

（7）开启电能表接线盒封签及盒盖，选择伏安表适当挡位和量程并正确接线，分别测量电能表的运行参数。

1）逐次测量电能表一元件、二元件、三元件相电压 $U_1$、$U_2$、$U_3$，电压值取整数位如实抄录在记录单上。要求每个参数至少测 2 次，取平均值记录。

2）逐次测量电能表一元件、二元件、三元件相电流 $I_1$、$I_2$、$I_3$，电流值取小数点后位并如实抄录在记录单上。要求每个参数至少测 2 次，取平均值记录。测量时注：钳口的咬合紧密度。

3）测量电能表电压相序，如实抄录在记录单上。

4）逐次测量电能表一元件、二元件、三元件对应相电压与电流之间的相位角，相位角取整数位并如实抄录在记录单上。测量时注意观察电流钳的极性标志和钳口的贴合紧密度。

（8）根据测量值判断计量装置故障类型。

1）根据电压测量值判断某元件电压回路是否断路或连接点接触不良。

2）根据电流测量值判断某元件电流回路是否短（开）路或连接点接触不良以及电流

互感器是否配置错误或其他故障。

3）根据相位测量结果判断计量装置接线是否错误。

（9）根据测量值绘制错误接线相量图。相量图绘制要求：应有3个相电压相量和3个相电流相量；每个相量都采用双下标；应有电能表三元件的电压与电流间的夹角标线和符号；应有各相功率因数角标线和符号；各相量的角度误差不能超过5°。

（10）判断、确定故障和接线差错并将结果填写到记录单上。故障类型包括电压反相序，电压回路断线，电流缺相，电流极性反接，电压、电流不对应等。

（11）在记录单上写明计量装置故障及错误的恢复或更正方式。

（12）计算功率表达式。应按实际的接线方式分别写出各元件功率表达式以及总功率表达式；总功率表达式要求化简至最简式，表达式应为功率因数角的函数。

（13）计算更正系数。更正系数应化简至最简式，并没有分数或小数；要求化简步骤至少两步；更正系数不是常数时，应为功率因数角的函数。

（14）清理操作现场，对计量装置实施加封。要求计量柜内及操作区无遗留的工具和杂物，计量柜的门、窗、锁等无损坏和污染，加封无遗漏。

（15）办理工作终结手续。

## 二、考核

### （一）考核场地

场地面积应能容纳3~4个工位（包括仿真设备、被考评者的操作台及操作区间、2名考评员的工作台及活动区间）。

### （二）考核时间

参考时间为30min，其中不包括被考评者填写工作票、选择材料及工器具时间。不得超时作业，未完成全部操作的按实际完成评分。

### （三）考核要点

（1）工器具使用正确、熟练。

（2）检查程序、测试步骤完整、正确。

（3）实际接线相量图的绘制正确。

（4）电能表接线差错的分析、判断方法和结果正确。

（5）电能表错误接线的更改正确。

（6）实际接线功率表达式正确。

（7）更正系数的公式应用和化简熟练正确。

（8）退补电量计算的方法和结果正确。

（9）电能表接线检查分析记录单填写清晰、完整、规范。

（10）安全文明生产。

### （四）考场布置

（1）考评员提前在计量装置的封签、试验接线盒、电能表接线盒等处设置错误或故障（缺封、假封、螺钉松动、连片位置错误等），应用电能表接线智能仿真装置设置电能表接线错误。

（2）错误点及错误数量由考评组商定出题，考生抽签选题，考评员核定并记录考生对应的抽签号及考题号。

（3）考评员提前设置错误接线形式并让电能表接线智能仿真装置通电运行。

## 三、评分标准

行业：电力工程　　　　　　　　工种：装表接电工　　　　　　　　等级：三

| 编　号 | ZJ3ZY0301 | 行为领域 | e | 鉴定范围 | |
|---|---|---|---|---|---|
| 考核时间 | 30min | 题型 | A | 满分 | 100分 | 得分 | |

| 试题名称 | 带互感器的三相四线电能表错误接线现场检查 |
|---|---|
| 考核要点<br>及其要求 | （1）工器具使用正确、熟练。<br>（2）检查程序、测试步骤完整、正确。<br>（3）实际接线相量图的绘制正确。<br>（4）电能表接线差错的分析、判断方法和结果正确。<br>（5）电能表错误接线的更改正确。<br>（6）实际接线功率表达式正确。<br>（7）更正系数的公式应用和化简熟练正确。<br>（8）退补电量计算的方法和结果正确。<br>（9）电能表接线检查分析记录单填写清晰、完整、规范 |
| 现场设备、<br>工器具、材料 | （1）工器具：碳素笔、手电筒、低压验电笔、"一"字改锥、"十"字改锥、斜口钳、绝缘梯或木凳。<br>（2）材料：封签、电能计量装置接线检查记录单、草稿纸、考核评分表。<br>（3）设备：电能表接线智能仿真装置、双钳数字相位伏安表、计时表 |
| 备　注 | 上述栏目未尽事宜 |

### 评　分　标　准

| 序号 | 考核项目名称 | 质　量　要　求 | 分值 | 扣　分　标　准 | 扣分原因 | 得分 |
|---|---|---|---|---|---|---|
| 1 | 开工准备 | （1）着装规范、整齐。<br>（2）工器具选用正确，携带齐全。<br>（3）办理工作票和开工许可手续 | 5 | （1）着装不规范或不整齐，每件扣0.5分。<br>（2）工器具选用不正确或携带不齐全，每件扣0.5分。<br>（3）未办理工作票和开工许可手续，每样扣2分。<br>（4）该项分值扣完止 | | |
| 2 | 检查程序 | （1）检查计量装置接地并对外壳验电。<br>（2）检查计量柜门锁及封签，检查电能表及试验接线盒封签。<br>（3）查看并记录电能表铭牌。<br>（4）检查电能表及试验接线盒接线 | 20 | （1）未检查计量装置接地并对外壳验电的每相扣2分。<br>（2）未检查计量柜门锁及封签、电能表及试验接线盒封签，每处扣1分。<br>（3）未查看并记录电能表铭牌，每缺1个参数扣1分。<br>（4）未检查电能表及试验接线盒接线每项扣3分。<br>（5）该项分值扣完止 | | |
| 3 | 仪表及工具使用 | （1）仪表接线、换挡、选量程规范正确。<br>（2）工器具选用恰当，动作规范 | 10 | （1）在仪表接线、换挡、选量程等过程中发生操作错误，每次扣1分。<br>（2）工器具使用方法不当或掉落，每次扣0.5分。<br>（3）该项分值扣完止 | | |

| 序号 | 考核项目名称 | 质 量 要 求 | 分值 | 扣 分 标 准 | 扣分原因 | 得分 |
|---|---|---|---|---|---|---|
| 4 | 参数测量 | (1) 测量点选取正确。<br>(2) 测量值读取和记录正确。<br>(3) 实测参数足够无遗漏 | 5 | (1) 测量点选取不正确每处扣2分。<br>(2) 测量值读取或记录不正确，每个扣0.5分。<br>(3) 实测参数不足，每缺1个扣0.5分。<br>(4) 该项分值扣完为止 | | |
| 5 | 记录及绘图 | (1) 正确绘制实际接线相量图。<br>(2) 记录单填写完整、正确、清晰 | 15 | (1) 相量图错误扣15分，符号、角度错误或遗漏，每处扣1分。<br>(2) 记录单记录有错误、缺项和涂改，每处扣1分。<br>(3) 该项分值扣完为止 | | |
| 6 | 分析判断及故障处理 | (1) 实际接线形式的判断结果正确。<br>(2) 更正接线正确 | 20 | (1) 实际接线形式判断全部错误扣10分，部分错误则每元件扣5分。<br>(2) 接线更正不正确扣10分。<br>(3) 该项分值扣完为止 | | |
| 7 | 更正系数计算 | (1) 功率表达式正确。<br>(2) 更正系数计算正确 | 10 | (1) 功率表达式错误则整项不得分。<br>(2) 更正系数计算错误扣5分，未化简扣2分。<br>(3) 该项分值扣完为止 | | |
| 8 | 加封，清理现场 | (1) 对计量装置实施加封齐全。<br>(2) 清理作业现场 | 5 | (1) 错漏加封一处扣1分。<br>(2) 未清理现场扣2分。<br>(3) 该项分值扣完为止 | | |
| 9 | 安全文明生产 | (1) 操作过程中无人身伤害、设备损坏、工器具掉落等事件。<br>(2) 操作完毕清理现场并整理好工器具材料。<br>(3) 办理工作终结手续 | 10 | (1) 工器具掉落一次扣1分。<br>(2) 未清理现场及整理工器具材料扣2分。<br>(3) 未办理工作终结手续扣2分。<br>(4) 该项分值扣完为止 | | |
| 10 | 否决项 | 否决内容 | | | | |
| 10.1 | 安全否决 | 发生电压回路短路等危及安全操作违章行为 | 否决 | 整个操作项目得0分 | | |

## 2.2.9 ZJ3ZY0302 窃电行为的判定与处理

### 一、作业

（一）工器具、材料、设备

（1）工器具：碳素笔、计算器。

（2）材料：答题卡、A4白纸。

（3）设备：无。

（二）安全要求

（1）着装整洁，准考证、身份证齐全。

（2）遵守考场规定，按时独立完成。

（三）操作步骤及工艺要求

（1）根据案例进行分析、计算。

（2）答题完成交卷。

（3）着装整洁规范，主动出示准考证、身份证。

（4）独立完成任务。

### 二、考核

（一）考核场地

（1）场地面积应能同时容纳多个工位，并保证工位之间的距离合适。

（2）考核工位配有考生书写桌椅、计时器。

（二）考核时间

考核时间为30min，许可答题时开始计时，到时停止操作。

（三）考核要点

（1）根据案例进行分析、定性。

（2）计算该电力客户应承担的经济责任。

（3）说明该客户拒绝承担责任时的如何处理。

（4）独立、按时完成。

## 三、评分标准

行业：电力工程　　　　　　　工种：装表接电工　　　　　　　等级：三

| 编　号 | ZJ3ZY0302 | 行为领域 | e | 鉴定范围 | | | |
|---|---|---|---|---|---|---|---|
| 考核时间 | 30min | 题型 | C | 满分 | 100分 | 得分 | |

| 试题名称 | 窃电行为的判定与处理 | | | | | | |
|---|---|---|---|---|---|---|---|

| 任务描述 | 窃电行为案例分析：<br>　　9月的某天，一群众举报临街某客户窃电。用电检查人员现场核实，该户装有居民生活照明单相5（60）A电能表和一般工商业三相四线5（60）A电能表两套计量装置。该户一般工商业电能表现场接用负荷共计15kW，在居民生活电能表前接线，用于生活用电设备，共计2kW（使用时间无法查明）。作为用电检查人员该如何处理？[居民生活电价0.52元/（kW·h），一般工商业电价0.71元/（kW·h）] |
|---|---|
| 考核要点及其要求 | （1）对上述案例进行分析、定性。<br>（2）计算该电力客户应承担的经济责任。<br>（3）说明该客户拒绝承担责任时的如何处理。<br>（4）独立、按时完成 |
| 现场设备、工器具、材料 | （1）现场设备：无。<br>（2）工器具：碳素笔、计算器。<br>（3）材料：答题卡、A4白纸 |
| 备　注 | |

评　分　标　准

| 序号 | 考核项目名称 | 质量要求 | 分值 | 扣分标准 | 扣分原因 | 得分 |
|---|---|---|---|---|---|---|
| 1 | 政策分析 | 按照《电力供应与使用条例》规定，对照客户上述用电现场检查情况，该户现场行为符合《电力供应与使用条例》第三十一条第二款（绕越供电企业的用电计量装置用电）的内容。根据《供电营业规则》有关规定，应承担相应的窃电责任。应作如下处理：<br>　　（1）《供电营业规则》第一百零二条规定：供电企业对查获的窃电者，应予制止，并可当场中止供电。窃电者应按所窃电量补交电费，并承担3倍的违约使用电费。拒绝承担窃电责任的，供电企业应报请电力管理部门依法处理。窃电数额较大或情节严重的，供电企业应提请司法机关依法追究刑事责任。<br>　　（2）《供电营业规则》第一百零三条规定：在供电企业供电设施上，擅自接线用电的，所窃电量按私接设备额定容量（千伏安视同千瓦）实际使用时间计算确定。窃电时间无法查明时，窃电日数至少以180天计算，每日窃电时间：电力用户按12h计算；照明用户按6h计算 | 30 | （1）未答扣30分。<br>（2）答错时每处扣5分。<br>（3）该项分值扣完为止 | | |

| 序号 | 考核项目名称 | 质 量 要 求 | 分值 | 扣 分 标 准 | 扣分原因 | 得分 |
|---|---|---|---|---|---|---|
| 2 | 计算处理 | 补交电费和违约使用电费计算如下：<br>（1）窃电补交电费＝2kW×180天×6h/天×0.52元/（kW·h）＝1123.20（元）违约使用电费＝1123.20×3＝3369.60（元）。<br>（2）以上金额合计应交电费＝1123.20＋3369.60＝4492.80（元） | 50 | （1）未计算扣50分。<br>（2）未计算违约用电部分扣20分。<br>（3）未计算窃电部分扣20分。<br>（4）未计算合计电费扣10分。<br>（5）数据计算错误每处扣5分。<br>（6）该项分值扣完为止 | | |
| 3 | 法律手段 | 如该户拒绝承担窃电责任，供电企业应报请电力管理部门依法处理，或直至提请司法机关依法追究刑事责任 | 20 | （1）未答扣20分。<br>（2）答错时每处扣5分。<br>（3）该项分值扣完为止 | | |

**2.2.10** ZJ3XG0101 电力客户电能表的抄读与电费计算

**一、作业**

（一）工器具、材料、设备

（1）工器具：电工个人工具、碳素笔和手电筒等。

（2）材料：工作证件、抄表卡、抄表器、业务工作单和 A4 白纸。

（3）设备：装有三相多功能电能表的抄表模拟装置两台，如图 2-7 所示。

图 2-7 三相多功能电能表的抄表模拟装置

（二）安全要求

（1）正确填用第二种工作票，工作服、安全帽、绝缘鞋完好，符合要求。

（2）上门抄表主动出示证件，遵守客户制度并请客户配合。

（3）抄表过程中，分清高低压设备，始终与高压带电设备保持 0.7m 以上安全距离。

（4）使用验电笔测试配电柜体确认无电。

（5）高处作业应系好安全带，保持与带电设备的安全距离。

（6）发现客户违规用电应做好记录，及时通知相关负责人处理，不应与客户发生冲突。

（三）操作步骤及工艺要求

1. 操作步骤

（1）出示证件后到模拟抄表装置指定电能表位处抄表。

（2）核对表计表号、互感器倍率，查看表计是否有报警，自检信息是否正确，封签是否完好。

（3）按操作要求准确抄录电能表止码。

（4）按操作要求正确计算电费。

（5）对发现电能表故障及客户违约用电应做好记录，填写业务工作单，及时通知相关负责人处理。

（6）清理现场，必要时请客户在工作单上签字，确认工作完毕。

2. 操作要求

（1）使用碳素笔抄录电能表止码，抄录电能表止码时，必须上下位数对齐。

（2）抄录电能表止码有效位数，靠前位数为零时以"0"填充，不得空缺，按表计显示抄读电能表小数位。

（3）核对电能表峰、平、谷时段电量之和等于总电量。

（4）抄录电能表最大需量，同客户核对并签字确认。

（5）与上月电量核对，及时核查电量波动原因。

（6）计算峰、平、谷等各时段电费。

（7）计算功率因数及功率因数调整电费。

（8）计算代征费。

## 二、考核

（一）考核场地

（1）场地面积应能同时容纳 2 个工位（操作台），并保证工位之间的距离合适。

（2）每个工位配有桌椅、计时器。

（二）考核时间

参考时间为 40min，其中抄表限时 10min，整个考试过程从报开工起到报完工止，到时停止工作。

（三）考核要点

（1）履行工作手续完备。

（2）抄表卡填写正确规范。

（3）准确抄录电能表止码。

（4）判断报警原因，分析计算更正系数。

（5）按步骤列公式、正确计算电费。

（6）将发现的问题记录在业务工作单上。

（7）安全文明生产。

### 三、评分标准

行业：电力工程　　　　　　　工种：装表接电工　　　　　　　等级：三

| 编　号 | ZJ3XG0101 | 行为领域 | d | 鉴定范围 | |
|---|---|---|---|---|---|
| 考核时间 | 40min | 题型 | A | 满分 | 100 分 | 得分 | |

| 试题名称 | 电力客户电能表的抄读与电费计算 |
|---|---|
| 考核要点及其要求 | （1）给定条件与要求：某 10kV 高压供电电力客户，变压器容量 200kVA，高供高计，装设三相三线多功能电能表 1 块，电流互感器变比为 15/5，运行中发现电流互感器 W 相二次电流接反已 1 个月，计量的有功反向总电量为 −48kW·h，反向峰段电量为 −12kW·h，反向谷段电量为 −16kW·h，无功电量为 82.8kvar·h。试计算该户本月电费〔电度电价 0.6861 元/(kW·h)〕。<br>（2）正确规范抄录电能表止码。<br>（3）判断说明报警原因，或以上给定条件下分析计算更正系数。<br>（4）列出相应的计算公式，然后代入数据计算出结果。每步计算结果，均保留两位小数。单位用文字或字母正确表示。<br>（5）各项得分均扣完为止 |
| 工器具、材料、设备、场地 | （1）设备：三相多功能电能表的模拟抄表装置。<br>（2）材料：抄表卡、业务工作单、A4 白纸。<br>（3）工器具：电工个人工具、碳素笔、手电筒等。<br>（4）考生自备工作服、安全帽、线手套、绝缘鞋、手电筒、验电笔 |
| 备　注 | （1）抄读与电费计算分开进行。抄读在模拟抄表装置上完成，限时 10min；电费计算以给定条件为准，限时 30min。<br>（2）可提供现行电价表，增加本考核项目的考点 |

评　分　标　准

| 序号 | 考核项目名称 | 质 量 要 求 | 分值 | 扣 分 标 准 | 扣分原因 | 得分 |
|---|---|---|---|---|---|---|
| 1 | 开工准备 | （1）安全帽应完好，佩戴应正确规范，着工装，穿绝缘鞋，戴线手套。<br>（2）正确填写工作票，履行开工手续 | 5 | （1）未按要求着装每处扣 1 分。<br>（2）着装不规范扣 1 分。<br>（3）未填写工作票扣 2 分。<br>（4）未履行开工手续扣 2 分。<br>（5）该项分值扣完为止 | | |
| 2 | 工器具检查 | 电气安全器具的检查。检查低压测电笔外观质量和电气性能，并在有电的电源插座上验电，确认正常 | 3 | （1）工器具未进行检查扣 1 分。<br>（2）借用工器具、仪表每件扣 1 分。<br>（3）该项分值扣完为止 | | |
| 3 | 核对表计信息 | 核对变压器容量、表计表号、互感器倍率，查看表计是否报警，自检信息是否正确，封签是否完好 | 2 | （1）操作过程中借用材料扣 1 分。<br>（2）未对材料进行规格检查扣 1 分 | | |
| 4 | 抄读止码 | 准确抄录电能表止码 | 6 | 峰、平、谷、总有功、总无功及需量缺 1 项扣 1 分 | | |
| 5 | 判断报警 | 按给定条件绘制相量图 | 23 | （1）相量图绘制错误不得分。<br>（2）符号标注不完整，线段长短及角度不准确共 23 项，每项扣 1 分。<br>（3）该项分值扣完为止 | | |

| 序号 | 考核项目名称 | 质 量 要 求 | 分值 | 扣 分 标 准 | 扣分原因 | 得分 |
|---|---|---|---|---|---|---|
| 6 | 计算更正系数 | （1）有功功率表达式。<br>（2）更正系数。<br>（3）无功功率表达式。<br>（4）更正系数 | 23 | （1）无推演过程或错误每项扣4分。<br>（2）该项分值扣完为止 | | |
| 7 | 计算故障期间功率因数 | 功率因数正切值 | 8 | （1）无推演过程或错误每项扣4分。<br>（2）该项分值扣完为止 | | |
| 8 | 电费计算 | （1）峰段电度电费。<br>（2）平段电度电费。<br>（3）谷段电度电费。<br>（4）该户功率因数考核标准为0.90，实际为0.87，调整率为1.5%。<br>（5）功率因数调整电费。<br>（6）本月应交电费＝电量电费＋功率因数调整电费 | 24 | （1）无推演过程或错误每项扣4分。<br>（2）该项分值扣完为止 | | |
| 9 | 结果呈现 | 将结果报考评员 | 4 | 未完成扣4分 | | |
| 10 | 安全文明生产 | （1）规范填写工作单，清理现场。<br>（2）操作符合规程和安全要求，无违章现象 | 2 | （1）未填写工作单扣1分。<br>（2）操作中发生违规或不安全现象扣1分 | | |

### 2.2.11 ZJ3XG0201 创建与编辑工作表

**一、作业**

（一）工器具、材料、设备

装有 Windows 操作系统和 WPS Office 或 MS Office 办公软件的计算机、打印机。

（二）考试要求

（1）凭准考证或身份证开考前 15min 内进入考试场地。

（2）不得携带手机、U 盘等其他电子设备进入考试场地。

（3）采用无纸化考试，上机操作，在规定时间内完成指定操作。

（三）操作步骤及工艺要求

（1）打开 WPS Office 或 MS Office 程序，新建一个空白 Excel 表格。

（2）按照给定的样张在工作表内输入数据。

（3）自动计算出本月电费金额，本月电费＝(本月表码－上月表码)×单价。

（4）对本月电费进行求和，自动将结果算至工作表格中。

（5）对工作表按照用户类别选择升序进行排序。

（6）存盘到指定位置。

（7）将排序后的表格打印出来，交至考评员手中。

**二、考核**

（一）考核场地

多媒体教室。

（二）考核时间

参考时间为 15min，考评员允许开工开始计时，到时即停止工作。

（三）考核要点

（1）在 Windows 操作系统下，能应用 WPS Office 或 MS Office 完成文档的创建。

（2）掌握 Excel 表格的一些基本应用。

## 三、评分标准

行业：电力工程　　　　　　　　工种：装表接电工　　　　　　　　等级：三

| 编　号 | ZJ3XG0201 | 行为领域 | f | 鉴定范围 | | |
|---|---|---|---|---|---|---|
| 考核时间 | 15min | 题型 | B | 满分 | 100 分 | 得分 |
| 试题名称 | 创建与编辑工作表 | | | | | |
| 考核要点及其要求 | （1）打开 WPS Office 或 MS Office 程序，新建一个空白 Excel 表格。<br>（2）按照给定的样张在工作表内输入数据。<br>（3）按照要求对表格内容进行计算。<br>（4）对工作表按照要求进行存盘。<br>（5）将文档打印在 A4 纸上，交至考评员手中。<br>（6）离开机房 | | | | | |
| 工器具、材料、设备、场地 | （1）装有 Windows 操作系统和 WPS Office 或 MS Office 办公软件的计算机、打印机。<br>（2）机房 | | | | | |
| 备　注 | | | | | | |

评　分　标　准

| 序号 | 考核项目名称 | 质量要求 | 分值 | 扣分标准 | 扣分原因 | 得分 |
|---|---|---|---|---|---|---|
| 1 | 创建工作表 | （1）打开 WPS Office 或 MS Office 程序，新建 1 个空白工作表。<br>（2）按照给定的样张输入文字内容 | 10 | （1）少输或漏输一项扣 2 分。<br>（2）该项分值扣完为止 | | |
| 2 | 计算电费金额 | （1）按照"本月电费＝（本月表码－上月表码）×单价"这个公式计算本月电费。<br>（2）所求得电费保留 2 位小数 | 20 | （1）公式错误不得分，不是自动计算不得分。<br>（2）电费数据未保留 2 位小数的扣 5 分。<br>（3）该项分值扣完为止 | | |
| 3 | 求和 | 对本月电费进行求和，自动将结果算至工作表"合计"表格中 | 20 | （1）公式错误不得分。<br>（2）不是自动计算不得分 | | |
| 4 | 排序 | 对工作表按照用户类别选择升序进行排序 | 20 | （1）未排序不得分。<br>（2）不是按照用户类别的升序要求排序扣 10 分 | | |
| 5 | 存盘 | 对文档进行存盘，将文件存在桌面\装表接电技能鉴定文件夹内。文件名为"考生姓名考试文档" | 10 | （1）存盘位置错误扣 5 分。<br>（2）存盘的文件名称不对扣 5 分 | | |
| 6 | 打印 | （1）设置单元格格式：选中外边框、内边框、单实线、颜色自动。<br>（2）表格中的文字设置为垂直居中，水平左对齐。<br>（3）将设置好的工作表格打印出来 | 20 | （1）设置不正确每处扣 2 分。<br>（2）打印出的表格格式与样表不一样，扣 20 分。<br>（3）该项分值扣完为止 | | |

样表：

### ××街道 3 月电费明细

| 用户编号 | 用户姓名 | 用户类别 | 电费单价 /[元/(kW·h)] | 上月表码 | 本月表码 | 本月电费 /元 |
|---|---|---|---|---|---|---|
| 10001 | 张三 | 居民 | 0.52 | 801 | 837 | |
| 10002 | 张四 | 农业生产 | 0.6155 | 1015 | 1422 | |
| 10003 | 王五 | 商业 | 0.7011 | 666 | 825 | |
| 10004 | 王六 | 居民 | 0.52 | 213 | 285 | |
| 10005 | 李三 | 居民 | 0.52 | 222 | 246 | |
| 10006 | 李四 | 农业生产 | 0.6155 | 2022 | 2565 | |
| 10007 | 赵三 | 农业生产 | 0.6155 | 3130 | 3677 | |
| 10008 | 赵四 | 商业 | 0.7011 | 1015 | 1352 | |
| 10009 | 钱三 | 农业生产 | 0.7011 | 892 | 1415 | |
| 10010 | 钱四 | 非居民 | 0.7011 | 1111 | 1323 | |
| 合　计 | | | | | | |

完成后表格：

### ××街道 3 月电费明细

| 用户编号 | 用户姓名 | 用户类别 | 电费单价 /[元/(kW·h)] | 上月表码 | 本月表码 | 本月电费 /元 |
|---|---|---|---|---|---|---|
| 10010 | 钱四 | 非居民 | 0.7011 | 1111 | 1323 | 148.63 |
| 10001 | 张三 | 居民 | 0.52 | 801 | 837 | 18.72 |
| 10004 | 王六 | 居民 | 0.52 | 213 | 285 | 37.44 |
| 10005 | 李三 | 居民 | 0.52 | 222 | 246 | 12.48 |
| 10002 | 张四 | 农业生产 | 0.6155 | 1015 | 1422 | 250.51 |
| 10006 | 李四 | 农业生产 | 0.6155 | 2022 | 2565 | 334.22 |
| 10007 | 赵三 | 农业生产 | 0.6155 | 3130 | 3677 | 336.68 |
| 10009 | 钱三 | 农业生产 | 0.7011 | 892 | 1415 | 366.68 |
| 10003 | 王五 | 商业 | 0.7011 | 666 | 825 | 111.47 |
| 10008 | 赵四 | 商业 | 0.7011 | 1015 | 1352 | 236.27 |
| 合　计 | | | | | | 1853.10 |

第4篇 技　　师

# 1 理论试题

## 1.1 单选题

**La2A1001** 在低压线路工程图中 M 标志（　　）类。

（A）发电机；（B）电流表；（C）电动机；（D）测量设备。

**答案：C**

**La2A1002** 直流母线负极相色规定涂为（　　）。

（A）黑色；（B）蓝色；（C）白色；（D）红色。

**答案：B**

**La2A1003** 直流母线正极相色规定涂为（　　）。

（A）蓝色；（B）白色；（C）粉色；（D）赭色。

**答案：D**

**La2A1004** 将原理图按不同回路分开画出并列表的二次接线图是（　　）。

（A）原理图；（B）平面布置图；（C）展开图；（D）安装接线图。

**答案：C**

**La2A1005** 互感器二次侧负载不应大于其额定负载，但也不宜低于其额定负载的（　　）%。

（A）10；（B）20；（C）25；（D）30。

**答案：C**

**La2A1006** 某一型号的感应式电能表，如果基本电流为 5A 时的电流线圈的总匝数是 16 匝，那么基本电流为 10A 时的电流线圈的总匝数是（　　）匝。

（A）4；（B）6；（C）8；（D）10。

**答案：C**

**La2A1007** 某低压三相四线用户负荷为 25kW，则应选择的电能表型号和规格为（　　）。

（A）DT 型系列/5（20）A；（B）DS 型系列/10（40）A；（C）DT 型系列/10（40）A；（D）DS 型系列/5（20）A。

**答案：C**

**La2A1008** 把一条 32m 长的均匀导线截成 4 份，然后将 4 根导线并联，并联后电阻为原来的 （　　）倍。

（A）4；（B）1/4；（C）1/16；（D）16。

**答案：C**


**La2A1009** 电路中参考点的电位改变，电路中的电位差（　　）。

（A）变大；（B）变小；（C）不变；（D）随之变化。

**答案：C**


**La2A1010** （　　）保护不反应外部故障，具有绝对的选择性。

（A）过电流；（B）低电压；（C）距离；（D）差动。

**答案：D**


**La2A1011** 下述论述中，正确的是（　　）。

（A）当计算电路时，规定自感电动势的方向与自感电压的参考方向都跟电流的参考方向一致；（B）自感电压的实际方向始终与自感电动势的实际方向相反；（C）在电流增加的过程中，自感电动势的方向与原电流的方向相同；（D）自感电动势的方向除与电流变化方向有关外，还与线圈的绕向有关。这就是说，自感电压的实际方向就是自感电动势的实际方向。

**答案：B**


**La2A1012** 在继电保护的原理接图中，一般 C 代表电容，QF 代表（　　）。

（A）消弧线圈；（B）跳闸线圈；（C）断路器；（D）电压继电器。

**答案：C**


**La2A1013** 应用右手定则时，拇指所指的是（　　）。

（A）导线切割磁力线的运动方向；（B）磁力线切割导线的方向；（C）导线受力后的运动方向；（D）在导线中产生感应电动势的方向。

**答案：A**


**La2A2014** 测量结果与被测量真值之间的差是（　　）。

（A）测量误差；（B）偏差；（C）系统误差；（D）偶然误差。

**答案：A**


**La2A2015** 多功能电能表除具有计量有功（无功）电能外，还具有（　　）等 2 种以上功能，并能显示、储存和输出数据。

（A）分时、测量需量；（B）分时、防窃电；（C）分时、预付费；（D）测量需量、防窃电。

**答案：A**

**La2A2016** 电能表型号中"Y"代表（　　）。

（A）分时电能表；（B）最大需量电能表；（C）预付费电能表；（D）无功电能表。

**答案：C**


**La2A2017** 电流互感器额定一次电流的确定，应保证其在正常运行中负荷电流达到额定值的 60% 左右，当实际负荷小于 30% 时，应采用电流互感器为（　　）。

（A）高准确度等级电流互感器；（B）采用小变比电流互感器；（C）S 级电流互感器；（D）采用大变比电流互感器。

**答案：C**


**La2A2018** 在直观检查电子部件时，为防止（　　）对电子部件的损坏，不得用手直接触摸电子元器件或用螺丝刀、指钳等金属部分触及器件和焊点。

（A）灰尘；（B）感应电流；（C）静电放电；（D）振动。

**答案：C**


**La2A2019** 检查兆欧表时，我们可以根据以下方法来判断兆欧表的好坏（　　）。

（A）短路时，指针应指向 ∞ 处；（B）L 和 E 开路时，轻摇手柄指针应指向 ∞ 处；（C）开路时应指向 0 位置；（D）短路时应指向中间位置。

**答案：B**


**La2A2020** 钳形电流表的钳头实际上是一个（　　）。

（A）电压互感器；（B）自耦变压器；（C）电流互感器；（D）整流器。

**答案：C**


**La2A2021** 纯电感元件在正弦交流电路中，流过的正弦电流（　　）。

（A）与电压同相位；（B）超前电压 90° 相位角；（C）滞后电压 90° 相位角；（D）滞后电压 30° 相位角。

**答案：C**


**La2A2022** 二极管的主要特性有（　　）。

（A）电流放大作用；（B）单向导电性；（C）电压放大作用；（D）滤波作用。

**答案：B**


**La2A2023** 利用三极管不能实现（　　）。

（A）电流放大；（B）电压放大；（C）整流；（D）功率放大。

**答案：C**


**La2A2024** 涡流是一种（　　）现象。

（A）电流热效应；（B）电磁感应；（C）电流化学效应；（D）磁滞现象。

答案：B

**La2A2025** 基本共集放大电路与基本共射放大电路的不同之处，下列说法中错误的是（ ）。

（A）共射电路既能放大电流，又能放大电压，共集电路只能放大电流；（B）共集电路的负载对电压放大倍数影响小； （C）共集电路输入阻抗高，且与负载电阻无关；（D）共集电路输出电阻比共射电路小，且与信号源内阻有关。

答案：C

**La2A2026** 动作于跳闸的继电保护，在技术上一般应满足 4 个基本要求，即（ ）、速动性、灵敏性、可靠性。

（A）正确性；（B）经济性；（C）选择性；（D）科学性。

答案：C

**La2A2027** 提高电力系统静态稳定的措施是（ ）。

（A）增加系统承受扰动的能力；（B）增加变压器和电力线路感抗，提高系统电压；（C）减小电力系统各个部件的阻抗；（D）减小扰动量和扰动时间。

答案：C

**La2A2028** 对法拉第电磁感应定律的理解，正确的是（ ）。

（A）回路中的磁通变化量越大，感应电动势一定越高；（B）回路中包围的磁通量越大，感应电动势越高；（C）回路中的磁通量变化率越大，感应电动势越高；（D）当磁通量变化到零时，感应电动势必为零。

答案：C

**La2A2029** 在串联电路中（ ）。

（A）流过各电阻元件的电流相同；（B）加在各电阻元件上的电压相同；（C）各电阻元件的电流、电压都相同；（D）各电阻元件的电流、电压都不同。

答案：A

**La2A3030** $U/f$ 变换器可由（ ）、比较器、时钟脉冲发生器等组成。

（A）放大器；（B）分频器；（C）信号源；（D）积分器。

答案：D

**La2A3031** 仪表偏离工作条件产生的误差称为（ ）。

（A）基本误差；（B）附加误差；（C）粗大误差；（D）相对误差。

答案：B

**La2A3032** 户外型智能电能表极限工作温度范围是（　　）℃。

（A）−45～70；（B）−25～60；（C）−25～70；（D）−40～70。

答案：**D**


**La2A3033** 电流互感器的额定动稳定电流一般为额定热稳定电流的（　　）倍。

（A）0.5；（B）1；（C）2.55；（D）5。

答案：**C**


**La2A3034** 基波电能表用于记录（　　）电能。

（A）杂波；（B）基波；（C）谐波；（D）杂波、谐波、基波。

答案：**B**


**La2A3035** 在电子型电能表的检定装置中，为解决功率的实际负载与放大器输出级的最佳阻抗的匹配问题，一般（　　）。

（A）采用互补对称功率放大电路；（B）采用变压器实现阻抗变换；（C）采用最佳负载下的功率管；（D）采用有动态性能的功率管。

答案：**B**


**La2A3036** 兆欧表应根据被测电气设备的（　　）来选择。

（A）额定功率；（B）额定电流；（C）额定电压；（D）阻抗值。

答案：**C**


**La2A3037** 若用一块准确等级为1.0级、测量上限为10A的电流表去测量4A的电流，试问测量时该表可能出现的最大相对误差是（　　）。

（A）0.1；（B）0.1%；（C）2.5；（D）2.5%。

答案：**D**


**La2A3038** 为改善RC桥式振荡器的输出电压幅值的稳定，可在放大器的负反馈回路里采用（　　）来自动调整反馈的强弱，以维持输出电压的恒定。

（A）正热敏电阻；（B）非线性元件；（C）线性元件；（D）调节电阻。

答案：**B**


**La2A3039** 设 $r_1$、$r_2$ 和 $L_1$、$L_2$ 分别是变压器一次、二次绕组的电阻和自感，$M$ 是其互感，则理想变压器的条件是（　　）。

（A）$r_1=r_2=0$　$L_1=L_2=M=0$；（B）$r_1=r_2=0$　$L_1=L_2=M=\infty$；（C）$r_1=r_2=\infty$　$L_1=L_2=M=0$；（D）$r_1=r_2=\infty$　$L_1=L_2=M=\infty$。

答案：**B**

**La2A3040** 下列说法中，错误的说法是（　　）。

（A）判断载流体在磁场中的受力方向时，应当用左手定则；（B）当已知导体运动方向和磁场方向，判断导体感应电动势方向时，可用右手定则；（C）楞次定律是判断感应电流方向的普遍定律，感应电流产生的磁场总是与原磁场方向相反；（D）当回路所包围的面积中的磁通量发生变化时，回路中就有感应电动势产生，该感应电动势或感应电流所产生的磁通总是力图阻止原磁通的变化，习惯上用右手螺旋定则来规定磁通和感应电动势的方向。

答案：**C**

**La2A3041** 把空载变压器从电网中切除，将引起（　　）。

（A）激磁涌流；（B）过电压；（C）电压降；（D）瞬间过电流。

答案：**B**

**La2A4042** 电子式电能表的误差主要分布在（　　）。

（A）分流器；（B）分压器；（C）乘法器；（D）分流器、分压器、乘法器。

答案：**D**

**La2A4043** 判断电流产生磁场的方向是用（　　）。

（A）左手定则；（B）右手定则；（C）楞次定律；（D）安培定则。

答案：**C**

**La2A5044** 串级式结构的电压互感器绕组中的平衡绕组主要起到（　　）的作用。

（A）补偿误差；（B）使初级、次级绕组匝数平衡；（C）使两个铁芯柱的磁通平衡；（D）电流补偿。

答案：**C**

**La2A5045** 某电焊机的额定功率为 10kW，铭牌暂载率为 25%，则其设备计算容量为（　　）kW。

（A）2.5；（B）5；（C）10；（D）40。

答案：**B**

**La2A5046** 在谐波分量中，属于零序分量的谐波是：（　　）。

（A）1、7、13 次谐波；（B）3、9、15 次谐波；（C）5、11、17 次谐波；（D）19、23、25 次谐波。

答案：**B**

**Lb2A1047** 三相三线有功电能表校验中当调定负荷功率因数 $\cos\varphi = 0.866$（感性）时，A、C 两元件 $\cos\varphi$ 值分别为（　　）。

(A) 1.0、0.5（感性）；(B) 0.5（感性）、1.0；(C) 1.0、0.5（容性）；(D) 0.866（感性）、1.0。

**答案：B**


**Lb2A1048** 电压互感器（　　）加、减极性，电流互感器（　　）加、减极性。

(A) 有，无；(B) 有，有；(C) 无，有；(D) 无，无。

**答案：B**


**Lb2A1049** 安装式电能表经检定合格的由检定单位加上（　　），不合格的加上不合格标记。

(A) 合格标记；(B) 封印或检定标记；(C) 封印；(D) 封印和合格标记。

**答案：B**


**Lb2A1050** Ⅲ类计量装置应装设的有功表和无功表的准确度等级分别为（　　）级。

(A) 0.5、1.0；(B) 1.0、2.0；(C) 1.0、3.0；(I) 2.0、3.0。

**答案：B**


**Lb2A1051** 按照 DL/T 448—2000 规程规定，运行中的Ⅰ类电能表，其轮换周期为（　　）年。

(A) 1；(B) 5；(C) 3～4；(D) 6。

**答案：C**


**Lb2A1052** 运行中的Ⅴ类电能表，从装出第（　　）年起，每年应进行分批抽样，做修调前检验，以确定整批表是否继续运行。

(A) 5；(B) 6；(C) 10；(D) 3。

**答案：B**


**Lb2A1053** 运行中Ⅱ类电能表至少每（　　）个月现场检验1次。

(A) 3；(B) 6；(C) 9；(D) 12。

**答案：B**


**Lb2A1054** 低压三相用户，当用户最大负荷电流在（　　）A 以上时应采用电流互感器。

(A) 30；(B) 50；(C) 75；(D) 100。

**答案：B**


**Lb2A1055** 普通单相感应式有功电能表的接线，如将火线与零线接反，则电能表将（　　）。

（A）正常；（B）停转；（C）正转；（D）慢转。

答案：C

**Lb2A1056** 电流互感器星形接线时，在三相电流对称的情况下，如 1 台互感器极性接反，$I_n$ 为（　　）倍相电流。

（A）1；（B）2；（C）3；（D）4。

答案：B

**Lb2A1057** 专变采集终端在供电电源中断后，应有措施至少保证与主站通信 3 次（停电后立即上报停电事件）并正常工作 1min 的能力，存储数据保存至少（　　）年，时钟至少正常运行（　　）年。电源恢复时，保存数据不丢失，内部时钟正常运行。

（A）5，5；（B）10，5；（C）10，10；（D）3，5。

答案：B

**Lb2A1058** 《电力用户用电信息采集系统功能规范》（Q/GDW 1373—2013）要求，对于采用（　　）接入电力信息网的安全防护，对接入必须制定严格的安全隔离措施。

（A）局域网；（B）230MHz 无线专网；（C）GPRS/CDMA 无线公网；（D）有线网。

答案：C

**Lb2A1059** 用电信息采集系统对时方案选用分层设计，主站负责对采集终端进行对时，集中器负责对采集器、电能表进行对时；采集终端和电能表日计时误差≤±（　　）s/d。

（A）0.5；（B）1；（C）2；（D）5。

答案：A

**Lb2A1060** 《电力用户用电信息采集系统功能规范》（Q/GDW 1373—2013）要求，实现费控控制方式也有（　　）3 种形式。

（A）主站实施费控、终端实施费控、开关实施费控；（B）系统实施费控、终端实施费控、电能表实施费控；（C）主站实施费控、系统实施费控、电能表实施费控；（D）主站实施费控、终端实施费控、电能表实施费控。

答案：D

**Lb2A1061** 在工程中，所有用电设备额定功率的总和称（　　）。

（A）装表容量；（B）计算容量；（C）额定容量；（D）设备总容量。

答案：D

**Lb2A1062** 为及时掌握标准电能表、电能表及互感器检定装置的误差变化情况。电能计量所（室）应至少每（　　）进行误差比对 1 次，发现问题及时处理。

（A）3个月；（B）6个月；（C）1年；（D）2年。

答案：B

**Lb2A1063** 电网经营企业依法负责供电营业区内的电力供应与使用的业务工作，并接受电力管理部门的（　　）。

（A）监督；（B）管理；（C）检查；（D）协调。

答案：A

**Lb2A1064** 为了防止三绕组自耦变压器在高压侧电网发生单相接地故障时（　　）出现过电压，所以自耦变压器的中性点必须接地。

（A）高压侧；（B）中压侧；（C）低压侧；（D）中压侧和低压侧。

答案：B

**Lb2A1065** 计算线损的电流为（　　）。

（A）有功电流；（B）无功电流；（C）瞬时电流；（D）视在电流。

答案：D

**Lb2A1066** 避雷线的主要作用是（　　）。

（A）防止感应雷击电力设备；（B）防止直接雷击电力设备；（C）防止感应雷击电力设备；（D）防止感应雷击电力设备和防止直接雷击电力设备。

答案：B

**Lb2A1067** 几个试品并联在一起进行工频交流耐压试验时，试验电压应按各试品试验电压的（　　）选择。

（A）平均值；（B）最大值；（C）有效值；（D）最小值。

答案：D

**Lb2A2068** 由于电能表相序接入发生变化，影响到电能表读数，这种影响称为（　　）。

（A）接线影响；（B）输入影响；（C）相序影响；（D）接入系数。

答案：C

**Lb2A2069** 现场检验时，电压和电流的波形失真度≤（　　）%。

（A）4；（B）5；（C）6；（D）7。

答案：B

**Lb2A2070** 《供电营业规则》中规定，计算电量的倍率或铭牌倍率与实际不符的，以（　　）为基准，按（　　）退补电量，退补时间以（　　）确定。

（A）实际倍率，正确与错误倍率的差值，抄表记录为准；（B）用户正常月份用电量，正常月与故障月的差额，抄表记录或按失压自动记录仪记录；（C）其实际记录的电量，正确与错误接线的差额率，上次校验或换装投入之日起至接线错误更正之日止；（D）用户正常同期月份用电量，正常同期月与故障月的差额，抄表记录或按失压自动记录仪记录。

答案：A

**Lb2A2071** 作精密测量时，适当增多测量次数的主要目的是（　　）。
（A）减少平均值的实验标准差和发现粗差；（B）减少试验标准差；（C）减少随机误差和系统误差；（D）减少人为误差和附加误差。

答案：A

**Lb2A2072** 为保证电能计量的准确性，对新装、改造重接二次回路后的电能计量装置，应在投运后（　　）内进行现场检验，并检查二次回路接线的正确性。
（A）10个工作日；（B）15个工作日；（C）1个月；（D）2个月。

答案：C

**Lb2A2073** 在二次负荷的计算中，3台单相互感器星形接法的总额定负荷为单台额定负荷的（　　）倍。
（A）1/3；（B）1.73；（C）0.577；（D）3。

答案：D

**Lb2A2074** 对两路及以上线路供电（不同的电源点）的用户，装设计量装置的形式为（　　）。
（A）两路合用一套计量装置，节约成本；（B）两路分别装设电能计量装置；（C）两路分别装设有功电能表，合用无功电能表；（D）两路合用电能计量装置，但分别装设无功电能表。

答案：B

**Lb2A2075** 用三相两元件电能表计量三相四线制电路有功电能，将（　　）。
（A）多计量；（B）少计量；（C）正确计量；（D）不能确定多计或少计。

答案：D

**Lb2A2076** 485接口允许最长传输距离是（　　）m。
（A）1000；（B）1200；（C）1500；（D）2000。

答案：B

**Lb2A2077** 采集终端GPRS通讯模块发送功率一般为（　　）W。
（A）1~2；（B）5~10；（C）5~15；（D）20。

答案：A

**Lb2A2078** 集中器Ⅱ型配备（　　）路 RS－485 接口和（　　）路遥信输入接口。

（A）2，2；（B）1，3；（C）3，1；（D）3，2。

答案：**C**


**Lb2A2079** 在采用无线电控制的负荷集中控制系统中，国家规定一般控制端发射功率应不超过（　　）W。

（A）10；（B）15；（C）20；（D）25。

答案：**D**


**Lb2A2080** 下列行业中，用电负荷波动比较大，容易造成电压波动，产生谐波和负序分量的是（　　）。

（A）水泥生产业；（B）纺织业；（C）电炉炼钢业；（D）商业城。

答案：**C**


**Lb2A2081** 在下列计量方式中，考核用户用电需要计入变压器损耗的是（　　）。

（A）高供高计；（B）低供低计；（C）高供低计；（D）高供高计和低供低计。

答案：**C**


**Lb2A2082** 变压器呼吸器硅胶吸潮后失效颜色呈（　　）色。

（A）蓝；（B）粉；（C）灰白；（D）黑。

答案：**B**


**Lb2A2083** 铝质导线不能用（　　）连接。

（A）压接；（B）绞接；（C）焊接；（D）螺丝压接。

答案：**B**


**Lb2A2084** 目前我国推广使用的剩余电流动作保护器是（　　）。

（A）交流脉冲型；（B）电流型；（C）直流电压型；（D）自动重合闸交流型。

答案：**B**


**Lb2A2085** 在 1 根电杆绝缘子上引接的单相照明接户线不宜超过（　　）处。

（A）1；（B）2；（C）3；（D）4。

答案：**B**


**Lb2A2086** 准确度级别为 0.01 级的电流互感器。在额定电流的 5% 时。其允许比差和角差为（　　）。

（A）±0.01%、±0.3′；　（B）±0.015%、±0.45′；　（C）±0.02%、±0.6′；（D）±0.02%、±0.45′。

答案：**C**

**Lb2A2087** 电能表检定装置在额定负载范围内，调节相位角到任何相位时，引起输出电压（电流）的变化应不超过（　　）%。

(A) ±2；(B) ±3；(C) ±5；(D) ±1.5。

答案：D

**Lb2A2088** 将有效长度为50cm的导线与磁场成30°放入一磁感应强度为$0.5Wb/m^3$的均匀磁场中。若导线中的电流为20A，则电磁力为（　　）N。

(A) 1.5；(B) 2.5；(C) 5；(D) 7.5。

答案：B

**Lb2A3089** 以下集中器、采集器拆除工作中，操作不正确的是（　　）。

(A) 直接拆除电能表和集中器、采集器 RS485 数据线缆；(B) 断开集中器、采集器供电电源，用万用表或验电笔测量无电后，拆除电源线；(C) 拆除外置天线，拆除终端；(D) 移除集中器、采集器、RS485 数据线缆、外置天线。

答案：A

**Lb2A3090** 当测量结果服从于正态分布时，随机误差绝对值大于标准误差的概率是（　　）%。

(A) 50；(B) 68.3；(C) 31.7；(D) 95。

答案：C

**Lb2A3091** 检定 1 台 0.2 级的电流互感器时，某个测量点的误差，在修约前为$-0.130\%$、$+5.50'$，修约后为（　　）。

(A) $-0.14\%$、$+6.0'$；　(B) $-0.12\%$、$+6.0'$；　(C) $-0.13\%$、$+5.5'$；(D) $-0.14\%$、$+5.5'$。

答案：B

**Lb2A3092** 一般未经补偿的电压互感器的比差和角差，（　　）。

(A) 比差为正，角差为正；(B) 比差为负，角差为负；(C) 比差为负，角差为正；(D) 比差为正，角差为负。

答案：C

**Lb2A3093** 当电压互感器一次、二次绕组匝数增大时，其误差的变化是（　　）。

(A) 减小；(B) 增大；(C) 不变；(D) 不定。

答案：B

**Lb2A3094** 电流互感器的二次负荷阻抗的幅值增大时，（　　）。

(A) 比差正向增加，角差正向增加；(B) 比差负向增加，角差正向增加；(C) 比差正向增加，角差负向增加；（D）比差负向增加，角差负向增加。

答案：B

**Lb2A3095** 电压互感器的误差是指其（　　）。

（A）空载误差；（B）空载误差与负荷误差之和；（C）负荷误差；（D）空载误差与负荷误差之差。

答案：B

**Lb2A3096** 检定 0.2 级电子式电能表应至少采用（　　）级的检定装置。

（A）0.01；（B）0.05；（C）0.1；（D）0.2。

答案：B

**Lb2A3097** 电子式三相电能表的误差调整以（　　）调整为主。

（A）硬件；（B）软件；（C）手动；（D）自动。

答案：B

**Lb2A3098** 在检验电能表时被检表的采样脉冲应选择确当，不能太少，至少应使两次出现误差的时间间隔不小于（　　）s。

（A）2；（B）5；（C）10；（D）30。

答案：B

**Lb2A3099** 检定 0.5 级电能表，检定装置的级别不能低于（　　）级。

（A）0.05；（B）0.1；（C）0.2；（D）0.3。

答案：B

**Lb2A3100** 在一般的电流互感器中产生误差的主要原因是存在着（　　）所致。

（A）容性泄漏电流；（B）激磁电流；（C）负荷电流；（D）感生电流。

答案：B

**Lb2A3101** 接入中性点非有效接地的高压线路的计量装置，宜采用（　　）。

（A）三台电压互感器，且按 $Y_0/Y_0$ 方式接线；（B）二台电压互感器，且按 V/V 方式接线；（C）三台电压互感器，且按 Y/Y 方式接线；（D）二台电压互感器，接线方式不定。

答案：B

**Lb2A3102** 现场检验时，多功能电能表的示值应正常，各时段记度器示值电量之和与总记度器示值电量的相对误差应不大于（　　）%。

（A）0.1；（B）0.2；（C）0.25；（D）0.3。

答案：B

**Lb2A3103** 智能电能表调制型红外接口的缺省通信速率为（　　）bit/s。

（A）1200；（B）2400；（C）4800；（D）9600。

答案：**A**


**Lb2A3104** 专变采集终端是对专变用户用电信息进行采集的设备，可以实现电能表数据采集、电能计量设备工况和供电电能质量监测，以及客户用电负荷和电能量监控，并对采集数据进行管理和（　　）。

（A）上行传输；（B）下行传输；（C）双向传输；（D）单向传输。

答案：**C**


**Lb2A3105** 失压脱扣：控制线一端应串接在被控开关的跳闸回路上，另一端应接终端（　　）接点上。

（A）常闭；（B）常开；（C）辅助；（D）其他。

答案：**A**


**Lb2A3106** 某用电信息采集系统通信失败，应考虑故障处理顺序是（　　）。

（A）采集终端设备—中继设备—主站设备；（B）采集终端设备—主站设备—中继设备；（C）主站设备—中继设备—采集终端设备；（D）中继设备—采集终端设备—主站设备。

答案：**C**


**Lb2A3107** 《电力用户用电信息采集系统功能规范》（Q/GDW 1373—2013）中规定，响应时间一般指系统从发送站发送信息（或命令）到接收站最终信息显示或命令执行完毕所需的时间。常规数据召测和设置响应时间（指主站发送召测命令到主站显示数据的时间）要求小于（　　）s。

（A）5；（B）10；（C）15；（D）20。

答案：**C**


**Lb2A3108** 在功率因数的补偿中，电容器组利用率最高的是（　　）。

（A）就地个别补偿；（B）分组补偿；（C）集中补偿；（D）分片补偿。

答案：**C**


**Lb2A3109** 在功率因数的补偿中，补偿效果最好的是（　　）。

（A）集中补偿；（B）分组补偿；（C）就地个别补偿；（D）不能确定。

答案：**C**


**Lb2A3110** 电网频率正常与否，主要取决于电力系统中有功功率的平衡。频率（　　），则表示电力系统中的发电功率不足。

（A）偏高；（B）波动；（C）偏低；（D）超差。

答案：**C**


**Lb2A3111** 电网电压的质量取决于电力系统中无功功率的平衡。无功功率（    ）时电网电压偏低。

（A）增大；（B）为1；（C）为零；（D）不足。

答案：**D**


**Lb2A3112** 电流型漏电保护器的安装接线要（    ）。

（A）相线穿入零序电流互感器，零线要用专用零线但不必穿入；（B）相线穿入零序电流互感器，零线可搭接其他回路；（C）零线需专用，并必须和回路相线一起穿入零序电流互感器；（D）零线穿入零序电流互感器，相线不允许穿入零序电流互感器。

答案：**C**


**Lb2A3113** 框架式自动空气断路器有数量较多的（    ），便于实施连锁并对辅助电路进行控制。

（A）主触头；（B）感觉元件；（C）辅助触头；（D）辅助电路。

答案：**C**


**Lb2A3114** 室内裸导线与需要经常维护的生产设备之间的距离不应小于（    ）m。

（A）1.0；（B）1.5；（C）2.0；（D）2.5。

答案：**B**


**Lb2A3115** 线路导线的电阻与温度的关系是：（    ）。

（A）温度升高，电阻增大；（B）温度升高，电阻变小；（C）温度降低，电阻不变；（D）温度降低，电阻增大。

答案：**A**


**Lb2A3116** 假如电气设备的绕组绝缘等级是F级，那么它的耐热最高点是（    ）℃。

（A）135；（B）145；（C）155；（D）165。

答案：**C**


**Lb2A3117** 在检定周期内，标准电压互感器的误差变化不得大于其误差限值的（    ）。

（A）1/5；（B）1/3；（C）1/2；（D）2/3。

答案：**B**


**Lb2A3118** 作为标准用的电压互感器的变差应不大于标准器误差限值的（    ）。

（A）1/3；（B）1/4；（C）1/5；（D）1/6。

**答案：C**

**Lb2A3119** 为减小计量装置的综合误差，对接到电能表同一元件的电流互感器和电压互感器的比差、角差要合理地组合配对，原则上，要求接于同一元件的电压、电流互感器（　　）。

（A）比差符号相反，数值接近或相等，角差符号相同，差值接近或相等；（B）比差符号相反，数值接近或相等，角符号相反，数值接近或相等；（C）比差符号相同，数值接近或相等，角差符号相反，数值接近或相等；（D）比差符号相同，数值接近或相等，角差符号相同，数值接近或相等。

**答案：A**

**Lb2A3120** 《居民用户家用电器损坏处理办法》规定，因电力运行事故损坏后不可修复的家用电器，其购买时间在（　　）个月以内的，若损害责任属供用企业的，则应由供电企业按原购货发票全额赔偿。

（A）3；（B）5；（C）6；（D）12。

**答案：C**

**Lb2A3121** 基建工地所有的（　　）不得用于生产、试生产和生活照明用电。

（A）正式用电；（B）高压用电；（C）临时用电；（D）低压用电。

**答案：C**

**Lb2A3122** 工厂企业等动力用户因生产任务临时改变、设备检修等原因需短时间内停止使用一部分或全部用电容量的，叫（　　）。

（A）暂拆；（B）停用；（C）暂停；（D）减容。

**答案：C**

**Lb2A3123** 在 $RLC$ 串联电路中，增大电阻 $R$，将带来以下哪种影响（　　）。

（A）谐振频率降低；（B）谐振频率升高；（C）谐振曲线变陡；（D）谐振曲线变钝。

**答案：D**

**Lb2A3124** 理想变压器的一次绕组匝数为 1500，二次绕组匝数为 300。当在其二次侧接入 $200\Omega$ 的纯电阻作负载时，反射到一次侧的阻抗是（　　）$\Omega$。

（A）5000；（B）1000；（C）600；（D）30000。

**答案：A**

**Lb2A4125** 电能计量装置的综合误差实质上是（　　）。

（A）互感器的合成误差；（B）电能表测量电能的线路附加误差；（C）电能表的误

差、互感器的合成误差以及电压互感器二次导线压降引起的误差的总和；（D）电能表和互感器的合成误差。

答案：C

**Lb2A4126** 电压互感器空载误差分量是由（　　）引起的。

（A）励磁电流在一次、二次绕组的阻抗上产生的压降；（B）励磁电流在励磁阻抗上产生的压降；（C）励磁电流在一次绕组的阻抗上产生的压降；（D）励磁电流在一次、二次绕组上产生的压降。

答案：C

**Lb2A4127** 在单相电路中，互感器的合成误差在功率因数为（　　）时，角差不起作用。

（A）0.5；（B）0.5（L）；（C）0.5（C）；（D）1.0。

答案：D

**Lb2A4128** 准确度级别为 0.5 级的电压互感器，在 100％ 额定电压测量点下，检定证书上填写的比值差为零，则实际的比值差为（　　）。

（A）$-0.001％ \leqslant$ 比值差 $\leqslant -0.001％$；　　（B）$-0.001％ \leqslant$ 比值差 $\leqslant +0.01％$；（C）$-0.05％ \leqslant$ 比值差 $\leqslant +0.05％$；（D）$-0.025％ \leqslant$ 比值差 $\leqslant +0.025％$。

答案：D

**Lb2A4129** 2.0 级电子式电能表在平衡负载 $I = 0.15I_b$，$\cos\varphi = 1.0$ 时的允许误差限为（　　）％。

（A）$\pm 3.0$；（B）$\pm 2.0$；（C）$\pm 2.5$；（D）$\pm 1.0$。

答案：B

**Lb2A4130** 0.2S 级电流互感器 1％ $I_b$ 的相位差限值为 $\pm$（　　）。

（A）$10°$；（B）$20°$；（C）$30°$；（D）$45°$。

答案：C

**Lb2A4131** 三相三线有功电能表在负荷功率因数为 0.866（感性）时，二次电流 $I_a$ 反接时，则实际的 $I_a$ 滞后 $U_{ab}$（　　）。

（A）$240°$；（B）$60°$；（C）$120°$；（D）$30°$。

答案：A

**Lb2A4132** 在三相负载平衡的情况下，某三相三线有功电能表 W 相电流未加，此时负荷功率因数为 0.5，则电能表（　　）。

（A）走慢；（B）停转；（C）正常；（D）走快。

答案：B

**Lb2A4133** 在 ABC 相位已知情况下，三相两元件计量，下列接线形式中功率错误的是（  ）。

（A）$U_{ac}I_a$ 和 $U_{bc}I_c$；（B）$U_{ca}I_c$ 和 $U_{ba}I_b$；（C）$U_{ab}I_a$ 和 $U_{cb}I_c$；（D）$U_{bc}I_b$ 和 $U_{ac}I_a$。

答案：A

**Lb2A4134** 一用户三相三线有功电能表的错误接线方式为 $U_{ab}$、$-I_a$；$U_{ac}$、$-I_c$。在负荷功率因数为 0.866（感性）时，$-I_c$ 滞后 $U_{ac}$（  ）。

（A）300；（B）600；（C）900；（D）1200。

答案：B

**Lb2A4135** 终端脉冲输入回路应能与 DL/T 614—2007 规定的脉冲参数配合，脉冲宽度为（  ）ms。

（A）80±20；（B）100；（C）60；（D）100±20。

答案：A

**Lb2A4136** 《电力用户用电信息采集系统功能规范》（Q/GDW 1373—2013）中，响应时间一般指系统从发送站发送信息（或命令）到接收站最终信息显示或命令执行完毕所需的时间。重要信息（如重要状态信息及总功率和电能量）巡检时间要求小于（  ）min。

（A）5；（B）10；（C）15；（D）20。

答案：C

**Lb2A4137** 《电力用户用电信息采集系统功能规范》（Q/GDW 1373—2013）实施后将替代（  ）。

（A）Q/GDW 1373—2008；（B）Q/GDW 373—2009；（C）Q/GDW 375.1—2009；（D）Q/GDW 375.2—2009。

答案：B

**Lb2A4138** 电容器在充电过程中，充电电流逐渐减小，电容器两端的电压（  ）。

（A）逐渐减小；（B）逐渐增大；（C）不变；（D）不能确定。

答案：B

**Lb2A4139** 可直接产生 45～65Hz 左右的低频正弦波信号的振荡器是（  ）。

（A）文氏电桥振荡器；（B）变压器反馈式 $LC$ 振荡器；（C）三点式 $LC$ 振荡器；（D）晶振。

答案：A

**Lb2A4140** 整体式电能计量柜的测量专用电压互感器应为（  ）。

（A）二台接成 V/V 形组合接线；（B）三台接成 Y/Y 形组合接线；（C）三台接成

$Y_0/Y_0$ 组合接线；(D) 三相五柱整体式。

答案：**A**

**Lb2A4141** 在大电流的用电线路中，为解决（　　）问题，电能表的电流线圈要经过电流互感器接入。

(A) 抄表；(B) 收费；(C) 统计；(D) 计量。

答案：**D**

**Lb2A4142** 对电能表互感器轮换、现场检验、修校的分析称（　　）。

(A) 用电分析；(B) 电能计量分析；(C) 业务报装分析；(D) 营销分析。

答案：**B**

**Lb2A4143** 电动机的定子绕组应作三角形连接而误接成星形连接送电，其输出功率为三角形接线的（　　）%左右。

(A) 40；(B) 50；(C) 60；(D) 70。

答案：**B**

**Lb2A5144** 随着铁芯平均磁路长度的增大，电压互感器的空载误差（　　）。

(A) 基本不变；(B) 减小；(C) 增大；(D) 可能增大、也可能减小。

答案：**C**

**Lb2A5145** 电压互感器的复数误差可分为两项，第二项是二次电流在（　　）上产生的压降。

(A) 一次线圈阻抗；(B) 一次、二次线圈电抗；(C) 一次线圈漏抗；(D) 二次线圈阻抗。

答案：**B**

**Lb2A5146** 当电压互感器二次负荷的导纳值减小时，其误差的变化是（　　）。

(A) 比值差往负，相位差往正；(B) 比值差往正，相位差往正；(C) 比值差往正，相位差往负；(D) 比值差往负，相位差往负。

答案：**C**

**Lb2A5147** 电流互感器进行匝数补偿后，（　　）。

(A) 补偿了比差，又补偿了角差；(B) 补偿了比差，对角差无影响；(C) 能使比差减小，角差增大；(D) 对比差无影响，补偿了角差。

答案：**B**

**Lb2A5148** 中性点非有效接地系统一般采用三相三线电能表，但经消弧线圈等接地的计费用户且按平均中性点电流大于（　　）%$I_N$（额定电流）时，也应采用三相四线电能表。

（A）0.05；（B）0.1；（C）0.2；（D）0.25。

答案：B

**Lb2A5149**　在三相三线两元件有功电能表中，当三相电路完全对称，且 $\cos\phi = 1.0$ 时，C 组元件的电压相量（　　）。

（A）超前于电流；（B）与电流同相；（C）滞后于电流；（D）与电流反相。

答案：C

**Lb2A5150**　《电力用户用电信息采集系统功能规范》（Q/GDW1 373—2013）要求功率定值控制中，系统根据业务需要提供面向采集点对象的控制方式选择，管理并设置终端负荷定值参数、开关控制轮次、控制开始时间、控制结束时间等控制参数，并通过向终端下发（　　）命令，集中管理终端执行功率控制。

（A）控制投入；（B）控制解除；（C）控制投入和控制解除；（D）投入和解除。

答案：C

**Lb2A5151**　在集中控制负荷控制器中，利用工频电压波形过零点偏移原理传输信号的是（　　）。

（A）音频控制；（B）电力线载波控制；（C）工频控制；（D）无线电控制。

答案：C

**Lb2A5152**　实用中，常将电容与负载并联，而不用串联，这是因为（　　）。

（A）并联电容时，可使负载获得更大的电流，改变了负载的工作状态；（B）并联电容时，可使线路上的总电流减少，而负载所取用的电流基本不变，工作状态不变，使发电机的容量得到了充分利用；（C）并联电容后，负载感抗和电容容抗限流作用相互抵消，使整个线路电流增加，使发电机容量得到充分利用；（D）并联电容，可维持负载两端电压，提高设备稳定性。

答案：B

**Lb2A5153**　中性点不直接接地系统中 35kV 的避雷器最大允许电压是（　　）kV。

（A）38.5；（B）40；（C）41；（D）42。

答案：C

**Lc2A3154**　某 6kV 电缆长 500m，则其芯线对地间绝缘电阻值不应小于（　　）MΩ。

（A）50；（B）100；（C）200；（D）300。

答案：C

**Jd2A2155** 并联电力电容器的补偿方式按安装地点可分为（    ）。

（A）分散补偿、个别补偿；（B）集中补偿、分散补偿；（C）集中补偿、个别补偿；（D）集中补偿、分散补偿、个别补偿。

答案：**D**

**Jd2A2156** 强制检定的周期为（    ）。

（A）由执行强制检定的计量检定机构根据计量检定规程确定；（B）使用单位根据实际情况确定；（C）原则上是每年检定一次；（D）原则上是每两年检定一次。

答案：**A**

**Jd2A2157** 10kV 以下电压等级导线边线在计算导线最大风偏情况下，距建筑物的水平安全标准距离（    ）m。

（A）0.8；（B）1；（C）1.5；（D）3。

答案：**C**

**Jd2A3158** 两台单相电压互感器按 V/V 形连接，二次侧 B 相接地。若电压互感器额定变比为 10000/100V，一次侧接入线电压为 10000V 的三相对称电压。带电检查二次回路电压时，电压表一端接地，另一端接 A 相，此时电压表的指示值为（    ）V 左右。

（A）57.7；（B）100；（C）173；（D）0。

答案：**B**

**Ld2A1159** 在国家标准《电气简图用图形符号》（GB/T 4728）中，绝大多数表示能量的发生与转换的元件图形符号按能量流（    ）设计的。

（A）从左至右；（B）从右至左；（C）从上至下；（D）从下至上。

答案：**C**

**Ld2A1160** 端子排的设计原则，跳闸出口采用红色试验端子，并于（    ）端子适当隔开。

（A）交流电源；（B）直流正电源；（C）直流负电源；（D）信号回路。

答案：**B**

**Ld2A1161** 低压断路器是利用（    ）作为灭弧介质的开关电器，低压断路器按用途分为配电用和保护电动机用；按结构形式分为塑壳式和框架式。

（A）空气；（B）真空；（C）六氟化硫；（D）油。

答案：**A**

**Je2A2162** 计量装置安装后检查的简要步骤为（    ）。

（A）施工完毕接线检查、通电检查、加封、加锁、回单；（B）施工完毕接线检查、通电检查、加锁、加封、回单；（C）施工完毕接线检查、加封、加锁、通电检查、回单；（D）施工完毕接线检查、加封、通电检查、加锁、回单。

**答案：B**

**Je2A2163** 安装在用户处的 35kV 以上计费用电压互感器二次回路，应（　　）。

（A）不装设隔离开关辅助触点和熔断器；（B）不装设隔离开关辅助触点，但可装设熔断器；（C）装设隔离开关辅助触点和熔断器；（D）装设隔离开关辅助触点。

**答案：B**

**Je2A2164** 对电能表检定装置进行绝缘强度试验时，应选用额定电压为 1kV 的兆欧表测量绝缘电阻，电阻值应不小于（　　）。

（A）$2M\Omega$；（B）$5M\Omega$；（C）$2k\Omega$；（D）$2.5M\Omega$。

**答案：B**

**Je2A2165** 准确测量电气设备导电回路直流电阻的方法是（　　）。

（A）电桥法；（B）电压降法；（C）欧姆计法；（D）万用表法。

**答案：A**

**Je2A2166** 两台单相电压互感器按 V/V 形连接。二次侧 B 相接地。若电压互感器额定变比为 10000V/100V，一次侧接入线电压为 10000V 的三相对称电压。带电检查二次回路电压，，电压表一端接地，另一端接 A 相，此时电压表的指示值为（　　）V 左右。

（A）58；（B）100；（C）172；（D）0。

**答案：B**

**Je2A4167** 变压器室必须是耐火的，当变压器油量在（　　）kg 及以上时，应设置单独变压器室。

（A）40；（B）60；（C）80；（D）100。

**答案：B**

**Je2A4168** 单相检定装置的保护装置跳闸或熔断器断开，其原因可能是（　　）。

（A）因接错线将装置的电流回路与电压回路短路；（B）装置的标准电流互感器二次回路短路；（C）被检表的电压、电流线路的连接片被断开；（D）被检表的电流线路断开，未形成回路。

**答案：A**

**Jf2A2169** 标准化的常用形式包括：简化、统一化、（　　）。

（A）通用化；（B）系列化；（C）组合化；（D）通用化、系列化和组合化。

**答案：D**

**Jf2A2170** 下列条件中（　　　）是影响变压器直流电阻测量结果的因素。

（A）空气湿度；（B）上层油温；（C）散热条件；（D）油质劣化。

**答案：B**

## 1.2 判断题

**La2B1001** 除使用特殊仪器外，所有使用携带型仪器的测量工作，均应在电流互感器和电压互感器的二次侧进行。（√）

**La2B1002** 仪表应定期进行校验，以保证测量的准确性。（√）

**La2B1003** 对一只理想的电流互感器来说，其一次、二次电流之比就等于其匝数的正比。（×）

**La2B1004** 按照《电能计量装置技术管理规程》（DL/T 448—2000）要求：Ⅲ类电能表至少每年现场校验一次。（√）

**La2B1005** 电业部门对大用户实行两部制电价，其中基本电费以最大需量作为计算依据。（×）

**La2B1006** 执行功率因数调整电费的用户，应安装能计量有功电量、感性和容性无功电量的电能计量装置。（√）

**La2B1007** 按照《电能计量装置技术管理规程》（DL/T 448—2000）要求：Ⅱ类电能表至少每6个月现场检验一次。（√）

**La2B2008** 失压计时仪是计量每相失压时间的仪表。（√）

**La2B2009** 智能电能表仓储和配送环节均应采取防受潮、防震动、防腐蚀、防电磁干扰等措施，并应防止仓储时间超过规定时限，安装现场亦应采用可靠的保护措施，确保安装到客户的每一块智能电能表都是合格产品。（√）

**La2B2010** 智能电能表 ESAM 模块嵌入在设备内，实现安全存储、数据加/解密、双向身份认证、存取权限控制、线路加密传输等安全控制功能。（√）

**La2B2011** 电工工具按规定数量配齐后，因试验不合格的凭试验报告到安监部门办理领用手续。（√）

**La2B2012** 高压互感器每10年现场检验一次，当现场检验互感器误差超差时，应查明原因，制订更换或改造计划，尽快解决，时间不得超过下一次主设备检修完成日期。（√）

**La2B2013** 按规程检定不合格的电压互感器，不准许出厂和使用。（√）

**La2B2014** 电子式电能表的误差调整可分为硬件和软件调整。（√）

**La2B2015** 0.5级电子式多功能电能表电流线路视在功率消耗不应超过4VA。（×）

**La2B2016** 用于计量双向潮流电量的四象限多功能电能表，其正反向有功无功电能测量基本误差应分别进行检定。（√）

**La2B2017** 接入中性点非有效接地的高压线路的计量装置，必须采用三相四线有功、无功电能表。（×）

**La2B2018** 多功能或复费率电能表日计时误差的化整间距为0.01s。（√）

**La2B2019** 按照《电能计量装置技术管理规程》（DL/T 448—2000）要求：Ⅰ类电能计量装置的有功、无功电能表与计量用电流互感器的准确度等级可分别为0.2S或0.5S级、2.0级、0.2或0.2S级。（√）

**La2B2020** 按照《电能计量装置技术管理规程》（DL/T 448—2000）要求：Ⅱ类电

能计量装置的有功、无功电能表与计量用电压、电流互感器的准确度等级可分别为0.5S级、2.0级、0.2级、0.2S级。（√）

**La2B2021** 按照《电能计量装置技术管理规程》（DL/T 448—2000）要求：Ⅰ类电能计量装置，电压互感器二次回路上的电压降，不大于电压互感器额定二次电压的0.25％。（×）

**La2B2022** 根据最新的地方标准，Ⅲ类电能计量装置的有功、无功电能表与测量用电压、电流互感器的准确度等级分别为1.0级、2.0级、0.5级、0.5s级。（×）

**La2B2023** 电流互感器额定一次电流的确定，应保证其在正常运行中的实际负荷电流达到额定值的60％左右，至少应不小于25％。（×）

**La2B2024** 运行中的电能计量装置按其所计量电能量的多少和计量对象的重要程度分五类（Ⅰ、Ⅱ、Ⅲ、Ⅳ、Ⅴ）进行管理。（√）

**La2B2025** 用于表达允许误差的方式有绝对误差、引用误差、相对误差。（√）

**La2B2026** 具有正、反向送电的计量点应装设计量正向和反向有功电能表和正向和反向无功电能表。（×）

**La2B2027** Ⅰ、Ⅱ类电能计量装置，其电压互感器二次回路电压降不应超过额定二次电压的0.25％，否则应采取改进措施。（×）

**La2B2028** 异步电动机的工作原理是当对称的三相交流电通入对称的转子三相绕组后，产生了一个旋转磁场，旋转磁场的磁力线通过定子和转子铁芯构成磁闭合回路，在转子导体中产生感应电动势，因转子导体是短路或闭合的，便有感应电流，进而产生电磁转矩使转轴转动。（×）

**La2B2029** 测试互感器时，施加的电压不应低于被试电压互感器额定电压的30％，并尽可能保持稳定。（×）

**La2B3030** 二极管的主要特性是有电压放大作用。（×）

**La2B3031** 霍尔乘法型电子式多功能电能表的误差主要来源于霍尔元件的精度，以及积分电路的积分误差。（√）

**La2B3032** 现代精密电子式电能表使用最多的有两种测量原理，即霍尔乘法器和A/D采样型。（×）

**La2B3033** 直流双臂电桥又称为惠斯登电桥，是用来测量中等阻值电阻的比较仪器。（×）

**La2B3034** 智能电能表是由测量单元、数据处理单元、通信单元等组成，具有电能量计量、信息存储及处理、实时监测、自动控制、信息交互等功能的电能表。（√）

**La2B3035** 全电子式多功能与机电一体式的主要区别在于电能测量单元的测量原理不同。（√）

**La2B3036** 多功能电能表应设置相应的轮显项目、日期、时间、时段、地址、自动抄表日等参数，并要确定时段标记。（√）

**La2B3037** 电压互感器的额定二次负荷是指电压互感器二次所接电气仪表和二次接线等电路总导纳。（√）

**La2B3038** 三相四线有功电能表只能正确计量三相电压平衡、且负载对称的负荷。

（×）

**La2B3039** 三相四线制用电的用户，只要安装三相四线电能表，不论三相负荷对称或不对称都能正确计量。（√）

**La2B3040** 按最大需量计收基本电费的用户应装设具有最大需量计量功能的电能表。（√）

**La2B3041** 电流互感器二次回路连接导线截面积应按电流的额定二次负荷来计算，但至少不应小于 $4mm^2$。（√）

**La2B3042** 安装在用户处的贸易结算用电能计量装置，10kV 及以下电压供电的用户，应配置全国统一标准的电能计量柜或电能计量箱。（√）

**La2B3043** 10kV 及以下电压供电的用户，电能计量柜应采用整体式电能计量柜。（√）

**La2B3044** 根据《电能计量装置技术管理规程》（DL/T 448—2000）要求：月平均用电量 100 万 kW·h 及以上的高压计费用户的电能计量装置应装设 1.0 级有功电能表、2.0 级无功电能表，0.5 级电压互感器、0.5S 级电流互感器。（×）

**La2B3045** 按照《电能计量装置技术管理规程》（DL/T 448—2000）要求Ⅰ类电能表至少每 3 个月现场检验一次。（√）

**La2B3046** 判断电压互感器二次回路电压降是否超过工作要求的误差限值，应以修约后的数据为准，Ⅰ、Ⅱ类用于贸易结算的电能计量装置测试数据按 0.02％进行修约。（√）

**La2B3047** 对电压互感器实际二次负荷进行测试时为保证准确度，钳形电流表（测试仪配置）测点须在取样电压测点的后方（远离互感器侧）。（√）

**La2B3048** 资产档案内容应有资产编号、名称、型号、规格、等级、出厂编号、生产厂家、价格、生产日期、验收日期等。（√）

**La2B3049** 电压互感器二次连接线的电压降超出允许范围时，补收电量的时间应从二次连接线投入或负荷增加之日起至电压降更正之日止。（√）

**La2B4050** A/D 转换器的采样频率愈高，电子式电能表的测量精度也愈高。（√）

**La2B4051** 由测量单元和数据处理单元等组成，除计量有、无功电能外，还具有分时、测量需量等两种以上功能的电能表，可称为多功能电能表。（√）

**La2B4052** 周期检定的电能表潜动试验时应加 80％或 110％额定电压。（×）

**La2B4053** 测试仪标准配置有 1A、5A 钳形电流互感器，应根据被测 TA 一次电流选择适当钳形电流互感器，以提高测量精度。（×）

**La2B4054** 智能电能表可存储 60 天零点的电能量。（×）

**La2B4055** 保存电能表的地方应防尘，其环境温度为 0～40℃，相对湿度不超过 85％，且空气中不应有足以引起腐蚀的气体。（√）

**La2B4056** Ⅰ类计量装置电能表准确等级为有功电能表 0.5 级、无功电能表 1.0 级。（×）

**La2B4057** 《电能计量故障、差错调查报告书》应在调查组成立后 45 天内报送。遇特殊情况，经上级单位同意后，可延长至 60 天；重大电能计量故障、差错结案时间最迟

不得超过 90 天。（√）

La2B4058　受电容量在 100kW 及以上客户，应装设无功电能表，实行功率因数调整电费。对装设有无功补偿装置的客户，应装设可计量无功电能量的多功能电能表。（√）

La2B5059　电磁式仪表只能测量交流电。（×）

La2B5060　直流双臂电桥当被测电阻没有专门的电位端钮和电流端钮时，应设法引出四根线和双臂电桥连接，并用靠近被测电阻的一对导线接到电桥的电位端钮上。（√）

La2B5061　电能表显示屏自动转换显示内容时每个量值的显示时间不得少于 3s。（√）

La2B5062　中性点绝缘系统的电能计量装置，应采用三相四线有功、无功电能表。（×）

La2B5063　在供电企业的供电设施上擅自接线用电，所窃电量按私接设备容量（kVA 视同 kW）乘以实际使用时间计算确定。（√）

La2B5064　有一块 2.0 级机电式电能表，电表常数 2500r/(kW·h)，额定电压 3×380/220V，电流 3×3（6）A，接入负荷 1000W，电表圆盘转 5 圈时，记录时间为 12s，可以判断出该电能表计量准确。（×）

La2B5065　安装主副表的电能计量装置以实际误差较小的电能表所计电量作为电费结算依据。（×）

La2B5066　35kV 以下的电压互感器宜采用 V/V 方式接线。（√）

La2B5067　当三相三线电路的中性点直接接地时，宜采用三相三线有功电能表测量有功电能。（×）

La2B5068　复费率电能表和普通电能表的区别在于它有两个以上计度器和时间控制开关，以便计量不同时段的电能量。（√）

La2B5069　Ⅲ类电能计量装置配置的有功电能表和无功电能表的准确度等级不应低于 1.0 级和 2.0 级。（√）

La2B5070　Ⅰ类计量装置的有功电能表用 0.5 级，无功电能表用 2.0 级，互感器用 0.5 级。（×）

La2B5071　《电能计量故障、差错调查报告书》应在调查组成立后 30 天内报送。遇特殊情况，经上级单位同意后，可延长至 60 天；重大电能计量故障、差错结案时间最迟不得超过 90 天。（×）

La2B5072　Ⅳ类电能计量装置为负荷容量在 315kVA 以下的计费客户的电能计量装置。（√）

La2B5073　电能表、互感器的检定原始记录应至少保存 3 个检定周期。（√）

La2B5074　实施低压电流互感器质量监督时，国网和省计量中心可以根据需要增加或减少试验的内容和项目。（×）

La2B5075　在互感器投入运行前，必须进行一次、二次绕组极性试验，如果极性判断错误，会使接入电能表的电压或电流的相位相差 90°。（×）

Lb2B1076　1.549 化整间距为 1 时，化整为 2；化整为 0.1 时，化整为 1.5；化整间距为 0.01 时，化整为 1.55。（√）

**Lb2B1077** 为保证电能计量装置现场运行合格率，应在现场具有一定负荷条件下对电能表进行误差测试。（√）

**Lb2B1078** 对一般的电流互感器，当二次负荷阻抗值减小时，其比值差是往正变化，相位差往负变化。（√）

**Lb2B1079** 电压互感器的负载误差与二次负荷导纳的大小成正比，且与电压的大小有关。（×）

**Lb2B2080** 采集队列编制只用于将要采集的专变终端添加到队列中进行批量采集。（×）

**Lb2B2081** 电能计量装置接线判断分析，常用的有力矩法和六角图法两种。（√）

**Lb2B2082** 有一只三相四线有功电能表，V 相电流互感器反接达一年之久，累计电量为 5000kW·h，那么差错电量为 3000kW·h。（×）

**Lb2B2083** 测量结果的精度，会随着测量次数无限增多而无限提高。（×）

**Lb2B2084** 一只 0.5 级电能表，当测得的基本误差为 ＋0.325％时，修约后的数据为 ＋0.33％。（×）

**Lb2B2085** 准确度是表示测量结果中系统误差大小的程度。（√）

**Lb2B2086** 光电采样是目前比较常用的一种数字采样方式。（×）

**Lb2B2087** 现场检验用标准器准确度等级至少应比被检品高 3 个准确度等级，其他指示仪表的准确度等级应不低于 1.5 级，量限应配置合理。（×）

**Lb2B2088** 互感器在工作时，瞬间流过一次、二次绕组的电流方向称为互感器的极性。（√）

**Lb2B2089** S 级电流互感器在 0.1％～120％电流范围内，其误差应能满足规程要求。（×）

**Lb2B2090** 互感器极性测试方法一般有直流法、交流法和比较法等。（√）

**Lb2B2091** 负控装置可以接入电能计量专用电压、电流互感器或专用二次绕组。（×）

**Lb2B2092** 严禁将电缆平行敷设于管道的上面或下面。（√）

**Lb2B3093** 某 10kV 用户接 50A/5A 电流互感器，若电能表读数为 20kW·h，则用户实际用电量为 200kW·h。（×）

**Lb2B3094** 智能电能表红外有效通信距离≥10m。（×）

**Lb2B3095** 智能电能表支持安全认证功能，通过电能表内嵌安全模块采用加密保护方式进行身份认证、红外认证、对传输数据进行加密保护和 MAC 验证，做到数据机密性和完整性保护，有效防止重放攻击和非法操作。（√）

**Lb2B3096** 现场检验三相三线电能表时，应将捆扎成束的测试线中的空置导线做临时绝缘处理，避免误碰带电体造成事故。（√）

**Lb2B3097** A 相电压互感器二次侧断线，将造成三相三线有功电能表可能正转、反转或不转。（√）

**Lb2B3098** 当功率因数接近 60°时，现场检验仪才会对接线形式出现错误判断。（×）

**Lb2B3099** 理论上说，当用两功率表法测量三相三线制电路的有功功率或电能时，

不管三相电路是否对称，都能正确测量。（√）

**Lb2B3100** 一只0.5级电能表的检定证书上某一负载的误差数据为＋0.30％，那它的实测数据应在0.275％～0.325％的范围内。（√）

**Lb2B3101** 当现场检验电能表的相对误差超过规定值时，不允许现场调整电能表误差，应在3个工作日内换表。（√）

**Lb2B3102** 三相四线制供电的系统装三相三线电能表。（×）

**Lb2B3103** 对三相三线制接线的电能计量装置，其电流互感器二次绕组与电能表之间宜采用六线连接。（×）

**Lb2B3104** 对三相四线制连接的电能计量装置，其电流互感器二次绕组与电能表之间宜采用八线连接。（×）

**Lb2B3105** 电能表的基本误差随着负载电流和功率因数变化的关系曲线称为电能表的负载特性曲线。（√）

**Lb2B3106** 除环境、温度、磁场还有电压变化对电能表有影响外，频率、波形对电能表没有影响。（×）

**Lb2B3107** 电压互感器在正常运行范围内，其误差通常是随着电压的增大，先减小然后增大。（√）

**Lb2B3108** 当电压互感器二次负荷的导纳值减小时，其误差的变化是比值差往负，相差往正。（×）

**Lb2B3109** 电流互感器的二次负荷随着二次电流的增加而增加。（×）

**Lb2B3110** 一般测量用电流互感器的二次下限负荷应为其额定负荷的1/4。（√）

**Lb2B3111** 对一般的电流互感器来说，当二次负荷的$\cos\varphi$值增大时，其误差偏负变化。（×）

**Lb2B4112** 一只电流互感器二次极性接反，将引起相接的三相三线有功电能表反转。（×）

**Lb2B4113** 电能表校验现场检验误差一般不得少于3次，取其平均值作为实际误差，对有明显错误的读数应舍去。（×）

**Lb2B4114** 若电压互感器负载容量增大，则准确度要降低。（√）

**Lb2B4115** 当电压互感器一次、二次绕组匝数增大时，其误差的变化是减小。（×）

**Lb2B4116** 经互感器接入式电能表，是指可与任意变比的电流互感器或电流及电压互感器联用的电能表。（×）

**Lb2B4117** 故障差错处理是"计量点管理"业务类中"关口计量异常处理"业务项下的一个业务子项。（×）

**Lb2B4118** 采用低压电力线窄带载波通信时，其载波信号频率范围应为3～500kHz，优先选择IEC61000-3-8规定的电力部门专用频带9～95kHz。（√）

**Lb2B4119** 电缆在结构上还分铠装型和非铠装型，在型号编排中以字母后缀数字表示，如：20、22分别表示铠装和不带铠装。（×）

**Lb2B5120** 窃电时间无法查明时，窃电日数至少以180天计算，每日窃电时间电力用户按24h计算；照明用户按6h计算。（×）

**Lb2B5121**　"全采集"指采集系统实现公司生产、经营、管理业务所需要的电力用户和公用配变考核计量点的全部电气量信息的采集。（√）

**Lb2B5122**　智能电能表标准要求 RS-485 接口应能保证在 485 总线上正、反接线都能正常通讯。（√）

**Lb2B5123**　智能表负荷开关是用于切断和恢复用户负载的电气开关设备，按照类别不同，智能电能表采用内置或外置负荷开关。（√）

**Lb2B5124**　三相三线有功电能表电压 A、B 两相接反，电能表反转。（×）

**Lb2B5125**　现场检验三相三线电能表时，在打开电流端子过程中，动作要慢，发现异常后应立即停止。（×）

**Lb2B5126**　随着铁芯平均磁路长度的增大，电压互感器的空载误差减小。（×）

**Lb2B5127**　电压互感器的负载误差，通常随着二次负荷导纳增大时，其比值差往负方向变化，其相位差往正方向变化。（√）

**Lb2B5128**　电流互感器一次、二次绕组的电流 $I_1$、$I_2$ 的方向相反时，这种极性关系称为加极性。（×）

**Lb2B5129**　Ⅰ、Ⅱ类用于贸易结算的电能计量装置中 TV 二次回路电压降应不大于其额定二次电压的 0.5%。（×）

**Lb2B5130**　一般未经补偿的电压互感器的比值差和相位差，比值差为正，相位差为负。（×）

**Lb2B5131**　运行中的低压电流互感器宜在电能表轮换时进行变比、二次回路及其负载检查。（√）

**Lb2B5132**　基本误差为 +1.146%，修约后的数据应为 1.16。（×）

**Lb2B5133**　现场校验电能表时，现校仪与被检电能表对应的元件接入的是同一相电压和电流。（√）

**Lb2B5134**　用于表达允许误差的方式有绝对误差、引用误差、相对误差。（√）

**Lb2B5135**　1.0 级电能表某点误差为 +0.750%，其化整后应为 +0.70%。（×）

**Lb2B5136**　进行 TV 二次回路压降的测试，目前广泛采用二次压降测试仪。（√）

**Lb2B5137**　电压互感器的相位差是指二次电压反转后与一次电压间的相位差。当反转后的二次电压超前于一次电压时，相位差为负值；反之，滞后于一次电压时，相位差为正值。（×）

**Lb2B5138**　现场运行的电压、电流互感器的实际运行变比就等于一次、二次侧电压或电流之比。（√）

**Lb2B5139**　电流互感器的负荷是指接在二次绕组端钮间的仪表、仪器和连接导线等的总阻抗所消耗的视在功率。（√）

**Lb2B5140**　电流互感器的负荷与其所接一次线路上的负荷大小有关。（×）

**Lb2B5141**　电压互感器的空载误差与铁芯的导磁率成正比。（×）

**Lb2B5142**　电力负荷管理终端在功控越限告警过程中，允许用户手动操作，自己压低负荷至计划指标以下，则功控过程中告警自动停止。（√）

**Lc2B5143**　对于电子邮件，一定要联入互联网后，才能进行编辑。（×）

**Lc2B5144** 现场检验应检查多功能电能表显示的电量值、辅助测量值、费率时段设置等是否正确，电能表电池、失压以及其他故障代码等状态。（√）

**Lc2B5145** 输送给变压器的无功功率是变压器与电源交换的功率。（√）

**Lc2B5146** 局域网的安全措施首选防火墙技术。（√）

**Je2B1147** 在电缆敷设中，低压三相四线制电网应采用三芯电缆。（×）

**Je2B2148** 对于基建项目的新装作业，在不具备工作票开具条件的情况下，可不必填写施工作业任务单等。（×）

**Je2B2149** 接地电阻的规定：1kV 以下电力设备，当总容量小于 100kVA 时，接地阻抗允许大于 $4\Omega$ 但不得大于 $10\Omega$。（√）

**Je2B3150** UVW 三相电流互感器在运行中其中一相因故变比换大，总电量计量将增大。（×）

**Jf2B1151** 电流通过人体，从右手到脚对人体危害最大。（×）

**Jf2B5152** 正常情况下，安全电流规定为 50mA 以下。（√）

## 1.3 多选题

**La2C1001** 电子式电能表中电源降压电路的实现方式有（　　）。

（A）变压器降压方式；（B）电阻或电容降压方式；（C）开关电源方式；（D）并联电感方式。

答案：**ABC**

**La2C1002** 通过电力变压器能改变的参数是（　　）。

（A）电压；（B）电流；（C）频率；（D）相数。

答案：**AB**

**La2C1003** 下面哪个参数是单相智能表记录的（　　）。

（A）电压；（B）电流；（C）功率；（D）功率因数。

答案：**ABC**

**La2C2004** 智能电表失流时间判断定值范围及其默认值是（　　）。

（A）失流事件电流触发上限定值范围：0.5%～5%额定（基本）电流，最小设定级差0.1mA；（B）失流事件判定延时时间定值范围：10～99s，最小设定级差1s；（C）失流事件电压触发下限定值范围：60%～90%参比电压，最小设定级差0.1V；（D）失流事件恢复下限值范围：3%～10%额定（基本）电流，最小设定值级差0.1mA。

答案：**BCD**

**La2C2005** 检查互感器方面有（　　）等内容。

（A）检查互感器的铭牌参数是否和用户手册相符；（B）检查互感器的变比选择是否正确；（C）检查互感器的实际接线和变比；（D）检查互感器的外观及绝缘情况。

答案：**ABCD**

**La2C2006** 流过电阻的电流与电阻两端的电压成正比（　　）。

（A）当电压和电流的参考方向一致时 $U=RI$；（B）当电压和电流的参考方向一致时 $U=-RI$；（C）当电压和电流的参考方向相反时 $U=RI$；（D）当电压和电流的参考方向相反时 $U=-RI$。

答案：**AD**

**La2C2007** 使用电压表有（　　）接线方式。

（A）直接并入；（B）带有附加电阻串入；（C）带有附加电阻并入；（D）带有互感器并入。

答案：**ACD**

**La2C2008**  使用万用表注意事项有（　　）。

（A）使用万用表首先应选择要测量的项目和大概数值（若不清楚大概数值时，应选择本项的最大量程挡），然后再放置近似挡测量；（B）要保持安全距离，不得造成相间短路或接地，烧坏设备或危及人身安全；（C）读数应注意所测量项目和量程挡的相应刻度盘上的刻度标尺及倍率；（D）使用完后，应将其转换开关拨至"0"挡或交流电压最小挡。

**答案：ABC**

**La2C2009**  下列描述中是日光灯的镇流器原理的是（　　）。

（A）是一个电感量较大的电感线圈；（B）串接在日光灯电路时，电路中的电流增大或减少时，就会产生感应电动势阻止电流的变化；（C）是一个较大的电容；（D）扩大功率的作用。

**答案：AB**

**La2C2010**  选择电流互感器有（　　）要求。

（A）电流互感器的额定电压应与运行电压相同；（B）根据预计的负荷电流，选择电流互感器的变比。其额定一次电流的确定，应保证其在正常运行中的实际负荷电流达到额定值的 90％ 左右，至少应不小于 40％，否则应选用动热稳定电流互感器以减小变比；（C）电流互感器实际二次负荷应在 25％～100％ 额定二次负荷范围内；额定二次负荷的功率因数应为 0.8～1.0 之间；（D）应满足动稳定和热稳定的要求。

**答案：ACD**

**La2C3011**  电压二次回路技术要求有（　　）。

（A）对于接入中性点绝缘系统的 3 台电压互感器，35kV 及以上的宜采用 Y/Y 方式接线，35kV 以下的宜采用 V/V 方式接线；（B）接入非中性点绝缘系统的 3 台电压互感器，宜采用 $Y_0/Y_0$ 方式接线；（C）35kV 以上计费用电压互感器二次回路，应不装设隔离开关辅助触点，但可装设熔断器，宜装快速熔断器；35kV 及以下计费电压互感器二次回路，不得装设隔离开关辅助触点和熔断器；（D）电压互感器 V/V 接线在中性线接地，$Y/Y_0$ 接线在 b 相上接地。

**答案：ABC**

**La2C3012**  关于多功能电能表以下描述正确的是（　　）。

（A）多功能电能表是指由测量单元和数据处理单元等组成；（B）除计量有功（无功）电能量外，还具有分时、测量需量等两种以上功能；（C）能显示、储存和输出数据的电能表；（D）具有预付费功能。

**答案：ABC**

**La2C3013**  下列（　　）是对 RS－485 接口的正确描述。

（A）美国电子工业协会（EIA）的数据传输标准；（B）采用串行二进制数据交换；（C）平衡电压数字接口；（D）英国电子工业协会（EIA）的数据传输标准。

**答案：ABC**

**La2C4014** 电工仪表按测量对象分类有（　　　）。

（A）电流表；（B）气压表；（C）欧姆表；（D）接地电阻测量仪。

**答案：ACD**

**La2C4015** 二次回路的识图原则是（　　　）。

（A）全图：由上往下看，由左往右看；（B）各行：从左往右看；（C）电源：先交流后直流，从正电源至负电源；（D）电源：先直流后交流，从正电源至负电源。

**答案：ABC**

**La2C4016** 使用仪用电压互感器应该注意（　　　）。

（A）使用前应进行检定。只有通过了检定并合格的电压互感器，才能保证运行时的安全性、准确性、正确性。其试验的项目有：极性、接线组别、绝缘、误差等；（B）运行中的二次绕组允许短路；（C）二次侧应设保护接地。为防止电压互感器一次、二次侧之间绝缘击穿，高电压窜入低压侧造成人身伤亡或设备损坏，电压互感器二次侧必须设保护接地；（D）接临时负载时，不必装专用的开关和熔断器。

**答案：AC**

**La2C4017** 选择电流互感器时，应根据以下（　　　）参数。

（A）额定电压；（B）二次电流；（C）额定一次电流及变比；（D）二次额定容量。

**答案：ACD**

**La2C5018** 电压互感器在运行中可能发生异常和故障的原因是（　　　）。

（A）电压互感器的一次或二次熔丝熔断。其原因是：电压互感器的一次或二次有短路故障；熔丝本身的质量不良或机械性损伤而熔断。（B）油浸式电压互感器油面低于监视线。其原因是：电压互感器外壳焊缝、油堵等处有漏、渗油现象；由于多次试验时取油样，致使油量减少。（C）油浸式电压互感器油色不正常，如变深、变黑等，说明绝缘油老化变质。（D）电压互感器二次侧三相电压不相等。其原因是：由于电压互感器接线错误、极性接错所致。

**答案：ABCD**

**La2C5019** 使用电流互感器时表叙正确的有（　　　）。

（A）电流互感器的配置应满足测量表计，继电保护和自动装置的要求可以用同一个二次绕组供电，不会互相影响；（B）极性应连接正确，连接表计必须注意电流互感器的极性，只有极性连接正确，表计才能正确指示或计量；（C）运行中的电流互感器一次绕组不允许开路；（D）电流互感器二次应可靠接地。

**答案：BD**

**La2C5020** 运行中的电流互感器二次开路时，二次感应电动势大小与（　　）因素有关。

（A）与开路时的一次电流值有关，一次电流越大，其二次感应电动势越高，在短路故障电流的情况下，将更严重；（B）与电流互感器的一次、二次额定电流比有关，其变比越大，一次绕组匝数也就越多，其二次感应电动势越高；（C）与开路时的一次电压值有关，一次电压越大，其二次感应电动势越高，在短路故障电流的情况下，将更严重；（D）与电流互感器励磁电流的大小有关，励磁电流与额定电流比值越大，其二次感应电动势越高。

**答案：AD**

**Lb2C1021** 受理用户的移表申请时，应注意（　　）。

（A）查清移表原因和电源；（B）选择适当的新表位，并考虑用户线路架设应符合安全技术规定等问题；（C）对较大的动力用户，还应注意因移表引起的计量方式的变化；（D）对较大的动力用户，还应注意因移表引起的运行方式的变化。

**答案：ABCD**

**Lb2C2022** （　　）用电设备运行中会出现高次谐波。

（A）电弧炉；（B）大型电动机；（C）容量大的发电机；（D）硅二极管、晶闸管。

**答案：ACD**

**Lb2C2023** 高电压的大型变压器防止绝缘油劣化措施有（　　）。

（A）充氮；（B）充氯；（C）加抗氧化剂；（D）安装密封橡胶囊。

**答案：ACD**

**Lb2C2024** 国网智能表冻结功能包括定时冻结、瞬时冻结、（　　）五种。

（A）月冻结；（B）整点冻结；（C）日冻结；（D）约定冻结。

**答案：BCD**

**Lb2C2025** 进户线产权及维护管理是按（　　）划分的。

（A）进户线工作包括进户点、进户杆、进户线、进户管理；（B）进户线与接户线接头处属于责任分界点，从搭头起到用户内部的配电装置属用户设备，由用户负责保管；（C）总熔丝盒及电能计量装置，属供电公司设备，并由其负责维护管理；（D）总熔丝盒及电能计量装置，属客户设备，并由其负责维护管理。

**答案：ABC**

**Lb2C2026** 三相三线电能表接线判断方法有（　　）。

（A）测量各相、线电压值；（B）判断 A 相；（C）测定三相电压的排列顺序；（D）检查电压、电流间的相位关系。

**答案：ACD**

**Lb2C2027** 县级以上地方人民政府及其经济综合主管部门在安排农业和农村用电指标时，应当优先保证的用电类型是（　　）。

（A）农村排涝用电；（B）抗旱用电；（C）照明用电；（D）农业季节性生产用电。

**答案：ABD**

**Lb2C2028** 用电信息采集系统采集的主要方式有（　　）。

（A）定时自动采集；（B）请求上报；（C）主动上报；（D）人工召测。

**答案：ACD**

**Lb2C2029** 自动低压自动空气断路器的选用原则是（　　）。

（A）额定电压≥线路额定电压；（B）额定分断电流≥线路中最大短路电流；（C）断路器的分励脱扣器、电磁铁、电动传动机构的额定电压等于控制电源电压；（D）欠压脱扣器额定电压等于线路额定电压。

**答案：ABCD**

**Lb2C3030** 用电信息采集系统必备功能包括（　　）。

（A）数据采集；（B）数据管理；（C）综合应用；（D）定值控制。

**答案：ABD**

**Lb2C3031** 变压器绕组绝缘损坏的原因有（　　）。

（A）变压器的停送电和雷击波使绝缘因过电压而损坏；（B）线路的短路故障和负荷的急剧多变，使变压器电流超过额定电流的几倍或几十倍；（C）由空载变压器和空载线路，引起的高次谐波铁磁谐振过电压；（D）变压器长时间过负荷运行，绕组产生高温损坏绝缘，造成匝间、层间短路。

**答案：ABD**

**Lb2C3032** 产生最大需量误差的原因主要有（　　）。

（A）计算误差；（B）需量周期误差；（C）频率误差；（D）脉冲数误差。

**答案：ABD**

**Lb2C3033** 电力系统发生振荡的原因有（　　）。

（A）当容抗 $X_C$ 和感抗 $X_L$ 比值较小时，发生的谐振是分频谐振，过电压倍数较低，一般不超过 2.5 倍的相电压；（B）当 $X_C$ 和 $X_L$ 的比值较大时，发生的是高频谐振，过电压的倍数较低；（C）当 $X_C$ 和 $X_L$ 的比值较大时，发生的是高频谐振，过电压的倍数较高；（D）当$X_C$ 和 $X_L$ 的比值在分频和高频之间，接近 50Hz 时，为基频谐振，其特点是两相电压升高，一相电压降低，线电压基本不变，过电压倍数不到 3.2 倍，过电流却很大。

答案：**ACD**


**Lb2C3034** 电力系统中出现电弧引起的过电压的原因是（　　）。

（A）中性点不绝缘系统中，单相间隙接地引起；（B）中性点绝缘系统中，单相间隙接地引起；（C）切断空载长线路和电容负荷时，开关电弧重燃引起；（D）切断空载变压器，由电弧强制熄灭引起的。

答案：**BCD**


**Lb2C3035** 电力系统中限制短路电流的方法有（　　）。

（A）加装限流电抗器限制短路电流；（B）加装限流电阻器限制短路电流；（C）合理选择主接线和运行方式，以增大系统中阻抗，减小短路电流；（D）采用分裂低压绕组变压器，由于分裂低压绕组变压器在正常工作和低压侧短路时，电抗值不同，从而限制短路电流。

答案：**ACD**


**Lb2C3036** 多功能电能表常用的通讯方式有（　　）。

（A）近红外通讯，即接触式光学接口方式；（B）远红外通讯，即调制型红外光接口方式；（C）RS－485 通讯，即 RS－485 标准串行电气接口方式；（D）无线通讯，如 GPRS、GSM 等通过无线网络的通讯方式。

答案：**ABCD**


**Lb2C3037** 高压真空断路器有以下（　　）优缺点。

（A）结构简单，维护检修工作量少；（B）能频繁操作，无噪声；（C）真空熄弧效果好，电弧不外露；（D）投资低，维护费用不高。

答案：**ABC**


**Lb2C3038** 供电方式分（　　）类型。

（A）按电压分为高压和低压供电；（B）按电源数量分为单电源、双电源供电；（C）按电源相数分为单相与三相供电；（D）按供电回路分为单回路、双回路与多回路供电。

答案：**ACD**


**Lb2C3039** 假设集抄抄表故障单传票设置了四步处理流程，那么在第 2 步可进行的操作有（　　）。

（A）删除；（B）完成（归档）；（C）退回；（D）下传。

答案：**CD**

**Lb2C3040** 绝缘材料有的性能指标是（　　）。

（A）绝缘强度；（B）抗张强度；（C）比重；（D）膨胀系数。

**答案：ABCD**

**Lb2C3041** 下列（　　）是对二进制的正确描述。

（A）指以"2"为基础的计数系统；（B）系统中只使用数字"0"和"1"；（C）逢2便进1；（D）逢1便进2。

**答案：ABC**

**Lb2C3042** 用电信息采集系统建设工作作业中现场调试包括（　　）。

（A）本地调试；（B）远端调试；（C）主站联调；（D）装置加封。

**答案：ACD**

**Lb2C4043** 有序用电管理可采用（　　）方式对电力用户的用电负荷进行有序控制。

（A）重要用户采取保电措施；（B）遥控；（C）功率定值控制；（D）电量定值控制。

**答案：ABC**

**Lb2C4044** 分布式能源监控终端可以实现（　　）。

（A）对双向电能计量设备的信息采集；（B）电能质量监测；（C）对分布式能源系统接入公用电网进行控制；（D）客户用电负荷和电能量的监控。

**答案：ABC**

**Lb2C4045** 为了减少三相三线电能计量装置的合成误差，安装互感器时，宜考虑互感器合理匹配问题，即尽量使接到电能表同一元件的（　　）。

（A）电流、电压互感器比差符号相反，数值相近；（B）电流、电压互感器比差符号相同，数值相近；（C）角差符号相同，数值相近；（D）角差符号相反，数值相近。

**答案：AC**

**Lb2C4046** 采集系统事件记录包括（　　）。

（A）重要事件记录；（B）紧急事件记录；（C）一般事件记录；（D）异常事件记录。

**答案：AC**

**Lb2C4047** 带实际负荷检查电能表接线正确与否的步骤是（　　）。

（A）目测电能表运行是否正常；（B）用电压表测量相、线电压是否正确，用电流表测量各相电流值；（C）用相序表或功率表或其他仪器测量各相电流的相位角；（D）根据测得数据在六角图上画出各电流、电压的相量图，根据实际负荷的潮流和性质，分析各相电流是否应处在六角图上的区间。

**答案：ABCD**

**Lb2C4048** 电能计量装置的安装要求有（　　　）。

（A）在可能的情况下，电压互感器应尽量接在电流互感器的电源侧；（B）电压、电流互感器二次回路应可靠接地，且接地点只有 1 个；（C）6～35kV 电压互感器一次侧装设熔断器，二次侧不装熔断器，二次回路中不得串接隔离开关辅助接点；（D）电能计量装置垂直度倾斜不超过 5°。

**答案：BC**

**Lb2C4049** 功率因数低的危害有（　　　）。

（A）增加了供电线路的损失；（B）增大供电线路的截面，增加了投资；（C）增加了线路的电压降，降低了电压质量；（D）电动机无法正常启动。

**答案：ABC**

**Lb2C4050** 停电轮换或新装单相电能表时应注意（　　　）。

（A）要严格按电能表接线端子盒盖反面或接线盒上标明的接线图和标号接线；（B）单相电能表的第一进线端钮必须接电源的零线，电源的相线接第二进线端钮，防止偷电漏计；（C）接线桩头上的螺丝必须全部旋紧并压紧线和电压连接片；（D）核对电能表与工作单上所标示的电能表规格、型号是否相符。

**答案：ACD**

**Lb2C4051** 运行中交流接触器应进行的检查有（　　　）。

（A）负载电流是否在交流接触器额定短路电流值内；（B）接触器的分、合闸信号指示是否与运行相符；（C）接触器的合闸吸引线圈有无过热现象，电磁铁上短路环有否脱出和损伤现象；（D）接触器灭弧室内有无因接触不良而发生放电声。

**答案：BCD**

**Lb2C5052** 专变采集终端的质量检验包含哪些环节？（　　　）

（A）出厂检验；（B）型式检验；（C）全性能试验；（D）到货验收。

**答案：ABCD**

**Lb2C5053** 电力用户用电信息采集系统的采集设备包括（　　　）。

（A）专变采集终端；（B）集中器；（C）采集器；（D）功率表。

**答案：ABC**

**Lb2C5054** 电力电缆应在（　　　）情况下穿管保护。

（A）电缆引入和引出建筑物、隧道、沟道等处；（B）电缆通过道路、铁路等处；（C）电缆引出或引进地面时，距离地面 3m 至埋入地下 0.1～0.25m 一段应加装保护管；（D）电缆可能受到机械损伤的地段。

**答案：ABD**

**Lb2C5055** 电力系统无功不平衡的危害有（　　）。

（A）无功功率不足的危害：会引起系统电压上升；（B）无功功率不足的危害：会引起系统电压下降；（C）无功功率过剩的危害：会引起电压升高，影响系统和广大用户用电设备的运行安全，同时增加电能损耗；（D）降低电能损耗。

**答案：BC**

**Lc2C1056** （　　）电气设备需要保护接地。

（A）变压器、电动机、电器、手握式及移动式电器；（B）配电线的金属保护管，开关金属接线盒；（C）电力架空线路；（D）低压电流互感器。

**答案：AB**

**Lc2C1057** 防雷保护装置出现（　　）问题应停止运行。

（A）避雷器经试验不合格或使用年限超过10年以上；（B）避雷针、避雷器接地线断脱或接地线不合要求；（C）避雷器瓷件有破损或严重脏污、支架不牢固；（D）接地电阻不合格。

**答案：BCD**

**Lc2C2058** 公司必须长期坚持的基本工作思路是"三抓一创"，三抓是指（　　）。

（A）抓建设；（B）抓发展；（C）抓管理；（D）抓队伍。

**答案：BCD**

**Lc2C2059** 公司要坚持以人为本，共同成长的社会责任准则，具体体现在（　　）。

（A）善待员工；（B）善待社会；（C）善待客户；（D）善待合作伙伴。

**答案：ACD**

**Lc2C2060** 国家电网公司人才强企战略就是提高队伍整体素质，建设结构合理、素质优良的（　　）。

（A）经营人才队伍；（B）管理人才队伍；（C）技术人才队伍；（D）技能人才队伍。

**答案：ABCD**

**Lc2C3061** 电压过高或过低时对三相异步电动机启动的影响有（　　）。

（A）当电源频率一定时，电源电压的高低，将直接影响电动机的启动性能；（B）当电源电压过低时，定子绕组所产生的磁场减弱，由于电磁转矩与电源电压的平方成正比，所以造成启动困难；（C）当电源电压过低时，定子绕组所产生的磁场减弱，由于电磁转矩与电源电压的平方成反比，所以造成启动困难；（D）当电源电压过高时，会使定子电流增加，导致定子绕组过热甚至烧坏。

**答案：ABD**

**Lc2C3062** 阀型避雷器在运行中突然爆炸的原因有（　　）。

（A）在中性点直接接地系统中发生单相接地时，长时间承受线电压的情况下，可能使避雷器爆炸；（B）在中性点不接地系统中发生单相接地时，长时间承受线电压的情况下，可能使避雷器爆炸；（C）避雷器阀片电阻不合格，残压虽然低了但续流增大了，间隙不能灭弧，阀片长时间通过续流烧毁引起爆炸；（D）在发生铁磁谐振过电压时，可能使避雷器放电而损坏内部元件而引起爆炸。

**答案：BCD**

**Lc2C3063** 县级以上地方人民政府及其经济综合主管部门在安排农业和农村用电指标时，应当优先保证的用电类型是（　　）。

（A）农村排涝用电；（B）抗旱用电；（C）农业季节性生产用电；（D）照明用电。

**答案：ABC**

**Lc2C3064** 异步电动机启动的方式有（　　）。

（A）直接启动；（B）串接电阻或电抗器降压启动；（C）三角形接线变星形接线启动，启动后再还原成三角形接线；（D）补偿器启动。

**答案：ABCD**

**Lc2C3065** 油断路器在运行中，发生（　　）缺陷应立即退出运行。

（A）断路器瓷绝缘表面有放电声音；（B）严重漏油，造成油面低下而看不到油位时；（C）断路器内发生放电声响；（D）故障跳闸时，断路器严重喷油冒烟。

**答案：BCD**

**Lc2C3066** 国家鼓励和支持利用（　　）发电。

（A）热能；（B）可再生能源；（C）光能；（D）清洁能源。

**答案：BD**

**Lc2C4067** 电力系统中出现谐振引起的过电压的原因是（　　）。

（A）不对称开、断负载，引起基波谐振过电压；（B）采用电抗器串联和并联补偿时，所产生的分频谐振过电压；（C）由空载变压器和空载线路，引起的高次谐波铁磁谐振过电压；（D）中性点直接接地系统中非全相运行时，电压互感器引起的分频谐振过电压。

**答案：ACD**

**Lc2C4068** 下列描述是异步电动机工作原理的是（　　）。

（A）当对称的三相交流电通入对称的定子三相绕组后，产生了1个旋转磁场；（B）旋转磁场的磁力线通过定子和转子铁芯构成磁闭合回路；（C）转子导体中产生感应电动势；（D）转子产生电磁转矩使转轴转动。

**答案：ABCD**

**Jd2C2069** 两台变压器变比不同，短路电压比超过 10％，组别亦不同，如果并列运行会有（　　）后果。

（A）增加变压器损耗；（B）短路电压相差超过 10％：其负荷的分配与短路电压成反比，短路电压小的变压器将轻载运行，另一台变压器只有很大负载；（C）短路电压相差超过 10％：其负荷的分配与短路电压成反比，短路电压小的变压器将超载运行，另一台变压器只有很小负载；（D）接线组别不同：将在二次绕组中出现大的电压差，会产生几倍于额定电流的循环电流，致使变压器烧坏。

**答案：ACD**

**Jd2C3070** 对电工仪表的保管要求有（　　）。

（A）温度应保持在 0～30℃ 之间；（B）相对湿度应不超过 90％；（C）没有过多尘土，并不含有酸、碱等腐蚀性气体；（D）要经常检查、定期送检，防止线圈发霉或零件生锈、保证测量准确。

**答案：CD**

**Jd2C4071** 对电工仪表应（　　）进行正常维护。

（A）经常用湿布揩拭，保持清洁；（B）常用电工仪表应定期校验，以保证其测量数据的精度；（C）指针不灵活或有故障时，不要拍打或私自拆修，要及时送法定检定单位检修并校验；（D）使用前，先要选定测量对象（项目）和测量范围的电工仪表。

**答案：BCD**

**Je2C1072** 高压电缆在投入运行前应做（　　）试验。

（A）绝缘电阻测量；（B）直流耐压试验；（C）交流耐压试验；（D）泄漏电流测量。

**答案：ACD**

**Je2C2073** 在对感应式电能表通电后进行误差测定时，转盘转动时有吱吱的响声和抖动现象，应检查的内容有（　　）。

（A）圆盘的轴杆是否垂直，蜗杆与计度器蜗轮上是否有毛刺；（B）蜗杆是否有偏心，蜗杆与上、下轴是否同心；（C）各部分工作气隙中是否有铁屑等微粒；（D）检查下轴孔眼或宝石是否倾斜。

**答案：ABD**

**Je2C2074** 采集系统建设应符合坚强智能电网（　　）的要求。网省公司应依据本单位电力用户规模和坚强智能电网建设规划编制本单位采集系统建设规划，并滚动修订。

（A）统一规划；（B）统一标准；（C）统一建设；（D）统一管理。

**答案：ABC**

**Je2C2075** 以下（　　）行为属于窃电。

（A）绕越供电企业用电计量装置用电；（B）在供电企业的供电设施上擅自接线用电；（C）供电企业用电计量装置不准或失效；（D）伪造或开启供电企业加封的用电计量装置封印用电。

**答案：ABD**

**Je2C2076** 以下符合《智能电能表功能规范》（Q/GDW 1354—2013）中对通信方式描述正确的是（　　）。

（A）RS485 通信；（B）红外通信；（C）载波通信；（D）公网通信。

**答案：ABCD**

**Je2C3077** 带电检查电能表的接线方法有（　　）。

（A）瓦秒法（实际负荷功率比较法）；（B）力矩法；（C）六角图（瓦特表或相位表）法；（D）外观检查法。

**答案：ABC**

**Je2C3078** 智能电表失压时间判断定值范围及其默认值是（　　）。

（A）失压事件电压触发上限定值范围：60%～90%额定（基本）电压，最小设定级差 0.1V；（B）失压事件判定延时时间定值范围：10～99s，最小设定级差 1s；（C）失压事件电流触发下限定值范围：0.5%～5%额定（基本）电流，最小设定级差 0.1mA；（D）失压事件恢复下限值范围：失压事件电压触发上限 90%参比电压，最小设定值级差 0.1V。

**答案：BCD**

**Je2C3079** 在低压网络中普遍采用三相四线制供电的原因是（　　）。

（A）三相四线制供电可以同时获得线电压和相电压；（B）在低压网络中既可以接三相动力负荷，也可以接单相照明负荷；（C）便于计算电量；（D）不容易接线错误。

**答案：AB**

**Je2C3080** 用电信息采集系统可对以下电能质量进行统计分析（　　）。

（A）电压越限统计；（B）功率因数越限统计；（C）谐波数据统计；（D）频率越限统计。

**答案：ABC**

**Je2C3081** 选择高压电气设备应满足的基本条件有（　　）。

（A）绝缘安全可靠；（B）接线简单、运行灵活；（C）能承受短路电流的热效应和电动力而不致损坏；（D）户外设备应能承受自然条件的作用而不致受损。

**答案：ACD**

**Je2C4082** 根据《智能电能表功能规范》（Q/GDW 1354—2013）当本地费控插卡表出现 Err-31 操作异常代码时，表示（　　）。

（A）表计电压过低；（B）表号不一致；（C）操作 ESAM 错误；（D）提前拔卡。

**答案：AC**

**Je2C4083** 电压互感器投入运行前应检查的项目有（　　）。

（A）电压互感器外观应清洁、油位正确、无渗漏现象；（B）瓷套管或其他绝缘介质无裂纹破损；（C）一次侧引线及二次侧回路各连接部分螺丝紧固，接触良好；（D）外壳及二次回路一点接地应良好。

**答案：BCD**

**Je2C4084** 根据《智能电能表功能规范》（Q/GDW 1354—2013）当本地费控插卡表出现 Err-33 操作异常代码时，表示（　　）。

（A）表计电压过低；（B）表号不一致；（C）客户编号不一致；（D）操作卡片通信错误。

**答案：BC**

**Je2C4085** 以下（　　）运行参数对电能表的误差有影响。

（A）三相电压不对称时对误差的影响；（B）负载电流变化对误差的影响；（C）负载波动对误差的影响；（D）波形畸变对误差的影响。

**答案：ACD**

**Je2C4086** 影响电流互感器误差的因素有（　　）。

（A）频率；（B）二次电流；（C）励磁电流；（D）二次负载功率因数。

**答案：ACD**

**Je2C4087** 影响电压互感器误差的因素有（　　）。

（A）二次电压的影响；（B）电源频率变化的影响；（C）空载电流的影响；（D）一次负载及一次负载功率因数的影响。

**答案：BC**

**Je2C4088** 可作为集中器下行通信信道的有（　　）。

（A）无线 G 网或 C 网通信；（B）微功率无线；（C）电力线载波；（D）有线网络。

**答案：BCD**

**Je2C4089** 滑差式电能表需量周期的滑差时间可以在（　　）min 中选择。

（A）1；（B）2；（C）3；（D）4。

**答案：ABC**

**Je2C4090** （　　）以减小电压互感器二次压降误差。

（A）设置计量专用二次回路；（B）选择合适一次导线截面积；（C）采用电压补偿器；（D）定期对空气开关、熔断器、端子的接触部分进行打磨、更新以减少接触电阻。

**答案：ACD**


**Je2C4091** 低压电能计量装置竣工验收的项目有（　　）。

（A）检查互感器是否完好清洁，一次回路连接是否良好；（B）测量一次、二次回路的绝缘电阻，应不低于 5MΩ；（C）二次回路用材、导线截面、附件及安装质量是否符合要求，接线是否正确；（D）安装位置、安装的计量装置是否符合规定和设定的计量方式。

**答案：ACD**


**Je2C4092** 电流互感器运行时造成二次开路的原因有（　　）。

（A）电流互感器安装处有振动存在，其二次导线接线端子的螺丝因振动而自行脱钩；（B）保护盘或控制盘上电流互感器的接线端子压板带电测试误断开或压板未压好；（C）经切换可读三相电流值的电流表的空气开关接触不良；（D）电流互感器的二次导线，因受机械损坏而断开。

**答案：ABD**


**Je2C4093** 电能表通电后，显示器的各项功能应满足（　　）要求。

（A）测量值显示位数应不少于 6 位（含 1～3 小数位），并可通过编程选定；（B）需要时应能自动循环显示所有的预置数据；（C）辅助电源失电后，能通过外接电源和接口或其他方式，显示当时的读数，供工作人员抄录；（D）需要时应能手动循环显示所有的预置数据。

**答案：ABC**


**Je2C4094** 电能计量装置安装后验收的项目有（　　）。

（A）根据电能计量装置的接线图纸，核对装置的一次和二次回路接线；（B）测量一次、二次回路的绝缘电阻，应不低于 5MΩ；（C）检查二次回路中间触点、熔断器、试验接线盒的接触情况；（D）核对电能表、互感器倍率是否正确。

**答案：ACD**


**Je2C4095** 电能计量装置二次回路的配置原则是（　　）。

（A）互感器二次回路的连接导线应采用铜质单芯绝缘线；（B）35kV 以下贸易结算用电能计量装置中电压互感器二次回路，应不装设隔离开关辅助触点，但可装设熔断器；（C）互感器的二次回路不得接入与电能计量无关的设备；（D）未配置计量柜（箱）的，其互感器二次回路的所有接线端子、试验端子应实施铅封。

**答案：ACD**

**Je2C4096** 电压互感器高压熔断器熔丝熔断的原因有（　　）。

（A）电压互感器内部发生绕组的匝间、层间或相间短路及一相接地故障；（B）发生一相间歇性电弧接地，也可能导致电压互感器铁芯饱和，感抗上升，电流急剧增大，也会使高压熔丝熔断；（C）二次侧出口发生短路或当二次保护熔丝选用过大时，二次回路发生故障，而二次熔丝未熔断，可能造成电压互感器的过电流，而使高压熔丝熔断；（D）系统发生铁磁谐振，电压互感器上将产生过电压或过电流，电流激增，使低压熔丝熔断。

答案：AC

**Je2C4097** 互感器或电能表误差超出允许范围时，应按（　　）退补电量。

（A）以"0"误差为基础，按验证后的误差值退补电量；（B）以允许误差为基础，按验证后的误差值退补电量；（C）退补时间从上次校验或换装后投入之日起至误差更正之日止的二分之一时间计算；（D）退补时间从上次校验或换装后投入之日起至误差更正之日止计算。

答案：AC

**Je2C4098** 农村低压三相四线制供电线路，三相四线有功电能表带电流互感器接线时应注意的问题有（　　）。

（A）应按正相序接线；（B）中性线不一定要接入电能表；（C）中性线与相（火）线可以接错；（D）对于低压配电变压器的总电能表、农村台区变压器的总电能表，宜在电能计量的电流、电压回路中加装专用接线端子盒，以便在运行中校表。

答案：AD

**Je2C4099** 无线电负荷控制中心对双向终端用户可采取（　　）从而实行反窃电监控。

（A）通过分析用户不同时期的负荷曲线，判断该用户用电情况是否正常；（B）根据其行业生产的特点、用电时间，并和以往的负荷曲线进行比较，判断是否有窃电嫌疑；（C）对于用电量有大幅下降的用户，应重点监控；（D）在可疑时间内进行突击检查。

答案：ABCD

**Je2C5100** 现场校验电能表，如果将电流互感器的二次绕组开路，可能会出现（　　）等后果。

（A）由于磁通饱和，二次侧将产生高电压，对二次绝缘构成威胁，对设备和人员的安全产生危险；（B）系统发生铁磁谐振，电流互感器上将产生过电压或过电流；（C）使铁芯损耗增加，发热严重，烧坏绝缘；（D）将在铁芯中产生剩磁，使互感器的比差、角差、误差增大，影响计量准确度。

答案：ACD

**Je2C5101** 在现场测试运行中的电能表，而使用标准电能表时，应遵守（　　）

规定。

（A）标准电能表必须具备运输和保管中的防尘、防潮和防震措施，且附有温度计；（B）标准电能表接入电路的通电预热时间，除在标准电能表的使用说明中另有明确规定者外，应按电压线路加额定电压不少于 60min，电流线路通以标定电流不少于 30min 的规定执行；（C）标准电能表和试验端子之间的连接导线应有良好的绝缘，中间不允许有接头，亦应有明显的极性和相别标志；（D）电压回路的连接导线以及操作开关的接触电阻、引线电阻之总和不应大于 0～3，必要时也可以与标准电能表连接在一起校准。

**答案：AC**

**Je2C5102** 对于响应时间下列说法正确的是（　　）。

（A）遥控操作响应时间＜5s；（B）重要信息巡检时间＜10min；（C）常规数据召测和设置响应时间＜30s；（D）历史数据召测响应时间＜30s。

**答案：AD**

**Je2C5103** 电能表联合接线选用防窃电联合接线盒的用途有（　　）。

（A）现场实现负荷检表和带电状态下拆表、装表做到方便安全防止错接线；（B）防窃电；（C）以保证操作过程中防止电流二次回路开路和电压二次回路短路；（D）以保证操作过程中防止电流二次回路短路和电压二次回路开路。

**答案：ABC**

**Jf2C1104** 实现电网公司发展战略目标的基础是内在素质的提高，主要是指（　　）。

（A）安全素质；（B）质量素质；（C）效益素质；（D）员工素质。

**答案：ABC**

**Jf2C2105** 下列（　　）行为是危害电力线路设施的行为。

（A）向导线抛掷物体；（B）向电力线路设施射击；（C）在架空线两侧各 200m 处放风筝；（D）擅自在塔杆上安装广播喇叭。

**答案：ABD**

**Jf2C4106** 10kV 及以上等级电压互感器二次侧因为（　　）要有一点接地。

（A）绝缘在运行电压或过电压下发生击穿，那么高压就会窜入二次回路；（B）会损坏二次回路中的仪表等电器；（C）对人身安全也有威胁；（D）造成电压波动。

**答案：ABC**

**Jf2C4107** 变压器并列运行应满足（　　）条件。

（A）接线组别相同；（B）变比差值不得超过±1.0%；（C）阻抗电压值不得超过 10%；（D）两台并列变压器容量比不宜超过 4∶1。

**答案：AC**

**Jf2C4108** 装设接地线的步骤（ ）。

（A）停电、验电；（B）对于可能送电到停电设备的各方面或停电设备可能产生感应电压的都要装设接地线；（C）所装接地线与带电部分之间应符合安全距离的规定；（D）装设接地线时，必须由两人进行，先接导体端，后接接地端。

**答案：ABC**

## 1.4　计算题

**Lb2D1001**　有一块 $0.4\mathrm{kV}$ 三相四线有功电能智能表，W 相电流互感器反接达一年之久，累计电量 $X_1\mathrm{kW \cdot h}$。则更正系数 $G=$ _____，差错电量 $\Delta W=$ _____ $\mathrm{kW \cdot h}$（假定三相感性负载平衡）。

$X_1$ 取值范围：5000～20000 的整数

**计算公式：**

$$G=\frac{P_{\text{正确}}}{P_{\text{错误}}}=\frac{3UI\cos\varphi}{UI\cos\varphi}=3$$
$$\Delta W=(3-1)X_1=2X_1$$

**Lb2D1002**　某 $35\mathrm{kV}$ 供电的工业客户，三相负载平衡，采用高供低计方式，该客户的计量装置电流互感器变比为 $1000\mathrm{A}/5\mathrm{A}$。对其电能表周期轮换时，误将 B 相电流互感器极性接反。已知错误接线期间平均功率因数为 $0.95$，错误接线期间电能表走了 $X_1$ 个字。则电能表错误接线期间应退补的电量 $\Delta W=$ _____ $\mathrm{kW \cdot h}$。

$X_1$ 取值范围：80～120 的整数

**计算公式：**

$$G=\frac{P_{\text{正确}}}{P_{\text{错误}}}=\frac{3UI\cos\varphi}{UI\cos\varphi}=3$$
$$\Delta W=(3-1)X_1\times\frac{1000}{5}=400X_1$$

**Lb2D2003**　已知三相三线智能表接线错误，三相平衡感性负载，其接线形式为，一元件 $(\dot{U}_{\mathrm{UV}},\ -\dot{I}_{\mathrm{U}})$，二元件 $(\dot{U}_{\mathrm{WV}},\ -\dot{I}_{\mathrm{W}})$，如果功率因数角 $\varphi=X_1$，更正系数 $G=$ _____。

$X_1$ 取值范围：5～40 的整数

**计算公式：**

$$P_1=UI\cos(150°-\varphi)$$
$$P_2=UI\cos(150°+\varphi)$$
$$P_{\text{错误}}=UI\cos(150°-\varphi)+UI\cos(150°+\varphi)=-\sqrt{3}\cos\varphi$$
$$G=\frac{P_{\text{正确}}}{P_{\text{错误}}}=\frac{\sqrt{3}UI\cos\varphi}{UI\cos(150°-\varphi)+UI\cos(150°+\varphi)}=-1$$

**Lb2D2004**　某低压电力客户 2 月装表用电，智能表准确等级为 $2.0$，到 9 月时经计量检定机构检验发现该客户电能表的误差为 $-10\%$。该客户 2—8 月用电量为 $X_1\mathrm{kW \cdot h}$，用户负荷稳定每月电量相同，则应向该客户追补电量 $\Delta W=$ _____ $\mathrm{kW \cdot h}$。（计算结果保留 2 位小数）

$X_1$ 取值范围：2000～9200 的整数

**计算公式：**

$$\Delta W = \frac{\frac{X_1}{2}}{1-0.1} - \frac{X_1}{2} = \frac{X_1}{18}$$

**Lb2D2005** 某低压动力用户使用一块三相四线有功电度表，该表的额定电压为 $3 \times 380V/220V$，额定电流为 $5A$，配用三台 $100A/5A$ 的电流互感器，某日因用户过负荷运行而将其中 V 相电流互感器烧毁，用户当日即自行更换一台 $300A/5A$ 的电流互感器，而且在换装中将电流互感器极性接反，后经供电部门在用电普查中发现，经查实该互感器自更换至发现时共计使用时间为 10 个月，在此期间该用户共用电能 $X_1$ 万 $kW \cdot h$，则应向该用户追补电量 $\Delta W =$ _____ $kW \cdot h$。

$X_1$ 取值范围：$2 \sim 15$ 的整数

**计算公式：**

$$\varepsilon = \frac{1-\frac{5}{9}}{\frac{5}{9}} = \frac{4}{5} \times 100\% = 80\%$$

$$\Delta W = 80\% X_1 = 0.8 X_1$$

**Lb2D2006** 某三相高压用户，负载为感性，安装的是三相三线两元件智能表，TV、TA 均各采用 2 个 TV、2 个 TA 的接线，在进行电气试验时将计量 TV 高压 C 相保险熔断，更正系数 $G =$ _____。错误计量期间平均功率因数为 $0.95$，故障期间抄见电量为 $X_1 kW \cdot h$，该户 TV 变比为 $10kV/0.1kV$，TA 变比为 $100A/5A$，则应追补的电量 $\Delta W =$ _____ $kW \cdot h$。

$X_1$ 取值范围：$50 \sim 200$ 的整数

**计算公式：**

$$G = \frac{P_{正确}}{P_{错误}} = \frac{\sqrt{3}UI\cos\varphi}{UI\cos(30°+\varphi)} = \frac{2\sqrt{3}}{\sqrt{3}-\tan\varphi}$$

$$\Delta W = \left(\frac{2\sqrt{3}}{\sqrt{3}-\tan\varphi} - 1\right) X_1 \times \frac{10000}{100} \times \frac{100}{5} = 2937 X_1$$

**Lb2D3007** 某三相高压电力用户，三相电路对称，在对其计量装置更换时，误将 W 相电流接入表计 U 相，U 相电流反接入表计 W 相。已知故障期间平均功率因数为 $0.95$，则更正系数 $G =$ _____。故障期间表码走了 $X_1 kW \cdot h$，若该户计量 TV 变比为 $10000V/100V$，TA 变比为 $200A/5A$，则故障期间应退补的电量 $\Delta W =$ _____ $kW \cdot h$。

$X_1$ 取值范围：$20 \sim 200$ 的整数

**计算公式：**

$$G = \frac{P_{正确}}{P_{错误}} = \frac{\sqrt{3}UI\cos\varphi}{2UI\cos(90°-\varphi)} = \frac{\sqrt{3}}{2}\cot\varphi$$

$$\Delta W = X_1 \frac{10000}{100} \times \frac{200}{5} \times \left[\frac{\sqrt{3}UI\cos\varphi}{2UI\cos(90°-\varphi)} - 1\right] = 6539 X_1$$

**Lb2D3008** 某两元件三相三线有功电能表一元件的相对误差为 $X_1\%$，二元件相对误差为 $X_2\%$，该电能表的整组相对误差 $\gamma=$ _____ %，$\cos\varphi=0.8$。（计算结果保留 2 位小数）

$X_1$ 取值范围：$-0.10\sim0.25$ 之间 2 位小数的数

$X_2$ 取值范围：$-0.10\sim0.25$ 之间 2 位小数的数

**计算公式：**

$$\gamma=\frac{X_1+X_2}{2}+\frac{\sqrt{3}\times(X_2-X_1)\times0.75}{6}=0.2835X_1+0.7165X_2$$

**Lb2D3009** 利用测量电压和电阻的方法，根据公式 $P=U^2/R$ 计算功率时：已知电压 $U=X_1$ V，修正值 $\Delta U$ 为 0.2V，电阻为 50Ω，修正值 $\Delta R$ 为 $-0.2$Ω。若不进行修正，求功率合成误差 $\gamma_P=$ _____ % 及功率实际值 $P=$ _____ W。（计算结果保留 2 位小数）

$X_1$ 取值范围：$210\sim420$ 的整数

**计算公式：**

$$\gamma_P=\frac{2\Delta U}{U}-\frac{\Delta R}{R}=\left(\frac{2\times0.2}{X_1}-\frac{-0.2}{100}\right)\times100\%=\left(\frac{40}{X_1}+0.4\right)\times100\%$$

$$P=\frac{U^2}{R}(1-\gamma_P)=\frac{99.6X_1^2-40X_1}{5000}$$

**Lb2D3010** 某三相智能电能表，参数为 $3\times100$V、$3\times1.5(6)$A，脉冲常数 $=5000$imp/$(kW\cdot h)$，用标准功率表法检验 $I_{max}$、$\cos\varphi=1.0$ 负荷点的最大需量示值误差。已知测量装置电流互感器变比 $K_I=6/5$，$K_U=1$，17min 后，标准功率表读数平均值为 866.025W，被检表最大需量示值为 $X_1$ kW，则此负荷点最大需量的示值误差为 $\gamma_P=$ _____ %。（计算结果保留 2 位小数）

$X_1$ 取值范围：$1.030\sim1.050$ 之间 3 位小数的数

**计算公式：**

$$\gamma_P=\frac{100X_1-103.923}{1.03923}$$

**Lb2D3011** 检定一台额定电压为 10kV 的电压互感器（二次电压为 $U_2=100$V），检定时的环境温度为 20℃，其二次负荷 $S_n=X_1$ VA，功率因数 $\cos\varphi=1.0$，则应配负荷电阻的阻值范围为 $R_{min}=$ _____ Ω；$R_{max}=$ _____ Ω。

$X_1$ 取值范围：10，20，25

**计算公式：**

$$R_{min}=\frac{U_2^2}{S_n\cos\varphi}\times(1-3\%)=\frac{100^2}{X_1\times1}\times(1-3\%)=\frac{9700}{X_1}$$

$$R_{max}=\frac{U_2^2}{S_n\cos\varphi}\times(1+3\%)=\frac{100^2}{X_1\times1}\times(1+3\%)=\frac{10300}{X_1}$$

**Lb2D3012**　一只 2.0 级电能表，累计电量为 $X_1 \mathrm{kW \cdot h}$，已知在使用范围内频率附加误差极限值为 $0.5\%$，温度附加误差极限值为 $1.2\%$，则其合成不确定度为 $\sigma =$ _____ $\mathrm{kW \cdot h}$。（计算结果保留 2 位小数）

$X_1$ 取值范围：$50 \sim 150$ 的整数

**计算公式：**

$$\sigma = \sqrt{\left(\frac{2}{\sqrt{3}}\right)^2 + \left(\frac{0.5}{\sqrt{3}}\right)^2 + \left(\frac{1.2}{\sqrt{3}}\right)^2} \times \frac{X_1}{100} = 0.01377 X_1$$

**Lb2D4013**　已知三相三线有功功率表接线错误，负载为感性负荷，其接线形式为：一元件 $(\dot{U}_{\mathrm{VW}}, \ \dot{I}_{\mathrm{U}})$，二元件 $(\dot{U}_{\mathrm{UW}}, \ -\dot{I}_{\mathrm{W}})$，功率因数角 $\varphi = X_1$，请计算更正系数 $G =$ _____（三相负载平衡）。（计算结果保留 2 位小数）

$X_1$ 取值范围：$5 \sim 40$ 的整数

**计算公式：**

$$P_1 = UI\cos(90° - \varphi)$$
$$P_2 = UI\cos(30° + \varphi)$$
$$P_{\text{错误}} = UI\cos(90° - \varphi) + UI\cos(30° + \varphi)$$
$$G = \frac{P_{\text{正确}}}{P_{\text{错误}}} = \frac{\sqrt{3}UI\cos\varphi}{UI\cos(90° - \varphi) + UI\cos(30° + \varphi)} = \frac{2\sqrt{3}}{\sqrt{3} + \tan\varphi} = \frac{2\sqrt{3}}{\sqrt{3} + \tan X_1}$$

**Lb2D4014**　已知三相三线智能表接线错误，负载为三相平衡感性负载，其接线方式为：一元件 $(\dot{U}_{\mathrm{WU}}, \ \dot{I}_{\mathrm{U}})$，二元件 $(\dot{U}_{\mathrm{VU}}, \ \dot{I}_{\mathrm{W}})$，如果功率因数角 $\varphi = X_1$，更正系数 $G =$ _____（三相负载平衡）。（计算结果保留 2 位小数）

$X_1$ 取值范围：$5 \sim 35$ 的整数

**计算公式：**

$$P_1 = UI\cos(150° + \varphi)$$
$$P_2 = UI\cos(90° + \varphi)$$
$$P_{\text{错误}} = UI\cos(150° + \varphi) + UI\cos(90° + \varphi)$$
$$G = \frac{P_{\text{正确}}}{P_{\text{错误}}} = \frac{\sqrt{3}UI\cos\varphi}{UI\cos(150° + \varphi) + UI\cos(90° + \varphi)} = -\frac{2}{1 + \sqrt{3}\tan\varphi} = -\frac{2}{1 + \sqrt{3}\tan X_1}$$

**Lb2D4015**　已知三相三线智能表接线错误，三相平衡感性负载，其接线方式为：一元件 $(\dot{U}_{\mathrm{WU}}, \ -\dot{I}_{\mathrm{U}})$，二元件 $(\dot{U}_{\mathrm{VU}}, \ -\dot{I}_{\mathrm{W}})$，如果功率因数角为 $\varphi = X_1$，更正系数 $G =$ _____（三相负载平衡）。（计算结果保留 2 位小数）

$X_1$ 取值范围：$3 \sim 40$ 的整数

**计算公式：**

$$P_1 = UI\cos(30° - \varphi)$$
$$P_2 = UI\cos(90° - \varphi)$$

$$P_{错误}=UI\cos(30°-\varphi)+UI\cos(90°-\varphi)$$

$$G=\frac{P_{正确}}{P_{错误}}=\frac{\sqrt{3}UI\cos\varphi}{UI\cos(30°-\varphi)+UI\cos(90°-\varphi)}=\frac{2}{1+\sqrt{3}\tan\varphi}=\frac{2}{1+\sqrt{3}\tan X_1}$$

**Lb2D4016** 已知三相三线智能表接线错误，三相平衡感性负载，其接线形式为：一元件（$\dot{U}_{UV}$，$-\dot{I}_W$），二元件（$\dot{U}_{WV}$，$\dot{I}_U$），如果功率因数角为 $\varphi=X_1$，更正系数 $G=$ _____。（计算结果保留 2 位小数）

$X_1$ 取值范围：5～35 的整数

**计算公式：**

$$P_1=P_2=UI\cos(90°+\varphi)$$

$$P_{错误}=2UI\cos(90°+\varphi)$$

$$G=\frac{P_{正确}}{P_{错误}}=\frac{\sqrt{3}UI\cos\varphi}{UI\cos(90°+\varphi)+UI\cos(90°+\varphi)}=-\frac{\sqrt{3}}{2\tan\varphi}=-\frac{\sqrt{3}}{2\tan X_1}$$

**Lb2D4017** 已知三相三线智能表接线错误，三相平衡感性负载，其接线形式为：一元件（$\dot{U}_{UV}$，$\dot{I}_W$），二元件（$\dot{U}_{WV}$，$-\dot{I}_U$），如果功率因数角 $\varphi=X_1$，更正系数 $G=$ _____。（计算结果保留 2 位小数）

$X_1$ 取值范围：5～35 的整数

**计算公式：**

$$P_1=UI\cos(90°-\varphi)$$

$$P_2=UI\cos(90°-\varphi)$$

$$P_{错误}=2UI\cos(90°-\varphi)$$

$$G=\frac{P_{正确}}{P_{错误}}=\frac{\sqrt{3}UI\cos\varphi}{UI\cos(90°-\varphi)+UI\cos(90°-\varphi)}=\frac{\sqrt{3}}{2\tan\varphi}=\frac{\sqrt{3}}{2\tan X_1}$$

**Lb2D4018** 某 10kV 供电的客户，TA 简化三线连接，在计量装置安装过程中错误接线，一元件（$\dot{U}_{VW}$，$-\dot{I}_U$），二元件（$\dot{U}_{UW}$，$-\dot{I}_W$），已知故障期间平均功率因数为 0.92，抄录电量 $W=X_1$ 万 kW·h，负载为感性对称负载，则更正系数 $G=$ _____，应追补的电量 $\Delta W=$ _____ 万 kW·h。（计算结果保留 2 位小数）

$X_1$ 取值范围：10～40 的整数

**计算公式：**

$$G=\frac{P_{正确}}{P_{错误}}=\frac{\sqrt{3}UI\cos\varphi}{UI\cos(30°+\varphi)+UI\cos(90°+\varphi)}=\frac{2}{1-\sqrt{3}\tan\varphi}=\frac{2}{1-\sqrt{3}\tan\arccos0.92}=7.63$$

$$\Delta W=(G-1)X_1=6.63X_1$$

**Lb2D4019** 某低压三相客户，安装的是三相四线智能表，三相电流互感器铭牌上变比均为 400/5，由于安装前对表计进行了校试，而互感器未校试，运行 1 个月后对电流互感器进行检定发现：V 相 TA 比差为－40％，角差合格，W 相 TA 比差为＋10％，角差合格，U 相 TA 合格，请计算更正系数 $G=$＿＿＿＿＿＿，如果运行中的平均功率因数为 0.85，故障期间抄录电量 $W=X_1\text{kW}\cdot\text{h}$，三相电源、负载对称，则应退补的电量 $\Delta W=$＿＿＿＿＿＿ $\text{kW}\cdot\text{h}$。（计算结果保留 1 位小数）

$X_1$ 取值范围：10～150 的整数
**计算公式：**

$$P_{错误}=(1-0.4)UI\cos\varphi+(1+0.1)UI\cos\varphi+UI\cos\varphi=2.7UI\cos\varphi$$

$$G=\frac{P_{正确}}{P_{错误}}=\frac{3UI\cos\varphi}{2.7UI\cos\varphi}=1.1$$

$$\Delta W=(1.1-1)X_1\times80=8X_1$$

**Lb2D4020** 已知三相三线有功电能表接线错误，其接线方式为：一元件（$\dot{U}_{UW}$，$-\dot{I}_W$），二元件（$\dot{U}_{VW}$，$\dot{I}_U$），如果功率因数角 $\varphi=X_1$，更正系数 $G=$＿＿＿＿＿＿（三相感性负载平衡）。（计算结果保留 2 位小数）

$X_1$ 取值范围：5～30 的整数
**计算公式：**

$$P_1=UI\cos(30°+\varphi)$$
$$P_2=UI\cos(90°-\varphi)$$
$$P_{错误}=UI\cos(30°-\varphi)$$
$$G=\frac{\sqrt{3}UI\cos\varphi}{UI\cos(30°-\varphi)}=\frac{2\sqrt{3}}{\sqrt{3}+\tan\varphi}$$

**Lb2D4021** 某 10kV 三相高压电力用户，其三相电路对称，在对其三相三线智能表进行更换后，W 相电流短路片未打开，该户电流互感器采用 V 形接线，其 TV 变比为 10kV/100V，电流互感器变比为 50A/5A，则更正系数 $G=$＿＿＿＿＿＿（计算结果保留 3 位小数），故障运行期间有功电能表走了 $X_1\text{kW}\cdot\text{h}$。则应追补的电量 $\Delta W=$＿＿＿＿＿＿ $\text{kW}\cdot\text{h}$（故障期间平均功率因素为 0.95）。

$X_1$ 取值范围：10～20 的整数
**计算公式：**

$$G=\frac{P_{正确}}{P_{错误}}=\frac{\sqrt{3}UI\cos\varphi}{UI\cos(30°+\varphi)}=2.468$$
$$\Delta W=X_1\frac{10000}{100}\times\frac{50}{5}\times2.468=2468X_1$$

**Lb2D4022** 一台单相 10kV/100V、0.2 级电压互感器，二次所接的负载 $S_b=25\text{VA}$，$\cos\varphi_b=0.5$，每根二次连线的导线电阻 $r$ 为 $X_1\Omega$，则二次回路的电压降比差 $f=$＿＿＿＿＿＿ 和角差 $\delta=$＿＿＿＿＿＿。（计算结果保留 2 位小数）

$X_1$ 取值范围：0.5～1.3 之间 1 位小数的数

**计算公式：**

$$f = \frac{-2X_1 \times 0.25 \times 0.5}{100} \times 100\% = -0.25X_1\%$$

$$\delta = \frac{2X_1 \times 0.25 \times 0.866}{100} \times 3438' = 14.887X_1'$$

**Lb2D4023** 用一台电能表标准装置测定一块智能表某一负载下的相对误差，在较短的时间内，在等同条件下，独立测量 5 次，所得的误差数据分别为：$X_1\%$、0.20%、0.21%、0.22%、0.23%，则该装置的单次测量标准偏差估计值 $S = $ _____ %。（计算结果保留 3 位小数）

$X_1$ 取值范围：0.18～0.26 之间 2 位小数的数

**计算公式：**

$$S = \frac{\sqrt{20X_1^2 - 8.6X_1 + 0.937}}{10}$$

**Lb2D5024** 现场检验发现一新装用户的错误接线属于 $P = \sqrt{3}UI\cos(60° - \varphi)$ 类型，已运行 2 个月抄表电量为 30000kW·h，感性负载的平均功率因数角 $\varphi = 35°$，电能表的相对误差 $X_1\%$，则更正系数 $G = $ _____，2 个月应追退的电量 $\Delta W = $ _____ kW·h。（计算结果保留 3 位小数）

$X_1$ 取值范围：-1.3～3.5 保留 1 位小数的数

**计算公式：**

$$G = \frac{\sqrt{3}UI\cos\varphi}{\sqrt{3}UI\cos(60° - \varphi)} = \frac{\cos 35°}{\cos(60° - 35°)} = 0.904$$

$$\Delta W = [G(1 - X_1\%) - 1] \times 30000 = [0.904 \times (1 - X_1\%) - 1] \times 30000$$

$$= -0.904X_1\% - 2880$$

**Lb2D5025** 某 110kV 供电的用户计量装置安装在 110kV 进线侧，所装 TA 可通过改变一次接线方式改变变比，在计量装置安装中要求一次串接，其计量绕组变比为 300/5，由于安装人员粗心误将 C 相 TA 一次接成并联方式，投运 5 天后，5 天中有功表所计码为 $X_1$（起始表码为 0），则更正系数 $G = $ _____，应追补的电量 $\Delta W = $ _____ kW·h。（故障期间平均功率因数为 0.86）

$X_1$ 取值范围：5～40 的整数

**计算公式：**

$$G = \frac{3UI\cos\varphi}{2UI\cos\varphi + \frac{1}{2}UI\cos\varphi} = 1.2$$

$$\Delta W = X_1 \frac{\frac{110}{\sqrt{3}}}{\frac{0.1}{\sqrt{3}}} \times \frac{300}{5} \times (1.2-1) = 13200X_1$$

**Lb2D5026** 某客户 1—9 月共用有功电量 $W_P = X_1$ 万 kW·h，无功电量 $W_Q = 5000$ 万 kvar·h，现测得电能表用电压互感器二次导线压降引起的比差和角差为 $\Delta f_{UV} = -1.36\%$、$\Delta \delta_{UV} = 25.4'$、$\Delta f_{WV} = -0.41\%$、$\Delta \delta_{WV} = 50'$，则由于二次导线压降的影响带来的计量误差 $\gamma_P = \underline{\hspace{2cm}}\%$。（计算结果保留 2 位小数）

$X_1$ 取值范围：8700，9200，9800，12000

**计算公式：**

$$\gamma_P = -0.6779 - 0.8188 \times \frac{5000}{X_1}$$

**Je2D027** 某高压客户，电压互感器变比为 10kV/0.1kV，电流互感器变比为 100A/5A，有功表常数为 2500imp/(kW·h)，现实测有功表 10imp 需 $X_1$s，则该客户有功功率 $P = \underline{\hspace{2cm}}$ kW。（计算结果保留 2 位小数）

$X_1$ 取值范围：10~40 的整数

**计算公式：**

$$P = \frac{10 \times 3600}{2500 X_1} \times \frac{100}{0.1} \times \frac{100}{5} = \frac{28800}{X_1}$$

## 1.5 识图题

**La2E1001** 图 1-1 是接地表的原理电路图。
（     ）

（A）正确；（B）错误。

**答案：B**

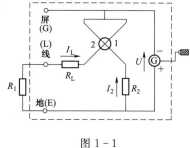

图 1-1

**La2E1002** 用电源变压器 T（220V/12V）一台、整流二极管 VD 四只，滤波电容器 $C$、限流电阻 $R$、稳压管 $V$ 和负载电阻 $R_L$ 各一只，将它们连接成全波桥式整流稳压电路如图 1-2 所示。（     ）

（A）正确；（B）错误。

**答案：A**

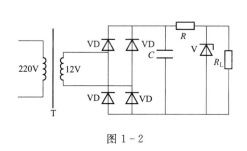

图 1-2

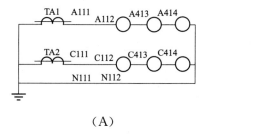

图 1-3

**La2E1003** 图 1-3 是 GG-1A（F）型进线柜、PJ1-10A-J1 型计量柜与 GG-1A（F）型馈线柜组合方式的一次接线图。（     ）

（A）正确；（B）错误。

**答案：B**

**La2E2004** 图 1-4 中，高压电能计量装置的电流回路，其展开图正确的是（     ）。

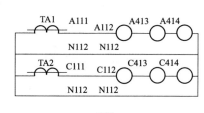

（A）                                    （B）

图 1-4（一）

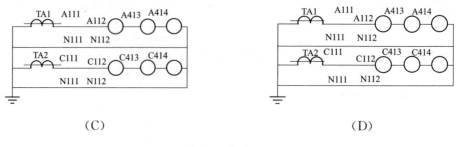

(C)                              (D)

图 1-4（二）

**答案：C**

**La2E2005** 图 1-5 中，用运算放大器、电阻器 $R$、电容器 $C$ 各一支连接成一积分电路是（　　）。

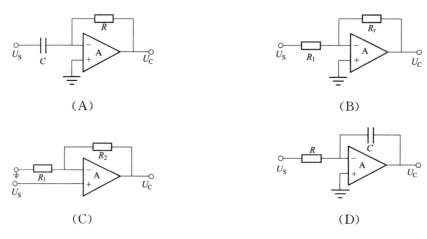

(A)                              (B)

(C)                              (D)

图 1-5

**答案：A**

**Lb2E3006** 一电流互感器变比为 1，其 T 形等值电路如图 1-6（a）所示，图 1-6（b）所示向量图是以 $\dot{I}_2$ 为参考量画出的相量图。（　　）

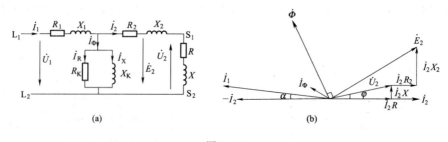

(a)                              (b)

图 1-6

（A）正确；（B）错误。

**答案：A**

**Lb2E3007** 图1-7中，三台单相三线圈电压互感器按 $Y/Y_0-12$ 接线（二次侧不接负载）的是（    ）。

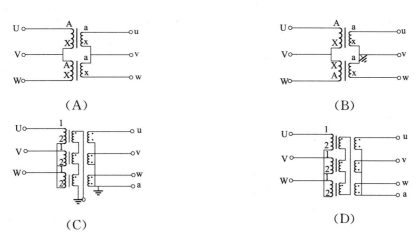

图1-7

**答案：A**

**Lb2E3008** 图1-8中，电流互感器不完全星形（V）接线图的是（电流互感器二次侧负载只接电流表）（    ）。

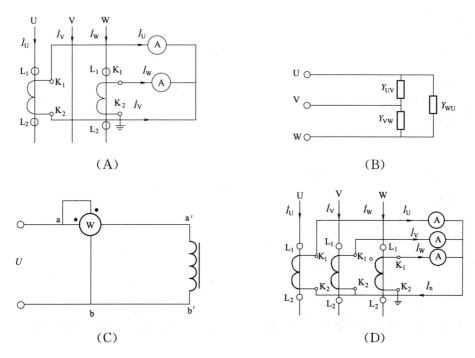

图1-8

**答案：A**

**Lb2E3009** 图 1 - 9 所示框图中，（　　　）为电子式三相电能表原理框图。

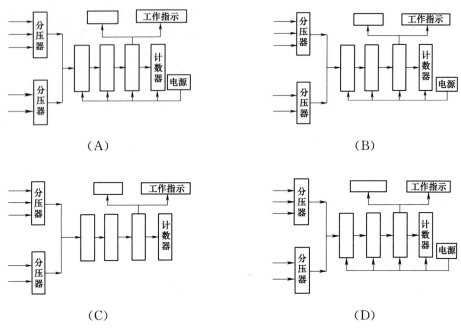

图 1 - 9

**答案：A**


**Lb2E3010** 图 1 - 10 是用两只单相有功电能表计量单相 380V 电焊机等设备的互感器接入接线图。（　　）

（A）正确；（B）错误。

**答案：B**

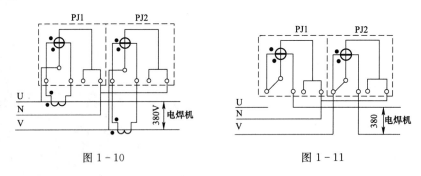

图 1 - 10　　　　　　　　　　图 1 - 11


**Lb2E4011** 图 1 - 11 是用两只单相有功电能表计量单相 380V 电焊机等设备的直接接入接线图。（　　）

（A）正确；（B）错误。

**答案：A**

**Lb2E4012** 图 1-12 是电动机正、反转（接触器连锁）控制线路图。（　　）

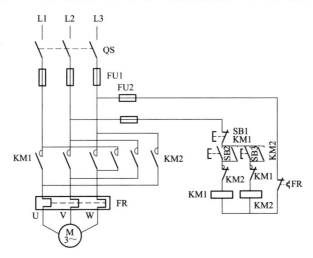

图 1-12

（A）正确；（B）错误。

**答案：A**

**Lb2E4013** 图 1-13 中，三相三线有功电能表在负荷功率因数为 0.866（感性）时，仅二次电流 $I_u$ 反接时的相量图是（　　）。

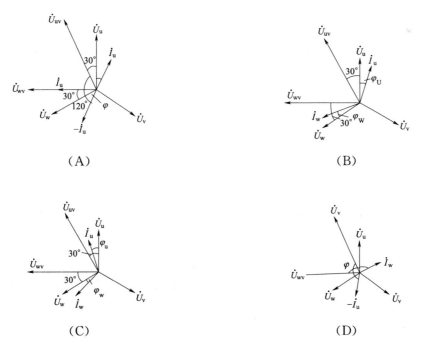

图 1-13

**答案：B**

**Lb2E4014** 图 1-14 中，接入中性点非有效接地高压线路三相三线有功计量装置接线图（宜采用两台单相电压互感器，且按 V/V-12 形接线）的是（　　）。

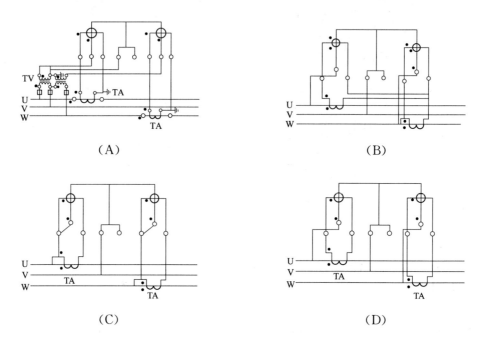

图 1-14

答案：**A**

**Lb2E4015** 如图 1-15 所示为比较仪式互感器校验仪（如 HEG2 型）的原理线路图，其比较仪绕组是（　　）。

(A) ①；(B) ②；(C) ③；(D) ④。

答案：**B**

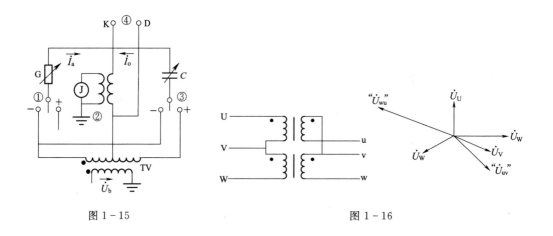

图 1-15　　　　　　　　　　　　图 1-16

**Lb2E4016**　有两台单相双绕组电压互感器采用 V/V 形接线，现场错误接线如图 1-16 所示。表示错误接线时线电压的相量图是如图所示。（　　）

（A）正确；（B）错误。

答案：**A**

**Lb2E4017**　有两台单相双绕组电压互感器采用 V/V 形接线，现场错误接线如图 1-17 所示。表示错误接线时线电压的相量图是如图所示。（　　）

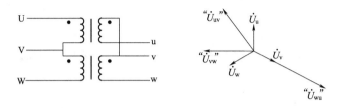

图 1-17

（A）正确；（B）错误。

答案：**B**

**Lb2E4018**　图 1-18 是三相三线有功电能表在负荷功率因数为 0.866（感性）时，二次电流 $I_u$ 反接时的相量图。（　　）

（A）正确；（B）错误。

答案：**A**

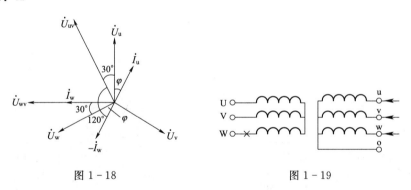

图 1-18　　　　　　　　　　图 1-19

**Lb2E4019**　图 1-19 中×为断线处，假定有功表电压线圈阻抗与无功表的相同，则当二次接一块有功表和一块无功表时，$U_{vw}$ 的电压值是（　　）。

（A）173；（B）57.7；（C）100；（D）0。

答案：**C**

**Lb2E4020**　有两台单相双绕组电压互感器采用 V/V 形接线，现场错误接线如图 1-20 所示，则 $U_{uw}$ 等于（　　）V。

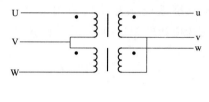

图 1 - 20

（A）173；（B）57.7；（C）100；（D）0。

**答案：C**

**Lb2E5021** 图 1 - 21 中是电动机正、反转（接触器连锁）控制线路图的是（　　）。

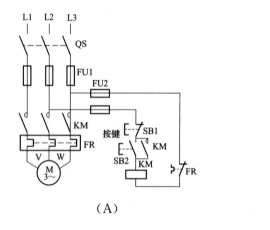

（A）

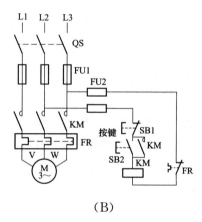

（B）

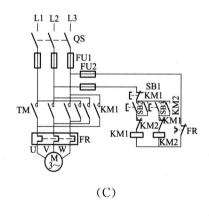

（C）

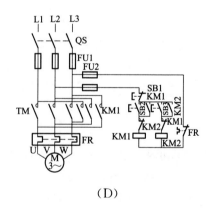

（D）

图 1 - 21

**答案：B**

**Lb2E5022** 图 1 - 22 中容易出现产生寄生回路的是（　　）。

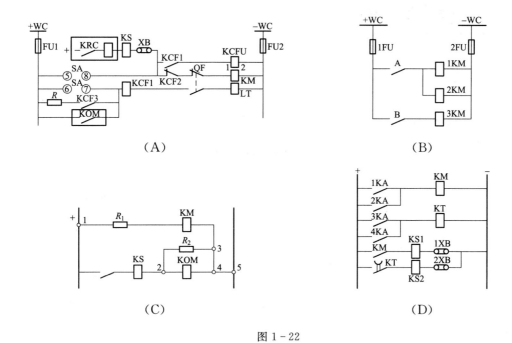

（A）                                        （B）

（C）                                        （D）

图 1-22

**答案：A**

**Lb2E5023** 图 1-23 中×为断线处，假定有功表电压线圈阻抗与无功表的相同，则当二次接一块有功表时，$U_{vw}$ 的电压值是（      ）。

（A）173；（B）57.7；（C）100；（D）1。

**答案：C**

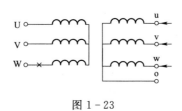

图 1-23

# 2 技能操作

## 2.1 技能操作大纲

**装表接电工种（技师）技能鉴定技能操作考核大纲**

| 等级 | 考核方式 | 能力种类 | 能力项 | 考核项目 | 考核主要内容 |
|---|---|---|---|---|---|
| 技师 | 技能操作 | 基本技能 | 电气识图、绘图 | 高压客户电能计量装置竣工验收 | 熟悉电能计量装置一次、二次接线的施工图；绘制各种复杂线路的施工图和竣工图 |
| | | 专业技能 | 01. 电能表现场检验 | 三相三线电能表错误接线检查及更正 | 三相三线计量装置复杂错误接线检查、分析和故障处理 |
| | | | 02. 安装调试 | 按给定负荷，确定计量装置并安装 | 能确定接户线、进户线方案；能监护、检查、验收接户线、进户线工程 |
| | | | 03. 现场校验 | 01. 电磁式电流互感器的现场检定 | 能现场对电流互感器进行校验 |
| | | | | 02. 电磁式电压互感器的现场校验 | 能现场对电压互感器进行校验 |
| | | | 04. 光伏发电 | 编制光伏发电项目接入系统计量方案 | 能对光伏发电项目进行检查、分析、验收 |
| | | | 05. 高压电能计量装置的检查与处理 | 三相三线计量装置复杂错误接线检查、分析和故障处理 | 能分析、判断三相三线、三相四线计量装置简单错误接线（断相、相序正反、电流相序正反、电压正相序组合）并进行处理 |
| | 技能笔试 | 基本技能 | 01. 电气识图、绘图 | 展开接线图试卷A、B | 绘制各种复杂线路的施工图和竣工图 |
| | | | 02. 线损管理技术 | 低压台区三相负荷不平衡调整试卷A、B | 熟练掌握降低网损的计算方法 |
| | | 专业技能 | 01. 电能计量装置施工方案的编制 | 根据专变容量确定计量装置试卷A、B | 能编制电能计量装置施工方案 |
| | | | 02. 电能计量装置的检查与处理 | 错误接线电费退补试卷A、B | 计量装置复杂错误接线检查、分析和故障处理 |

## 2.2 技能操作项目

### 2.2.1 ZJ2JB0101 高压客户电能计量装置竣工验收

**一、作业**

（一）工器具、材料、设备

（1）工器具：低压验电笔、"一"字改锥、"十"字改锥、斜口钳、铅封、相序表、相位伏安表。

（2）材料、设备：高供高计计量柜、客户计量档案资料。

（二）操作的安全要求

（1）工作服、安全帽、绝缘鞋、线手套并穿戴整齐。

（2）填写《计量现场作业派工单》。

（3）检查高供高计计量柜接地良好，并对外壳验电，确认不带电。

（4）检查确认工具绝缘无破损。

（5）操作时站在绝缘垫上。

（三）操作步骤及要求

电能计量装置投运前应由相关管理部门组织专业人员进行全面的验收。其目的是：及时发现和纠正安装工作中可能出现的差错；检查各种设备的安装质量及布线工艺是否符合要求；核准有关的技术管理参数，为建立用户档案提供准确的技术资料。

验收的项目及内容应包括：技术资料、现场核查、验收试验、验收结果处理。

1. 技术资料

（1）电能计量装置计量方式原理接线图，一次、二次接线图，施工设计图和施工变更资料。

（2）电压、电流互感器安装使用说明书、出厂检验报告、法定计量检定机构的检定证书。

（3）计量柜（箱）的出厂检验报告、说明书。

（4）二次回路导线或电缆的型号、规格及长度。

（5）电压互感器二次回路中熔断器、接线端子的说明书等。

（6）高压电气设备接地及绝缘试验报告。

（7）施工过程中需要说明的其他资料。

2. 现场核查（即送电前检查）

（1）计量器具型号、规格、计量法定标志、出厂编号等应与计量检定证书和技术资料的内容相符。

（2）产品外观质量应无明显瑕疵和受损。

（3）安装工艺质量应符合有关标准要求，检查电能表、互感器安装是否牢固，位置是否适当，外壳是否根据要求正确接地或接零等。

（4）电能表、互感器及其二次回路接线情况应和竣工图一致。检查电能表、互感器一次、二次接线及专用接线盒，接线是否正确，接线盒内连接片位置是否正确，连接是否可靠，有无碰线的可能，安全距离是否足够，各接点是否坚固牢靠等。

（5）按工单要求抄录电能表、互感器的铭牌参数数据，记录电能表起止码及进户装置材料等，并告知用户核对。

3. 验收试验（即通电检查）

（1）检查二次回路中间触点、熔断器、试验接线盒的接触情况。对电能计量装置通以工作电压，观察其工作是否正常；用万用表（或电压表）在电能表端钮盒内测量电压是否正常（相对地、相对相），用验电器核对相线和零线，观察其接触是否良好。

（2）对智能电能表应核对各个时段是否整定正确。

（3）安装工作完毕后的通电检查，有时因电力负荷很小，使有些项目（如六角图法分等）不能进行，或者是多费率表、需量表、多功能表等比较复杂的计量装置，均需在竣工后3天内至现场进行一次核对检查。

4. 验收结果的处理

（1）经验收的电能计量装置应由验收人员及时实施封印。封印的位置为互感器二次回路的各接线端子、电能表端钮盒、封闭式接线盒、计量柜（箱）门等；实施铅封后应由运行人员或用户对铅封的完好签字认可。

（2）检查工作凭证记录内容是否正确、齐全、有无遗漏；施工人员、封表人员、用户是否已签字盖章。以上全部齐整后将工作凭证转交营业部门归档立户。转交前应将有关内容登记在电能计量装置台账上，填写电能计量装置账、册、卡。

（3）验收的电能计量装置应由验收人员填写验收报告，注明"计量装置验收合格"或者"计量装置验收不合格"及整改意见，整改后再行验收。验收不合格的电能计量装置禁止投入使用。

5. 对成套电能计量装置，验收时应检查的项目

（1）计量装置的设置应符合《电能计量装置技术管理规程》的要求。

（2）计量装置所使用的设备、器材，均应符合国家标准和电力行业标准，并附有合格证件，各种铭牌标志应清晰。

（3）电能表、互感器的安装位置应便于抄表、检查及更换，操作空间距离、安全距离足够。

（4）计量屏（箱）可开启门应加封。

（5）一次、二次接线的相序、极性标志应正确一致，固定支持间距、导线截面应符合要求，引入电源相序应与计量装置相序标志一致。

（6）核对二次回路导通情况及二次接线端子标志是否正确一致、计量二次回路是否专用。

（7）检查接地及接零系统。

（8）测量一次、二次回路绝缘电阻，检查绝缘耐压试验记录。

（9）各种图纸、资料应齐全。

**二、考核**

（一）考核场地

（1）现场应有高供高计计量柜及客户计量档案资料。

（2）备有桌椅同时在考场内设置1台倒计时语音计时器。

参考时间为 60min，考评员允许开工开始计时，到时即停止工作。

（三）考核要点

（1）工器具使用正确、熟练。

（2）检查程序、测试步骤完整、正确。

（3）安全文明生产。

**三、评分参考标准**

行业：电力工程　　　　　　　工种：装表接电工　　　　　　　等级：二

| 编　号 | ZJ2JB0101 | 行为领域 | e | 鉴定范围 | | |
|---|---|---|---|---|---|---|
| 考核时间 | 60min | 题型 | A | 满分 | 100 分 | 得分 |
| 试题名称 | 高压客户电能计量装置竣工验收 | | | | | |
| 考核要点及其要求 | （1）给定条件：现场给定任务书，填写《计量现场作业派工单》，经考评员审批后开始。<br>（2）工器具使用正确、熟练。<br>（3）检查程序、测试步骤完整、正确。<br>（4）安全文明生产 | | | | | |
| 现场设备、工器具、材料 | （1）高供高计量柜、客户计量档案资料。<br>（2）考生自备工作服、绝缘鞋、安全帽、线手套 | | | | | |
| 备　注 | | | | | | |

评　分　标　准

| 序号 | 考核项目名称 | 质 量 要 求 | 分值 | 扣 分 标 准 | 扣分原因 | 得分 |
|---|---|---|---|---|---|---|
| 1 | 开工准备 | （1）着装规范、整齐。<br>（2）工器具选用正确，携带齐全 | 5 | （1）着装不规范或不整齐，每件扣 1 分。<br>（2）工器具选用不正确或携带不齐全，每件扣 1 分。<br>（3）该项分值扣完为止 | | |
| 2 | 填写《计量现场作业派工单》 | 正确填写《计量现场作业派工单》 | 10 | （1）填写错误每项扣 2 分。<br>（2）涂改每处扣 1 分。<br>（3）该项分值扣完为止 | | |
| 3 | 收集验收技术资料 | 所准备客户计量验收技术资料齐全 | 15 | （1）每少准备 1 项资料扣 2 分。<br>（2）准备资料不正确每项扣 2 分。<br>（3）该项分值扣完为止 | | |

| 序号 | 考核项目名称 | 质 量 要 求 | 分值 | 扣 分 标 准 | 扣分原因 | 得分 |
|---|---|---|---|---|---|---|
| 4 | 送电前验收 | （1）计量器具计量鉴定证书内容是否齐全、完备。<br>（2）检查计量装置外观有无破损。<br>（3）安装工艺质量是否符合相关规定。<br>（4）电能表、互感器及其二次回路接线是否与竣工图一致。<br>（5）抄录计量装置基本信息 | 25 | （1）计量表计、互感器规格、型号、出厂编号等应与计量鉴定证书一致，未核对每处扣1分。<br>（2）计量装置外观未检查每处扣2分。<br>（3）计量装置安装工艺不符合要求，每处扣2分。<br>（4）电能表、互感器及其二次回路接线与竣工图未检查扣2分。<br>（5）每少抄录1项电能计量装置基本信息扣2分。<br>（6）该项分值扣完为止 | | |
| 5 | 通电检查 | （1）检查计量二次回路接线情况。<br>（2）接线正确性检查。<br>（3）计量表设置参数检查 | 20 | （1）计量二次回路每少检查一处扣2分。<br>（2）接线正确性检查每少进行一处扣2分，结论错误扣5分。<br>（3）计量参数检查每少检查一处扣2分。<br>（4）该项分值扣完为止 | | |
| 6 | 验收结果处理 | （1）对计量装置实施加封齐全。<br>（2）验收结论正确 | 20 | （1）错漏加封每一处扣2分。<br>（2）未清理现场扣5分。<br>（3）验收报告签字缺失每处扣2分。<br>（4）不正确扣2分。<br>（5）该项分值扣完为止 | | |
| 7 | 安全文明生产 | （1）操作过程中无人身伤害、设备损坏、工器具掉落等事件。<br>（2）操作完毕清理现场及整理好工器具材料。<br>（3）办理工作终结手续 | 5 | （1）工器具每掉落一次扣2分。<br>（2）未办理工作终结手续扣5分。<br>（3）该项分值扣完为止 | | |

**附表**

## 计 量 现 场 作 业 派 工 单

| | | | |
|---|---|---|---|
| 派单人 | | 派单日期 | 年　月　日 |
| 工作日期 | | 工作类别 | |
| 工作负责人 | | | |
| 工作班成员 | | | 共　　人 |
| 工作地点及内容 | | | |
| 工作完成情况 | | | |
| 工作起止时间 | | | 时　分至　时　分 |
| 班组长点评 | | | |
| 备　注 | | | |

# 计量表计计验收工作单

申请编号：　　　　　计量点编号：　　　　　工作事项：　　　　　验收日期：　　　　　客户所属供电所：

| 用户名称（厂站名称） | 用户编号（厂站编号） | 合同容量 | 变电站 | 用电性质（分类） |
|---|---|---|---|---|
| 地址 | 区域 | 变压器容量 | 供电线路 | 电能计量装置分类 |
| 联系人　　联系电话 | 柜箱屏型号 | 表计性质 | 电压等级 | |
| 抄表号　　关联位置 | 客户类型 | 柜箱屏编号 | 出厂时间 | 计量方式 |
| 台区　　二次回路截面 | 长度 | 导线型号 | 封印 | 锁编号 |

| 电能表 | 型号 | 功能类别 | 生产厂家 | 出厂编号 | 准确度等级 | 额定电压/V | 电流/A | 表铅封 综合 | 示数/[kW·h（kvar·h）] 分类 总 尖 峰 平 谷 |
|---|---|---|---|---|---|---|---|---|---|
| | | | | | | | | | 正向有功 |
| | | | | | | | | | 最大需量 |
| | | | | | | | | | 反向有功 |
| | | | | | | | | | 无功总　无功Ⅰ象限　无功Ⅱ象限　无功Ⅲ象限　无功Ⅳ象限 |

| 电流／电压互感器 | 型号 | 生产厂家 | 出厂编号 | 资产编号 | 准确度等级 | 额定电压/kV | 变比 | 额定容量 | 相别 |
|---|---|---|---|---|---|---|---|---|---|

| 客户接线是否正确 | 接地电阻是否合格 | 二次回路接线检查是否正确 | 表计、互感器外观检查 |
|---|---|---|---|

| 客户技术资料是否齐全 | 备注： |
|---|---|

验收结论：

验收人员签字：　　　　　客户签字（盖章）：

424

### 2.2.2 ZJ2ZY0101 三相三线电能表错误接线检查及更正

**一、作业**

**（一）工器具、材料、设备**

（1）工器具：封钳、碳素笔、低压验电笔、"一"字改锥、"十"字改锥、尖嘴钳、绝缘垫。

（2）材料：铅封、电能计量装置接线检查记录表、草稿纸和线手套等。

（3）设备：电能表接线仿真装置、双钳数字相位伏安表、秒表。

**（二）安全要求**

（1）工作服、安全帽、绝缘鞋、线手套。

（2）履行许可手续、工作监护、工作终结手续。

（3）检查计量装置接地情况，并对外壳验电，确认安全。

（4）检查并确认仪表外观、功能正常，测试线及工具绝缘良好。

（5）正确使用仪表，严禁带电换挡和超量程测量。

（6）作业时站在绝缘垫上。

（7）设置安全措施齐全，并防止 TV 二次回路短路、TA 二次回路开路。

**（三）操作步骤及工艺要求（含注意事项）**

（1）进场前检查仪表、工器具、材料是否齐备完好，着装要整齐。

（2）办理工作许可手续，口头交代危险点和防范措施。

（3）检查计量装置设备接地是否良好，并对可导电外壳验电。

（4）检查计量箱门锁及铅封是否完好。

（5）开启铅封和箱门，检查电能表、试验接线盒等铅封是否齐全完好。

（6）填写电能计量装置接线检查记录表。

（7）开启电能表表接线盒铅封及盒盖，选择伏安表挡位和量程并正确接线，测量电能表的运行参数。

1）测量电能表表尾的线电压 $U_{12}$、$U_{23}$、$U_{31}$，电压值取整数并记录。

2）测量电能表一元件、二元件相电流 $I_1$、$I_2$，电流值取小数点后两位并记录。测量时注意钳口的咬合紧密度。

3）测量电能表电压相序并记录。

4）测量电能表一元件、二元件对应电压与电流之间的相位角，相位角数值取整数并记录。测量时注意电流钳的极性及钳口的咬合紧密度。

（8）根据测量值判断计量装置故障类型。

1）根据电压测量值判断某元件电压回路是否短路或连接点接触不良，判断电压互感器是否极性反接，以及电压互感器是否配置错误或其他故障。

2）根据电流测量值判断某元件电流回路是否开路或连接点接触不良，判断电流互感器是否配置错误或存在故障。

3）根据相位测量值判断电流互感器极性、相别不对应等计量装置接线错误。

（9）根据测量值绘制错误接线相量图。相量图绘制要求：应有 3 个相电压基本相量、2 个线电压相量和 2 个电流相量；每个相量都采用双下标［如 $U_{10(V0)}$］；应有电能表两元件的电压与电流间的夹角标线和符号；应有各相功率因数角标线和符号；应有电能表两元件与电流间的夹角线和符号；应有各相功率因数角标线和符号。

（10）判断、确定实际接线的错误和故障形式，并填写到记录单上。故障类型包括电压互感器一次、二次侧断线，电压逆相序，电流缺相，电流极性反接，电压、电流不对应等。

（11）根据判断结果绘制电能表错误接线或故障的原理图。

（12）在记录单上写明计量装置故障及错误，表明恢复或更正方式。

（13）请求裁判予以恢复。

（14）清理作业现场，对计量装置实施加封。

（15）办理工作终结手续。

## 二、考核

（一）考核场地

场地面积应能容纳多个工位。每个作业区域面积不小于 2000mm×2000mm。

（二）考核时间

参考时间为 35min，不包括选备材料及工器具时间。到时停止作业，未完成全部操作的按实际完成评分。

（三）考核要点

（1）工器具使用正确、熟练。

（2）检查程序、测试步骤完整、正确。

（3）错误接线相量图和接线图绘制正确。

（4）计量装置故障的处理方式和错误接线的更改正确。

（5）错误接线检查分析记录单填写清晰、完整、规范。

（6）安全文明生产。

（四）考场布置

（1）考评员提前设置好考点并通电运行。

（2）考点及数量由考评组商定，考生抽签选题，考评员核定并记录考生对应的抽签号及试题编号。

### 三、评分标准

行业：电力工程　　　　　　工种：装表接电工　　　　　　等级：二

| 编　号 | ZJ2ZY0101 | 行为领域 | e | 鉴定范围 | |
|---|---|---|---|---|---|
| 考核时间 | 35min | 题型 | A | 满分 | 100分 | 得分 | |

| 试题名称 | 三相三线电能表错误接线检查及更正 |
|---|---|

| 考核要点及其要求 | （1）工器具使用正确、熟练。<br>（2）检查程序、测试步骤完整、正确。<br>（3）错误接线相量图和接线图绘制正确。<br>（4）计量装置故障的处理方式和错误接线的更改正确。<br>（5）错误接线检查分析记录单填写清晰、完整、规范。<br>（6）安全文明生产 |
|---|---|
| 现场设备、工器具、材料 | （1）工器具：封钳、碳素笔、低压验电笔、"一"字改锥、"十"字改锥、尖嘴钳、绝缘垫。<br>（2）材料：铅封、电能计量装置接线检查记录表、草稿纸、线手套等。<br>（3）设备：电能表接线仿真装置、双钳数字相位伏安表、秒表 |
| 备　注 | |

<table>
<tr><td colspan="7" align="center">评　分　标　准</td></tr>
<tr><td>序号</td><td>考核项目名称</td><td>质　量　要　求</td><td>分值</td><td>扣　分　标　准</td><td>扣分原因</td><td>得分</td></tr>
<tr><td>1</td><td>开工准备</td><td>（1）着装规范、整齐。<br>（2）工器具选用正确，携带齐全。<br>（3）办理开工许可手续</td><td>5</td><td>（1）着装不规范或不整齐，每处扣0.5分。<br>（2）工器具选用不正确或携带不齐全，每件扣0.5分。<br>（3）未办理开工许可手续，每样扣2分。<br>（4）该项分值扣完为止</td><td></td><td></td></tr>
<tr><td>2</td><td>检查程序</td><td>（1）检查计量箱接地并对外壳验电。<br>（2）检查计量箱门锁及铅封，检查电能表及试验接线盒铅封。<br>（3）查看并记录计量装置数据和事件</td><td>10</td><td>（1）未检查计量箱接地并对外壳验电每样扣1分。<br>（2）未检查计量箱门锁及铅封、电能表及试验接线盒铅封，每处扣0.5分。<br>（3）未查看并记录计量装置数据和事件，每缺1样扣0.5分。<br>（4）该项分值扣完为止</td><td></td><td></td></tr>
<tr><td>3</td><td>仪表及工器具使用</td><td>（1）仪表接线、换挡、选量程规范正确。<br>（2）工器具选用恰当，动作规范</td><td>10</td><td>（1）在仪表接线、换挡、选量程等过程中发生操作错误，每次扣2分。<br>（2）工器具使用方法不当或掉落，每次扣1分。<br>（3）该项分值扣完为止</td><td></td><td></td></tr>
</table>

| 序号 | 考核项目名称 | 质 量 要 求 | 分值 | 扣 分 标 准 | 扣分原因 | 得分 |
|---|---|---|---|---|---|---|
| 4 | 参数测量 | (1) 测量点选取正确。<br>(2) 测量值读取和记录正确。<br>(3) 实测参数足够无遗漏 | 10 | (1) 测量点选取不正确扣2分。<br>(2) 测量值读取或记录不正确，每个扣0.5分。<br>(3) 实测参数不足，每缺1个扣0.5分。<br>(4) 该项分值扣完为止 | | |
| 5 | 记录及绘图 | (1) 正确绘制实际接线相量图。<br>(2) 正确绘制实际接线原理图。<br>(3) 记录单填写完整、正确、清晰 | 15 | (1) 相量图错误扣5分，符号、角度错误或遗漏，每处扣0.5分。<br>(2) 接线原理图错误扣5分，符号、标识错误或遗漏，每处扣0.5分。<br>(3) 记录有错误、缺项和涂改，每处扣0.5分。<br>(4) 该项分值扣完为止 | | |
| 6 | 分析判断及故障处理 | (1) 故障点查找方法和结果正确。<br>(2) 实际接线形式的判断结果正确。<br>(3) 故障处理方式及更正接线正确 | 30 | (1) 故障点全部未查出扣10分，部分未查出按比例扣分。<br>(2) 实际接线形式判断全部错误扣15分，部分错误则每元件扣5分。<br>(3) 故障处理方式不正确扣5分，接线更正不正确扣10分。<br>(4) 该项分值扣完为止 | | |
| 7 | 请求裁判恢复 | 请求裁判模拟更改错误，恢复正确接线 | 5 | 未请求裁判模拟更改错误接线，扣5分 | | |
| 8 | 加封，清理现场 | (1) 对计量装置实施加封齐全。<br>(2) 清理作业现场 | 5 | (1) 错漏加封一处扣1分。<br>(2) 未清理现场扣2分。<br>(3) 该项分值扣完为止 | | |
| 9 | 安全文明生产 | (1) 操作过程中无人身伤害、设备损坏、工器具掉落等事件。<br>(2) 操作完毕清理现场及整理好工器具材料。<br>(3) 办理工作终结手续 | 10 | (1) 工器具每掉落1次扣1分。<br>(2) 未清理现场及整理工器具材料扣2分。<br>(3) 未办理工作终结手续扣2分。<br>(4) 该项分值扣完为止 | | |
| 10 | 否决项 | 否决内容 | | | | |
| 10.1 | 安全否决 | 发生电压回路短路等危及安全操作违章行为 | 否决 | 整个操作项目得0分 | | |

428

## 附表

### 电能计量装置接线检查记录表

| 姓名 | | 准考证号 | | 试题编号 | |
|---|---|---|---|---|---|

#### 一、电表信息

| 型号 | 规格 | 等级 | 出厂编号 | 条形码 | 生产厂家 |
|---|---|---|---|---|---|
| | | | | | |

| 当前有功电量 | | | | | 当前正向无功电量 |
|---|---|---|---|---|---|
| 总 | 尖 | 峰 | 平 | 谷 | |
| | | | | | |

| 事件记录 | |
|---|---|

#### 二、其他信息

| 计量箱封印 | 标尾盖封印 | 接线盒封印 | 编程封印 |
|---|---|---|---|
| | | | |

#### 三、实测数据

| 电压 | $U_{12}=$　V<br>$U_{23}=$　V<br>$U_{31}=$　V | 电流 | $I_1=$　A<br>$I_2=$　A | 相位角 | $U_{12}I_1=$<br>$U_{32}I_2=$ | 相序 | |
|---|---|---|---|---|---|---|---|

四、实际接线向量图（电压和电流向量用 1、2、3 和 u、v、w 双下标）：

五、实际接线形式判断（下标用 u、v、w 表示）：

第一元件：

第一元件：

六、实际接线原理图：

七、错误接线处理方法及错误接线更正：

错误接线处理方法：

错误接线更正：

电能表错误接线端子排列：（填写实际接线电压、电流接入情况）

1　2　3　4　5　6　7
○　○　○　○　○　○　○

更正后的接线端子排列：（只能填写序号）
○　○　○　○　○　○　○

429

### 2.2.3 ZJ2ZY0201 按给定负荷，确定计量装置并安装

**一、作业**

（一）工器具、材料、设备

（1）工器具：电工个人工具、剥线钳、盒尺、万用表。

（2）材料：开启式刀开关（HD11F-100/48）、三相四线塑壳式空气断路器（DZ15-80/490 4P）、三相四线塑壳式空气断路器（DZ15LE-63/490 4P）、三相四线塑壳式空气断路器（DZ15-40/490 4P）、导线 BV-6mm²、导线 BV-10mm²、导线 BV-4mm²、自攻螺丝、尼龙扎带 5×150mm，铅封。

（3）设备：装表接电模拟装置、封钳。

（二）安全要求

（1）工作服、安全帽、线手套齐备，穿绝缘鞋，工器具绝缘良好。

（2）使用电工工具时，防止伤人、工具不得跌落。

（3）不发生设备损坏。

（4）不发生设备及配件跌落（未损坏）。

（三）操作步骤及工艺要求（含注意事项）

1. 操作步骤

（1）用需要系数法正确计算负荷电流，合理选择设备及材料。

（2）根据客户提供的用电设备清单，完成负荷、电流计算，选择相关设备、材料。

（3）选取设备材料并按要求完成装表接电工作。

2. 工艺要求

（1）布线应横平竖直，偏差不超过 5°。

（2）导线不得绞线。

（3）导线转角处合理不得出现死弯。

（4）绑扎带绑扎牢固。

（5）绑扎带余线合理。

（6）螺丝齐全、封印齐全。

（7）接线正确。

（8）清理现场，文明生产。

**二、考核**

（一）考核场地

（1）场地面积应能同时容纳多个工位，并保证工位之间的距离合适。

（2）给定区域安全措施已完成，配有安全围栏。

（3）每个工位备有桌椅、计算器、秒表。

（二）考核时间

参考时间为 50min。从报开工始到完工止，选用工器具时间限定 5min 内，不计入考核时间。

（三）考核要点

（1）用需要系数法正确计算负荷电流，合理选择设备及材料。计算正确，履行工作手

续完备。

  （2）正确选择设备和导线。

  （3）导线连接正确，符合工艺要求。

  （4）绑扎方法及工艺符合要求。

  （5）清查遗留物。

  （6）安全文明生产，不发生安全生产事故。

### 三、评分标准

行业：电力工程      工种：装表接电工      等级：二

| 编　号 | ZJ2ZY0201 | 行为领域 | e | 鉴定范围 | |
|---|---|---|---|---|---|
| 考核时间 | 50min | 题型 | B | 满分 100分 | 得分 |
| 试题名称 | 按给定负荷，确定计量装置并安装 | | | | |
| 考核要点及其要求 | （1）用需要系数法正确计算负荷电流，合理选择设备及材料。计算正确，履行工作手续完备。<br>（2）正确选择设备和导线。<br>（3）导线连接正确，符合工艺要求。<br>（4）绑扎方法及工艺符合要求。<br>（5）清查遗留物。<br>（6）安全文明生产，不发生安全生产事故 | | | | |
| 现场设备、工器具、材料 | （1）工器具：电工个人工具、剥线钳、盒尺、万用表。<br>（2）材料：三相四线智能电能表〔DTZY2078－Z 3×5(60)A、DTZY119－Z 3×1.5(6)A〕、四级开启式刀开关（HD11F－100/48）、三相四线塑壳式空气断路器（DZ15－80/490 4P）、三相四线塑壳式空气断路器（DZ15LE－63/490 4P）、三相四线塑壳式空气断路器（DZ15－40/490 4P）、导线 BV－6mm²、导线 BV－10mm²、导线 BV－4mm²、自攻螺丝、尼龙扎带 5×150mm，铅封。<br>（3）设备：装表接电模拟装置，封钳 | | | | |
| 备　注 | 选手自备绝缘鞋、工作服 | | | | |

| 评　分　标　准 | | | | | | |
|---|---|---|---|---|---|---|
| 序号 | 考核项目名称 | 质　量　要　求 | 分值 | 扣　分　标　准 | 扣分原因 | 得分 |
| 1 | 选型计算 | （1）设备、材料选型计算公式及计算结果正确。<br>（2）设备、材料选型正确。<br>（3）设备清单填写正确 | 10 | （1）计算公式不正确每项扣0.5分。<br>（2）计算结果不正确每项扣0.5分。<br>（3）设备、材料选型不正确每项扣0.2分。<br>（4）设备清单填写不正确每项扣0.2分。<br>（5）该项分值扣完为止 | | |

| 序号 | 考核项目名称 | 质 量 要 求 | 分值 | 扣 分 标 准 | 扣分原因 | 得分 |
|---|---|---|---|---|---|---|
| 2 | 安全生产 | （1）戴安全帽、戴手套、穿工作服、穿绝缘鞋。<br>（2）正确使用工具、工具不得跌落。<br>（3）材料准备齐全。<br>（4）不发生人身伤害。<br>（5）不发生设备及配件跌落（未损坏）。<br>（6）不发生设备损坏 | 10 | （1）不符合要求每项扣1分。<br>（2）使用不当、跌落每次扣1分。<br>（3）开始后离开工作区域选取材料每次扣1分。<br>（4）发生人身伤害扣5分。<br>（5）电能表、开关断路器跌落发生1次扣5分，配件发生跌落1次扣1分。<br>（6）发生设备损坏扣10分。<br>（7）该项分值扣完为止 | | |
| 3 | 设备安装 | （1）设备按要求施工，设备固定螺丝垫片安装牢固、规范。<br>（2）电能表、进线开关、总空开及漏电保护器安装位置不得超出规定位置10mm | 5 | （1）未按要求施工扣5分。<br>（2）设备固定螺丝垫片安装不牢固、不规范每处扣0.5分。<br>（3）安装位置超出规定距离位置，每处扣0.5分。<br>（4）该项分值扣完为止 | | |
| 4 | 布线工艺 | （1）布线应横平竖直，偏差不超过5度。<br>（2）导线不得绞线。<br>（3）导线转角处不得出现死弯。<br>（4）绑扎带绑扎牢固。<br>（5）绑扎带余线不超过2mm。<br>（6）绑扎带绑扎，转角处不大于40mm。<br>（7）绑扎带绑扎，直线段不大于150mm | 10 | （1）超过每处（束）扣1分。<br>（2）绞线每处扣1分。<br>（3）出现死弯每处扣1分。<br>（4）绑扎不牢固每处扣0.2分。<br>（5）每超过1处扣0.2分。<br>（6）每超过1处扣1分。<br>（7）每超过1处扣1分。<br>（8）该项分值扣完为止 | | |
| 5 | 接线工艺 | （1）接线端子处平视不露铜芯。<br>（2）导线与设备连接不得压导线绝缘皮。<br>（3）压接螺丝不得松动。<br>（4）接线处全部螺丝与导线接触良好。<br>（5）导线端子适合，不超垫片外沿。<br>（6）导线端子环闭合，开口不大于2mm。<br>（7）导线端子环不得反扣。<br>（8）每根余线不超过100mm。<br>（9）螺丝、垫片齐全。<br>（10）封印齐全。<br>（11）封印压封良好。<br>（12）封印余线不超过2mm | 23 | （1）每处扣0.5分。<br>（2）每处扣0.5分。<br>（3）每处扣1分。<br>（4）每少压1处扣1分。<br>（5）每超1处扣0.5分。<br>（6）每超1处扣0.5分。<br>（7）每错1处扣1分。<br>（8）每根扣1分。<br>（9）螺丝、垫片缺失，每处扣0.5分。<br>（10）每缺一个扣2分。<br>（11）压封不合格每个扣1分。<br>（12）封印余线超过2mm每个扣1分。<br>（13）该项分值扣完为止 | | |

| 序号 | 考核项目名称 | 质 量 要 求 | 分值 | 扣 分 标 准 | 扣分原因 | 得分 |
|------|--------------|-------------|------|-------------|----------|------|
| 6 | 接线正确 | (1) 施工结果能正确计量。<br>(2) 相线零线接线正确。<br>(3) 相序正确。<br>(4) 计量装置中性线接线应正确接入。<br>(5) 导线颜色选用正确 | 35 | (1) 不能正确计量，本项不得分。<br>(2) 相线零线接错，本项不得分。<br>(3) 电能表相序不正确扣15分。<br>(4) 中性线接入错误扣5分。<br>(5) 颜色选用不正确每相扣5分。<br>(6) 该项分值扣完为止 | | |
| 7 | 清理 | (1) 完工后清理现场。<br>(2) 清理现场不彻底 | 5 | (1) 未清理现场扣5分。<br>(2) 现场清理不彻底扣2分。<br>(3) 该项分值扣完为止 | | |

# 附表

## 客户主要用电设备清单

| 户号 | ××××××××× | | 申请编号 | | ×××××× | | |
|------|------------|---|----------|---|--------|---|---|
| 户名 | | | ××× | | | | |
| 序号 | 设备名称 | 需要系数 $k_x$ | 数量 $n$ | 单台容量 $P$ | 功率因数 $\cos\varphi$ | 额定暂载率 $\varepsilon_r$ | 工作制 |
| 1 | | | | | | | |
| 2 | | | | | | | |
| 3 | | | | | | | |
| 4 | | | | | | | |
| | | | | | | | |
| | | | | | | | |
| | | | | | | | |
| | | | | | | | |
| | | | | | | | |
| | | | | | | | |
| | | | | | | | |
| | | | | | | | |
| | | | | | | | |
| | | | | | | | |
| | | | | | | | |
| | | | | | | | |

用电设备容量合计：三相＿＿＿＿台＿＿＿＿千瓦

　　　　　　　　　　单相＿＿＿＿台＿＿＿＿千瓦

用户侧应安装＿＿＿＿＿＿＿＿＿＿计量装置一套。

根据用电设备容量及用电情况统计：

我户需求负荷为三相＿＿＿＿千瓦

　　　　　　　　单相＿＿＿＿千瓦

经办人签名：　　　　　　　　　　　　　　　　　年　　月　　日

# 设备、材料选型计算表

| 设备、材料选型计算（填写完整计算公式及结果） |
| --- |
| 1. 负荷计算：<br><br>　　总有功计算负荷：<br><br><br>　　总视在计算负荷：<br><br><br>2. 总计算电流： |

| | 设备材料选型<br>（依据计算结果在选择框内打"√"选取的相应设备材料） | | | | |
| --- | --- | --- | --- | --- | --- |
| 序号 | 设备材料清单名称 | 规格型号 | 单位 | 选择框 | 数量 |
| 1 | 四级开启式刀开关 | HD11F－100/48 | 个 | | |
| 2 | 三相四线智能电能表 | DTZY2078－Z 3×5(60)A | 只 | | |
| 3 | 三相四线智能电能表 | DTZY119－Z 3×1.5(6)A | 只 | | |
| 4 | 三相四线塑壳式空气断路器 | DZ15－80/490 4P | 个 | | |
| 5 | 三相四线塑壳式空气断路器 | DZ15LE－63/490 4P | 个 | | |
| 6 | 三相四线塑壳式空气断路器 | DZ15－40/490 4P | 个 | | |
| 7 | 导线 | BV－10mm² | m | | |
| 8 | 导线 | BV－6mm² | m | | |
| 9 | 导线 | BV－4mm² | m | | |
| 10 | 自攻螺丝 | | 个 | | |
| 11 | 尼龙扎带 | 5×150mm | 根 | | |
| 12 | 尼龙扎带 | 3×100mm | 根 | | |

**2.2.4 ZJ2ZY0301 电磁式电流互感器的现场检定**

**一、作业**

（一）工器具、材料、设备

（1）工器具："一"字改锥、"十"字改锥、偏口钳、低压验电笔、尖嘴钳、短路线、活络扳手2个、线手套等。

（2）材料：被试电流互感器（10kV、0.2S级电磁式多绕组）、记录纸、绝缘胶布、封签等。

（3）设备：10kV标准电流互感器、互感器校验仪、电源盘（带漏电保护）、电流负荷箱、电源控制箱（调压器）、5kVA升流器、兆欧表、专用测试导线等。

（二）安全要求

（1）现场监护人由考评员兼任，负责检查全部工作过程的安全性，一旦发现不安全因素，应立即暂停考评工作，考生所有通电操作必须提前征得监考人员的同意，否则不得从事现场实验操作。

（2）检验可室内进行，默认被试设备安全措施已完备，各项检定条件已具备，且电流互感器工频电压试验合格，考生仅完成其他检定项目。

（3）短接电流互感器二次绕组，必须使用短路片或短路线，短路应妥善可靠，严禁用导线缠绕，不得将回路的永久接地点断开。

（4）现场检验过程中，除开路退磁操作外，严禁将电流互感器二次侧开路。

（5）检验工作完毕后应拆除所有实验接线，交回现场工作记录并报完工后，经考评员允许方可撤离考评现场。

（三）操作步骤及工艺要求

开展电流互感器现场检验时，必须满足环境气温为10～35℃，相对湿度不大于80％，周围无强电、磁场干扰；试验电源频率为（50±0.5）Hz，波形畸变系数不大于5％的条件。

1. 准备工作

（1）考评工作开始前，考评员应首先取得被试互感器的误差数值，充分考虑被试设备。

（2）稳定性，按照误差变化不得大于其基本误差限值的2/3原则，作为考生误差测量结果的评分依据，考核过程中，原则上测试仪及标准设备和被测互感器应配对使用，以确保测试结论相对稳定，如中途调整，需重新采集被试互感器的误差读数。

2. 绕组极性检查

（1）使用互感器校验仪检查绕组的极性，升起电流至被测电流互感器额定值的5％以下测试，根据校验仪的极性指示，确定互感器的极性并记录。

（2）接线如图2-1所示。

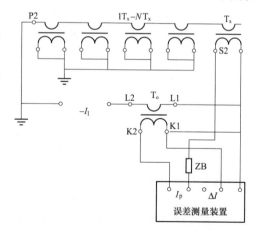

图2-1 检定电流互感器误差接线

$T_o$—标准电流互感器；$T_x$—被测电流互感器；ZB—电流负载箱；$1T_x$～$NT_x$—与被测电流互感器共用一次绕组的互感器

3. 退磁及基本误差检验

进行基本误差检验，标准电流互感器需比被检电流互感器高 2 个以上准确度级别，测定误差时，还应对被测电流互感器进行退磁。

（1）退磁。退磁应按被测电流互感器铭牌上标注或技术文件中所规定的退磁方法进行。无具体规定时可采用闭路退磁法，在被测电流互感器二次绕组接 10～20 倍额定电阻的情况下，一次绕组通以工频交流电流，将电流从零平滑地升至一次额定电流值的 120%，再将电流均匀缓慢地降至零。

（2）误差检验。误差分别在被测电流互感器标注的额定二次负荷、下限负荷下检验。未标注下限负荷的，二次额定电流 5A 的电流互感器，下限负荷按 3.75VA 选取；二次额定电流 1A 的电流互感器，下限负荷按 1VA 选取。二次负荷的功率因数应根据铭牌规定值选取。

电流互感器额定负荷的检验点为被测电流互感器额定电流的 1%（只对 S 级）、5%、20%、100%、120%，下限负荷检验点为额定电流的 1%（只对 S 级）、5%、20%、100%。基本误差限值见表 2-1。

表 2-1 电流互感器基本误差限值

| 准确等级 | $I_P/I_N/\%$ | 1 | 5 | 20 | 100 | 120 |
|---|---|---|---|---|---|---|
| 0.5S | 比值差/±% | 1.5 | 0.75 | 0.5 | 0.5 | 0.5 |
| | 相位差/±(′) | 90 | 45 | 30 | 30 | 30 |
| 0.2S | 比值差/±% | 0.75 | 0.35 | 0.2 | 0.2 | 0.2 |
| | 相位差/±7 | 30 | 15 | 10 | 10 | 10 |

将电流依次从小到大升至各检验点，待数值稳定后读取相应误差值并记录。完成所有检验点后把电流降至零位，断开实验电源且经监视仪表确认后，方可拆除接线。

（四）检验结果记录

（1）检验数据应按规定格式做好原始记录，原始记录填写应用签字笔或钢笔，不得任意修改。

（2）检验准确度级别 0.1 级和 0.2 级的互感器，检验时读取的比值差保留到 0.001%，相位差保留到 0.01′。检验准确度 0.5 级和 1 级的互感器，读取的比值差保留到 0.01%，相位差保留到 0.17′。

（3）对于具备自动数据化整功能的互感器现场校验仪，原始记录可直接填写化整后数据。

（五）检验注意事项

（1）检验接线引起被检互感器的变化不大于被检互感器基本误差限值的 1/10，应注意校验仪 D 端子务必与接地端子短接并接地。

（2）接电流一次线时，应首先检查被试品一次接线端（排）否存在氧化或污垢等现象，若有应用砂纸或其他工具清洁后再连接；采用线夹和端子板连接电流一次线时，应尽量保持较大的接触面，严禁点接触。

（3）电流互感器除被测二次回路外其他二次回路应可靠短接。对于多绕组多变比的互感器，每个二次绕组短接 1 个变比即可，短接电流互感器二次绕组时，必须使用短接片或短接线，短接应可靠，严禁用导线缠绕。

（4）工作电源接线时，校验仪的供电电源与升压器电源通常使用不同电源点或同一电源点的不同相别，以免试验中电压变化干扰校验仪正常工作，另外，也可防止升流过程中电源电压降低，校验仪不能正常显示。试验设备接试验电源时，应通过开关控制，并有监视仪表和保护装置等。

（5）考生所有通电操作必须提前征得监考人员的同意，否则不得从事现场实验操作。

## 二、考核

（一）考核场地

（1）考核场地设置在室内外均可，保证足够的检定操作空间；检测位应装设安全围栏，并悬挂"止步，高压危险"标示牌。

（2）考核场地内应有合格的接地装置及引出线。

（3）每个工位配有桌椅、计时器。

（二）考核时间

考核时间为 30min。许可开工后开始考核计时。现场清理完毕，依据实测数据出具检定记录后，汇报工作终结。

（三）考核要点

（1）实验默认被试设备安全措施已完备，各项实验条件已具备，且电流互感器工频电压试验合格。

（2）考生独立完成基本误差测试，应掌握电流互感器的现场检定流程，依据规程正确选择实验设备，熟练完成实验接线，能完成外观检查、绝缘电阻测试、绕组极性检查等工作。

（3）基本误差检定结果能正确读取，并完整填写检定记录。

（4）安全文明生产。

### 三、评分标准

行业：电力工程　　　　　　　　工种：装表接电工　　　　　　　　等级：二

| 编　号 | ZJ2ZY0301 | 行为领域 | e | 鉴定范围 | | |
|---|---|---|---|---|---|---|
| 考核时间 | 30min | 题型 | A | 满分 | 100分 | 得分 |
| 试题名称 | 电磁式电流互感器的现场检定 | | | | | |
| 考核要点及其要求 | （1）能熟练掌握电流互感器的现场检定流程，依据规程正确选择实验设备，熟练完成实验接线，能完成外观检查、绝缘电阻测试、绕组极性检查、基本误差检定工作。<br>（2）对结果能正确读取并填写检定记录 | | | | | |
| 现场设备、工器具、材料 | （1）工器具："一"字改锥、"十"字改锥、偏口钳、低压验电笔、尖嘴钳、短路线、活络扳手2个、线手套等。<br>（2）材料：被试电流互感器（10kV、0.2S级电磁式多绕组）、记录纸、绝缘胶布、封签。<br>（3）设备：10kV标准电流互感器、互感器校验仪、电源盘（带漏电保护）、电流负荷箱、电源控制箱（调压器）、5kVA升流器、兆欧表、专用测试导线等 | | | | | |
| 备　注 | | | | | | |

评　分　标　准

| 序号 | 考核项目名称 | 质量要求 | 分值 | 扣分标准 | 扣分原因 | 得分 |
|---|---|---|---|---|---|---|
| 1 | 规范着装 | 需正确佩戴安全帽，穿工作服、绝缘鞋，工作过程中戴手套 | 3 | （1）未穿工作服扣3分，工作服未系袖扣、敞怀各扣1分，其他每缺一项扣2分。<br>（2）工作中脱安全帽及手套各扣2分。<br>（3）未正确佩戴安全帽扣1分。<br>（4）该项分值扣完为止 | | |
| 2 | 开工许可 | （1）准备时间办理工作票。<br>（2）口述安全措施并经许可后开工 | 5 | （1）未办理第二种工作票扣3分，未口述安全措施、安全措施不完备扣2分。<br>（2）未经许可进入工位该项不得分。<br>（3）该项分值扣完为止 | | |
| 3 | 工器具使用 | 合理选择并正确使用工器具 | 2 | （1）选择工具不合理，每次扣1分。<br>（2）使用工具不正确，每次扣0.5分。<br>（3）该项分值扣完为止 | | |
| 4 | 外观检查 | 检查互感器铭牌标示的适用电压、接线方式和电流比，登记互感器型号、出厂序号、制造年月、准确度等级等标志 | 5 | （1）依据检查内容正确填写现场检定原始记录，每项漏填扣2分。<br>（2）该项分值扣完为止 | | |
| | | 检查互感器外观，判断绝缘是否受损，接线螺栓及螺钉是否完备，有无氧化、烧蚀等 | 5 | （1）互感器外观若有不符合要求的项目，未能通过直观检查发现的，每项扣2分。<br>（2）该项分值扣完为止 | | |

| 序号 | 考核项目名称 | 质 量 要 求 | 分值 | 扣 分 标 准 | 扣分原因 | 得分 |
|------|-------------|-------------|------|-------------|----------|------|
| 5 | 检查现场校验设备 | 判断互感器现场校验仪、标准设备的有效期 | 5 | (1) 未检查有效期扣 5 分。<br>(2) 标准互感器、测试仪及负载箱每漏查一项扣 2 分。<br>(3) 该项分值扣完为止 | | |
| | | 根据实验对象合理选择一次、二次测试线，合理选择短路线 | 5 | (1) 一次测试线选择不合理扣 5 分。<br>(2) 二次测试线选择不合理扣 2 分。<br>(3) 短接线选择不合理或采用缠绕方式，每处扣 3 分。<br>(4) 该项分值扣完为止 | | |
| 6 | 绝缘电阻测试 | 用兆欧表测试绝缘电阻 | 5 | (1) 测量一次对二次、一次对外壳、二次对外壳绝缘电阻，每缺一项扣 2 分，扣完为止。<br>(2) 该项分值扣完为止 | | |
| 7 | 接线 | 电流互感器误差接线如图 2-1 所示 | 10 | (1) 接线错误扣 10 分。<br>(2) 非试验绕组未短接或短接错误的，每处扣 5 分。<br>(3) 测试接线不规范、连接松动，测试仪 D 端子未与接地端子短接并接地等，每处扣 2 分。<br>(4) 该项分值扣完为止 | | |
| 8 | 极性检查 | 按比较法完成测量接线，升电流至被试互感器额定值的 5% 以下，利用校验仪的极性、变比指示功能，确定互感器的极性、变比是否正确 | 5 | (1) 未进行绕组极性检查的，扣 5 分。<br>(2) 该项分值扣完为止 | | |
| 9 | 退磁 | 采用闭路退磁法，在被测电流互感器二次绕组接退磁电阻的情况下，一次绕组通以工频交流电流，将电流从零平滑地升至一次额定电流值的 120%，再将电流均匀缓慢地降至零 | 5 | (1) 未进行退磁或退磁方法错误，扣 5 分。<br>(2) 该项分值扣完为止 | | |
| 10 | 误差测试 | 一次全量程电流升降读取检定数据，正确选择负载阻抗，正确操作 | 25 | (1) 未一次全量程电流升降之后读取检定数据的，扣 10 分。<br>(2) 计算及选择电流负载箱挡位错误的，每次扣 5 分。<br>(3) 不按照试验要求操作测试设备的，带负荷切换挡位的，每次扣 10 分。<br>(4) 该项分值扣完为止 | | |

| 序号 | 考核项目名称 | 质 量 要 求 | 分值 | 扣 分 标 准 | 扣分原因 | 得分 |
|---|---|---|---|---|---|---|
| 11 | 记录、报告填写 | 数据填写规范、正确 | 10 | （1）填写漏项及涂改的，每处扣2分。<br>（2）对比基准值，如实验数据偏差及符号错误的，每项扣2分。<br>（3）读取的比差值未保留到0.001%，每项扣2分；读取的相位差值未保留到0.01′，每项扣2分。<br>（4）编造实验数据的扣10分。<br>（5）该项分值扣完为止 | | |
| 12 | 完工检查 | 拆除互感器现场校验仪接线 | 5 | 先将调压器回零，观察检验仪显示的电流值逐渐减少后，断开实验电源对一次高压实验端放电，然后拆除设备，程序错误扣5分 | | |
| 13 | 安全不文明生产 | 安全文明操作，不损坏工器具，不发生安全事故 | 5 | （1）跌落工具每次扣0.5分，损坏仪器扣10分。<br>（2）未清理现场、未报完工各扣5分。<br>（3）如发生电压回路短路等危及安全的操作，考生本项考试不及格 | | |
| 14 | 否决项 | 否决内容 | | | | |
| 14.1 | 安全否决 | 发生电压回路短路等危及安全操作违章行为 | 否决 | 整个操作项目得0分 | | |

### 2.2.5 ZJ2ZY0302 电磁式电压互感器的现场校验

**一、作业**

**（一）工器具、材料、设备**

（1）工器具："一"字改锥、"十"字改锥、偏口钳、低压验电笔、尖嘴钳、短路线、活络扳手 2 个、线手套等。

（2）材料：被试电压互感器（10kV、0.2 级电磁式多绕组）、记录纸、绝缘胶布、封签。

（3）设备：10kV 标准电压互感器、互感器校验仪、电源盘（带漏电保护）、电压负载箱、电源控制箱（调压器）、12kV 升压器、兆欧表、专用测试导线等。

**（二）安全要求**

（1）现场监护人由考评员兼任，负责检查全部工作过程的安全性，一旦发现不安全因素，应立即暂停考评工作，考生所有通电操作必须提前征得监考人员的同意，否则不得从事现场实验操作。

（2）检验可室内进行，默认被试设备安全措施已完备，各项检验条件已具备，且电压互感器工频电压试验合格，考生仅完成其他检定项目。

（3）短接电压互感器二次绕组，必须使用短路片或短路线，短路应妥善可靠，严禁用导线缠绕，不得将回路的永久接地点断开。

（4）现场检验过程中，除开路退磁操作外，严禁将电压互感器二次侧开路。

（5）检验工作完毕后应拆除所有实验接线，交回现场工作记录并报完工后，经考评员允许方可撤离考评现场。

**（三）操作步骤及工艺要求**

开展电压互感器现场检验时，必须满足环境气温为 10~35℃，相对湿度不大于 80%，周围无强电、磁场干扰；试验电源频率为（50±0.5）Hz，波形畸变系数不大于 5% 的条件。

1. 准备工作

考评工作开始前，考评员应首先取得被试互感器的误差数值，充分考虑被试设备稳定性，按照误差变化不得大于其基本误差限值的 2/3 原则，作为考生误差测量结果的评分依据，考核过程中，原则上测试仪及标准设备和被测互感器应配对使用，以确保测试结论相对稳定，如中途调整，需重新采集被试互感器的误差读数。

2. 绕组极性检查

使用互感器校验仪检查绕组的极性，升起电流至被测电压互感器额定值的 5% 以下测试，根据校验仪的极性指示，确定互感器的极性并记录。测量接线如图 2-2 所示。

3. 通电检查

接线完成后，应检查高压回路的绝缘距离是否符合要求，接线是否正确。平稳地升起 1 次电压至额定值 5%~10% 之间的某一值，测量误差。如未发现异常，可升到最大电压百分点，再降到零值正式测量，如有异味及放电等异常，应立即停止测试。

4. 误差检验

（1）负荷的选择。有多个二次绕组的电压互感器，上限负荷为额定负荷，下限负荷按

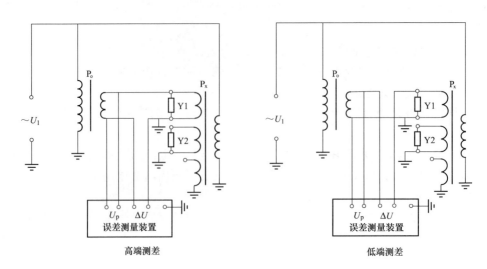

图 2-2　检定电压互感器误差接线

$P_\text{o}$—标准电压互感器；$P_\text{x}$—被试电压互感器；Y1、Y2—电压负荷箱

2.5VA 选取，下限负荷分配给被检二次绕组，其他二次绕组空载。

（2）检验点的选择。电压互感器在上限负荷下的检验点为额定电压的 80%、100%、110%（适用于 330kV 和 500kV 电压互感器）、115%（适用于 220kV 及以下电压互感器）。下限负荷下的检验点为额定电压的 80%、100%。测量时可以从最大的百分数开始，也可以从最小的百分数开始，高电压互感器宜在至少 1 次全量程升降之后读取检验数据。基本误差限值见表 2-2。

表 2-2　电压互感器基本误差限值

| 准确等级 | $U_\text{p}/U_\text{n}/\%$ | 80 | 100 | 120 |
|---|---|---|---|---|
| 0.2 | 比值差/±% | 0.2 | 0.2 | 0.2 |
|  | 相位差/±（′） | 10 | 10 | 10 |

在额定负荷下检验，将电压依次从小到大升至各检验点，待数值稳定后读取相应误差值并记录，完成所有检验点后把电压降至零位，断开实验电源且经监视仪表确认后，方可拆除接线。

（四）检验结果记录

（1）检验数据应按规定格式做好原始记录，原始记录填写应用签字笔或钢笔，不得任意修改。

（2）检验准确度级别 0.1 级和 0.2 级的互感器，检验时读取的比值差保留到 0.001%，相位差保留到 0.01。检验准确度 0.5 级和 1 级的互感器，读取的比值差保留到 0.01%，相位差保留到 0.17。

（3）对于具备自动数据化整功能的互感器现场校验仪，原始记录可直接填写化整后的数。

（五）检验注意事项

（1）校验仪的供电电源与升压器电源通常使用电源的不同相别，以免电源压降干扰仪器工作。

（2）电源引线应通过开关给实验设备供电，发生异常时可快速断开。升压操作需经监考人员同意后，方可进行。

（3）实验过程中，每次变更一次高电压试验线前，均须将调压器回零、断开升压器的电源，并使用专用放电棒进行放电，以防高压触电事故。

（4）次高压实验导线应连接牢靠，并适当张紧，与其他导线和实验设备需保持足够的安全距离。

（5）升压实验过程中，严禁任何人进入高压带电区域0.7m以内。

## 二、考核

（一）考核场地

（1）考核场地设置在室内外均可，室内进行时，房间净高应不小于2.8m，且保证足够的检定操作空间及安全距离；检测位应装设安全围栏，并悬挂"止步，高压危险"标示牌。

（2）考核场地内应有合格的接地装置及引出线。

（3）考核工位配有裁判桌椅、计时器。

（二）考核时间

考核时间为30min。许可开工后开始考核计时。现场清理完毕，依据实测数据出具检定记录后，汇报工作终结。

（三）考核要点

（1）实验默认被试设备安全措施已完备，各项实验条件已具备，且电压互感器绝缘合格，考生无需进行耐压绝缘实验。

（2）考生独立完成基本误差测试，应掌握电压互感器的现场检定流程，依据规程正确选择实验设备，熟练完成实验接线，能完成外观检查、绕组极性检查等工作。

（3）基本误差检定结果能正确读取，并完整填写检定记录。

（4）安全文明生产。

### 三、评分标准

行业：电力工程　　　　　　　工种：装表接电工　　　　　　　等级：二

| 编　号 | ZJ2ZY0302 | 行为领域 | e | 鉴定范围 | | |
|---|---|---|---|---|---|---|
| 考核时间 | 30min | 题型 | A | 满分 | 100分 | 得分 |
| 试题名称 | 电磁式电压互感器的现场校验 | | | | | |
| 考核要点及其要求 | (1) 能熟练掌握电压互感器的现场检定流程，依据规程正确选择实验设备，熟练完成实验接线，能完成外观检查、绕组极性检查、基本误差检定工作。<br>(2) 对结果能正确读取并填写检定记录 | | | | | |
| 现场设备、工器具、材料 | (1) 工器具："一"字改锥、"十"字改锥、偏口钳、低压验电笔、尖嘴钳、短路线、活络扳手2个、线手套等。<br>(2) 材料：被试电压互感器（10kV、0.2级电磁式多绕组）、记录纸、绝缘胶布、封签。<br>(3) 设备：10kV标准电压互感器、互感器校验仪、电源盘（带漏电保护）、电流负载箱、电源控制箱（调压器）、12kV升压器、兆欧表、专用测试导线等 | | | | | |
| 备　注 | | | | | | |

#### 评　分　标　准

| 序号 | 考核项目名称 | 质量要求 | 分值 | 扣分标准 | 扣分原因 | 得分 |
|---|---|---|---|---|---|---|
| 1 | 规范着装 | 需正确佩戴安全帽，穿工作服、绝缘鞋，工作过程中戴手套 | 3 | (1) 未穿工作服扣3分，工作服未系袖扣、敞怀各扣1分，其他每缺一项扣2分。<br>(2) 工作中脱安全帽及手套各扣2分。<br>(3) 未正确佩戴安全帽扣1分。<br>(4) 该项分值扣完为止 | | |
| 2 | 开工许可 | (1) 准备时间办理工作票。<br>(2) 口述安全措施并经许可后开工 | 5 | (1) 未办理第2种工作票扣3分，未口述安全措施、安全措施不完备扣2分。<br>(2) 未经许可进入工位该项不得分。<br>(3) 该项分值扣完为止 | | |
| 3 | 工器具使用 | 合理选择并正确使用工器具 | 2 | (1) 选择工具不合理，每次扣1分。<br>(2) 使用工具不正确，每次扣0.5分。<br>(3) 该项分值扣完为止 | | |
| 4 | 外观检查 | 检查互感器铭牌标示的适用电压、接线方式和电流比，登记互感器型号、出厂序号、制造年月、准确度等级等标志 | 5 | (1) 依据检查内容正确填写现场检定原始记录，每项漏填扣2分。<br>(2) 该项分值扣完为止 | | |
| 4 | 外观检查 | 检查互感器外观，判断绝缘是否受损，接线螺栓及螺钉是否完备，有无氧化、烧蚀等 | 5 | (1) 互感器外观若有不符合要求的项目，未能通过直观检查发现的，每项扣2分。<br>(2) 该项分值扣完为止 | | |

| 序号 | 考核项目名称 | 质 量 要 求 | 分值 | 扣 分 标 准 | 扣分原因 | 得分 |
|------|------------|------------|------|------------|----------|------|
| 5 | 检查现场校验设备 | 判断互感器现场校验仪、标准设备的有效期 | 5 | (1) 未检查有效期扣5分。<br>(2) 标准互感器、测试仪及负载箱每漏查一项扣2分。<br>(3) 该项分值扣完为止 | | |
| | | 根据实验对象合理选择一次、二次测试线，合理选择短路线 | 5 | (1) 一次测试线选择不合理扣5分。<br>(2) 二次测试线选择不合理扣3分。<br>(3) 短接线选择不合理或采用缠绕方式，每处扣2分。<br>(4) 该项分值扣完为止 | | |
| 6 | 绝缘电阻测试 | 用兆欧表测试绝缘电阻 | 5 | (1) 测量一次对二次、一次对外壳、二次对外壳绝缘电阻，缺一项扣2分。<br>(2) 该项分值扣完为止 | | |
| 7 | 接线 | 电压互感器误差接线如图2-2所示 | 10 | (1) 接线错误扣10分。<br>(2) 非试验绕组未短接或短接错误的，每处扣5分。<br>(3) 测试接线不规范、连接松动，测试仪D端子未与接地端子短接并接地等，每处扣2分。<br>(4) 该项分值扣完为止 | | |
| 8 | 极性检查 | 按比较法完成测量接线，升电流至被试互感器额定值的5%以下，利用校验仪的极性、变比指示功能，确定互感器的极性、变比是否正确 | 5 | 未进行绕组极性检查的，扣5分 | | |
| 9 | 误差测试 | 一次全量程电压升降读取检定数据，正确选择负载箱阻抗，正确操作 | 25 | (1) 接线错误不能完成检定的，扣40分。<br>(2) 有多个二次绕组的电压互感器，上限负荷为额定负荷，下限负荷按2.5VA选取，下限负荷分配给被检二次绕组，其他二次绕组空载计算。及选择电压负载箱挡位错误的，每次扣5分。<br>(3) 测试接线不规范、连接松动，测试仪未接地等，每处扣2分。<br>(4) 未一次全量程电压升降之后读取检定数据的，扣10分。<br>(5) 每变更一次高电压试验线前，未将调压器回零、断开升压器的电源，并使用专用放电棒进行放电的，每次扣10分。<br>(6) 不按照试验要求操作测试设备的，带负荷切换挡位的，每次扣10分。<br>(7) 读取的比差值未保留到0.01%，每项扣2分；读取的相位差值未保留到0.01′，每项扣2分。<br>(8) 编造实验数据的扣10分。<br>(9) 该项分值扣完为止 | | |

445

| 序号 | 考核项目名称 | 质 量 要 求 | 分值 | 扣 分 标 准 | 扣分原因 | 得分 |
|---|---|---|---|---|---|---|
| 10 | 记录、报告填写 | 数据填写规范、正确 | 10 | （1）填写漏项及涂改的，每处扣2分。<br>（2）对比基准值，如实验数据偏差及符号错误的，每项扣2分。<br>（3）该项分值扣完为止 | | |
| 11 | 完工检查 | 拆除互感器现场校验仪接线 | 5 | （1）先将调压器回零，观察检验仪显示的电流值逐渐减少后，断开实验电源。<br>（2）对一次高压实验端放电，然后拆除设备，程序错误扣5分。<br>（3）该项分值扣完为止 | | |
| 12 | 安全不文明生产 | 安全文明操作，不损坏工器具，不发生安全事故 | 10 | （1）跌落工具每次扣0.5分，损坏仪器扣10分。<br>（2）未清理现场、未报完工各扣5分。<br>（3）该项分值扣完为止 | | |
| 13 | 否决项 | 否决内容 | | | | |
| 13.1 | 安全否决 | 发生电压回路短路等危及安全操作违章行为 | 否决 | 整个操作项目得0分 | | |

### 2.2.6 ZJ2ZY0401 编制光伏发电项目接入系统计量方案

#### 一、操作

（一）工器具、材料、设备

（1）工器具、材料：电脑、打印机、计算器等自动化办公用品、A4 白纸。

（2）设备：某 35kV 光伏发电项目系统示意图见图 2-3。

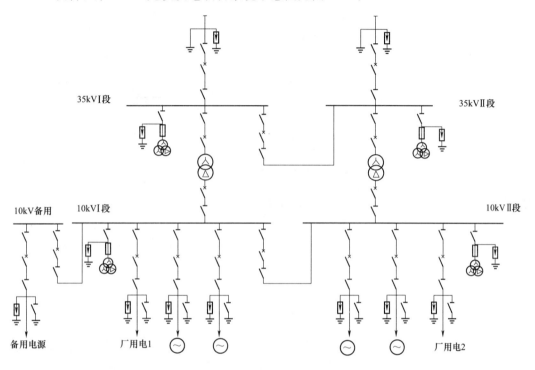

图 2-3 某 35kV 光伏发电项目系统示意图

（二）操作的安全要求

（1）着装规范，穿戴整齐。

（2）操作自动化办公设备注意安全用电。

（3）作业完毕，清理现场，恢复原状。

（三）操作步骤及要求

1. 操作步骤

（1）进入现场，了解光伏发电项目需求，接受考核人员的提问。

（2）按程序启动办公设备，审核接入方案的电子文档，以考号命名存入"我的文档"。

2. 操作要求

（1）讲解某 35kV 光伏发电项目系统主接线图接线方式、主要设备名称、作用等。

（2）依据相关法规，编制计量方案。

#### 二、考核

（一）考核场地

（1）光伏发电项目主接线图。

（2）考核工位配有裁判桌椅、计时器。

（二）考核时间

参考时间为 40min，从报开工起至报完工止。

（三）考核要点

（1）讲解客户需求。

（2）计量与结算方案，计量装置接线方式、分类及配置要求。

（3）接入方案以文字和表格形式存入"我的文档"。

### 三、评分标准

行业：电力工程　　　　　　　　工种：装表接电工　　　　　　　　等级：二

| 编　　号 | ZJ2ZY0401 | 行为领域 | | e | 鉴定范围 | | |
|---|---|---|---|---|---|---|---|
| 考核时间 | 40min | 题型 | | C | 满分 | 100分 | 得分 |
| 试题名称 | 编制光伏发电项目接入系统计量方案 | | | | | | |
| 考核要点及其要求 | （1）给定条件：某35kV光伏发电项目系统主接线图接线。<br>（2）讲解客户需求。<br>（3）计量与结算方案，计量装置接线方式、分类及配置要求。<br>（4）接入方案以文字和表格形式存入"我的文档"。<br>（5）各项得分均扣完为止 | | | | | | |
| 现场设备、工器具、材料 | （1）设备：光伏发电项目系统主接线图、光伏发电项目主要参数。<br>（2）工器具、材料：电脑、打印机、计算器等自动化办公用品、A4白纸。<br>（3）考生自备工作服、安全帽、线手套、绝缘鞋 | | | | | | |
| 备　　注 | | | | | | | |

| | | | 评　分　标　准 | | | | |
|---|---|---|---|---|---|---|---|
| 序号 | 考核项目名称 | 质　量　要　求 | | 分值 | 扣　分　标　准 | 扣分原因 | 得分 |
| 1 | 开工准备 | 安全帽应完好，佩戴应正确规范，着工装，穿绝缘鞋，戴线手套 | | 5 | （1）未按要求着装每处扣2分。<br>（2）该项分值扣完为止 | | |
| 2 | 工器具检查 | 熟练使用自动化办公系统 | | 5 | （1）指导后使用，每次扣1分。<br>（2）该项分值扣完为止 | | |
| 3 | 用电需求讲解 | 对照现场图纸讲解：<br>（1）光伏发电项目对电网的意义。<br>（2）介绍一次接线图。<br>（3）系统设备的作用，各标号的意义。<br>（4）主设备及其容量大小 | | 20 | （1）未说明或错误每项扣5分。<br>（2）该项分值扣完为止 | | |
| 4 | 计费与结算方案 | （1）审定计费计量的类型。<br>（2）确定电价、结算方式、计量配置原则 | | 25 | （1）未说明或错误每项扣5分。<br>（2）该项分值扣完为止 | | |

| 序号 | 考核项目名称 | 质 量 要 求 | 分值 | 扣 分 标 准 | 扣分原因 | 得分 |
|------|--------------|-------------|------|-------------|----------|------|
| 5 | 计量装置选择 | （1）计量柜的选择。<br>（2）电能表的选择。<br>（3）互感器的选择。<br>（4）二次回路的选择。<br>（5）采集终端的选择 | 30 | （1）未说明或错误每项扣5分。<br>（2）该项分值扣完为止 | | |
| 6 | 接入方案编写 | 以文字和表格形式存入"我的文档" | 10 | （1）电子文档中未画配置电能表、互感器准确度等级表格，扣5分；未存入"我的文档"扣5分。<br>（2）该项分值扣完为止 | | |
| 7 | 安全生产 | 操作符合规程和安全要求，无违章现象 | 5 | （1）操作中发生违规或不安全现象扣5分。<br>（2）该项分值扣完为止 | | |

**2.2.7 ZJ2ZY0501　三相三线计量装置复杂错误接线检查、分析和故障处理**

**一、作业**

（一）工器具、材料、设备

（1）工器具：水芯笔、手电筒、低压验电笔、护目镜、"一"字改锥、"十"字改锥、斜口钳、绝缘梯或木凳。

（2）材料：封签、电能计量装置接线检查记录单。

（3）设备：电能表接线智能仿真装置、双钳数字相位伏安表、计时钟（表）。

（二）安全要求

（1）工作服、安全帽、绝缘鞋、线手套穿戴整齐。

（2）正确填用第二种工作票，履行工作许可、工作监护、工作终结手续。

（3）检查计量柜（箱）接地良好，并对外壳验电，确认不带电。

（4）检查确认仪表功能正常，表线及工具绝缘无破损。

（5）正确选择伏安表挡位和量程，禁止带电换挡和超量程测试。

（6）操作时站在绝缘垫或绝缘梯上，若登高超过 2m 应系好安全带。

（7）查看工作点周边环境并采取相应安全防范措施，加强监护，严禁 TV 二次回路短路、TA 二次回路开路及扩大作业范围。

（三）操作步骤及工艺要求

（1）检查所带仪表、工器具、材料是否齐备完好，着装是否规范。

（2）办理工作许可手续，口头交代危险点和防范措施。

（3）检查带电设备接地是否良好，并对外壳验电。

（4）检查计量柜（箱）门锁及封签是否完好。

（5）开启封签和箱门，按电能表接线检查分析记录单格式抄录计量装置铭牌信息和事件记录。

（6）检查电能表、试验接线盒加封点的封签是否齐全完好。

（7）开启电能表接线盒封签及盒盖，恰当选择伏安表挡位和量程并正确接线，分别测量电能表的运行参数。

1）逐次测量电能表头的线电压 $U_{12}$、$U_{23}$、$U_{31}$，电压取值保留小数点后 1 位并如实抄录在记录单上。要求每个参数至少测 2 次，取平均值记录。

2）逐次测量电能表一元件、二元件相电流 $I_1$、$I_2$，电流取值保留小数点后 2 位并如实抄录在记录单上。要求每个参数至少测 2 次，取平均值记录。测量时注意钳口的咬合紧密度。

3）测量电能表受电电压相序，如实抄录在记录单上。

4）逐次测量电能表一元件、二元件对应相电压与电流之间的相位角，相位值取整数位并如实抄录在记录单上。测量时注意观察电流钳的极性标志和钳口的咬合紧密度。

（8）根据测量值判断计量装置故障类型。

1）根据电压测量值判断某元件电压回路是否断路或连接点接触不良，以及电压互感器是否配置错误或其他故障。

2）根据电流测量值判断某元件电流回路是否短（开）路或连接点接触不良，以及电流互感器是否配置错误或存在故障。

3）根据相位测量值判断电流互感器极性、相别不对应等计量装置接线错误。

（9）根据测量值绘制错误接线相量图。相量图绘制要求：应有三个相电压基本相量、2个线电压相量和2个电流相量；每个相量都采用双下标［如 $U_{lo(vo)}$］；应有电能表两原件的电压与电流间的夹角标线和符号；应有各相功率因数角标线和符号；各相量的角度误差不能超过5°。

（10）判断、确定实际接线的错误和故障形式，并填写到记录单上。故障类型包括电压逆相序，电流极性反接，电压、电流不对应等。

（11）在记录单上写明计量装置故障及错误的恢复或更正方式。

（12）计算功率表达式。应按实际的接线方式分别写出各元件功率表达式以及总功率表达式；总功率表达式不要求化简至最简式；表达式应为功率因数角的函数。

（13）计算更正系数。更正系数应化简至最简式，最简式要求分子分母不能再约分，并没有分数或小数；要求化简步骤至少两步；更正系数不是常数时，应为功率因数角的函数。

（14）清理操作现场，对计量装置实施加封。要求计量柜（箱）内及操作区无遗留的工具和杂物，计量柜（箱）的门、窗、锁等无损坏和污染，加封无遗漏。

（15）办理工作终结手续。

**二、考核**

1. 考核场地

场地面积应能容纳多个工位（包括仿真设备、被考评者的操作台及操作区间、2名考评员的工作台及活动区间）。操作区间面积不小于 1500mm×1500mm。

2. 考核时间

参考时间为 30min，其中不包括被考评者填写工作票、选备材料及工器具时间。不得超时作业，未完成全部操作的按实际完成评分。

3. 考核要点

（1）工器具使用正确、熟练。

（2）检查程序、测试步骤完整、正确。

（3）错误接线相量图和原理图的绘制正确。

（4）计量装置故障差错的分析、判断方法和结果正确。

（5）计量装置故障的处理方式和错误接线的更改正确。

（6）错误接线功率表达式正确。

（7）更正系数的公式应用和化简熟练正确。

（8）错误接线检查分析记录单填写清晰、完整、规范。

（9）安全文明生产。

4. 考场布置

（1）考评员提前在计量装置的封签、试验接线盒、电能表接线盒等处设置错误或故障（缺封、假封、螺钉松动、连片位置错误等），应用电能表接线智能仿真装置设置电能表接线错误（不含电压互感器极性错误）。

（2）错误点及错误数量由考评组出题，考生抽签选题，考评员核定并记录考生对应的抽签号及考题号。

（3）考评员提前设置错误接线形式并让电能表接线智能仿真装置通电运行。

## 三、评分标准

行业：电力工程　　　　　　　工种：装表接电工　　　　　　　等级：二

| 编　号 | ZJ2ZY0501 | 行为领域 | | d | 鉴定范围 | |
|---|---|---|---|---|---|---|
| 考核时间 | 30min | 题型 | | A | 满分 | 100分 | 得分 | |

| 试题名称 | 三相三线计量装置复杂错误接线检查、分析和故障处理 |
|---|---|
| 考核要点及其要求 | （1）工器具使用正确、熟练。<br>（2）检查程序、测试步骤完整、正确。<br>（3）错误接线相量图和原理图的绘制正确。<br>（4）计量装置故障差错的分析、判断方法和结果正确。<br>（5）计量装置故障的处理方式和错误接线的更改正确。<br>（6）错误接线功率表达式正确。<br>（7）更正系数的公式应用和化简熟练正确。<br>（8）错误接线检查分析记录单填写清晰、完整、规范。<br>（9）安全文明生产 |
| 工器具、材料、设备、场地 | （1）工器具：水芯笔、手电筒、低压验电笔、护目镜、"一"字改锥、"十"字改锥、斜口钳、封印钳、绝缘梯或木凳。<br>（2）材料：封签、电能计量装置接线检查记录单、草稿纸、考核评分表。<br>（3）设备：电能表接线智能仿真装置、双钳数字相位伏安表、计时钟（表） |
| 备　注 | |

评 分 标 准

| 序号 | 考核项目名称 | 质 量 要 求 | 分值 | 扣 分 标 准 | 扣分原因 | 得分 |
|---|---|---|---|---|---|---|
| 1 | 开工准备 | （1）着装规范、整齐。<br>（2）工器具选用正确，携带齐全。<br>（3）办理工作票和开工许可手续 | 5 | （1）着装不规范或不整齐，每项扣0.5分。<br>（2）工器具选用不正确或携带不齐全，每件扣0.5分。<br>（3）未办理工作票和开工许可手续，每项扣2分。<br>（4）该项分值扣完为止 | | |
| 2 | 检查程序 | （1）检查计量装置接地并对外壳验电。<br>（2）检查计量柜（箱）门锁及封签，检查电能表及试验接线盒封签。<br>（3）查看并记录电能表铭牌、数据。<br>（4）检查电能表及试验接线盒接线 | 5 | （1）未检查计量装置接地并对外壳验电每项扣2分。<br>（2）未检查计量柜（箱）门锁及封签、电能表及试验接线盒封签，每处扣1分。<br>（3）未查看并记录电能表铭牌，每缺1个参数扣1分。<br>（4）未检查电能表及试验接线盒接线每项扣3分。<br>（5）该项分值扣完为止 | | |

| 序号 | 考核项目名称 | 质量要求 | 分值 | 扣分标准 | 扣分原因 | 得分 |
|---|---|---|---|---|---|---|
| 3 | 仪表及工器具使用 | (1) 仪表接线、换挡、选量程规范正确。<br>(2) 工器具选用恰当,动作规范 | 5 | (1) 在仪表接线、换挡、选量程等过程中发生操作错误,每次扣1分。<br>(2) 工器具使用方法不当或掉落,每次扣0.5分。<br>(3) 该项分值扣完为止 | | |
| 4 | 参数测量 | (1) 测量点选取正确。<br>(2) 测量值读取和记录正确。<br>(3) 实测参数足够无遗漏 | 10 | (1) 测量点选取不正确每处扣2分。<br>(2) 测量值读取或记录不正确,每个扣0.5分。<br>(3) 实测参数不足,每缺一个扣0.5分。<br>(4) 该项分值扣完为止 | | |
| 5 | 记录及绘图 | (1) 正确绘制实际接线相量图。<br>(2) 记录单填写完整、正确、清晰 | 15 | (1) 相量图错误扣15分,符号、角度错误或遗漏,每处扣1分。<br>(2) 记录单记录有错误、缺项和涂改,每处扣1分。<br>(3) 该项分值扣完为止 | | |
| 6 | 分析判断及故障处理 | (1) 实际接线形式的判断结果正确。<br>(2) 故障点查找方法和结果正确。<br>(3) 故障处理方式正确。<br>(4) 更正接线正确 | 30 | (1) 实际接线形式判断全部错误扣10分,部分错误则每元件扣5分。<br>(2) 接线更正不正确扣10分。<br>(3) 故障点全部未查出扣10分,部分未查出按比例扣分。<br>(4) 故障处理方式不正确扣5分。<br>(5) 该项分值扣完为止 | | |
| 7 | 更正系数计算 | (1) 有功、无功功率表达式正确。<br>(2) 有功、无功更正系数计算正确 | 15 | (1) 功率表达式错误则整项不得分。<br>(2) 更正系数计算错误扣10分,未简化扣3分。<br>(3) 该项分值扣完为止 | | |
| 8 | 加封,清理现场 | (1) 对计量装置实施加封齐全。<br>(2) 清理作业现场 | 5 | (1) 错漏加封一处扣1分。<br>(2) 未清理现场扣2分。<br>(3) 该项分值扣完为止 | | |
| 9 | 安全文明生产 | (1) 操作过程中无人身伤害、设备损坏、工器具掉落等事件。<br>(2) 操作完毕清理现场及整理好工器具材料。<br>(3) 办理工作终结手续 | 10 | (1) 工器具掉落1次扣1分。<br>(2) 未清理现场及整理工器具材料扣2分。<br>(3) 未办理工作终结手续扣2分。<br>(4) 该项分值扣完为止 | | |
| 10 | 否决项 | 否决内容 | | | | |
| 10.1 | 安全否决 | 发生电压回路短路等危及安全操作违章行为 | 否决 | 整个操作项目得0分 | | |

### 2.3 技能笔试试卷

#### 2.3.1 展开接线图试卷 A

1. （绘图题，专门技能，难）画出时间继电器控制星形-三角形降压启动控制电路图。

2. （绘图题，专门技能，中等）画出电流互感器两相不完全星形接线图。

3. （绘图题，专门技能，中等）画出电流互感器三相星形接线图。

4. （绘图题，专门技能，中等）画出电流互感器三角形接线图。

5. （绘图题，专门技能，较难）画出三相四线电能表经电流互感器接入的接线图。

6. （绘图题，专门技能，中等）画出三相四线电能表直接接入式的接线图。

7. （绘图题，专门技能，较难）画出三级漏电保护方式配置图。

8. （绘图题，专门技能，中等）在三相四线制供电系统（TN-C）中，采用接地保护方式（系统中性点和设备外壳分别接地），画出四级剩余电流动作保护器的接线方式图。

答案：

1. 时间继电器控制星形-三角形降压启动控制电路图如图 2-4 所示。

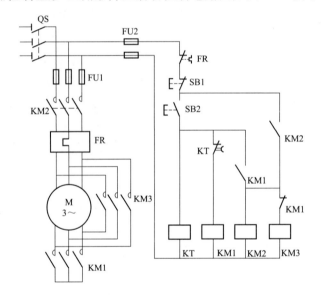

图 2-4

2. 电流互感器两相不完全星形接线图如图 2-5 所示。

3. 电流互感器三相星形接线图如图 2-6 所示。

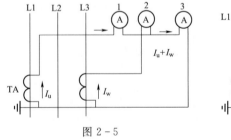

图 2-5

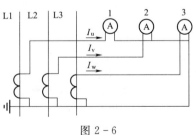

图 2-6

454

4. 电流互感器三角形接线图如图 2 - 7 所示。

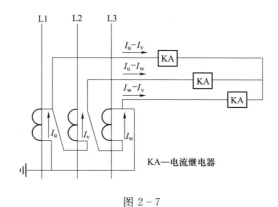

图 2 - 7

5. 三相四线电能表经电流互感器接入的接线图如图 2 - 8 所示。

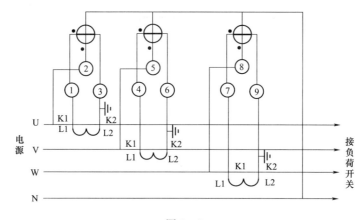

图 2 - 8

6. 三相四线电能表直接接入式的接线图如图 2 - 9 所示。

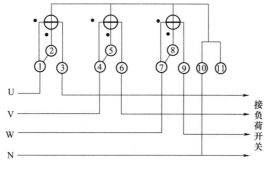

图 2 - 9

7. 三级漏电保护方式配置图如图 2 - 10 所示。

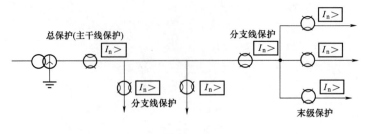

图 2 - 10

8. 四级剩余电流动作保护器的接线方式图如图 2 - 11 所示。

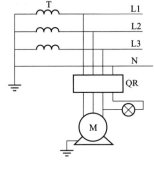

图 2 - 11

**2.3.2 展开接线图试卷 B**

1.（绘图题，专门技能，较易）画出单相两级剩余电流动作保护器接线方式图。

2.（绘图题，专门技能，中等）在三相四线制供电系统（TN-C）中，采用接地保护方式（系统中性点和设备外壳分别接地），画出三级剩余电流动作保护器的接线方式图。

3.（绘图题，专门技能，中等）在三相五线制供电系统（TN-S）中，采用 PE 线接地保护方式（系统中性点和设备外壳通过 PE 线连接共同接地），画出三级剩余电流动作保护器的接线方式图。

4.（绘图题，专门技能，中等）画出二极管的伏安特性曲线。

5.（绘图题，专门技能，中等）在三相五线制供电系统（TN-S）中，采用 PE 线接地保护方式（系统中性点和设备外壳通过 PE 线连接共同接地），画出四级漏电保护器的接线方式图。

6.（绘图题，专门技能，中等）画出单相桥式整流电路。

7.（绘图题，专门技能，较难）画出三相桥式整流电路。

8.（绘图题，专门技能，较难）画出 TN-C 系统原理接线图。

**答案：**

1. 单相两级剩余电流动作保护器接线方式图如图 2-12 所示。

2. 三级剩余电流动作保护器的接线方式图如图 2-13 所示。

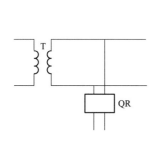

图 2-12

QR—剩余电流动作保护器

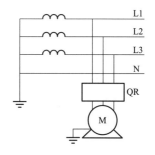

图 2-13

3. 三级剩余电流动作保护器的接线方式图如图 2-14 所示。

4. 二极管的伏安特性曲线如图 2-15 所示。

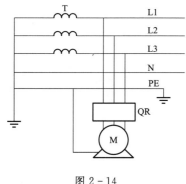

图 2-14

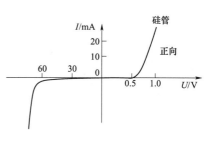

图 2-15

5. 四级剩余电流动作保护器的接线图如图 2-16 所示。

6. 单相桥式整流电路如图 2-17 所示。

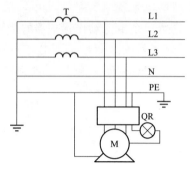

图 2-16

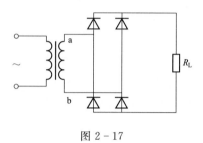

图 2-17

7. 三相桥式整流电路如图 2-18 所示。

8. TN-C 系统原理接线图如图 2-19 所示。

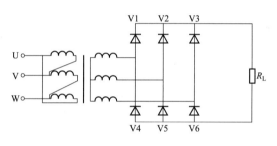

图 2-18

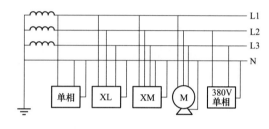

图 2-19

### 2.3.3 低压台区三相负荷不平衡调整试卷 A

1. 某三相高压电力用户，其三相负荷对称，在对其三相三线计量装置进行校试后，W 相电流短路片未打开，该户 TA 采用 V 形接线，其 TV 变比为 10kV/100V，TA 变比为 50A/5A，故障运行期间有功表走了 10 个字，试求应追补的电量（故障期间平均功率因数为 0.88）。

2. 某三相高压电力用户，其三相负荷对称，在对其三相三线计量装置进行校试后，W 相电流短路片未打开，该户 TA 采用 V 形接线，其 TV 变比为 10kV/100V，TA 变比为 50A/5A，故障运行期间有功表走了 45 个字，试求应追补的电量（故障期间平均功率因数为 0.88）。

3. 某三相高压电力用户，三相负荷平衡，在对其计量装置更换时，误将 W 相电流接入表计 U 相，负 U 相电流接入表计 W 相，已知故障期间平均功率因数为 0.88，故障期间表码走了 54 个字，若该户计量 TV 变比为 10000V/100V，TA 变比为 100A/5A，试求故障期间应追补的电量。

4. 某三相高压电力用户，三相负荷平衡，在对其计量装置更换时，误将 W 相电流接入表计 U 相，负 U 相电流接入表计 W 相，已知故障期间平均功率因数为 0.88，故障期间表码走了 32 个字，若该户计量 TV 变比为 10000V/100V，TA 变比为 100A/5A，试求故障期间应追补的电量。

5. 某三相高压用户，安装的是三相三线两元件有功电能表，TV、TA 均各采用两个 TV、两个 TA 的接线，在进行电气预试时将计量 TV 高压 U 相保险熔断，错误计量期间平均功率因数为 0.89，抄见表码 W 为 79kW·h，电能表的起码为 0，该户 TV 变比为 10kV/0.1kV，TA 变比为 200A/5A，试求应追补的电量。

6. 某三相高压用户，安装的是三相三线两元件有功电能表，TV、TA 均各采用两个 TV、两个 TA 的接线，在进行电气预试时将计量 TV 高压 U 相保险熔断，错误计量期间平均功率因数为 0.89，抄见表码 W 为 86kW·h，电能表的起码为 0，该户 TV 变比为 10kV/0.1kV，TA 变比为 200A/5A，试求应追补的电量。

**答案：**

1. 19050.0kW·h。
2. 85725.0kW·h。
3. 65318.399999999994kW·h。
4. 38707.2kW·h。
5. 171735.114475012495kW·h。
6. 186952.15023431322kW·h。

**2.3.4** 低压台区三相负荷不平衡调整试卷 B

1. 变压器的三相负荷应力求平衡，不平衡度不应大于 15％，只带少量单相负荷的三相变压器，零线电流不应超过额定电流的（　　）％。

A. 5；B. 15；C. 25；D. 35。

**答案：C**

2. （　　）引起变压器的不平衡电流。

A. 变压器型号；B. 变压器的绕组不一样；C. 变压器的绕组电阻不一样；D. 由于三相负荷不一样造成三相变压器绕组之间的电流差。

**答案：D**

3. 电流互感器不完全星形接线，三相负荷平衡对称，A 相接反，则公共线电流 $I$ 是每相电流的（　　）倍。

A. 1；B. 1.732；C. 2；D. 0.5。

**答案：B**

4. 某用户安装一只低压三相四线有功电能表，B 相电流互感器二次极性反接达一年之久，三相负荷平衡，累计抄见电量为 2000kW·h，该客户应追补电量为（　　）kW·h。

A. 1000；B. 2000；C. 3000；D. 4000。

**答案：D**

5. 低压三相四线制线路中，在三相负荷对称情况下，A、C 相电压接线互换，则电能表（　　）。

A. 烧表；B. 反转；C. 正常；D. 停转。

**答案：D**

6. 判断：三相四线制用电的用户，只要安装三相三线电能表，不论三相负荷对称或不对称都能正确计量。（　　）

**答案：错误**

7. 某工业用户，当月有功电量 $W$ 为 99043kW·h，三相负荷基本平衡，开箱检查，发现有功电能表（三相四线）一相电压线断线，应补电量（　　）kW·h。

**答案：49521.5**

8. 已知某电力用户装有一块三相电能表，铭牌说明与 200/5 的电流互感器配套使用，在装设时，由于工作失误，而装了一组 400/5 的电流互感器，月底电能表的抄见电量为 1000kW·h。试计算该用户当月的实际用电量 $W=$（　　）kW·h。（计算结果保留整数）

**答案：** $W=1000÷(200/5)×(400/5)=2×1000$

**2.3.5** 根据专变容量确定计量装置试卷 A

1. 按 DL/T 448—2000 规程规定，第 I 类客户计量装置的有、无功电能表与测量用电压、电流互感器的准确等级分别应为（　　）。

A.0.2，2.0，0.2，0.2；B.0.2S 或 0.5S，2.0，0.2，0.2S；C.0.5S，2.0，0.2，0.5S；D.0.5，2.0，0.2，0.5。

**答案：B**

2. 35kV 及以下贸易结算用电能计量装置中电压互感器二次回路，（　　）。

A. 应装设熔断器；B. 可装设隔离开关辅助接点，但不应装设熔断器；C. 应装隔离开关辅助接点和熔断器；D. 应不装隔离开关辅助接点和熔断器。

**答案：D**

3. 为了准确考核用电客户的功率因数，安装在客户处的电能计量装置应具有（　　）的功能。

A. 计量正向有功和无功电量；B. 计量正向、反向有功和无功电量；C. 计量正向有功和正向、反向无功电量；D. 计量正向有功，反向无功。

**答案：C**

4. 对用户属于 I 类和 II 类计量装置的电流互感器，其准确度等级应分别不低于（　　）。

A.0.2S，0.2S；B.0.2S，0.5S；C.0.5S，0.5S；D.0.2，0.2。

**答案：A**

5.《电能计量装置技术管理规程》（DL/T 448—2000）规定，计量故障差错率应不大于（　　）%。

A.0.4；B.0.6；C.1；D.1.5。

**答案：C**

6. 电能计量装置的综合误差实质上是（　　）。

A. 互感器的合成误差；B. 电能表测量电能的线路附加误差；C. 电能表的误差、互感器的合成误差以及电压互感器二次导线压降引起的误差的总和；D. 电能表和互感器的合成误差。

**答案：C**

7. 接入中性点非有效接地的高压线路的计量装置，宜采用（　　）。

A. 三台电压互感器，且按 $Y_0/Y_0$ 方式接线；B. 两台电压互感器，且按 V/V 方式接线；C. 三台电压互感器，且按 Y/Y 方式接线；D. 两台电压互感器，接线方式不定。

**答案：B**

8. 为减小计量装置的综合误差，对接到电能表同一元件的电流互感器和电压互感器的比差、角差要合理地组合配对，原则上，要求接于同一元件的电压、电流互感器（　　）。

A. 比差符号相反，数值接近或相等，角差符号相同，差值接近或相等；B. 比差符号相反，数值接近或相等，角符号相反，数值接近或相等；C. 比差符号相同，数值接近或相等，角差符号相反，数值接近或相等；D. 比差符号相同，数值接近或相等，角差符号相同，数值接近或相等。

**答案：A**

**2.3.6 根据专变容量确定计量装置试卷 B**

1. 减少电能计量装置综合误差措施有（    ）。

A. 调整电能表时考虑互感器的合成误差；B. 根据互感器的误差，合理的组合配对；C. 对运行中的电流、电压互感器，根据现场具体情况进行误差补偿；D. 加强 TV 二次回路压降监督管理，加大二次导线的截面或缩短二次导线的长度，使压降达到规定的标准。

**答案：ABCD**

2. 供电企业应当按照（    ）向用户计收电费。

A. 国家核准的电价；B. 地方政府规定的电价；C. 供电企业规定的电价；D. 用电计量装置的记录。

**答案：AD**

3. 电能计量装置现场检验工作人员发现客户有（    ）行为，停止工作，保护现场，通知和等候用电检查（稽查）人员处理。

A. 违约用电；B. 不用电；C. 窃电；D. 正常用电。

**答案：AC**

4. 低压电能计量装置竣工验收的项目有（    ）。

A. 检查互感器是否完好清洁，一次回路连接是否良好；B. 测量一次、二次回路的绝缘电阻，应不低于 5MΩ；C. 二次回路用材、导线截面、附件及安装质量是否符合要求，接线是否正确；D. 安装位置、安装的计量装置是否符合规定和设定的计量方式。

**答案：ACD**

5. 电能计量装置安装后验收的项目有（    ）。

A. 根据电能计量装置的接线图纸，核对装置的一次和二次回路接线；B. 测量一次、二次回路的绝缘电阻，应不低于 5MΩ；C. 检查二次回路中间触点、熔断器、试验接线盒的接触情况；D. 核对电能表、互感器倍率是否正确。

**答案：ACD**

6. 电能计量装置二次回路的配置原则是（    ）。

A. 互感器二次回路的连接导线应采用铜质单芯绝缘线；B. 35kV 以下贸易结算用电能计量装置中电压互感器二次回路，应不装设隔离开关辅助触点，但可装设熔断器；C. 互感器的二次回路不得接入与电能计量无关的设备；D. 未配置计量柜（箱）的，其互感器二次回路的所有接线端子、试验端子应实施铅封。

**答案：ACD**

7. 为了减少三相三线电能计量装置的合成误差，安装互感器时，宜考虑互感器合理匹配问题，即尽量使接到电能表同一元件的（    ）。

A. 电流、电压互感器比差符号相反，数值相近；B. 电流、电压互感器比差符号相同，数值相近；C. 角差符号相同，数值相近；D. 角差符号相反，数值相近。

**答案：AC**

8. 电能计量装置二次回路检测标准化作业指导书规定电流互感器二次负荷测试的工作内容包括（　　）。

A. 注意被测二次电流应在二次负荷测试仪有效范围内，低于测试仪有效范围不予检测；B. 根据 DL/T 448 规程的要求对电流互感器实际二次负荷进行检测，电流互感器实际二次负荷应在 $25\%\sim120\%$ 额定二次负荷范围内；C. 电流互感器额定二次负荷的功率因数应为 $0.8\sim1.0$；D. 测试电压互感器二次负荷时，测试中应避免二次回路短路，电流钳（测试仪配置）测点。

**答案：ACD**

**2.3.7　错误接线电费退补试卷 A**

1. 一用户三相三线有功电能表的错误接线方式为 $U_{ab}$、$-I_a$；$U_{ac}$、$-I_c$。在负荷功率因数为 0.866（感性）时，$-I_c$ 滞后 $U_{ac}$（　　）。

A. 30°；B. 60°；C. 90°；D. 120°。

**答案：B**

2. 《供电营业规则》中规定，计算电量的倍率或铭牌倍率与实际不符的，以（　　）为基准，按（　　）退补电量，退补时间以（　　）确定。

A. 实际倍率，正确与错误倍率的差值，抄表记录为准；B. 用户正常月份用电量，正常月与故障月的差额，抄表记录或按失压自动记录仪记录；C. 其实际记录的电量，正确与错误接线的差额率，上次校验或换装投入之日起至接线错误更正之日止；D. 用户正常同期月份用电量，正常同期月与故障月的差额，抄表记录或按失压自动记录仪记录。

**答案：A**

3. 在检查某三相三线高压用户时发现其安装的三相二元件有功电能表 U、W 相电流线圈均接反，用户的功率因数为 0.85，则在其错误接线期间实际用电量是表计电量的（　　）倍。

A. 1；B. 1.73；C. 0.577；D. -1。

**答案：D**

4. 在检查某三相三线高压用户时发现其安装的三相二元件有功电能表 U 相电流线圈接入 W 相电流，而 W 相电流线圈反接入 U 相电流，用户的功率因数为 0.866，则在其错误接线期间实际用电量是表计电量的（　　）倍。

A. 0.866；B. 1；C. 1.73；D. 1.5。

**答案：D**

5. 常见的错误接线方式有（　　）。

A. 电压线圈（回路）失压；B. 电源相序由 UVW 更换为 VWU 或 WUV；C. 断中线或电源相序（一次或二次）接错相线或中性线对换位置；D. 电流线圈（回路）接反。

**答案：ABCD**

6. 判断：三相三线有功电能表，由于错误接线，在运行中始终反转，则更正系数必定是负值。（　　）

**答案：正确**

7. 差错电量指的是正确接线的电能值减去错误接线时电能表所计电能值。（　　）

**答案：正确**

8. 三相四线有功电能表零线接法是零线不剪断，只在零线上用不小于 $2.5\text{mm}^2$ 的铜芯绝缘线 T 接到三相四线电能表零线端子。（    ）

**答案：正确**

### 2.3.8　错误接线电费退补试卷 B

1. 判断：差错电量指的是正确接线的电能值减去错误接线时电能表所计电能值。（　　）

**答案：正确**

2. 判断：三相三线有功电能表，由于错误接线，在运行中始终反转，则更正系数必定是负值。（　　）

**答案：正确**

3. 电能表的错误接线可分为（　　）。

A. 电压回路和电流回路发生短路或断路；B. 电压互感器和电流互感器极性接反；C. 电能表接线接触不良；D. 电能表元件中没有接入规定相别的电压和电流。

**答案：ABD**

4. 有 3 台单相双绕组电压互感器采用 Yyn0 组别接线，现场检查发现 3 台 TV 极性均接反，画出错误接线时 TV 二次侧线电压的相量图。

**答案：**如图 2-20 所示。

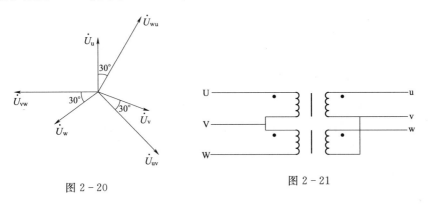

图 2-20　　　　　　　　　　图 2-21

5. 有 2 台单相双绕组电压互感器采用 V/V 接线，现场错误接线如图 2-21 所示。画出错误接线时线电压的相量图（三相电压对称）。

**答案：**如图 2-22 所示。

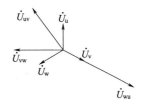

6. 一用户三相三线有功电能表的错误接线方式为 $\dot{U}_{uv}$、$-\dot{I}_u$；$\dot{U}_{wv}$、$-\dot{I}_w$。画出此错误接线方式的相量图。

**答案：**如图 2-23 所示。

图 2-22

7. 某电能表因接线错误而反转，查明其错误接线属 $P_{inc} = -\sqrt{3}UI\cos\varphi$，电能表的误

差 $r=-4.0\%$，电能表的示值由 10020kW·h 变为 9600kW·h，改正接线运行到月底抄表，电能表示值为 9800kW·h。试计算此表自上次计数到抄表期间实际消耗的电量 $W_r$（三相负载平衡，且正确接线时的功率表达式 $P_{cor}=\sqrt{3}U_{p-p}I_{p-p}\cos\varphi$）。

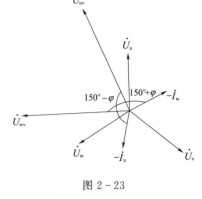

图 2-23

**答案：**

解：按题意求更正系数

$$K=\frac{P_{cor}}{P_{inc}}=\frac{\sqrt{3}UI\cos\varphi}{-\sqrt{3}UI\cos\varphi}=-1$$

误接线期间表计电量

$$W=9600-10020=-420(\text{kW}\cdot\text{h})$$

误接线期间实际消耗电量（$r=-4\%$）

$$W_0=WK(1-r\%)=(-420)\times(-1)\times(1+0.04)=437(\text{kW}\cdot\text{h})$$

改正接线后实际消耗电量

$$W_0'=9800-9600=200(\text{kW}\cdot\text{h})$$

自上次计数到抄表期间实际消耗的电量

$$W_r=W_0+W_0'=437+200=637(\text{kW}\cdot\text{h})$$

答：$W_r$ 为 637kW·h。

8. 现场检验发现一用户的错误接线属 $P=\sqrt{3}UI\cos(60°-\varphi)$，已运行 2 个月共收了 8500kW·h 的电费，负载的平均功率因数角 $\varphi=35°$，电能表的相对误差 $r=3.6\%$。试计算 2 个月应追退的电量 $\Delta W$。

**答案：**

解：求更正系数

$$K=\frac{P_{cor}}{P_{inc}}=\frac{\sqrt{3}UI\cos\varphi}{\sqrt{3}UI\cos(60°-\varphi)}=\frac{2}{1+\sqrt{3}\tan\varphi}=\frac{2}{1+\sqrt{3}\tan35°}=0.904$$

应追退的电量为

$$\Delta W=[0.904\times(1-3.6\%)-1]\times8500=-1093(\text{kW}\cdot\text{h})$$

答：2 个月应退给用户电量 1093kW·h。

# 第5篇 高 级 技 师

# 1 理论试题

## 1.1 单选题

**La1A1001** 在某一平面图中有一标注为 a−b(c×d)/e−f，其中 f 表示（　　）。
(A) 回路编号；(B) 导线型号；(C) 敷设部位；(D) 敷设方式。
答案：**C**

**La1A1002** 对称负载，两只互感器为不完全星形接线，电流为 5A，当公共回线断开时，A 相电流 $I_a$ 为（　　）A。
(A) 5；(B) 2.5；(C) $I_d = 4.33$；(D) 3.54。
答案：**C**

**La1A1003** 在实时钟电器中（　　）与软件有关，若单片机发生故障，则会被破坏。
(A) 软时钟；(B) 硬时钟；(C) 晶振；(D) 电子计数器。
答案：**A**

**La1A1004** 用楞次定律可判断感应电动势的（　　）。
(A) 方向；(B) 大小；(C) 不能判断；(D) 大小和方向。
答案：**D**

**La1A2005** 分配电箱与开关箱的距离不得超过（　　）m。
(A) 10；(B) 20；(C) 30；(D) 40。
答案：**C**

**La1A2006** 当智能表液晶上显示 Err‐56 时，表示的意义为（　　）。
(A) 过压；(B) 过载；(C) 功率因数超限；(D) 电流严重不平衡。
答案：**C**

**La1A2007** 当智能表液晶上显示 Err‐52 时，表示的意义为（　　）。
(A) 过压；(B) 电流严重不平衡；(C) 过载；(D) 功率因数超限。
答案：**B**

**La1A2008** 工频电子电源的核心是（　　）。
(A) 信号源；(B) 功率放大器；(C) 控制电路；(D) 输出变换器。
答案：**A**

**La1A2009** 导线的绝缘强度是用（　　）来测量的。

（A）绝缘电阻试验；（B）直流耐压试验；（C）交流耐压试验；（D）耐热能力试验。

**答案：B**


**La1A2010** 正弦交流电的最大值和有效值的大小与（　　）。

（A）频率、相位有关；（B）只与频率有关；（C）频率、相位无关；（D）只与相位有关。

**答案：C**


**La1A2011** 当正弦交流电路中产生谐振时，电源不再向电路供给（　　）功率。

（A）有功；（B）视在；（C）无功；（D）负载。

**答案：C**


**La1A2012** $RLC$ 串联电路中，如把 $L$ 增大 1 倍，$C$ 减少到原有电容的 $1/4$，则该电路的谐振频率变为原频率 $f$ 的（　　）倍。

（A）$\frac{1}{2}$；（B）1.414；（C）4；（D）2。

**答案：B**


**La1A2013** 测量某门电路时发现，输入端有低电平时，输出端为高电平；输入端都为高电平时，输出端为低电平。则该门电路是（　　）。

（A）与门；（B）或门；（C）与非门；（D）非门。

**答案：C**


**La1A2014** 下述论述中，完全正确的是（　　）。

（A）自感系数取决于线圈的形状、大小和匝数等，跟是否有磁介质无关；（B）互感系数的大小取决于线圈的几何尺寸、相互位置等，与匝数多少无关；（C）空心线圈的自感系数是一个常数，与电压和电流大小无关；（D）互感系数的大小与线圈自感系数的大小无关。

**答案：C**


**La1A2015** 负荷功率因数低造成的影响是（　　）。

（A）线路电压损失增大；（B）有功损耗增大；（C）发电设备未能充分发挥作用；（D）A、B、C 三者都存在。

**答案：D**


**La1A3016** 同一建筑内与居民住宅相关的商业设备容量不明确时，按负荷密度估算为每平方米（　　）W。

（A）50；（B）60～100；（C）100；（D）100～150。

答案：D

**La1A3017** 三相电能表必须按正相序接线，以减少逆相序运行带来的（　　）。

（A）系统误差；（B）附加误差；（C）随机误差；（D）偶然误差。

答案：B

**La1A3018** 电流铁芯磁化曲线表示的关系是（　　）。

（A）电流越大磁通越大，但不成正比；（B）电流和磁通成反比；（C）电流和磁通成正比；（D）电流越大，磁通越小。

答案：A

**La1A3019** 根据规程的定义，静止式有功电能表是由电流和电压作用于固态（电子）（　　）器件而产生与瓦时成比例的输出量的仪表。

（A）传感器；（B）加法器；（C）乘法器；（D）积分器。

答案：C

**La1A3020** 升流器实质上是一种获得（　　）。

（A）高电压、大电流的降压变压器；（B）低电压、大电流的降压变压器；（C）低电压、大电流的升压变压器；（D）可升压、降压变压器。

答案：B

**La1A3021** 额定二次电压为100V，额定二次负荷为30VA的电压互感器，其二次额定负荷导纳导为（　　）西门子。

（A）0.001；（B）0.002；（C）0.003；（D）0.004。

答案：C

**La1A3022** 全电子式电能表采用的原理有（　　）。

（A）电压、电流采样计算；（B）霍尔效应；（C）热电偶；（D）电压、电流采样计算，霍尔效应和热电偶。

答案：D

**La1A3023** 仪器仪表损坏时，不应采取的防范措施是（　　）。

（A）防止仪器仪表摆放不稳定跌落；（B）标准设备接入回路中未进行临时固定可能脱落，导致标准及运行设备故障；（C）注意仪器仪表使用量程与被量程相匹配；变更标准装置的检测接线不断开电源；（D）在未断开电源的情况下取下仪器。

答案：D

**La1A3024**　某一闭合矩形线框，在匀强磁场中绕垂直于磁场的定轴线匀速转动，定轴线过一对边框并与该边框垂直，则下列说法正确的是（　　）。

（A）轴线与边框距离相等时产生的感生电动势最大；（B）轴线与边框的距离等于边框长度的 1/2 时，产生感生电动势最大；（C）轴线与任一边框重合时产生的感生电动势最大；（D）轴线与边框距离不影响感生电动势大小。

**答案：D**

**La1A3025**　将一条形磁铁插入一个螺线管式的闭合线圈。第一次插入过程历时 0.2s，第二次又插入历时 1s。所以，第一次插入时和第二次插入时在线圈中感生的电流比是（　　）。

（A）1：1；（B）5：1；（C）1：5；（D）25：1。

**答案：B**

**La1A3026**　电源为三角形连接的供电方式为三相三线制，在三相电动势对称的情况下，三相电动势相量之和等于（　　）。

（A）$E$；（B）0；（C）$2E$；（D）$3E$。

**答案：B**

**La1A4027**　照明线路的每一分路的用电负荷一般不超过（　　）A。

（A）10；（B）20；（C）30；（D）40。

**答案：B**

**La1A4028**　接线盒各端子间及各端子对地间绝缘电阻应不小于（　　）MΩ。

（A）20；（B）30；（C）40；（D）50。

**答案：B**

**La1A4029**　电能表的工作频率改变时，对（　　）。

（A）幅值误差影响较大；（B）相角误差影响大；（C）对相角误差和幅值误差有影响；（D）对相角误差和幅值误差都没有影响。

**答案：B**

**La1A4030**　对于 A/D 转换型电子式多功能电能表，提高 A/D 转换器的采样速率，可提高电能表的（　　）。

（A）稳定性；（B）功能；（C）采样周期；（D）精度。

**答案：D**

**La1A4031**　测量装置的工作电压低于 500V 的辅助线路对地的绝缘电阻时，应采用（　　）V 的兆欧表。

（A）2500；（B）100；（C）1000；（D）500。

答案：D

**La1A4032** 1个电池电动势内阻为 $r$，外接负载为 2 个并联电阻，阻值各为 $R$。当 $R$ 为（　　）时，负载上消耗的功率最大。

（A）0；（B）$r$；（C）$2r$；（D）$r/2$。

答案：C

**La1A5033** 电流互感器为二相星形连接时，二次负载阻抗公式是（　　）。

（A）$Z_2 = Z_m + 2R_L + R_K$；　（B）$Z_2 = Z_m + \sqrt{3}R_L + R_K$；　（C）$Z_2 = Z_m + R_L + R_K$；
（D）$Z_2 = Z_m + 2R_L + 2R_K$。

答案：B

**La1A5034** 电流互感器二次回路导线截面 $A$ 应按 $A = L \times 106/R_L$（$mm^2$）选择，式中 $R_L$ 是指（　　）。

（A）二次负载阻抗；（B）二次负载电阻；（C）二次回路导线电阻；（D）二次回路电阻。

答案：C

**La1A5035** 现代精密电子式电能表使用最多的有两种测量原理，即（　　）。

（A）霍尔乘法器和时分割乘法器；（B）时分割乘法器和 A/D 采样型；（C）热偶乘法器和二极管电阻网络分割乘法器；（D）霍尔乘法器和热偶乘法器。

答案：B

**La1A5036** 多谐振荡器的输出波形是（　　）。

（A）三角波；（B）正弦波；（C）矩形波；（D）直流。

答案：C

**La1A5037** 当频率低于谐振频率时，$RLC$ 串联电路呈（　　）。

（A）感性；（B）阻性；（C）容性；（D）不定性。

答案：C

**Lb1A1038** 居民楼内要用接零方式保护时，系统内任一点的单相短路电流不小于故障点最近保护熔丝额定电流的（　　）倍。

（A）3；（B）4；（C）5；（D）6。

答案：B

**Lb1A2039** 经检定的电能表，其实际误差大于基本误差的（　　）％时，应重新进行误差调整。

（A）50；（B）60；（C）70；（D）80。

**答案：C**

**Lb1A2040** 退补电量计算求更正系数一般采用（　　）。

（A）相对误差法；功率比值法；（B）实测电量法；功率比值法；（C）实测电量法；估算法；（D）相对误差法；估算法。

**答案：B**

**Lb1A2041** 大功率三相电机启动将不会导致（　　）。

（A）电网三相电压不平衡；（B）电压正弦波畸变；（C）高次谐波；（D）电压问题。

**答案：A**

**Lb1A2042** 高压负荷开关（　　）。

（A）可以切断故障电流；（B）只能切断空载电流；（C）可以切断负荷电流；（D）能切断故障短路电流和负荷电流。

**答案：C**

**Lb1A2043** 电力系统中限制短路电流的方法有（　　）。

（A）装设电抗器，变压器分开运行，供电线路分开运行；（B）装设电抗器，供电线路分开运行；（C）装设串联电容器，变压器并列运行；（D）装设串联电容器，变压器并列运行，供电线路分开运行。

**答案：A**

**Lb1A2044** 容量为 10000kVA、电压为 63/11kV 的三相变压器和容量为 10000kVA、电压为 63/10.5kV 的三相变压器。2 台的接线组别相同、短路电压为 8％、负载系数为 1，则并联时的循环电流为（　　）。

（A）第一台变压器额定电流的 0.31 倍；（B）第一台变压器额定电流的 0.28 倍；（C）第一台变压器额定电流的 0.25 倍；（D）第一台变压器额定电流的 0.45 倍。

**答案：B**

**Lb1A3045** 用电现场管理终端接线安装时，一般先放（　　），再放（　　），最后放（　　），检查接线是否正确，检查完后上电测试终端。

（A）接地线，控制开关和开关量的接线，表的 RS-485 和脉冲线；（B）电源线，表的 RS-485 和脉冲线，控制开关和开关量的接线；（C）电源线，控制开关和开关量的接线，表的 RS-485 和脉冲线；（D）接地线，表的 RS-485 和脉冲线，控制开关和开关量的接线。

**答案：B**

**Lb1A3046** GPRS 无线公网信道属于（　　）。

（A）双工信道；（B）单工信道；（C）半双工；（D）并发信道。

答案：A

**Lb1A3047** 预付费管理业务可分为（　　）、预付费控制、预付费工况信息、预付费情况统计等功能。

（A）预付费投入调试、预付费控制参数统计、预付费欠费统计、催费控制；（B）预付费任务编制、预付费控制参数下发、预付费余额查看、收费控制；（C）预付费投入调试、预付费控制参数下发、预付费余额查看、催费控制；（D）预付费任务编制、预付费控制参数统计、预付费欠费统计、收费控制。

答案：C

**Lb1A3048** 在对本地费控电能表进行充值操作时，下列哪一项叙述不正确？（　　）

（A）未开户电能表，不接受充值操作；（B）电能表充值前应先判断客户编号、表号和卡序列号的一致性；（C）对于远程开户并远程充值过的电能表，电能表中的购电次数大于 1 时，只接受补卡和开户卡，不接受购电卡操作；（D）对于远程开户的电能表，只接受开户卡和补卡操作，不接受购电卡操作。

答案：C

**Lb1A3049** 专变采集终端、集中器、采集器各电气回路对地和各电气回路之间的绝缘电阻正常条件下要求≥（　　）MΩ；湿热条件下要求≥（　　）MΩ。

（A）5，2；（B）5，5；（C）10，5；（D）10，2。

答案：D

**Lb1A3050** 功率定值闭环控制方式包括（　　）。

（A）时段控、厂休控；（B）时段控、营业报停控；（C）营业报停控、当前功率下浮控；（D）时段控、厂休控、营业报停控、当前功率下浮控。

答案：D

**Lb1A3051** 用互感器校验仪测定电压互感器二次回路压降引起的比差和角差时，采用户外（电压互感器侧）的测量方式（　　）。

（A）使标准互感器导致较大的附加误差；（B）所用的导线长一些；（C）接线简单；（D）保证了隔离用标准电压互感器不引入大的附加误差。

答案：D

**Lb1A3052** 检定 0.2 级的电压互感器，在 20％额定电压下，由误差测量装置的灵敏度所引起的测量误差，其比值差和相位差应不大于（　　）。

（A）±0.02％、±0.5′；　　（B）±0.015％、±0.45′；　　（C）±0.02％、±1′；

(D) ±0.015％、±1.5′。

答案：C


**Lb1A3053** 检定 2.0 级单相有功表，在 cos$\phi$＝1，10％标定电流负荷点的测量误差不得大于（　　）％。

(A) ±1.5；(B) ±2.0；(C) ±2.5；(D) ±3.0。

答案：B


**Lb1A3054** 一只 0.5 级电能表的检定证书上，某一负载下的误差数据为 0.30％，那么它的实测数据应在（　　）范围之内。

(A) 0.29％～0.34％；　　(B) 0.275％～0.325％；　　(C) 0.251％～0.324％；
(D) 0.27％～0.32％。

答案：B


**Lb1A3055** 检定 0.2S 级电流互感器得到的测量值为－0.150％、＋4.15′，修约后数据应为（　　）。

(A) －0.16％、＋4′；　　(B) －0.14％、＋4′；　　(C) －0.16％、＋4.0′；
(D) －0.14％、＋4.0′。

答案：A


**Lb1A3056** 由专用变压器供电的电动机，单台容量超过其变压器容量的（　　）％时，必须加装降压启动设备。

(A) 20；(B) 30；(C) 40；(D) 50。

答案：B


**Lb1A4057** 1.5(6)A 的 1.0 级电子式电能表（不经互感器）的允许启动电流值为（　　）mA。

(A) 6；(B) 9；(C) 24；(D) 15。

答案：A


**Lb1A4058** 在检查某三相三线高压用户时发现其安装的三相二元件有功电能表 U、W 相电流线圈均接反，用户的功率因数为 0.85，则在其错误接线期间实际用电量是表计电量的（　　）倍。

(A) 1；(B) 1.73；(C) 0.577；(D) －1。

答案：D


**Lb1A4059** 在检查某三相三线高压用户时发现其安装的三相二元件有功电能表 U 相电流线圈接入 W 相电流，而 W 相电流线圈反接入 U 相电流，用户的功率因数为 0.866，则在其错误接线期间实际用电量是表计电量的（　　）倍。

（A）0.866；（B）1；（C）1.73；（D）1.5。

**答案：D**

**Lb1A4060**　某两元件三相三线有功电能表第一组元件和第二组元件的相对误差分别为 $r_1$ 和 $r_2$，则在功率因数角为（　　）时，电能表的整组误差 $r=(r_1+r_2)/2$。

（A）0°；（B）30°；（C）60°；（D）90°。

**答案：A**

**Lb1A5061**　在输电线路上进行载波通信时，往往装有阻波器、耦合电容器及结合滤波器，其作用是（　　）。

（A）阻波器阻断工频高压，耦合电容器及结合滤波器隔离高频信号；（B）阻波器阻断高频信号，耦合电容器及结合滤波器隔离工频高压；（C）阻波器阻断工频高压，耦合电容器及结合滤波器也是隔离工频高压；（D）阻波器阻断高频信号，耦合电容器及结合滤波器是隔离高频信号。

**答案：B**

**Lb1A5062**　在非通信状态下，专变采集终端交流采样端口功耗为：（　　）。

（A）电压功耗应不大于 0.25VA，电流功耗不大于 0.25VA；（B）电压功耗应不大于 0.5VA，电流功耗不大于 0.25VA；（C）电压功耗应不大于 0.5VA，电流功耗不大于 0.5VA；（D）电压功耗应不大于 0.25VA，电流功耗不大于 0.5VA。

**答案：B**

**Lb1A5063**　为减小计量装置的综合误差，对接到电能表同一元件的电流互感器和电压互感器的比差、角差要合理地组合配对，原则上，要求接于同一元件的电压、电流互感器（　　）。

（A）比差符号相同，数值接近或相等，角差符号相反，数值接近或相等；（B）比差符号相反，数值接近或相等，角差符号相反，数值接近或相等；（C）比差符号相反，数值接近或相等，角差符号相同，数值接近或相等；（D）比差符号相同，数值接近或相等，角差符号相同，数值接近或相等。

**答案：C**

**Lb1A5064**　电压互感器正常运行范围内其误差通常随一次电压的增大（　　）。

（A）先增大，后减小；（B）先减小，后增大；（C）一直增大；（D）一直减小。

**答案：B**

**Lb1A5065**　一般的电流互感器，其误差的绝对值，随着二次负荷阻抗值的增大而（　　）。

（A）不变；（B）增大；（C）减小；（D）为零。

答案：**B**

**Lb1A5066** 做工频耐压试验时，（　　）％试验电压以下的升压速度是任意的，以后的升压速度按每秒3％的速度均匀上升。

（A）60；（B）50；（C）40；（D）30。

答案：**C**

**Lc1A4067** 安全帽的技术性能中的侧向刚性试验要求：在帽的两侧加力430N后，帽壳的横向最大变形不应超过（　　）mm，卸载后的变形不应超过15mm。

（A）60；（B）50；（C）40；（D）30。

答案：**C**

**Je1A3068** 电流互感器进行短路匝补偿后，可（　　）。

（A）减小角差和比差；　（B）减小角差，增大比差；　（C）减小角差，比差不变；（D）减小比差，角差不变。

答案：**B**

**Je1A3069** 电流互感器二次线圈并联外加阻抗补偿后，（　　）。

（A）减小了比差和角差；（B）比差不变，角差减小；　（C）比差减小，角差不变；（D）比差增大，角差减小。

答案：**A**

**Je1A3070** 在对电子式电能表进行静电放电试验时，如被试电能表的外壳虽有涂层，但未说明是绝缘层，应采用（　　）。

（A）接触放电；（B）间接放电；（C）气隙放电；（D）静电屏蔽。

答案：**A**

**Je1A4071** 变压器内部发出"咕嘟"声，可以判断为（　　）。

（A）过负载；（B）缺相运行；（C）绕组层间或匝间短路；（D）穿芯螺杆松动。

答案：**C**

**Je1A5072** 当测得绝缘的吸收比大于（　　）时，就可以认为设备的绝缘是干燥的。

（A）1∶1.5；（B）1∶1.2；（C）1∶1.25；（D）1∶1.3。

答案：**B**

**Jf1A2073** 在进行高处作业时，工作地点（　　）应有围栏或装设其他保护装置，防止落物伤人。

（A）周围；（B）下面；（C）附近；（D）旁边。

答案：**B**

## 1.2 判断题

**La1B1001** 电流互感器产生误差的主要原因是存在产生互感器铁芯中磁通的激磁电流。（√）

**La1B1002** 对额定二次电流为5A，额定负荷为10VA或5VA的电流互感器，其下限负荷允许为3.75VA，但在铭牌上必须标注。（√）

**La1B1003** S级电流互感器，在1%～120%额定电流下有误差要求。（√）

**La1B1004** 由于双臂电桥的工作电流远较单臂电桥大，所以测量要迅速，以避免电池的无谓消耗。（√）

**La1B1005** Ⅰ类、Ⅱ类、Ⅲ类贸易结算用电能计量装置应按计量点配置计量专用电压、电流互感器或者专用二次绕组。（√）

**La1B1006** Ⅰ类电能计量装置的有功、无功电能表与测量用互感器的准确度等级分别为：0.2级、2.0级与0.2级。（×）

**La1B1007** Ⅰ类电能表至少每3个月现场检验一次；Ⅱ类电能表至少每12个月现场检验一次；Ⅲ类电能表至少18个月现场检验一次。（×）

**La1B1008** 对10kV以上三相三线制接线的电能计量装置，其2台电流互感器，可采用简化的三线连接。（×）

**La1B1009** 接入中性点有效接地的高压线路的3台电压互感器，应按 $Y_0/Y_0$ 方式接线。（√）

**La1B1010** 35kV及以下的用户，应采用专用的电流互感器和电压互感器专用二次回路和计量柜计量。（√）

**La1B1011** 对造成电能计量差错超过10万kW·h及以上者，应及时上报省级电网经营企业管理部门。（√）

**La1B1012** 在进行电能装置竣工验收时，应按《高、低压电能计量装置评级标准》进行等级评定工作，达不到Ⅰ级装置标准，不能投入使用。（√）

**La1B2013** 电能表脉冲输出电路的基本形式有源输出和无源输出。（√）

**La1B2014** 电测量单元：是电子式电能表的关键，其测量精度直接决定电能表的精度和准确度。（√）

**La1B2015** 按工作原理电子式电能表可分为模拟乘法器型和数字乘法器型两种，目前电子式电能表以模拟乘法器为主。（×）

**La1B2016** 直流双臂电桥测量完毕后，应先断开电源，再断开检流计支路。（×）

**La1B2017** 电流互感器进行短路匝补偿后，可增大相位差，减小比值差。（×）

**La1B2018** 为了提高电压互感器的准确度，要求铁心的激磁电流小，也要求一次、二次绕组的内阻抗小。（√）

**La1B2019** 在夹钳形电流互感器时，一定要让电流线从钳形电流互感器的圆孔中穿过，钳口要合严，不要将线夹到钳口上，以免损坏设备。（√）

**La1B2020** 电流互感器的一次侧电流在正常运行时，应尽量为额定电流的2/3左右，

至少不得低于$\frac{1}{2}$。（×）

**La1B2021** 直接接入式电能表的标定电流应按正常运行负荷电流的30％左右进行选择。（√）

**La1B2022** 计算电量的倍率或铭牌倍率与实际不符的，以实际倍率为基准，按正确与错误倍率的差值退补电量，退补时间以抄表记录为准确定。（√）

**La1B2023** 装设在35kV及以上的电能计量装置，应使用互感器的专用二次回路。（×）

**La1B2024** 电压互感器二次回路压降的测试，如果在三相三线计量方式时测量，则电缆线只需要一芯通电，其他三芯的接线头要绝缘包扎。（×）

**La1B2025** 当电力线路中的功率输送方式改变，其有功电能表和无功电能表的转向是有功表和无功表都正转。（×）

**La1B2026** 通过需求分析，按照电力用户性质和营销业务需要，将电力用户划分为六种类型，中小型专变用户（B类）是指用电容量在100kVA以下的专变用户。（√）

**La1B2027** 35kV及以上用户电能计量装置，应有电流互感器的专用二次绕组和电压互感器的专用二次回路，不得与保护、测量回路共用。（√）

**La1B2028** 高压供电的用户，原则上应采用高压计量，计量方式和电流互感器的变比应由供电部门确定。（√）

**La1B2029** 互感器或电能表误差超过允许范围时，以"1/2"误差为基准，按验证后的误差值退补电量。（×）

**La1B2030** 在办公室内搭建1个小型局域网所需基本的硬件设备有计算机、网卡、网线和集线器。（×）

**La1B3031** 在计量调解、仲裁期间，任何一方当事人均不得改变与计量纠纷有关的计量器具的技术状态。（√）

**La1B3032** 在电价低的供电线路上，擅自接用电价高的用设备，除按实际追补差额电费外，并应承担3倍差额电费的违约使用电费。（×）

**La1B3033** 配电系统电源中性点接地电阻一般应小于4Ω。当配电变压器容量不大于100kVA时，接地电阻可不大于10Ω。（√）

**La1B3034** 按功率因数考核原则，具有上、下网电量的用户，选择的电能表技术指标符合《电能计量装置技术管理规程》的要求外，还要求能计量正、反向有功和正、反向无功电量。（×）

**La1B3035** 有功电能表准确度等级分为0.5级、1级、2级，无功电能表准确度等级分为2级、3级。（×）

**La1B3036** 在三相三线电能表接线检查中，如果在测量各电压端子之间电压时，没有出现173V，则TV极性正常或TV极性全反。（√）

**La1B4037** 高压供电的用户，原则上应采用高压计量，计量方式和电流互感器的变比应由供电部门确定。（√）

**La1B4038** 计费电能表不装在产权分界处，变压器损耗和线路损耗由产权所有者负

担。（×）

**La1B4039** 高压互感器至少每 10 年轮换一次（可用现场检验代替轮换）。（√）

**La1B4040** 并网的自备发电机组应在其联络线上分别装设具有双向计量的有功及无功电能表。（√）

**La1B4041** 在 Excel 工作表中，将公式剪切粘贴时，公式中的相对地址不变。（×）

**La1B4042** 对用户计费的 110kV 及以上的计量点或容量在 3150kVA 及以上的计量点，应采用 0.5 级或 0.5S 级的有功电能表。（√）

**La1B4043** 在三相三线电能表接线检查中，如果在测量各电压端子之间电压时，任意电压端子电压出现 173V，则 TV 极性有一侧接反。（√）

**La1B5044** 对新建电源、电网工程的 Ⅲ 类贸易结算用电能计量装置，应按计量点优先配置互感器专用二次绕组。（×）

**La1B5045** 电价低的供电线路上，擅自接用电价高的用电设备或私自改变用电类别的，应按实际使用日期补交其差额电费，并承担 3 倍差额电费的违约使用电费。（×）

**La1B5046** 计算电量的倍率或铭牌倍率与实际不符的，以实际倍率为基准，按正确与错误倍率的差值退补电量，退补时间以抄表记录为准确定。（√）

**La1B5047** 带有数据通信接口的电能表，其通信规约应符合 DL/T 448 的要求。（×）

**La1B5048** 低压架空进户线重复接地可在建筑物的进线处做引下线，N 线与 PE 线可在重复接地节点处连接。（×）

**Lb1B1049** 电力电缆的绝缘测试，测试完毕后，应将每 1 根芯线充分对地放电。（√）

**Lb1B2050** 变压器并列运行基本条件是电压比相等、接线组别相同、短路阻抗相等。（√）

**Lb1B2051** 因电能计量装置接线错误，通过计算更正系数对差错电量进行退补计算，这种方法称为更正系数法。（√）

**Lb1B2052** 低压自动空气断路器的选用原则是安全合理、操作简便、维护容易、节约投资。（√）

**Lb1B2053** 熔断器的极限分断电流应大于或等于能保护电路可能出现的短路冲击电流的有效值。（√）

**Lb1B2054** 矩形母线扭转 90° 时，其扭转部分长度不得小于母线宽度的 2.5 倍。（√）

**Lb1B2055** 当 2 只单相电压互感器按 V/V 接线，二次线电压 $U_{ab} = 100V$，$U_{bc} = 100V$，$U_{ca} = 173V$，则电压互感器二次绕组 b 相极性反。（×）

**Lb1B2056** TV 二次回路压降测试数据填写原始记录时，数据错误后可任意修改。（×）

**Lb1B2057** 检查电能表接线时，应先测量一下相序，使接线保持正相序。（√）

**Lb1B2058** 在带电的 TA 二次回路上工作时，严禁将 TA 二次侧开路。（√）

**Lb1B3059** 10kV 电压互感器在高压侧装有熔断器，其熔断丝电流应为 1.5A。（×）

**Lb1B3060** 电缆室外直埋敷设深度不应小于 0.7m，直埋农田时，不小于 1.5m，电缆的上下部位均匀铺设细沙层，其厚度为 0.1m。（×）

**Lb1B3061** 电缆的绝缘结构与电压等级有关，一般电压越高，绝缘层越厚，两者成正比。（×）

**Lb1B3062** 测试低压电力电缆，绝缘电阻表"G"接线端是否与电缆铠装层连接，对测试数据影响不大。（√）

**Lb1B3063** 电力电容器能补偿电网无功、提高自然力率、减少线路能量损耗和线路压降、提高系统输送功率。（√）

**Lb1B3064** 测试 TV 二次回路压降时，绝不可将仪器的任何一输入端接地。（√）

**Lb1B3065** 电能表现场检验应检查计量倍率及计量接线是否正确；测量工作电压、电流应为正向序并基本平衡，对电压、电流相位，绘制"六角相量图"分析接线正确性。（√）

**Lb1B3066** TV 二次回路压降测试中发现因设计原因产生的不符合项，只能上报管理部门，不允许现场做任何整改。（√）

**Lb1B3067** 三相三线电能计量装置中，若"＋"角差对 A 相电流互感器的综合误差产生"＋"方向的变化，则"＋"角差对 C 相电流互感器的综合误差产生"－"方向的变化。（√）

**Lb1B3068** 采用闭路退磁法时，应在二次绕组上接一个相当于额定负荷 10～20 倍的电阻，给一次绕组通以工频电流，由零增至 1.2 倍的额定电流，然后均匀缓慢地降至零。（√）

**Lb1B3069** 从电压互感器到电能表的二次回路的电压降不得超过 1.5%。（×）

**Lb1B3070** 对电流互感器实际二次负荷进行测试时为保证准确度，钳形电流表（测试仪配置）测点须在取样电压测点的前方（靠近互感器侧）。（√）

**Lb1B3071** 电能表现场校准时，不允许使用钳型电流互感器作为校准仪的电流输入元件。（×）

**Lb1B3072** 电能表现场检验标准应至少每 1 个月在试验室比对一次。（×）

**Lb1B3073** 电能表现场检验时，当负荷电流低于被检电能表标定电流的 10%（对于 S 级的电能表为 5%）或功率因数低于 0.5 时，不宜进行误差测定。（√）

**Lb1B3074** 三相三线有功电能表的误差反映了两组测量元件误差的代数和。（×）

**Lb1B3075** 采用低压电力线窄带载波通信时，其载波信号频率范围应为 3～500kHz，优先选择 IEC61000－3－8 规定的电力部门专用频带 9～95kHz。（√）

**Lb1B3076** "全采集"指采集系统实现公司生产、经营、管理业务所需的电力用户和公用配变考核计量点的全部电气量信息的采集。（√）

**Lb1B4077** 变配电所的 35kV、110kV 配电装置和主变压器的断路器，应在控制室集中控制；6～10kV 配电装置中的断路器，一般采用就地控制。（√）

**Lb1B4078** 低压架空线路接户线的绝缘子铁脚宜接地，接地电阻不宜超过 30Ω。当土壤电阻率在 200Ω·m 及以下时，可不另设接地装置。（√）

**Lb1B4079** 熔断器的极限分断电流应大于或等于被保护电路可能出现的短路冲击电流的有效值。（√）

**Lb1B4080** 对于低压交联聚乙烯护套绝缘的电力电缆，交接试验只做绝缘电阻测量。

必要时，还可以做交流耐压试验。（√）

**Lb1B4081** 国家规定 35kV 及以上电压等级供电的用户，受电端电压正、负偏差不得超过额定值的 ±9%。（×）

**Lb1B4082** TV 二次回路压降测试时，若确实需要获得真实压降数据时，应在加强监护的方式下，先测试熔断器进线侧二次压降，在测试顺利完成后，关闭仪器。（×）

**Lb1B4083** 现场检验电能表应采用标准电能表法，利用光电采样控制或被试表所发电信号控制开展检验，宜使用可测量电压、电流、相位和带有错接线判别功能的电能表现场检验仪。（√）

**Lb1B4084** 三相三线无功电能表在正常运行中产生反转的一个原因是三相电压进线相序接反或容性负荷所致。（√）

**Lb1B4085** 电能表现场校准时，现场负载功率应为实际的常用负载，当负载电流低于被校准电能表标定电流 20% 或功率因数低于 0.5 时，不宜进行现场校准。（×）

**Lb1B4086** TA 二次负荷测试时，负荷电流应相对稳定，二次电流不低于二次负荷测试仪的启动电流。（√）

**Lb1B4087** 用电信息采集终端按应用场所分为专变采集终端、集中抄表终端（包括集中器、采集器）、分布式能源监控终端等类型。（√）

**Lb1B5088** 配电系统电源中性点接地电阻一般应小于 4Ω，当配电变压器容量不大于 100kVA 时，接地电阻可不大于 15Ω。（×）

**Jd1B3089** 检验仪配用的钳形电流互感器在出厂前已与检验仪一起对应调试好，因此钳形电流互感器的相别可以互换，不会带来测量误差。（×）

**Jd1B3090** 灵敏度是仪表的重要技术指标之一，它是指仪表测量时所能测量的最小被测量。（√）

**Je1B3091** 35kV 及以上供电的用户应有多种专用互感器分别用于计费、保护、测量。（×）

**Je1B5092** 电力系统谐波产生的原因是由于电力系统中某些设备和负荷的非线性特性，当正弦波（基波）电压施加到非线性负载上时，负载吸收的电流与其上施加的电压波形不一致，导致电流发生了畸变。（√）

**Je1B5093** 用户有单台设备容量超过 1kW 的单相电焊机、换流设备时，虽未采取有效的技术措施以消除对电能质量的影响，按规定仍可采用低压 220V 供电。（×）

**Je1B5094** 装设隔离开关辅助接点严重影响电能计量装置的计量性能，为此，通常用隔离开关辅助接点控制一个中间继电器，再由中间继电器的主触点控制电能表的电压回路。（√）

**Je1B5095** 并网的自备发电机组应在其联络线上分别装设单方向输出、输入的有功及无功电能表。（√）

**Jf1B1096** 经计量授权的供电部门可以直接对计量纠纷进行仲裁检定。（×）

**Jf1B2097** 客户申请现场校验，但不认可结果，应主动提醒客户，如果对现场校验的数据不满，可申请实验室检定。（√）

**Jf1B2098** 实行强制检定的计量器具是指：用于贸易结算、安全防护、医疗卫生、环

境监测方面的列入强制检定目录的工作计量器具。（×）

**Jf1B2099** 对计量纠纷进行仲裁检定是由发生计量纠纷单位的上级计量检定机构进行。（×）

**Jf1B3100** 工作人员在电压为 60～110kV 现场工作时，正常活动范围与带电设备的安全距离为 0.5m。（×）

**Jf1B3101** 计量保证是用于保证计量可靠和适当的测量准确度的全部法规、技术手段及必要的各种运作。（√）

**Jf1B5102** 工作人员在电压为 10kV 现场工作时，正常活动范围与带电设备的安全距离为 0.5m。（×）

**Jf1B5103** QC 小组的特点有明显的自主性、广泛的群众性、高度的民主性、严密的科学性。（√）

## 1.3 多选题

**La1C1001** 在线路上产生电压损失的主要原因是（　　）。

（A）接头接触电阻变大，发热甚至烧坏造成断线；（B）供电线路太长，超出合理的供电半径；（C）冲击性负荷，三相不平衡负荷的影响；（D）用户用电的功率因数低。

**答案：BCD**

**La1C2002** 全电子式电能表有哪些特点（　　）。

（A）本身功耗比感应式电能表低；（B）可进行远方测量；（C）测量精度高；（D）过载能力低。

**答案：ABC**

**La1C2003** 同一建筑物内部相互连通的房屋、多层住宅的每个单元、同一围墙内一个单位的电力和照明用电，不能设置的进户点是（　　）个。

（A）1；（B）2；（C）5；（D）10。

**答案：BCD**

**La1C2004** 下列关于三相电路功率的说法正确的是（　　）。

（A）无论对称与否三相正弦交流电路中的总的有功功率、无功功率分别等于各相有功功率、无功功率之和；（B）无论对称与否，无论电路的连接方式如何，三相电路的有功、无功功可用公式来计算；（C）对称三相正弦交流电路的瞬时功率之和总是等于该三相电路的有功功率；（D）以上都不对。

**答案：AC**

**La1C3005** 《电力互感器检定规程》（JJG 1021—2007）规定，用于2500V兆欧表测量电流互感器（　　）绝缘电阻不小于500MΩ。

（A）一次绕组对二次绕组；（B）二次绕组之间；（C）二次绕组对地；（D）匝间绝缘。

**答案：BC**

**La1C3006** 使用钳形电流表测量电流时安全要求有（　　）。

（A）戴绝缘手套；（B）直接用电流钳钳在导线上；（C）站在绝缘垫上或穿绝缘鞋；（D）注意钳形电流表的电压等级。

**答案：ACD**

**La1C3007** 使用兆欧表测量绝缘电阻时应注意的事项是（　　）。

（A）测量设备的绝缘电阻时，可带电测量；（B）测量电容器、电缆、大容量变压器和电机时，要有一定的充电时间；（C）兆欧表必须放在水平位置；（D）兆欧表引线应用单股铜线。

**答案：BC**

**La1C4008**　安装联合接线盒的作用是（　　　）。

（A）方便带电情况下拆装电能表；（B）方便带电情况下现场校验电能表误差；（C）方便带电情况下拆装电流互感器；（D）方便带电情况下拆装电压互感器。

**答案：AB**


**La1C4009**　电流互感器安装要注意的是（　　　）。

（A）二次绕组可以开路；（B）二次绕组要接低阻抗负荷；（C）接线时一定要注意极性；（D）接到互感器端子上的线鼻子要用螺栓拧紧。

**答案：BCD**


**La1C4010**　电能计量装置一般包括（　　　）。

（A）电能表；（B）计量用互感器、计量用二次回路；（C）带电流互感器的一次回路；（D）计量用的柜、屏、箱等。

**答案：ABD**


**La1C4011**　电子式电能表与感应式电能表相比优势的是（　　　）。

（A）电子式电能表寿命长；（B）电子式电能表更能适应于恶劣的工作环境；（C）电子式电能表易于实现防窃电功能；（D）电子式电能表可实现较宽的负载。

**答案：BCD**


**La1C4012**　更换电能表或电能表接线时应注意事项有（　　　）。

（A）去了就换表；（B）先将原接线做好标记；（C）拆线时，先拆电源侧；（D）正确加封印。

**答案：BCD**


**La1C4013**　计量用互感器包括（　　　）。

（A）计量用电流互感器或计量用电流二次绕组；（B）计量用电压互感器或计量用电压二次绕组；（C）计量用电流/电压组合式互感器；（D）计量用的互感器端子。

**答案：ABC**


**La1C4014**　影响电流互感器误差的因素有（　　　）。

（A）一次电流的变化；（B）电源频率的变化；（C）二次负载功率因数的变化；（D）一次负荷的变化。

**答案：ABC**


**La1C4015**　在现场测试运行中电能表时，对现场条件要求有（　　　）。

（A）电压对额定值的偏差不应超过±7％；（B）频率对额定值的偏差不应超过±2％；（C）通入标准电能表的电流应不低于其标定电流的30％；（D）现场检验时，负荷电流不低于被检电能表标定电流的 10％（S 级电能表为 5％），或功率因数低于 0.5 时，不宜进行误差测定。

**答案：BD**

**Lb1C1016** 终端异常分类包括（　　）。
（A）采集数据异常；（B）通信异常；（C）终端故障；（D）测量点电表异常。

**答案：ABC**

**Lb1C1017** 本地查看低压集抄终端所有表计均未抄到的可能原因是什么（　　）。
（A）485 总线短路；　（B）低压集抄终端 485 接口坏；　（C）个别表地址错误；（D）APN 设置错。

**答案：AB**

**Lb1C1018** 目前采集系统中低压客户主流下行通信方式有（　　）。
（A）光纤；（B）载波；（C）RS485；（D）微功率无线。

**答案：BCD**

**Lb1C1019** 现场施工完毕后应核对集中器、采集器（　　）等信息，确保现场信息与工作单一致。
（A）编号；（B）型号；（C）安装地址；（D）户号。

**答案：ABC**

**Lb1C2020** 计量检定人员的违法行为有（　　）。
（A）伪造计量检定数据；（B）出具错误数据，造成损失；（C）违反计量技术法规进行检定；（D）使用未经考核合格的计量标准。

**答案：ABCD**

**Lb1C2021** 计量检定人员的职责有（　　）。
（A）必须维护保养和正确使用计量标准；　（B）必须执行计量技术法规从事检定；（C）必须保证计量检定原始记录和技术档案的完整；（D）必须承办计量行政部门委托的有关任务。

**答案：ABCD**

**Lb1C2022** 计量检定印证包括的内容有（　　）。
（A）检定证书；（B）检定结果通知书；（C）检定不合格印；（D）检定合格印。

**答案：ABD**

**Lb1C2023** 拆除专变采集终端时应（　　）。

（A）短接控制回路常闭接点；（B）断开控制回路常闭接点；（C）断开控制回路常开接点；（D）短接控制回路常开接点。

答案：AC

**Lb1C2024** 集中器是指（ ）的设备。

（A）收集各采集器或电能表的数据；（B）进行指令分配或清除；（C）能和主站或手持设备进行数据交换；（D）进行处理储存。

答案：ACD

**Lb1C2025** 用电信息采集系统中，能够近距离直接与手持设备（或称手持抄表终端）进行数据交换的有（ ）。

（A）集中器；（B）计算机设备；（C）采集器；（D）采集终端。

答案：ABC

**Lb1C2026** 用电信息采集终端按应用场所分为（ ）、分布式能源监控终端等类型。

（A）专变采集终端；（B）集中抄表终端；（C）抄表掌机；（D）电能表。

答案：AB

**Lb1C2027** 专变采集终端本地通信调试的参数包括（ ）。

（A）电能表地址；（B）规约；（C）波特率；（D）信号频率。

答案：ABC

**Lb1C3028** 我国的法定单位有（ ）部分。

（A）国际单位制的基本单位（7个）；（B）国际单位制中包含辅助单位在内的具有专门名称的导出单位（21个）；（C）国家选定的非国际单位制单位（15个）；（D）由以上单位构成的组合形式的单位。

答案：ABCD

**Lb1C3029** 《测量用电压互感器检定规程》（JJG 314—2010）规定，测量用的电压互感器测量检定项目有（ ）等。

（A）外观检查；（B）退磁；（C）绕组极性检查；（D）误差测量。

答案：ACD

**Lb1C3030** 检定新制造的电流互感器时，应在额定功率因数下，分别加（ ）测量误差。

（A）额定负荷；（B）下限负荷；（C）1/8额定负荷；（D）1/3额定负荷。

答案：AB

**Lb1C3031** 实负荷比较法也叫瓦秒法用于检查运行在现场的 （  ） 计量装置是否失准的简易方法。

（A）带电流、电压互感器三相四线有功电能表；（B）直接接入式三相四线无功电能表；（C）直接接入式三相四线有功电能表和单相有功电能表；（D）带电流、电压互感器三相三线有功电能表。

**答案：ACD**

**Lb1C3032** 以下 （  ） 属于计量检定印证的内容。

（A）检定证书；（B）检定结果通知书；（C）检定不合格印；（D）注销印。

**答案：ABD**

**Lb1C3033** 以下内容为安装式电子式电能表检定项目的是 （  ）。

（A）外观检查；（B）功能试验；（C）常数试验；（D）启动试验。

**答案：ACD**

**Lb1C3034** 作业现场应具备下列哪些条件 （  ）。

（A）作业人员应具备识别现场危险因素和应急处理能力；（B）工作人员的劳动防护用品应合格、齐备；（C）生产条件和安全设施等应符合有关标准，规范要求；（D）现场使用的安全工器具应合格并符合有关要求。

**答案：BCD**

**Lb1C4035** 电能表安装的接线原则为 （  ）。

（A）先出后进；（B）先进后出；（C）先零后相；（D）从左到右。

**答案：AC**

**Lb1C4036** 电能表现场检验的周期正确的是 （  ）。

（A）新投运或改造后的Ⅰ、Ⅱ、Ⅲ、Ⅳ类高压电能计量装置应在 1 个月内进行首次现场检验；（B）新投运或改造后的Ⅰ、Ⅱ、Ⅲ、Ⅳ类高压电能计量装置应在 3 个月内进行首次现场检验；（C）Ⅰ类电能表至少每 3 个月现场检验一次，Ⅱ类电能表至少每 6 个月现场检验一次，Ⅲ电能表至少每年现场检验一次；（D）Ⅰ类电能表至少每 6 个月现场检验一次，Ⅱ类电能表至少每 12 个月现场检验一次，Ⅲ电能表至少每年现场检验一次。

**答案：AC**

**Lb1C4037** 电能计量装置二次回路检测电流互感器二次负荷测试的工作内容包括（  ）。

（A）注意被测二次电流应在二次负荷测试仪有效范围内，低于测试仪有效范围不予检测；（B）根据 DL/T 448 规程的要求对电流互感器实际二次负荷进行检测，电流互感器实际二次负荷应在 25%～120% 额定二次负荷范围内；（C）电流互感器额定二次负荷的功率因数应为 0.8～1.0；（D）测试电压互感器二次负荷时，测试中应避免二次回路短路，电流钳（测试仪配置）测点。

答案：AC

**Lb1C4038** 对互感器的检定周期描述正确的是（　　　）。

（A）电磁式互感器的检定周期不得超过 10 年；（B）电容式互感器的检定周期不得超过 4 年；（C）电容式互感器的检定周期不得超过 2 年；（D）电磁式互感器的检定周期不得超过 4 年。

答案：AB

**Lb1C4039** 客户对计费电能表的准确性提出异议，并要求进行校验的，经有资质的电能计量技术检定机构检定（　　　）。

（A）在允许误差范围内的，校验费由客户承担；（B）超差的电能表，校验费由客户承担；（C）超出允许误差范围的，校验费由供电企业承担，无需向客户退补相应电量的电费；（D）超出允许误差范围的，校验费由供电企业承担，无需向客户退补相应电量的电费。

答案：AD

**Lb1C4040** 强制检定的特点有（　　　）。

（A）固定检定关系、定点送检；　（B）检定周期由计量器具使用单位自行决定；（C）政府计量行政部门统一管理；（D）检定由法定或授权技术机构执行。

答案：ACD

**Lb1C4041** 在进行专变终端的本地通信的故障排查时，工作班成员的作业内容应包含如下几方面：（　　　）。

（A）检查控制线连接是否正确；（B）检查脉冲数据线是否正常，终端和电能表的脉冲端口是否正常；（C）检查 RS485 数据线是否正常，终端和电能表的 RS485 端口是否正常；（D）电能表通信参数设置（电能表地址、规约、波特率等）是否正确。

答案：BCD

**Lb1C5042** 电能表最大需量测量采用滑差方式，需量周期可在（　　　）min 中选择。

（A）5；（B）10；（C）15；（D）90。

答案：ABC

**Lb1C5043** 为减少电压互感器的二次导线压降应采取的措施有（　　　）。

（A）敷设电能表专用的二次回路；（B）增大导线截面；（C）增加转接过桥的串接接点；（D）采用电压误差补偿器。

答案：ABD

**Lb1C5044** 运行时电压过高对变压器的影响有（　　　）。

（A）引起用户电流波形畸变，增加电机和线路上的附加损耗；（B）可能在系统中造成谐波共振现象，并导致过电压，使绝缘损坏；（C）变压器铁芯的饱和程度增加，会使电压和磁通的波形发生严重畸变，变压器空载电流降低；（D）线路中电流的高次谐波会对通信线路产生影响，干扰通信正常进行。

答案：ABD

**Lb1C5045** 在电力系统运行的电流互感器在100％额定电流时，当二次突然断线后将发生的后果可能有（　　　）。

（A）铁芯磁密度升高；（B）铁芯磁密度减小；（C）铁芯涡流损耗大；（D）铁芯将过度发热，将烧坏线圈绝缘。

答案：ACD

**Lb1C5046** 在电力系统运行中，引起过电压的原因有（　　　）。
（A）电击；（B）操作；（C）短路；（D）雷击。
答案：BCD

**Lc1C3047** 变压器大修日期是（　　　）。

（A）10kV及以下电压等级的变压器，如不经常过负荷，则每5年大修一次；（B）10kV及以下电压等级的变压器，如不经常过负荷，则每10年大修一次；（C）35kV及以上电压等级的变压器，投入运行3年后应大修一次，以后每隔10年大修一次；（D）35kV及以上电压等级的变压器，当承受出口短路故障后，应考虑提前大修或做吊装检查。

答案：BD

**Jd1C1048** 插入指定预付费电能表中电卡的有效数据不能输入表内，即表不认卡，其原因包括（　　　）。

（A）通信故障；（B）单片机死机；（C）整流器、稳压管或稳压集成块损坏；（D）整机抗干扰能力差。

答案：ABD

**Jd1C2049** 仪表常数试验方法包括（　　　）。
（A）计读脉冲法；（B）走字试验法；（C）标准表法；（D）瓦秒法。
答案：ABC

**Jd1C2050** （　　　）电气设备需要保护接地。

（A）变压器、电动机、电器、手握式及移动式电器；（B）配电线的金属保护管，开关金属接线盒；（C）电力架空线路；（D）低压电流互感器。

答案：AB

**Jd1C2051** 带电检查的内容包括（　　）。

（A）测量电压（或二次电压）；（B）测量电压相序；（C）测量电流（或二次电流）；（D）测量互感器的误差。

**答案：ABC**

**Jd1C2052** 集中抄表终端的竣工验收时，工作班成员的作业内容包含（　　）。

（A）检查终端安装资料应正确、完备；（B）确认安装工艺质量应符合有关标准要求；（C）检查集中器是否满足送电要求；（D）检查接线应与竣工图一致。

**答案：ABD**

**Jd1C2053** 六角图分析法判定接线时的必要条件包括（　　）。

（A）在测定功率的过程中，负载电流、电压保持基本稳定；（B）三相电路电压基本对称，并查明电压明序；（C）已知用户负载性质（感性或容性）；（D）功率因数应稳定。

**答案：ABCD**

**Jd1C2054** 为了防止断线，电流互感器二次回路中不允许装有（　　）。

（A）接头；（B）隔离开关辅助触点；（C）开关；（D）电能表。

**答案：ABC**

**Jd1C2055** 现场检验时，还应检查（　　）不合理的计量方式。

（A）电流互感器变比过大，致使电能表经常在 1/4 基本电流以下运行的电能表与其他二次设备共用一组电流互感器的；（B）电压与电流互感器分别接在电力变压器不同侧的，不同母线共用一组电压互感器的；（C）无功电能表与双向计量的有功电能表有止逆器的；（D）电压互感器的额定电压与线路额定电压不相符的。

**答案：BD**

**Jd1C3056** 电能计量装置新装完工后，在送电前检查的内容有（　　）。

（A）核查电流、电压互感器安装是否牢固，安全距离是否足够，各处螺丝是否旋紧，接触面是否紧密；（B）检查电流、电压互感器的二次侧及外壳是否接地；（C）用电压表测量相、线电压是否正确，用电流表测量各相电流值；（D）检查电压熔丝端弹簧铜片夹的弹性及接触面是否良好。

**答案：ABD**

**Jd1C3057** 复费率表通电后无任何显示的原因一般有（　　）。

（A）开关未通、断线、熔丝断、接触不良；（B）整流器、稳压管或稳压集成块损坏；（C）时控板插头脱落或失去记忆功能；（D）电容器未充电。

**答案：ABC**

**Jd1C3058** 接线检查主要检查计量电流回路和电压回路的接线情况，它包括（　　）。

（A）检查接线有无开路或接触不良、检查接线有无短路；（B）检查有无改接和错接、检查有无越表接线；（C）检查 TA、TV 接线是否符合要求、检查互感器的实际接线和变比；（D）检查电能表的规格、准确度是否符合要求。

答案：**ABC**

**Jd1C3059** 一只智能电能表，反向电量显示方式有（　　）。

（A）反向电量计入正向电量中，同时反向总电量单独计量并显示；（B）反向电量计入正向电量中，不单独计量；（C）反向电量计入正向电量中，同时反向总电量单独计量，不显示；（D）反向、正向电量单独显示，反向总电量不显示。

答案：**ACD**

**Jd1C3060** 标准电子式电能表的检定项目有（　　）。

（A）启动和停止试验；（B）校核计度器示数；（C）确定基本误差；（D）确定标准排查估计值。

答案：**ACD**

**Jd1C4061** 故障排查过程中对本地信道的检查检测内容有（　　）。

（A）检查电能表与终端之间 RS－485 通信线缆接线是否正确，接触是否良好，是否存在短路或断路；（B）查看电能表与终端距离是否过长，末端表计与终端之间的电缆连线长度不宜超过 100M；（C）利用仪表测试电能表 RS－485 通信能力；（D）利用仪器对低压载波通道的可靠性进行检测。

答案：**ABD**

**Jd1C4062** 核对和抄录高压电能计量装置信息时工作班成员应（　　）。

（A）核对计量设备封印是否完好，计量装置信息是否与装拆工作单相符。发现异常转异常处理程序；（B）抄录电能表当前各项读数，并拍照留证；（C）确认电源进、出线方向，断开进、出线开关，且能观察到明显断开点；（D）使用验电笔（器）再次进行验电，确认互感器一次进出线等部位均无电压后，装设接地线。

答案：**AB**

**Jd1C4063** 以下关于二次压降测试的说法，正确的是（　　）。

（A）先拆除 PT 端子箱处和电能表表尾处接线，后拆除测试仪端接线；（B）先拆除测试仪端接线，后拆除 PT 端子箱处和电能表表尾处接线；（C）先拆除连接线缆，后关闭测试仪电源；（D）先关闭测试仪电源，后拆除连接线缆。

答案：**AC**

**Jd1C5064** 当空母线送电后，合绝缘监视的电压互感器时发生铁磁谐振应（　　）处理。

（A）先对母线上馈出的电缆或架空线路送电，改变母线对地电容值；（B）先对母线上馈出的电缆或架空线路送电，增大母线对地电容值；（C）先对母线上馈出的电缆或架空线路送电，减小母线对地电容值；（D）利用导线瞬时短接谐振的电压互感器开口三角形处的两端子，破坏谐振条件。

**答案：AD**

**Jd1C5065** 机械式三相无功电能表接线正确，则使表反转的原因有（　　）。

（A）电流的方向发生了改变。这类用户应该安装正、反向无功电能表，即不管正向还是反向，无功电能表都正向计量其绝对值；（B）电压相序发生改变，即由正相序变成负相序；（C）负载为容性，电压为逆相序；（D）负载为容性，电压为正相序。

**答案：ABD**

**Je1C3066** 按国家电子式电能表检定规程要求，检定 0.5 级电子式电能表时基本条件是（　　）。

（A）环境温度对标准值（20℃）的偏差为 ±5℃；（B）频率对额定值的偏差 ±（1%～5%）；（C）参比频率下的外部磁感强度不大于 0.025mT；（D）$\cos\phi$ 相对规定值的偏差为 ±0.01。

**答案：CD**

**Je1C3067** 电子式电能表通电检查时，发现有（　　）缺陷不予检定。

（A）标志是否完全，字迹是否清楚；（B）显示数字是否清楚、正确；（C）显示是否回零，显示时间和内容是否正确、齐全；（D）基本功能是否正常。

**答案：BCD**

**Je1C3068** 按国家电子式电能表检定规程要求，确定电能测量基本误差的方法有（　　）。

（A）计读脉冲法；（B）瓦秒法检定电能表；（C）走字试验法；（D）用标准表法检定电能表。

**答案：BD**

**Je1C4069** 安装式电子式电能表的检定项目有（　　）。

（A）工频耐压试验；（B）启动、潜动试验；（C）确定日计时误差和时段投切误差；（D）短路试验。

**答案：ABC**

**Je1C4070** 用电信息采集系统主要与（　　）系统实现数据共享。

（A）电力营销管理信息系统；（B）配网管理系统；（C）电网调度系统；（D）营销稽查监控系统。

答案：**ABCD**


**Je1C4071** 专变采集终端的电能质量监测数据统计的内容有（　　）。

（A）电压越限统计；（B）电流越限统计；（C）功率因数越限统计；（D）谐波数据统计。

答案：**ACD**


**Je1C5072** 采用（　　）消除实验室检定过程中的红外通信干扰。

（A）在通信时尽量输入全表号，以免造成同号；（B）有条件的话，对于不同的通信内容尽量采用 RS－485 通信口进行一对一方式通信对于相同的通信内容，如时钟校对，则可采用广播通信；（C）实验室空间尽可能大，操作人员不易过于密集；（D）实验室采取隔离措施，防止信号互串。

答案：**ABCD**


**Je1C5073** 关于对时下列说法正确的是（　　）。

（A）主站负责对集中器、采集器对时；（B）采集终端监测电能表是否超差；（C）电能表时钟误差超过允许值后，采集终端立刻启动对时钟超差电能表对时，并把对时事件上报主站；（D）各级对时均要考虑通信延时，并进行对时修正。

答案：**BD**


**Je1C5074** 电能计量装置二次回路检测拆除测试线路应注意（　　）。

（A）先拆除 PT 端子箱处和电能表表尾处接线，后拆除测试仪端接线；（B）先拆除测试仪端接线，后拆除 PT 端子箱处和电能表表尾处接线；（C）收起测试电缆时应注意不要用力拖拽，避免安全隐患；（D）关闭测试仪电源，并小心取测试仪工作电源。

答案：**ACD**


**Jf1C2075** 对违反《电力设施保护条例》，电力管理部门实施行政处罚的方法有（　　）。
（A）责令改正；（B）批评教育；（C）赔偿损失；（D）罚款。

答案：**ACD**


**Jf1C2076** 经互感器接入式低压电能计量装置装拆及验收安装互感器时的工作内容包括（　　）。

（A）电流互感器一次绕组与电源串联接入，并可靠固定；（B）同一组的电流互感器应采用制造厂、型号、额定电流变比、准确度等级、二次容量均相同的互感器；（C）电流互感器进线端极性符号应一致；（D）正确连接电能表。

答案：**ABC**

**Jf1C3077** 计量现场作业人员发现客户有违约用电或窃电行为应（　　）。

（A）立即停电；（B）继续施工；（C）停止工作保护现场；（D）通知和等候用电检查（稽查）人员。

答案：CD


**Jf1C4078** 发供电系统正常情况下，供电企业应连续向用户供应电力。但是，有下列情形之一的，不经批准即可中止供电，但事后应报告本单位负责人。（　　）

（A）不可抗力和紧急避险；（B）确有窃电行为；（C）违反安全用电、计划用电有关规定，拒不改正者；（D）用户注入电网的谐波电流超过标准，以及冲击负荷非对称负荷等对电能质量产生干扰与妨碍，在规定限期内不采取措施者。

答案：AB


**Jf1C5079** （　　），使用单臂电桥测量直流电阻。

（A）选择适当比率，尽量选择能读取六位数的比率；（B）测量时先接通检流计按键，后接通电源按键；（C）测量前先将检流计锁扣打开，并调整指针在零点；（D）在测电感线圈时，应在接通电源按键后，稍停一段时间，再接通检流计按键，读取数字后，应先断开检流计按键，再断开电源按键。

答案：CD


**Jf1C5080** 关于电压合格率，下列说法正确的是（　　）。

（A）35kV 及以上电压供电的，电压正、负偏差的绝对值之和不超过额定值的 10%；（B）10kV 及以下三相供电的，为额定值的 +7%，−10%；（C）220V 单相供电的，为额定值的 ±7%；（D）在电力系统非正常状况下，客户受电端的电压最大允许偏差不应超过额定值的 ±10%。

答案：AD


**Jf1C5081** 违反电力供应与使用条例规定，有下列行为之一的，由电力管理部门责令改正，没收违法所得，可以并处违法所得 5 倍以下的罚款（　　）。

（A）擅自绕越供电企业的用电计量装置用电；（B）擅自向外转供电；（C）擅自伸入或者跨越供电营业区供电的；（D）未按照规定取得《供电营业许可证》，从事电力供电业务的。

答案：BCD

## 1.4 计算题

**La1D1001** 对称三相电源的线电压是 380V，外接星形对称负载，其每相阻抗的电阻 $R=X_1\Omega$，感抗 $X_L=20\Omega$，中线的电阻是 $0.3\Omega$，电抗是 $0.2\Omega$，则三相有功功率 $P=$ _____ kW。（计算结果保留 2 位小数）

$X_1$ 取值范围：$8\sim12$ 的整数

**计算公式：**

$$P=\frac{144.799X_1}{X_1^2+400}$$

**Lb1D1002** 某用户用一块三相三线智能表计量，负载为对称感性负载，原抄见底码为 $X_1$，1 个月后抄见底码为 $X_2$，经检查错误接线的功率表达式为 $-2UI\cos(30°+\varphi)$，该用户月平均率因数为 0.9，电流互感器变比为 150/5A，电压互感器变比为 10000/100V，则追补电量 $\Delta W=$ _____ kW·h。（智能表负功率有反向电量，正向累加总有功电量，计算结果保留 1 位小数）

$X_1$ 取值范围：$300\sim1500$ 的整数

$X_2$ 取值范围：$2000\sim2900$ 的整数

**计算公式：**

$$G=\frac{\sqrt{3}UI\cos\varphi}{-2UI\cos(30°+\varphi)}=\frac{-\sqrt{3}}{\sqrt{3}-\tan\varphi}=-1.388$$

$$\Delta W=(|G|-1)\times\frac{150}{5}\times\frac{10000}{100}(X_2-X_1)=1164.5(X_2-X_1)$$

**Je1D1003** 某三相三线智能表用户计量互感器故障，计量人员更换后再次送电时，电能表的示数 $A_1$ 为 5000。但因更换互感器造成电能表负功率，到查线时示数 $A_2$ 为 $X_1$。经测试，错误属于 C 相电流互感器极性接反，电能表正、反向计量误差均合格，负载功率因数 $\cos\varphi=0.866$（滞后）。则错误接线更正系数 $G=$ _____，错误接线期间的实际用电量 $W_1=$ _____ kW·h。（计算结果保留 2 位小数）

$X_1$ 取值范围：$5200\sim6000$ 的整数

**计算公式：**

$$G=\frac{P_{正确}}{P_{错误}}=\frac{\sqrt{3}UI\cos\varphi}{UI\cos(30°+\varphi)+UI\cos(150°+\varphi)}=-3$$

$$W_1=|G||X_1-5000|=3|X_1-5000|$$

**Lb1D2004** 某低压三相四线用户因配电室低压短路故障，将计量低压互感器烧坏，私自进行了更换，互感器变比铭牌仍标为正确时的 200/5，后经计量人员检测发现 U 相 TA 实为 1000/5，V 相 TA 实为 500/5，W 相 TA 为 300/5，已知用户更换 TA 期间有功电能表走了 $X_1$ 个字，试计算更正率 $K=$ _____、应追补的电量 $\Delta W=$ _____ kW·h。（计算

结果保留 2 位小数）

$X_1$ 取值范围：20～300 的整数

**计算公式：**

$$K=\frac{P_{正确}}{P_{错误}}-1=\frac{3UI\cos\varphi}{\frac{200}{1000}UI\cos\varphi+\frac{200}{500}UI\cos\varphi+\frac{200}{300}UI\cos\varphi}-1=\frac{26}{19}=1.37$$

$$\Delta W=KX_1\times\frac{200}{5}=\frac{26\times40}{19}X_1=\frac{1040X_1}{19}$$

**Lb1D2005** 某用户装一块三相四线表，$3\times380/220V$，5A，装 3 台变比为 200/5 电流互感器，有 1 台过负载烧毁，用户自行更换 1 台，供电部门因故未到现场。半年后发现，后换这台电流互感器变比是 500/5 的，在此期间有功电能表共计抄过电量 $W=X_1$ 万 kW·h，试计算更正率 $K=$ _____ 、追补电量 $\Delta W=$ _____ kW·h。

$X_1$ 取值范围：5，10，20，30

**计算公式：**

$$K=\frac{P_{正确}}{P_{错误}}-1=\frac{3UI\cos\varphi}{2UI\cos\varphi+\frac{200}{500}UI\cos\varphi}-1=\frac{1}{4}$$

$$\Delta W=KX_1\times\frac{200}{5}=10X_1$$

**Lb1D2006** 某一电力用户，连接 $3\times100V$，5A 的电能表，计量有功电能，现场检查的接线方式一元件（$\dot{U}_{WU}$，$-\dot{I}_U$），二元件（$\dot{U}_{VU}$，$-\dot{I}_W$），从错接线至抄表时共用电量 $X_1$ 万 kW·h，试计算公正系数 $G=$ _____ 、应追电量 $\Delta W=$ _____ kW·h。（负载为感性 $\varphi=15°$）。（计算结果保留 2 位小数）

$X_1$ 取值范围：5～30 的整数

**计算公式：**

$$G=\frac{P_{正确}}{P_{错误}}=\frac{\sqrt{3}UI\cos\varphi}{UI\cos(30°-\varphi)+UI\cos(90°-\varphi)}=\frac{2}{1+\sqrt{3}\tan\varphi}=1.37$$

$$\Delta W=(G-1)X_1=0.37X_1$$

**Lb1D3007** 有一只三相三线智能表，在 W 相电压回路断线的情况下运行了 4 个月，电量累计为 $X_1$ 万 kW·h，功率因数约为 0.8，试计算更正率 $K=$ _____ 、应追电量为 $\Delta W=$ _____ kW·h。（计算结果保留 3 位小数）

$X_1$ 取值范围：5～20 的整数

**计算公式：**

$$K=\frac{\sqrt{3}UI\cos\varphi}{UI\cos(30°+\varphi)}-1=G-1=2.527$$

$$\Delta W = KX_1 = 2.527X_1$$

**Lb1D3008** 某用户智能表发生错误接线，经检查其错误接线的功率为 $P = 2UI\sin\varphi$，电能表在错误接线情况下累计电量为 $X_1$ 万 kW·h，该用户的功率因数为 $\cos\varphi = 0.95$，负载为感性负载，则实际电能量为 $W = $ _____ kW·h。（计算结果保留 3 位小数）。

$X_1$ 取值范围：5～30 的整数

**计算公式：**

$$W = \frac{\sqrt{3}UI\cos\varphi}{2UI\sin\varphi}X_1 = 2.635X_1$$

**Lb1D4009** 某客户一块三相四线智能表，其 C 相电流互感器二次侧反极性，BC 相电压元件接错相，错误计量了 6 个月，电能表 6 个月里，累计的电量数为 $X_1$ 万 kW·h，平均功率因数为 0.85，则实际用电量 $W = $ _____ kW·h。（计算结果保留 3 位小数）

$X_1$ 取值范围：50～200 的整数

**计算公式：**

$$G = \frac{P_{正确}}{P_{错误}} = \frac{3UI\cos\varphi}{UI\cos\varphi + UI\cos(60°-\varphi) + UI\cos(120°-\varphi)} = 1.447$$

$$W = GX_1 = 1.447X_1$$

**Lb1D4010** 某电子式多功能电能表，参数为 $3 \times 220/380V$、$3 \times 0.3(1.2)A$、脉冲常数为 5000imp/(kW·h)、用标准功率表法检验 $I_b$、$\cos\varphi = 1.0$ 负荷点的最大需量示值误差。已知测量装置电流互感器变比 $K_I = 1.5/5$，$K_U = 2.2$，标准功率表读数平均值为 2000W，被检表最大需量示值为 $X_1$kW，此负荷点最大需量的示值误差 $\gamma_P = $ _____。（计算结果保留 2 位小数）

$X_1$ 取值范围：0.981～0.996 带 3 位小数的数

**计算公式：**

$$\gamma_P = \frac{P - P_0}{P_0} \times 100\% = \frac{X_1 - \frac{2000 \times 2.2 \times 0.3}{1000}}{\frac{2000 \times 2.2 \times 0.3}{1000}} \times 100\% = \frac{X_1 - 1.32}{1.32} \times 100\%$$

**Lb1D5011** 三相三线电能表接入 380/220V 三相四线制照明电路，各相负载分别为 $P_U = 4kW$、$P_V = 8kW$、$P_W = 4kW$，该表记录了 $X_1$kW·h，请求出附加误差 $\gamma = $ _____、追退的电量 $\Delta W = $ _____ kW·h。（计算结果保留 2 位小数）

$X_1$ 取值范围：3000，6000，6600，9000，9600，12000

**计算公式：**

$$\gamma = \frac{\sqrt{3}U_{线} I_{线} \cos\varphi}{2U_{相} I_{相} \cos\varphi + 2U_{相} I_{相} \cos\varphi} - 1 = \frac{4+4+4}{4+8+4} - 1 = \frac{12}{16} - 1 = -0.25 = -25\%$$

$$\Delta W = X_1\left(\frac{1}{1-25\%}-1\right)=\frac{X_1}{3}$$

**Lb1D5012** $3\times220$V 三相四线电路中，在 $I_b$ 时互感器误差试验数据为：$f_{IU}=-0.3\%$，$\delta=10'$；$f_{IV}=X_1\%$，$\delta_{IV}=X_2'$；$f_{IW}=-0.2\%$，$\delta_{IU}=8'$，当负荷为 $I_b$、$\cos\varphi=1.0$ 时互感器的合成误差 $e_{h1}=$ _____% 和 $\cos\varphi=0.85$ 时的互感器合成误差 $e_{h2}=$ _____%。（计算结果保留 3 位小数）

$X_1$ 取值范围：$-0.1\sim-0.4$ 带 1 位小数的数

$X_2$ 取值范围：$2\sim13$ 的整数

**计算公式：**

$$e_{h1}=\frac{1}{3}(-0.3+X_1-0.2)+0=\frac{X_1-0.5}{3}$$

$$e_{h2}=\frac{1}{3}(-0.3+X_1-0.2)+0.0097(10+X_2+8)\tan\varphi$$

$$=\frac{X_1-0.5}{3}+0.0060(18+X_2)$$

$$=-0.00585+\frac{X_1}{3}+0.006X_2$$

## 1.5 识图题

**La1E1001** 图1-1为多功能电能表四象限无功计量的原理图，如果用户无功过补偿时，无功电能记录在象限（　　）。

（A）Ⅳ；（B）Ⅰ；（C）Ⅱ；（D）Ⅲ。

答案：**A**

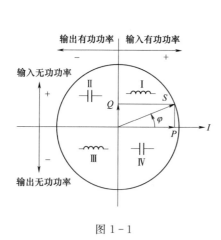

图 1-1

| 说　明 | 代　码 |
| --- | --- |
|  | 6811 |
|  | A0 |
|  | A1 |
|  | A2 |
| 地址域 | A3 |
|  | A4 |
|  | A5 |
|  | 6811 |
| 控制域 | C |
| 数据长度域 | L |
| 数据域 | 10AITA |
|  |  |
|  | 16H |

图 1-2

**Lb1E1002** 图1-2是电能表本地通信帧格式结构图。（　　）

（A）正确；（B）错误。

答案：**A**

**Lb1E2003** 根据图1-3所示35kV计量装置TV二次回路展开图，其中接线错误的是（　　）。

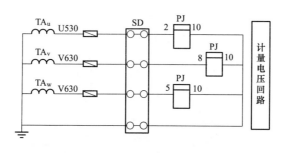

图 1-3

（A）电压互感器二次不应该有熔丝；（B）U相电压互感器二次极性接反；（C）电能表V、W相电压交叉连接；（D）V和W相电压互感器二次极性接反。

答案：**D**

**Lb1E3004** 三相三线有功电能表的错误接线如图 1-4 所示，则其相量图为 （     ）。

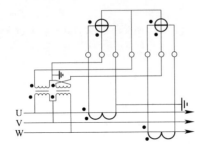

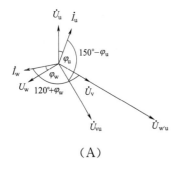

（A）

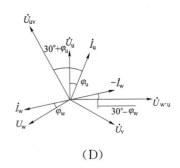

（B）

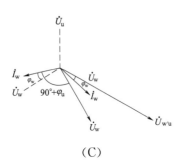

（C）

（D）

图 1-4

答案：C

**Lb1E3005** 三相三线有功电能表的错误接线如图 1-5 所示，则其相量图为 （     ）。

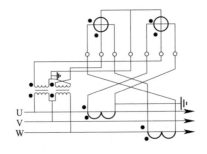

图 1-5 （一）

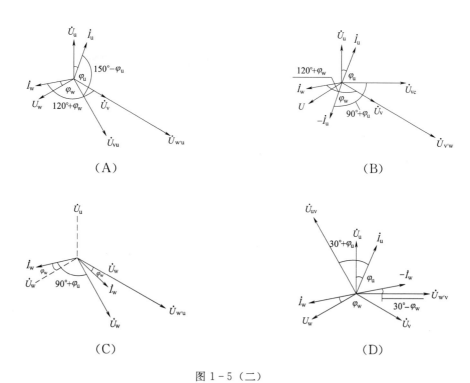

（C）

（D）

图 1-5（二）

答案：**D**

**Lb1E3006** 三相三线有功电能表的错误接线如图 1-6 所示，则其相量图为（　　）。

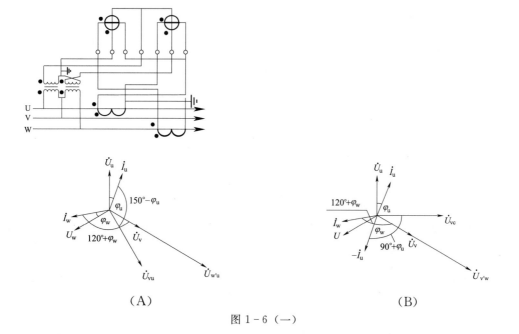

（A）

（B）

图 1-6（一）

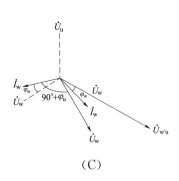

（C）

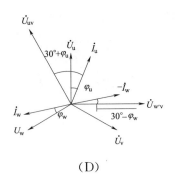

（D）

图 1 - 6 （二）

**答案：C**

**Lb1E4007**　图 1 - 7 是利用三相电压互感器进行核定相位（即定相）的接线图。（　　）

（A）正确；（B）错误。

**答案：A**

**Lb1E4008**　图 1 - 8 是付费系统的通用实体模型。（　　）

（A）正确；（B）错误。

**答案：A**

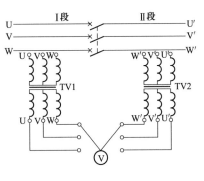

图 1 - 7

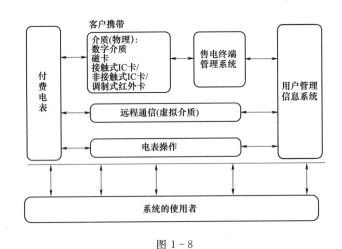

图 1 - 8

**Lb1E4009**　图 1 - 9 是两相定时限过电流保护的交流回路原理图和直流回路展开图。（　　）

（A）正确；（B）错误。

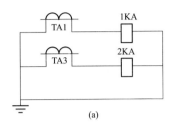
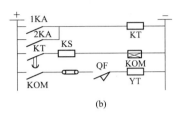

(a)                                    (b)

图 1-9

**答案：A**

**Lb1E4010**　图 1-10 中所示为用相对标注法标注的接线盒与电能表间接线，错误接线的形式（　　）。

（A）一元件电流接反；（B）一元件、二元件电压相互错位；（C）二元件、三元件电流相互错位；（D）三元件电流接反。

**答案：D**

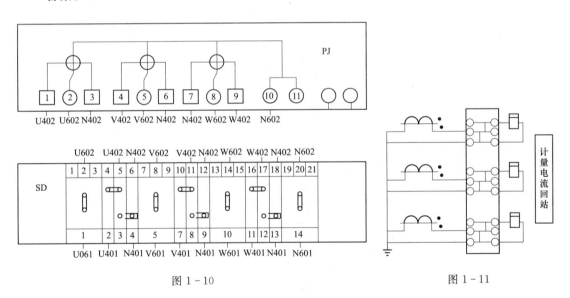

图 1-10                              图 1-11

**Lb1E4011**　图 1-11 是 35kV，计量装置 TA 二次回路展开图，请分别指出图中的错误为（　　）。

（A）W 相互感器二次极性错；（B）接线盒 U 相电流被短路；（C）电能表 V 相电流接反；（D）V 相和 W 相互感器二次极性错。

**答案：D**

**Lb1E4012**　如图 1-12 所示，×为断线，当二次侧空载时，$U_{vw}$ 的电压值是（　　）。

（A）173；（B）57.7；（C）100；（D）0。

答案：**A**

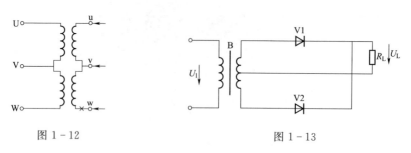

图 1－12                     图 1－13

**Lb1E5013** 图 1－13 是单相全波整流电路图。（    ）

（A）正确；（B）错误。

答案：**A**

**Lb1E5014** 图 1－14 中所示为用相对标注法标注的接线盒与电能表间接线，错误接线形式为（    ）。

（A）三元件电流接反；（B）二元件、三元件电压相互错位；（C）一元件、二元件电流相互错位；（D）一元件电流接反。

答案：**D**

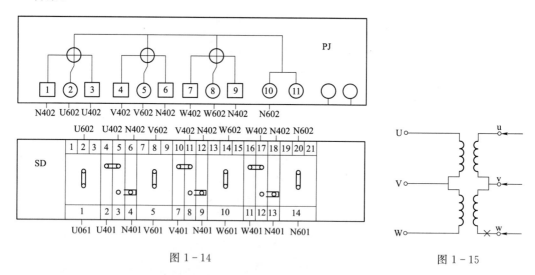

图 1－14                     图 1－15

**Lb1E5015** 如图 1－15 所示，×为断线，当二次侧接一块有功表和一块 60°无功表，且有功表和无功表的电压线圈阻抗相同时，$U_{vw}$ 的电压值是（    ）。

（A）33；（B）57.7；（C）100；（D）67。

答案：**A**

**Je1E5016** 图 1－16 所示为电容式互感器原理图。（    ）

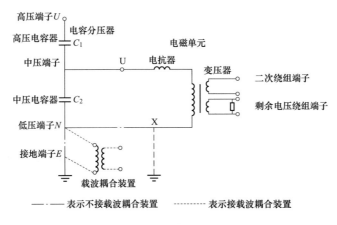

图 1 - 16

（A）正确；（B）错误。

答案：**A**

**Je1E5017** 图 1 - 17 中，远方抄表系统原理框图正确的是（　　　）。

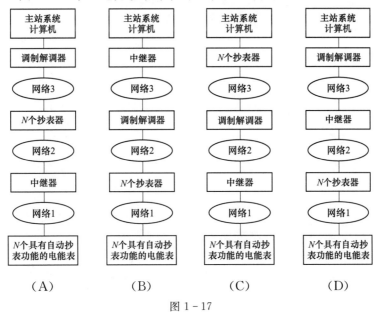

图 1 - 17

答案：**D**

# 2 技能操作

## 2.1 技能操作大纲

装表接电工种（高级技师）技能鉴定技能操作考核大纲

| 等级 | 考核方式 | 能力种类 | 能力项 | 考核项目 | 考核主要内容 |
|---|---|---|---|---|---|
| 高级技师 | 技能操作 | 基本技能 | 01. 电气识图、绘图 | 根据给定条件绘制计量二次回路原理图 | 绘制各种复杂线路的施工图和竣工图 |
| | | | 02. 电能计量装置施工方案的编制 | 110kV重要客户电能计量装置配置方案编制 | 通过方案介绍，掌握工程施工组织及安全监护方法 |
| | | 专业技能 | 01. 安装调试 | 不停电更换高压三相三线电能表、终端 | 能对三相三线电能表、终端不停电进行更换 |
| | | | 02. 用电分析 | 通过用电信息采集系统分析专变用户用电情况 | 能够根据用电采集系统的数据，对专变用户进行用电分析 |
| | | | 03. 电能计量装置的检查与处理 | 01. TV二次回路压降测试 | 计量装置复杂错误接线检查、分析和故障处理 |
| | | | | 02. TA二次回路负荷测试 | 计量装置复杂错误接线检查、分析和故障处理 |
| | | | 04. 设备调试 | 负控设备的调试 | 能够对负控设备进行调试 |

## 2.2 技能操作项目

### 2.2.1 ZJ1JB0101 根据给定条件绘制计量二次回路原理图

#### 一、操作

（一）工器具、材料、设备

（1）工器具、材料：电工绘图工具、计算器等自动化办公用品，A4 白纸。

（2）设备：某 35kV 客户一次系统图见图 2-1，设备见表 2-1。

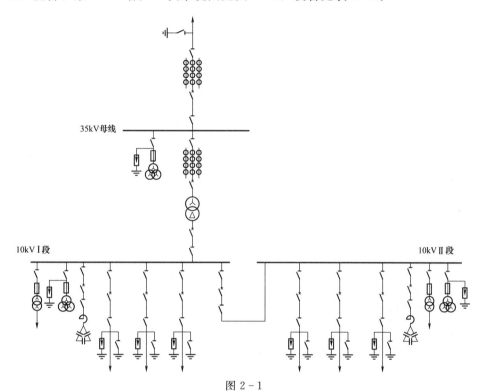

图 2-1

表 2-1

| 序号 | 设 备 名 称 | 技 术 要 求 | 单位 | 数量 |
|---|---|---|---|---|
| 1 | 电压互感器 | 额定一次电压：$35/\sqrt{3}$kV；<br>额定二次电压：$100/\sqrt{3}$V；<br>准确度等级：0.2 | 台 | 3 |
| 2 | 电流互感器 | 额定二次电流：5A；<br>准确度等级：0.2S | 台 | 3 |
| 3 | 多功能电能表 | 有功 0.5S，无功 2.0 | 只 | 1 |
| 4 | 试验接线盒 | 透明、整体浇注、可加封 | 只 | 1 |
| 5 | 空气开关 | 1P | 只 | 3 |
| 6 | 电能表屏 | 2260mm×800mm×600mm | 面 | 1 |
| 7 | 二次回路电缆 | 铠装，屏蔽，阻燃 | m | |
| 8 | 通信线 | 八芯屏蔽线，截面不少于 $0.5$mm² | m | |

非中性点绝缘系统，一次接线方式为单母线接线、电压互感器安装在母线侧，电流互感器安装在线路侧。配置一只三相四线电能表，电能表与电能量采集终端采用集中组屏方式安装于主控室。

（二）操作步骤及要求

1. 操作步骤

（1）了解客户用电需求，查看客户配电系统一次接线图，接受考核人员的提问。

（2）根据客户用电需求，绘制二次计量电流回路原理图、二次计量电压回路原理图、二次电流回路接线图、二次电压回路接线图、互感器端子箱端子排图、电能表屏端子排图。

2. 操作要求

（1）根据客户配电系统一次接线图及客户用电负荷性质，说出计量配置原则。

（2）依据供电营业规则，确定计量方式和计量点设置。

（3）电流回路编号以 4 打头，电压回路以 6 打头，DB 表示电表。

（4）在 A4 纸上完成各种图纸的绘制工作。

**二、考核**

（一）考核场地

（1）35kV 客户配电系统一次图。

（2）考核工位配有桌椅、计时器。

（二）考核时间

参考时间为 60min，从报开工起到报完工止。

（三）考核要点

（1）讲解客户负荷性质、用电设备、容量大小等需求。

（2）绘制二次计量电流回路原理图、二次计量电压回路原理图、二次电流回路接线图、二次电压回路接线图、互感器端子箱端子排图、电能表屏端子排图。

## 三、评分标准

行业：电力工程　　　　　　　工种：装表接电工　　　　　　　等级：一

| 编　号 | ZJ1JB0101 | 行为领域 | e | 鉴定范围 | |
|---|---|---|---|---|---|
| 考核时间 | 60min | 题型 | C | 满分 | 100 分 | 得分 | |

| 试题名称 | 根据给定条件绘制计量二次回路原理图 |
|---|---|
| 考核要点<br>及其要求 | （1）给定条件：某 35kV 客户系统一次图，客户负荷情况。<br>（2）根据客户配电系统一次接线图及客户用电负荷性质，说出计量配置原则。<br>（3）依据供电营业规则，确定计量方式和计量点设置。<br>（4）绘制二次计量电流回路原理图、二次计量电压回路原理图、二次电流回路接线图、二次电压回路接线图、互感器端子箱端子排图、电能表屏端子排图。<br>（5）各项得分均扣完为止 |
| 工器具、材料、<br>设备、场地 | （1）设备：电工绘图工具、计算器等自动化办公用品，A4 白纸。<br>（2）材料、工器具：某 35kV 客户一次系统图 |
| 备　注 | |

评　分　标　准

| 序号 | 考核项目名称 | 质 量 要 求 | 分值 | 扣 分 标 准 | 扣分原因 | 得分 |
|---|---|---|---|---|---|---|
| 1 | 用电需求讲解 | 对照现场配电设施或图纸：<br>（1）介绍一次接线图。<br>（2）配电设备的作用，各标号的意义 | 10 | （1）未说明或错误每项扣 2 分。<br>（2）该项得分扣完为止 | | |
| 2 | 计量方式的确定 | 按供电营业规则要求讲解采用高供高计方式 | 5 | 未说明或错误扣 5 分 | | |
| 3 | 计量点设置 | （1）按供电营业规则要求，讲解计量点设置原则。<br>（2）指出计量点位置 | 10 | （1）未说明或错误每项扣 5 分。<br>（2）该项得分扣完为止 | | |
| 4 | 确定接线方式 | （1）讲解不同系统采用不同接线方式的技术要求。<br>（2）应采用三相三线接线方式，讲解三相三线接线方式的组成 | 15 | （1）对第一项，未说明或错误扣 5 分。<br>（2）对第二项，未说明或讲解错误扣 10 分 | | |
| 5 | 二次计量电流回路原理图 | 正确绘制二次电流回路原理图 | 10 | （1）电流互感器符号不正确扣 3 分。<br>（2）电流互感器二次回路每错一处扣 2 分。<br>（3）该项得分扣完为止 | | |
| 6 | 二次计量电压回路原理图 | 正确绘制二次计量电压回路原理图 | 10 | （1）电压互感器符号不正确扣 3 分。<br>（2）电压互感器二次回路每错一处扣 2 分。<br>（3）该项得分扣完为止 | | |
| 7 | 二次电流回路接线图 | 正确绘制二次电流回路接线图 | 10 | （1）二次电流回路每错一处扣 2 分。<br>（2）该项得分扣完为止 | | |

| 序号 | 考核项目名称 | 质 量 要 求 | 分值 | 扣 分 标 准 | 扣分原因 | 得分 |
|---|---|---|---|---|---|---|
| 8 | 二次电压回路接线图 | 正确绘制二次电压回路接线图 | 10 | (1) 二次电压回路每错一处扣2分。<br>(2) 该项得分扣完为止 | | |
| 9 | 互感器端子箱端子排图 | 正确绘制互感器端子箱端子排图 | 10 | (1) 互感器端子箱端子排图每错一处扣2分。<br>(2) 该项得分扣完为止 | | |
| 10 | 电能表屏端子排图 | 正确绘制电能表屏端子排图 | 10 | (1) 二电能表屏端子排图每错一处扣2分。<br>(2) 该项得分扣完为止 | | |

**附图：**

见图 2-2～图 2-9 所示。

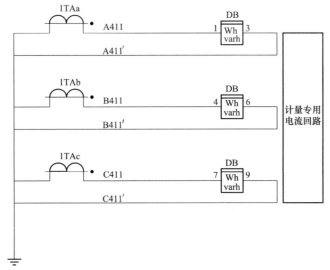

图 2-2

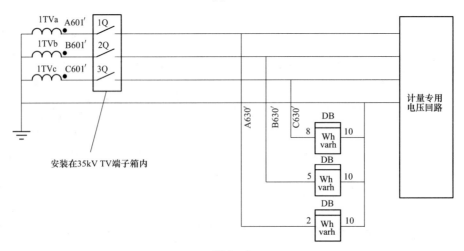

图 2-3

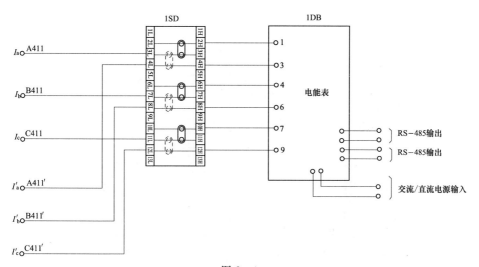

图 2 - 4

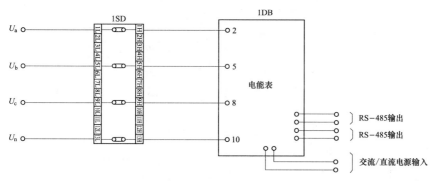

图 2 - 5

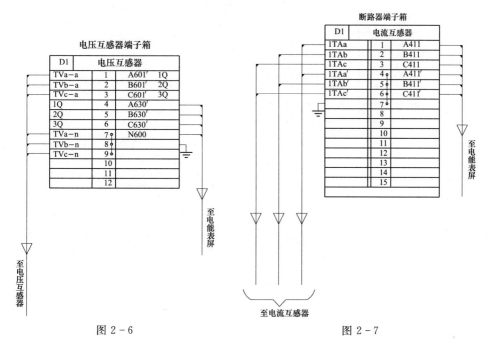

图 2 - 6

图 2 - 7

515

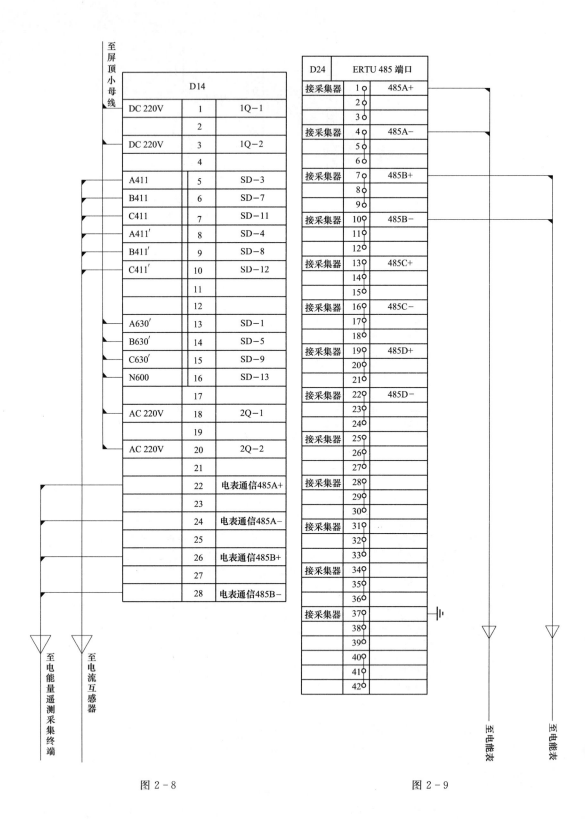

至屏顶小母线

| D14 | | |
|---|---|---|
| DC 220V | 1 | 1Q-1 |
| | 2 | |
| DC 220V | 3 | 1Q-2 |
| | 4 | |
| A411 | 5 | SD-3 |
| B411 | 6 | SD-7 |
| C411 | 7 | SD-11 |
| A411′ | 8 | SD-4 |
| B411′ | 9 | SD-8 |
| C411′ | 10 | SD-12 |
| | 11 | |
| | 12 | |
| A630′ | 13 | SD-1 |
| B630′ | 14 | SD-5 |
| C630′ | 15 | SD-9 |
| N600 | 16 | SD-13 |
| | 17 | |
| AC 220V | 18 | 2Q-1 |
| | 19 | |
| AC 220V | 20 | 2Q-2 |
| | 21 | |
| | 22 | 电表通信485A+ |
| | 23 | |
| | 24 | 电表通信485A- |
| | 25 | |
| | 26 | 电表通信485B+ |
| | 27 | |
| | 28 | 电表通信485B- |

至电能量遥测采集终端

至电流互感器

图 2-8

| D24 | ERTU 485 端口 | | |
|---|---|---|---|
| 接采集器 | 1 | 485A+ | |
| | 2 | | |
| | 3 | | |
| 接采集器 | 4 | 485A- | |
| | 5 | | |
| | 6 | | |
| 接采集器 | 7 | 485B+ | |
| | 8 | | |
| | 9 | | |
| 接采集器 | 10 | 485B- | |
| | 11 | | |
| | 12 | | |
| 接采集器 | 13 | 485C+ | |
| | 14 | | |
| | 15 | | |
| 接采集器 | 16 | 485C- | |
| | 17 | | |
| | 18 | | |
| 接采集器 | 19 | 485D+ | |
| | 20 | | |
| | 21 | | |
| 接采集器 | 22 | 485D- | |
| | 23 | | |
| | 24 | | |
| 接采集器 | 25 | | |
| | 26 | | |
| | 27 | | |
| 接采集器 | 28 | | |
| | 29 | | |
| | 30 | | |
| 接采集器 | 31 | | |
| | 32 | | |
| | 33 | | |
| 接采集器 | 34 | | |
| | 35 | | |
| | 36 | | |
| 接采集器 | 37 | | |
| | 38 | | |
| | 39 | | |
| | 40 | | |
| | 41 | | |
| | 42 | | |

至电能表

至电能表

图 2-9

## 2.2.2 ZJ1JB0201 110kV重要客户电能计量装置配置方案编制

**一、操作**

（一）工器具、材料、设备

（1）工器具、材料：电脑、打印机、计算器等自动化办公用品，A4白纸。

（2）设备：某客户110kV配电系统，客户负荷情况，如图2-10所示。

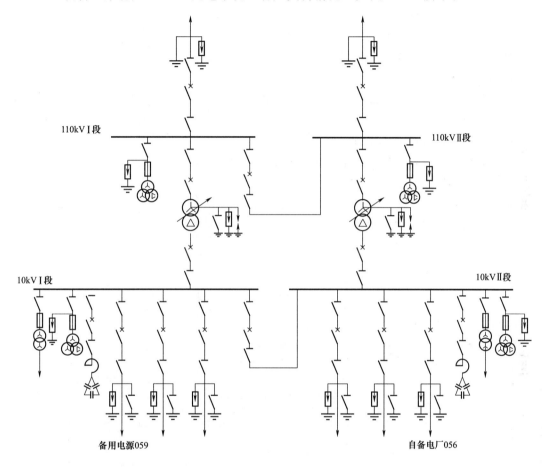

图2-10

（二）操作的安全要求

操作自动化办公设备注意安全用电。

（三）操作步骤及要求

1. 操作步骤

（1）了解客户用电需求，查看客户配电系统一次接线图，接受考核人员的提问。

（2）按程序启动办公设备，制作客户计量方案的电子文档，以考号命名存入"我的文档"。

2. 操作要求

（1）根据客户配电系统一次接线图及客户用电负荷性质，说出计量配置原则。

（2）依据供电营业规则，确定计量方式和计量点设置。

（3）依据电能计量装置技术管理规程，确定计量装置接线方式、计量装置分类及配置要求。

（4）以 Word、Excel 形式，完成计量方案编制。

## 二、考核

（一）考核场地

（1）110kV 双电源客户配电系统一次图。

（2）考核工位配有桌椅、计时器。

（二）考核时间

参考时间为 30min，从报开工起到报完工止。

（三）考核要点

（1）履行工作许可手续完备。

（2）讲解客户负荷性质、用电设备、容量大小等需求。

## 三、评分标准

| 行业：电力工程 | | 工种：装表接电工 | | | 等级：一 | |
|---|---|---|---|---|---|---|

| 编　号 | ZJ1JB0201 | 行为领域 | e | | 鉴定范围 | |
|---|---|---|---|---|---|---|
| 考核时间 | 30min | 题型 | C | 满分 | 100分 | 得分 |

| 试题名称 | 110kV 重要客户电能计量装置配置方案编制 |
|---|---|
| 考核要点<br>及其要求 | （1）给定条件：某客户 110kV 配电系统，客户负荷情况。<br>（2）讲解客户负荷性质、用电设备、容量大小等需求。<br>（3）计量方式的确定和计量点的设置。<br>（4）计量装置接线方式、分类及配置要求。<br>（5）计量方案以文字和表格形式存入"我的文档"。<br>（6）各项得分均扣完为止。 |
| 工器具、材料、<br>设备、场地 | （1）设备：某客户 110kV 配电系统，客户负荷情况。<br>（2）材料、工器具、电脑、打印机、计算器等自动化办公用品，A4 白纸 |
| 备　注 | |

| | | | 评　分　标　准 | | | | |
|---|---|---|---|---|---|---|
| 序号 | 考核项目名称 | 质量要求 | 分值 | 扣分标准 | 扣分原因 | 得分 |
| 1 | 工器具检查 | 熟练使用自动化办公系统 | 5 | 指导后使用，错误每次扣1分 | | |
| 2 | 用电需求讲解 | 对照现场配电设施或图纸：<br>（1）双电源供电对于负荷性质的意义。<br>（2）介绍一次接线图。<br>（3）配电设备的作用，各标号的意义。<br>（4）用电设备及其容量大小 | 20 | （1）未说明或错误每项扣5分。<br>（2）该项得分扣完为止 | | |
| 3 | 计量方式的确定 | 按供电营业规则要求讲解采用高供高计方式 | 5 | （1）未说明或错误每项扣5分。<br>（2）该项得分扣完为止 | | |

| 序号 | 考核项目名称 | 质 量 要 求 | 分值 | 扣 分 标 准 | 扣分原因 | 得分 |
|------|-------------|-------------|------|-------------|---------|------|
| 4 | 计量点设置 | （1）按供电营业规则要求，讲解计量点设置原则。<br>（2）指出计量点位置 | 20 | （1）未说明或错误每项扣5分。<br>（2）该项得分扣完为止 | | |
| 5 | 确定接线方式 | （1）讲解不同系统采用不同接线方式的技术要求。<br>（2）应采用三相三线接线方式，讲解三相三线接线方式的组成 | 15 | （1）对第一项，未说明或错误扣5分。<br>（2）对第二项，未说明或讲解错误扣10分 | | |
| 6 | 分类及配置要求 | （1）计量装置分五类，说明对应类别。<br>（2）讲解五类计量装置准确度等级、对应配置说明 | 10 | （1）未说明或错误每项扣5分。<br>（2）该项得分扣完为止 | | |
| 7 | 计量装置选择 | （1）计量柜的选择。<br>（2）电能表的选择。<br>（3）互感器的选择。<br>（4）二次回路的选择 | 20 | （1）未说明或错误每项扣5分。<br>（2）该项得分扣完为止 | | |
| 8 | 计量方案编写 | 以文字和表格形式存入"我的文档" | 5 | （1）电子文档中未画配置电能表、互感器准确度等级表格扣2分。<br>（2）未存入"我的文档"扣3分 | | |

### 2.2.3 ZJ1ZY0101 不停电更换高压三相三线电能表、终端

**一、作业**

**（一）工器具、材料、设备**

（1）工器具：电工常用个人工具1套、万用表1只、相序表1只、相位伏安表1块、钳形电流表1只、GDY验电器、绝缘垫1块、护目镜1副、记号笔1只。

（2）材料：联合接线盒1个、分色单芯硬质铜导线各2m、通信2芯屏蔽线2m、尼龙绑扎带1袋、一次性封签若干。

（3）设备：三相三线电能表、三相四线电能表、组合互感器、电流互感器、电压互感器。

**（二）安全要求**

（1）组织现场工作人员学习作业指导书，正确填用第二种工作票，工作服、安全帽、手套整洁完好，符合要求，工器具绝缘良好，整齐完备。

（2）检查计量柜（屏）接地良好，对外壳验电，确认无电，否则终止安装工作。

（3）查看计量柜（屏）带电部位，保持安全距离，严禁扩大工作范围。

（4）加强监护，严防TA二次回路开路和电压回路短路事故。

（5）进入工作现场，必须正确使用劳保用品，戴安全帽，上下传递物品不得抛递。上层作业人员应使用工具夹或工具袋，防止工具跌落。

（6）登高2m以上应系好安全带，保持与带电设备的安全距离。使用梯子登高作业时，应有人扶持。

（7）风险辨识及预控措施落实到位。

**（三）操作步骤及工艺要求**

**1. 操作步骤**

（1）通过营销管理系统形成电子工单，按业务流程传递至装表接电工班。工单信息（包括现场工作工单、电子工单）必须完整、规范。无工单不得配表、装表（事故抢修除外）。

（2）查看现场，履行开工手续，监护人同工作人口头交代危险点，必要时补充制定现场措施，明确工作任务，工作人员在工作票上签字。

（3）凭工单到表库领用电能表、互感器并核对与工单一致。检查计量器具的外观是否良好、检定合格证、封印、资产标记是否齐全，校验日期是否在6个月以内。

（4）核对并填写新表信息，对先期随一次设备安装的互感器现场检查铭牌、极性标志是否完整、清晰，检定合格证是否齐全有效，变比是否与工单一致，二次回路配置是否满足技术要求，接线螺钉是否完好，对应用在需要封闭的场所，其封闭功能是否满足要求。检查电能计量装置有无其他异常，正常时方可开展工作。发现传票信息与实际不符或现场不具备安装条件时，应终止工作，及时向班组长或相关部门报告，做好停止装表原因记录，必要时向客户解释清楚，待具备条件后再行安排装表作业。

（5）对应现场，熟悉经TA、TV接入三相电能表原理接线图。

（6）按工艺要求安装互感器、电能表，监护人监护到位，防止事故发生。

（7）计量屏（箱、柜）的安装。

（8）互感器的安装。

（9）电能表的安装。

（10）二次回路的安装。

（11）对电能表及端子盒实施封印，确认封印完好。

（12）清理现场，请客户（或变电站运行值班负责人）签字认可，工作负责人和工作班成员在业务工作单上签字，确认工作完毕。

2. 工艺要求

（1）计量屏（箱、柜）的安装。

户内电能计量装置的安装一般是设置专用计量柜，柜体的安装由电气设备安装方随一次设备安装完成，装表接电工只需要检查计量柜的安装位置是否满足技术管理要求和封闭的要求，检查互感器、高压熔断器、母线走向及安装位置是否满足技术管理和安全管理要求。

（2）电能表的安装。

1）电能表的安装场所。周围环境应干燥明亮，不易受损、受振；无腐蚀性气体、易蒸发液体的侵蚀；运行安全可靠、抄表读数、校验、检查、轮换方便；表位置的环境温度应不超过电能表规定的温度范围，即$-20\sim50℃$。

2）电能表的一般安装规范。电能表的型号与互感器的连接方式与一次系统接地方式相对应，电能表的标定电压应为$3\times57.7/100V$。

（3）互感器的安装。

互感器的安装一般应遵循以下安装规范：

1）互感器安装必须牢固。互感器外壳的金属部分应可靠接地（安装在金属构架时，互感器外壳允许不做接地，但要求构架接地可靠）。

2）同一组电流互感器应采用型号、额定电流比、准确度、二次容量相同的互感器，按同一方向安装以保证该组电流互感器一次及二次回路电流的正方向均为一致。

（4）二次回路的安装。

1）电能计量装置的一次与二次接线应根据批准的图纸施工。不同的电力系统采用相应的计量方式。

2）电能表和互感器二次回路应有明显的标志，采用导线编号管或采用颜色不同导线，一般用黄、绿、红、黑分别代表U、V、W、N相导线。110kV互感器推荐使用KVVP2-22计量专用铠装电缆。对于互感器在场地，电能表在控制室的安装模式，两者之间可能相隔几十至上百米，需要采用足够长的导线来连接互感器和电能表，而连接导线的阻抗的大小，直接影响到互感器的实际二次负荷，进而影响到电能计量装置的准确度，为满足计算准确度的要求，必要时，应根据现场实际，合理选择二次导线截面。

3）二次回路走线要合理、整齐、美观。对于成套电能计量装置，二次导线两端应有字迹清楚、与图纸相符的端子编号。

4）二次导线接入端子如采用压接螺钉，应根据螺钉直径将导线末端完成一个环，其弯曲方向应与螺钉旋入方向相同，螺钉（或螺帽）与导线间应加镀锌垫圈。导线芯不能裸露在接线桩外。

5）导线绑扎应紧密、均匀、牢固，尼龙带绑扎直线间距80~100mm，线束弯折处绑扎应对称，转弯对称 30～40mm。

6）二次回路的导线绝缘不得有损伤和接头，导线与端钮连接必须拧紧，接触良好。弯角要求有弧度、不得出现死角或使用钳口弯曲导线。

（5）用相位伏安表检测，作相量图分析，检查电能表运行正常，加封签，供用双方在工作单上签字确认。

（6）清理工位，工具、材料摆放整齐，无不安全现象发生，做到安全文明生产。

**二、考核**

（一）考核场地

（1）考场可以设在培训专用模拟 110kV 线路计量屏上进行，场地面积应能同时容纳 2 个工位（操作台），并保证工位之间的距离合适，操作面积不小于 1500mm×1500mm；设置 2 套评判桌椅和计时秒表。

（2）配有一定区域的安全围栏。

（3）设置评判桌椅和计时秒表。

（二）考核时间

参考时间为 45min。

（三）考核要点

（1）履行工作手续完备。

（2）安装顺序正确，无短路、开路事故发生。

（3）接线连接正确，符合工艺要求。

（4）通电运行后完成相量图测试分析。

（5）工作单填写正确、规范。

（6）安全文明生产。

## 三、评分标准

行业：电力工程　　　　　　　　　工种：装表接电工　　　　　　　　　等级：一

| 编　号 | ZJ1ZY0101 | 行为领域 | e | | 鉴定范围 | |
|---|---|---|---|---|---|---|
| 考核时间 | 45min | 题型 | B | 满分 | 100 分 | 得分 |
| 试题名称 | 不停电更换高压三相三线电能表、终端 | | | | | |
| 考核要点及其要求 | （1）给定条件：现场相关工作票据和许可手续已齐备，现场在计量柜内安装经 TA、TV 接入三相四线电能表。<br>（2）电能表经检定合格，检定标记、封印完整。<br>（3）着装规范，劳动防护措施齐全。<br>（4）正确选择、准备工具、仪表、材料，无遗漏。<br>（5）开工前检查仪表、设备良好。<br>（6）正确、安全使用工器具、仪表。<br>（7）各项分值均扣完为止。<br>（8）引发事故的立即停止操作 | | | | | |
| 工器具、材料、设备、场地 | （1）工器具：电工常用个人工具 1 套、万用表 1 只、相序表 1 只、相位伏安表 1 块、钳形电流表 1 只、GDY 验电器、绝缘垫 1 块、护目镜 1 副、记号笔 1 只。<br>（2）材料：联合接线盒 1 个、分色单芯硬质铜导线各 2m、通信 2 芯屏蔽线 2m、尼龙绑扎带 1 袋、一次性封签若干。<br>（3）设备：三相三线电能表、三相四线电能表、组合互感器、电流互感器、电压互感器 | | | | | |
| 备　注 | 考生自备工作服、安全帽、线手套、绝缘鞋 | | | | | |

### 评 分 标 准

| 序号 | 考核项目名称 | 质 量 要 求 | 分值 | 扣 分 标 准 | 扣分原因 | 得分 |
|---|---|---|---|---|---|---|
| 1 | 着装 | 安全帽应完好，安全帽佩戴应正确规范，着棉质长袖工装，穿绝缘鞋，戴棉手套 | 5 | （1）未按要求着装每处扣 1 分。<br>（2）着装不规范每处扣 1 分。<br>（3）该项得分扣完为止 | | |
| 2 | 工器具的准备、外观检查和试验 | （1）正确选择工具、仪表，不漏选。<br>（2）常用工具检查：检查其规格、外观质量及机械性能。<br>（3）电气安全器具检查：检查低压验电笔外观质量和电气性能，并在确认有电的电源插座上试电，发光时为正常。<br>（4）测量仪表检查：检查其外观和电气性能，并进行相关试验 | 5 | （1）操作过程中借用工具仪表扣 1 分。<br>（2）工器具未进行外观检查扣 2 分。<br>（3）仪表未进行试验扣 2 分 | | |
| 3 | 材料选择 | 正确选择材料，不漏选，要求数量适量、规格合格且质量良好 | 2 | （1）操作过程中借用材料扣 1 分。<br>（2）未对材料进行规格检查扣 1 分 | | |
| 4 | 检查待装电能表 | 检查电能表外观是否良好，封签是否完整，是否经检定合格 | 3 | （1）未检查外观扣 1 分。<br>（2）未检查检定标志扣 1 分。<br>（3）未检查封印完整性扣 1 分。<br>（4）未查不得分 | | |
| 5 | 作业环境检查 | 确认作业现场是否需要增加隔离、登高和照明设施 | 1 | 未进行作业环境检查不得分 | | |

| 序号 | 考核项目名称 | 质量要求 | 分值 | 扣分标准 | 扣分原因 | 得分 |
|---|---|---|---|---|---|---|
| 6 | 接电检查和验电 | 目测检查计量柜的接地极、导线和表箱的连接是否良好，用低压验电笔验明计量柜无电 | 2 | （1）未检查接地是否良好扣1分。<br>（2）未对计量柜验电扣1分 | | |
| 7 | 检查试验接线盒 | 检查试验接线盒外观是否完好，通断是否正常 | 2 | （1）未检查试验接线盒外观扣1分。<br>（2）未通断试验接线盒扣1分 | | |
| 8 | 短接试验接线盒电流连片 | 将试验接线盒中接有电流互感器S1、S2端子导线的连接片可靠短接，防止电流互感器二次开路，及时记录短接时的时间 | 10 | （1）未短接TA二次端子导线连接片或操作错误即拆线换表，当即终止考评。<br>（2）短接不牢固扣2分。<br>（3）未计时并签收扣4分 | | |
| 9 | 断开试验接线盒电压连片 | 将试验接线盒中电压端子连片断开 | 6 | （1）未断开即拆线换表当即终止考评。<br>（2）连片松脱掉落扣3分 | | |
| 10 | 拆除旧表、终端 | 拆线时应按进线相线、出线相线、中性线、485通信线顺序，对拆下的电能表、终端应用棉布擦拭干净 | 3 | （1）拆线顺序不正确扣2分。<br>（2）未擦拭拆下的旧表扣1分 | | |
| 11 | 固定新表、新终端 | 电能表、终端应垂直、牢固地固定在表箱底板上 | 8 | （1）电能表安装不牢固扣1分，电能表定位螺钉不全扣1分。<br>（2）电能表安装倾斜度超过1°扣2分。<br>（3）终端安装不牢固扣1分，终端定位螺钉不全扣1分。<br>（4）终端安装倾斜度超过1°扣2分 | | |
| 12 | 新表、终端接线 | 按相线出线、相线进线、485通信线的顺序依次连接导线，表尾螺钉压接时，先固定上端螺钉，后固定下端螺钉 | 3 | （1）未按相线的顺序接线扣1分。<br>（2）螺钉未按顺序固定扣1分。<br>（3）未接通信线扣1分 | | |
| 13 | 接线部分工艺 | 导线接头连接牢固，导线接头金属部分不外露，不压绝缘层 | 3 | （1）导线金属部分外露扣1分。<br>（2）压绝缘层扣1分。<br>（3）接头连接不牢固扣1分。<br>（4）因操作不当造成导线绝缘破损扣1分 | | |
| 14 | 线连接工艺 | 各连接导线要做到横平竖直、弯角弧度合适、长线在外、短线在内，绑扎线位置合适 | 5 | （1）导线不横平竖直（明显有角度偏差5°以上）扣1分，布线绞线扣1分。<br>（2）绑扎线距转角两端超过3～5cm扣2分。<br>（3）绑扎线绑扎不紧每处扣1分。<br>（4）该项得分扣完为止 | | |

| 序号 | 考核项目名称 | 质 量 要 求 | 分值 | 扣 分 标 准 | 扣分原因 | 得分 |
|------|------------|------------|------|------------|----------|------|
| 15 | 接线整理 | 对整个接线进行最后检查，保证接线正确，处理扎带多余长度 | 3 | 尼龙绑扎带尾线未修剪扣2分，剩余尾线修剪后长度超过2mm扣1分 | | |
| 16 | 恢复试验接线盒计量状态 | 依次将试验接线盒中断开的电压连片合上，短接的各相电流互感器S1、S2端子导线的连接片断开，观察表计运行状态，及时记录恢复计量的时间 | 14 | （1）共6处操作，每遗漏一处扣2分。<br>（2）未计时扣4分。<br>（3）该项得分扣完为止 | | |
| 17 | 通电检查 | 使用相位伏安表检测，绘制相量图分析，数据记录正确完整 | 10 | （1）使用相位伏安表不正确扣2分。<br>（2）相量图不正确扣0.5分，共9项。<br>（3）三相电流、电压，相位角漏记一项扣0.5分，共9项 | | |
| 18 | 加封 | 对电能表表盖、联合接线盒、计量柜门进行加封 | 2 | 未对电能表表盖、联合接线盒、计量柜进行加封扣2分 | | |
| 19 | 工作终结 | 工作终结后，填写工作单，计算换表期间无表用电的追补电量，并请客户签收，对工器具和作业现场进行整理与清理 | 7 | （1）追补电量错扣5分。<br>（2）工器具每遗漏一件扣1分。<br>（3）作业现场留有电线头、胶带等扣1分。<br>（4）该项得分扣完为止 | | |
| 20 | 安全文明生产 | 安全文明操作，不损坏工器具，不发生安全事故操作符合规程和安全要求，无违章现象 | 6 | （1）操作中发生违规不安全现象扣4分。<br>（2）工具跌落扣1分。<br>（3）仪表量程选择不正确扣2分。<br>（4）损坏仪表扣2分。带电转换仪表量程扣3分。<br>（5）该项得分扣完为止 | | |
| 21 | 否决项 | 否决内容 | | | | |
| 21.1 | 安全否决 | （1）未短接TA二次端子导线连接片或操作错误即拆线换表。<br>（2）未将试验接线盒中电压端子连片断开即换表 | 否决 | 整个操作项目得0分 | | |

### 2.2.4 ZJ1ZY0201 通过用电信息采集系统分析专变用户用电情况

**一、作业**

（一）工器具、材料、设备

（1）工器具：碳素笔、计算器、打印机。

（2）材料：准考证、业务工作单、A4白纸。

（3）设备：具备联网条件计算机（能登录SG186营销业务应用系统、用电信息采集系统，提供系统登录账号和密码）。

（二）安全要求

（1）按标准规范进入SG186营销业务应用系统操作。

（2）按标准规范进入电力用户用电信息采集系统操作。

（3）考生在考评员监视下进入SG186营销业务应用系统和电力用户用电信息采集系统，只允许使用查询操作功能。

（4）规范关闭系统，保持办公环境整洁。

（三）操作步骤及工艺要求

（1）出示准考证，申请领取任务书、业务工作单。

（2）通过SG186营销业务应用系统，查询用户电费、电量清单，记录相关信息。

（3）通过电力用户用电信息采集系统，抄录用户当前电量数据，分析电量数据是否正常。

（4）通过电力用户用电信息采集系统，分析该户电压、电流及二次电压、电流是否正常。

（5）通过电力用户用电信息采集系统，分析高供低计用户电压、电流、零序电流是否正常。

（6）通过电力用户用电信息采集系统，查询用户电量、电流、功率等曲线图，分析该户计量运行是否正常。

（7）在业务工作单上记录分析结果，依据检查结果进行追退电量计算，提出处理意见，清理现场，确认工作完毕。

**二、考核**

（一）考核场地

（1）场地面积应能同时容纳多个工位，并保证工位之间的距离合适，操作面积不小于1500mm×1500mm。

（2）每个工位备有桌椅、计时器。

（二）考核时间

参考时间为30min，考评员允许开工开始计时，到时即停止工作。

（三）考核要点

（1）熟练操作SG186营销业务应用系统。

（2）熟练操作电力用户用电信息采集系统，正确分析用户曲线图。

（3）正确完成用户的用电分析，查出故障，记录规范齐全，依据检查结果进行追退电量计算。

（4）考核三道不同故障考题，三题平均计分，共100分。

（5）安全文明生产。

## 三、评分标准

行业：电力工程　　　　　　　工种：装表接电工　　　　　　　等级：一

| 编　号 | ZJ1ZY0201 | 行为领域 | e | 鉴定范围 | |
|---|---|---|---|---|---|
| 考核时间 | 30min | 题型 | C | 满分 | 100分 | 得分 | |

| 试题名称 | 通过用电信息采集系统分析专变用户用电情况 |
|---|---|
| 考核要点<br>及其要求 | （1）熟练操作SG186营销业务应用系统。<br>（2）熟练操作电力用户用电信息采集系统，正确分析用户曲线图。<br>（3）正确完成异常用户的用电分析，查出故障，记录规范齐全，依据检查结果进行追退电量计算。<br>（4）考核三道不同故障考题，三题平均计分，共100分。<br>（5）安全文明生产 |
| 工器具、材料、<br>设备、场地 | （1）登录SG186营销业务应用系统、电力用户用电信息采集系统。<br>（2）业务工作单、A4白纸 |
| 备　注 | （1）考评员全程监考，随时掌握进入系统操作状态。<br>（2）若各种监测曲线图未显示，考评前应提供用户电能表现场截图。<br>（3）各项得分均扣完为止 |

评　分　标　准

| 序号 | 考核项目名称 | 质量要求 | 分值 | 扣分标准 | 扣分原因 | 得分 |
|---|---|---|---|---|---|---|
| 1 | 开工准备 | 着装规范，证件齐全，许可开工 | 5 | （1）未按要求着装每处扣1分。<br>（2）未经许可开工扣2分。<br>（3）该项得分扣完为止 | | |
| 2 | 工器具检查 | （1）按给定登录账号和密码，正确进入SG186营销业务应用系统。<br>（2）按给定登录账号和密码，正确进入电力用户用电信息采集系统 | 5 | （1）未经许可使用每次扣2分。<br>（2）该项得分扣完为止 | | |
| 3 | SG186系统操作 | 规范进入SG186营销业务应用系统，查出用户 | 10 | （1）未排查出用户扣5分。<br>（2）未查出用户计费清单或错误扣5分 | | |
| 4 | SG186系统操作 | 查询用户采集点信息 | 10 | （1）未记录采集点名称、采集点状态、扣5分。<br>（2）未查询用户是否接入采集系统扣5分 | | |
| 5 | 采集系统操作 | 检测、判断台区终端运行状况 | 10 | （1）不会操作或操作错误扣10分。<br>（2）运行分析错误扣5分 | | |
| 6 | 采集系统操作 | 抄录用户当前数据，对照分析电量数据是否正常 | 10 | （1）未抄录用户当前数据或错误扣5分。<br>（2）未分析数据是否正常扣5分 | | |

| 序号 | 考核项目名称 | 质 量 要 求 | 分值 | 扣 分 标 准 | 扣分原因 | 得分 |
|---|---|---|---|---|---|---|
| 7 | 采集系统操作 | 查询异常用户曲线图,分析是否正常 | 15 | (1)未查出曲线图扣10分。<br>(2)未分析是否正常扣5分 | | |
| 8 | 绘制实际接线原理图 | 与实际错误接线相符 | 10 | 绘制错误每处扣5分 | | |
| 9 | 计算更正系数 | 计算过程完整,结论正确 | 5 | (1)错误扣5分。<br>(2)结论正确,过程少于3步扣4分 | | |
| 10 | 分析结果 | 分析原因、结果正确,填写工作单规范 | 15 | 针对考题:<br>(1)未解释出现反向电量扣5分。<br>(2)错误每处扣5分。<br>(3)该项得分扣完为止 | | |
| 11 | 文明生产 | 清理现场,无违章现象 | 5 | (1)未清理现场扣2分。<br>(2)出现违章现象扣5分。<br>(3)该项得分扣完为止 | | |

### 2.2.5 ZJ1ZY0301 TV二次回路压降测试

#### 一、作业

（一）工器具、材料、设备

（1）工器具：万用表、"一"字改锥、"十"字改锥、验电笔、尖嘴钳、斜口钳、实验线、活动扳手。

（2）材料：记录纸、绝缘胶布、连接螺钉、封签。

（3）设备：合格期内电压互感器二次压降测试仪及专用配套测试线、互感器二次压降及负荷模拟台。

（二）施工的安全要求

安全工作要求主要参照国家电网公司电力安全工作规程有关规定执行，重点做好以下安全措施：

（1）进行电压互感器二次回路（导线）压降的测试工作时，应填用第二种工作票，口述安全措施且由考评员许可后开工。

（2）考生需穿工作服、绝缘鞋，戴安全帽及手套，现场设防护围栏、警示牌，实验区敷设绝缘垫。

（3）严格防止电压互感器二次回路短路或接地，应使用绝缘工具。

（4）测试引线必须有足够的绝缘强度，以防止对地短路，且接线前必须事先检查一遍各测量导线（包括电缆线车）的每芯间、芯与屏蔽层之间的绝缘情况。

（5）使用线夹时注意不要造成短路，不得用手触碰金属部分。

（6）现场试验每处工作地点不得少于2人，操作过程中，考评员负责监护，如考生存在可能危及安全的操作，考评员有权终止考评，并取消考生本项考试资格。

（7）施放测试电缆至TV端子箱时，应注意不可用力拖拽，避免电缆绷紧升高靠近上方高压设备过近造成事故。

（三）施工步骤及要求

（1）检查测试线通断及绝缘（考生1人工作，测量绝缘用万用表电阻挡简单判断即可）。

（2）仪器设置及自检：将压降测试仪与测试线车、自带转接测试线按照二次压降测试仪自校线路和测试方法进行自校。

（3）按照实验要求连接TV端和仪表端电压等，组成测试回路并核相。

三相三线、三相四线计量方式下二次压降测试原理接线如图2-11和图2-12所示。

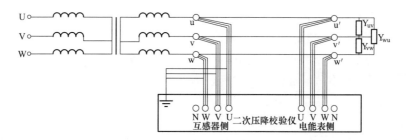

图2-11　三相三线计量方式下二次压降测试原理接线图

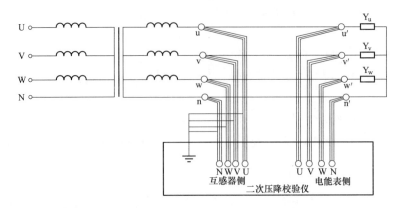

图 2-12　三相四线计量方式下二次压降测试原理接线图

1）压降测试仪应根据采取的测试方式（始端、末端）分别置于互感器侧或电能表侧。首端测试接线法（压降测试仪放置于 TV 端子箱处）如图 2-13 所示。

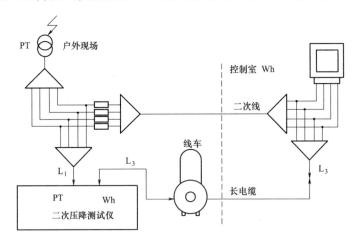

图 2-13　首端测试接线法

2）接线时注意先接设备侧，再接电压互感器侧（TV 侧）和电能表侧（Wh 侧）；拆除时顺序相反，先拆除电压互感器侧（TV 侧）和电能表侧（Wh 侧）接线，最后拆除设备侧接线。

3）正确操作压降测试仪。

4）测试数据并记录以下内容：

a. 试验数据应按规定的格式和要求做好原始记录。

a）原始记录填写应用签字笔或钢笔书写，保留小数位并不得任意修改。

b）现场测试误差原始记录应妥善保管。

c）电压互感器二次回路导线压降超差，应进行接线检查、复核，仍不合格的可判断其不合格。

b. 考生根据考评员给出计量装置类别，判断电压互感器二次回路电压降误差是否超过表 2-2 中给出的误差限值，应以修约后的数据为准，误差的修约按表 2-3 进行。

**表 2-2    电压互感器二次回路压降的相对限值**

| 电能计量装置类别 | 误差限值/% | 电能计量装置类别 | 误差限值/% |
|---|---|---|---|
| Ⅰ、Ⅱ类 | ±0.2 | 其他 | ±0.5 |

**表 2-3    电压互感器二次回路压降的修约间隔表**

| 电能计量装置类别 | 误差限值/% | 电能计量装置类别 | 误差限值/% |
|---|---|---|---|
| Ⅰ、Ⅱ类 | 0.02 | 其他 | 0.05 |

（四）完工检查

（1）拆除全部接线后断开电源。

（2）清理工作现场，上交工作记录，报完工后撤离现场。

## 二、考核

（一）考核场地

（1）考试可室内进行，每工位约需 2m×3m 场地，且需提供交流 220V 电源及设置接地装置。

（2）互感器二次压降及负荷模拟台分为互感器端子箱和电能表屏两部分，其可采用设备两端放置或并列放置的方式进行考核。

（3）如采用两端放置方式，端子箱和电能表屏间距离应在 2.5m 以外，且柜门相对摆放，设备间为考生放线通道及实验区域；如采用并列放置方式，端子箱和电能表屏应并列于场地一短边两端，柜门同侧摆放，端子箱和电能表屏间应设置分隔线并延长至 2m 以外，考生身体及线材均不得跨越。

（4）端子箱和电能表屏前应放置绝缘垫，端子箱和电能表屏本体上应分别悬挂"在此工作"标示牌，工作区域应使用围栏隔离，出入口悬挂"由此出入"标示牌，相邻工位应确保距离合适，不应存在影响安全的其他因素。

（二）考核时间

（1）考试总时间为 30min。

（2）许可开工后即开始计时，满 30min 终止考试。

（3）考试时间内，考生报完工后记录为考试结束时间。

（三）考核要点

1. 安全

（1）个人安全防护。

（2）安全措施执行。

2. 技能

（1）个人工器具的使用。

（2）仪器设备的使用。

（3）操作规范性。

（4）记录完整性。

## 三、评分标准

行业：电力工程 　　　　　　　　工种：**装表接电工** 　　　　　　等级：一

| 编　号 | ZJ1ZY0301 | 行为领域 | e | 鉴定范围 | | |
|---|---|---|---|---|---|---|
| 考核时间 | 30min | 题型 | B | 满分 | 100 分 | 得分 |
| 试题名称 | TV 二次回路压降测试 | | | | | |
| 考核要点<br>及其要求 | (1) 检查测试线通断及绝缘（考生 1 人工作，测量绝缘用万用表电阻挡简单判断即可）。<br>(2) 仪器设置、自检及核相。<br>(3) 测试结果判断 | | | | | |
| 现场设备、<br>工器具、材料 | (1) 工器具：万用表、"一"字改锥、"十"字改锥、试电笔、尖嘴钳、斜口钳、实验线、活动扳手。<br>(2) 材料：记录纸、绝缘胶布、连接螺钉、封签。<br>(3) 设备：电压互感器二次压降测试仪、互感器二次压降及负荷模拟台 | | | | | |
| 备　注 | | | | | | |

评 分 标 准

| 序号 | 考核项目名称 | 质 量 要 求 | 分值 | 扣 分 标 准 | 扣分原因 | 得分 |
|---|---|---|---|---|---|---|
| 1 | 着装 | 需正确佩戴安全帽，穿工作服、绝缘鞋，工作过程中戴手套 | 5 | (1) 未穿工作服扣 3 分，工作服未系袖扣、敞怀各扣 1 分，其他每缺一项扣 2 分。<br>(2) 工作中脱安全帽及手套各扣 2 分。<br>(3) 未正确佩戴安全帽扣 1 分 | | |
| 2 | 开工许可 | (1) 准备时间办理工作票。<br>(2) 口述安全措施并经许可后开工 | 3 | (1) 未办理第二种工作票扣 3 分，未口述安全措施、安全措施不完备扣 2 分。<br>(2) 未经许可进入工位该项不得分。<br>(3) 该项得分扣完为止 | | |
| 3 | 工器具使用 | 合理选择并正确使用工器具 | 2 | (1) 选择工器具不合理，每次扣 1 分。<br>(2) 使用工器具不正确，每次扣 0.5 分。<br>(3) 该项得分扣完为止 | | |
| | | 验电 | 5 | (1) 首先对 TV 端子箱及计量柜进行验电，未验电扣 5 分，一处未验电扣 2 分，使用验电笔验电脱去手套不扣分。<br>(2) 检查计量装置封印，未检查扣 2 分 | | |

| 序号 | 考核项目名称 | 质　量　要　求 | 分值 | 扣 分 标 准 | 扣分原因 | 得分 |
|---|---|---|---|---|---|---|
| 4 | 前期准备 | 检查测试线通断及绝缘，未用空余接线应绝缘处理，防止测试过程中短路 | 20 | （1）考生1人工作，测量绝缘用万用表电阻挡简单判断即可。未测量通断扣3分，未测量绝缘扣5分。<br>（2）空余接线未绝缘处理扣3分。<br>（3）开机前先接设备侧连线，再接电压互感器侧（TV侧）和电能表侧（Wh侧），顺序错误扣10分。<br>（4）电压端子箱需靠近互感器侧（TV侧如有熔丝或开关应接其上柱头）取电压，电能表侧需接表尾端电压，每处错误扣5分。<br>（5）施放测试电缆至TV端子箱时，不可用力拖拽，避免电缆绷紧升高靠近上方高压设备过近成事故，错误扣5分。<br>（6）该项得分扣完为止 | | |
| | | 设备开机自检并设置 | 15 | （1）检查设备有效期，否则扣5分。<br>（2）压降测试仪应根据采取的测试方式（始端、末端）分别置于互感器侧或电能表侧，设置错误扣10分。<br>（3）测试过程中应确保连接牢固，发生脱落一次扣5分。<br>（4）该项得分扣完为止 | | |
| 5 | 压降测试 | 核相 | 5 | 压降测试前需核相，未检查扣5分 | | |
| | | 压降测试 | 10 | （1）原始记录填写应用签字笔或钢笔书写，数据保留小数位并不得任意涂改，记录错误、漏项、单位及符号不全，每项扣1分。<br>（2）编造测试记录、数据处理不正确，该项不得分。<br>（3）该项得分扣完为止 | | |
| | | 拆除连线并加封 | 10 | （1）拆线时注意先拆电能表侧（Wh侧）和电压互感器侧（TV侧），然后关闭测试仪电源，顺序错误每项扣5分。<br>（2）计量装置加封，每少1处扣2分。（3）该项得分扣完为止 | | |
| 6 | 结论 | 判断测试结果 | 10 | （1）电压互感器二次回路导线压降超差，应进行接线检查、复核，仍不合格的可判断其不合格。<br>（2）考生根据测试结果判断二次压降是否合格，未判断及判断错误本项不得分 | | |

| 序号 | 考核项目名称 | 质 量 要 求 | 分值 | 扣 分 标 准 | 扣分原因 | 得分 |
|---|---|---|---|---|---|---|
| 7 | 安全文明生产 | 安全文明操作，不损坏工器具，不发生安全事故 | 15 | （1）跌落工具每次扣2分，损坏仪器扣10分。<br>（2）未清理现场、未报完工各扣5分。<br>（3）该项得分扣完为止 | | |
| 8 | 否决项 | 否决内容 | | | | |
| 8.1 | 安全否决 | 发生电压回路短路等危及安全操作违章行为 | 否决 | 整个操作项目得0分 | | |

# 附表

## 电压互感器二次压降测试原始记录

测试日期：　　年　　月　　日

| 准考证号 | | 考生姓名 | |
|---|---|---|---|
| 工作单位 | | 工位 | |
| 熔断器端电压 | | 表尾端电压 | |
| 测试时条件 | | | |
| 温度/℃ | | 相对湿度/% | |
| 压降测试仪 | | | |
| 型号 | | 编 号 | 等级 |
| 测试结果 | | | |

| 相别 | | 幅值差/% | 相位差/(′) | 电压降/% | 合成误差 |
|---|---|---|---|---|---|
| 三相四线 | U | | | | |
| | V | | | | |
| | W | | | | |
| 三相三线 | UV | | | | |
| | WV | | | | |

### 2.2.6 ZJ1ZY0302 TA二次回路负荷测试

**一、作业**

**（一）工器具、材料、设备**

（1）工器具：万用表、"一"字改锥、"十"字改锥、验电笔、尖嘴钳、温度计、湿度计、函数计算器。

（2）材料：记录纸、绝缘胶布、封签。

（3）设备：电流互感器二次负荷在线测试仪、互感器二次压降及负荷模拟台。

**（二）安全要求**

（1）现场设防护围栏、警示牌，实验区铺设绝缘垫。

（2）考生需穿工作服、绝缘鞋，戴安全帽及手套。

（3）填用第二种工作票，口述安全措施且由考评员许可后开工。

（4）严格防止电流互感器二次回路开路，应使用绝缘工具。

（5）测试引线必须有足够的绝缘强度，以防止对地短路，且接线前必须事先检查一遍各测量导线（包括电缆线车）的每芯间、芯与屏蔽层之间的绝缘情况。

（6）使用线夹及钳表时注意不要造成短路，不得用手触碰金属部分。

（7）现场试验每处工作地点不得少于2人，操作过程中，考评员负责监护，如考生存在可能危及安全的操作，考评员有权终止考评，并取消考生本项考试资格。

**（三）操作步骤及工艺要求（含注意事项）**

（1）检查测试线通断及绝缘（考生一人工作，测量绝缘用万用表电阻挡简单判断即可）。

（2）仪器设置及自检，需注意检查设备有效期及电池（充电式测试仪），如采用外接电源应可靠连接于开关后。

（3）按照实验要求组成测试回路。在线测量电流互感器实际二次负荷接线如图2-14所示。

1）二次负荷测试仪应置于互感器侧。

2）注意电流钳表接在靠近接电能表侧（Wh侧），电压线接在靠近互感器侧（TV侧），测试时注意电流钳的摆放位置，不应有拉拽导线现象，避免造成电流二次回路开路。

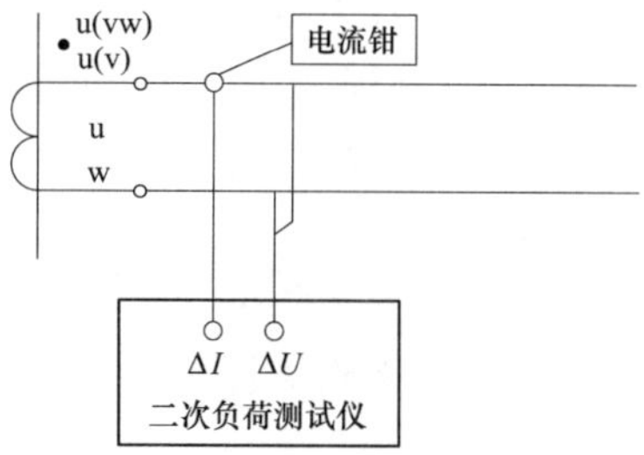

图2-14 在线测量电流互感器实际二次负荷接线图

3）注意被测二次电流应在二次负荷测试仪有效范围内，低于测试仪有效范围不予检测。

4）根据要求对电流互感器实际二次负荷进行检测，电流互感器实际二次负荷应在25%～100%额定二次负荷范围内。

5）电流互感器额定二次负荷的功率因数应为0.8～1.0。

6）负荷如果低于或高于额定二次负荷范围应检查电流钳、电压线夹的接触是否良好，测试仪显示的电流各相是否基本平衡。正确操作电流互感器二次负荷在线测试仪。

（4）测试数据并记录以下内容：

1）原始记录填写应用签字笔或钢笔书写，保留小数位并不得任意修改。

2）现场测试误差原始记录应妥善保管。

3）负荷如果低于或高于额定二次负荷范围应检查电流钳、电压线夹的接触是否良好，测试仪显示的电压各相是否基本平衡。

4）电流互感器额定二次负荷的功率因数应为 0.8～1.0，应与实际二次负荷的功率因数接近。

（四）完工检查

（1）检查临时接用电源是否拆除，现场是否有遗留物品。

（2）整理、清点作业工具和检测设备。

（3）清扫整理作业现场、加装封印，上交工作记录，报完工后撤离现场。

二、考核

（一）考核场地

（1）考试可室内进行，每工位约需 1500mm×2000mm 场地，且需提供交流 220V 电源及设置接地装置。

（2）互感器二次压降及负荷模拟台分为互感器端子箱和电能表屏两部分，其可采用设备两端放置或并列放置的方式进行考核。

（3）如采用两端放置方式，端子箱和电能表屏应分列场地长边的两端，且柜门相对摆放；如采用并列放置方式，端子箱和电能表屏应并列于场地一长边两端，柜门同侧摆放。

（4）端子箱和电能表屏前应放置绝缘垫，端子箱和电能表屏本体上应分别悬挂"在此工作"标示牌，工作区域应使用围栏隔离，出入口悬挂"由此出入"标示牌，相邻工位应确保距离合适，不应存在影响安全的其他因素。

（二）考核时间

（1）考试总时间为 30min。

（2）许可开工后即开始计时，满 30min 终止考试。

（3）考试时间内，考生报完工后记录为考试结束时间。

（三）考核要点

1．安全

（1）个人安全防护。

（2）安全措施执行。

2．技能

（1）个人工器具的使用正确。

（2）仪器设备的使用正确。

（3）操作规范。

（4）记录完整。

（5）计算二次负荷正确。

## 三、评分标准

行业：电力工程　　　　　　　工种：装表接电工　　　　　　　等级：一

| 编　号 | ZJ1ZY0302 | 行为领域 | | e | 鉴定范围 | | |
|---|---|---|---|---|---|---|---|
| 考核时间 | 30min | 题型 | | B | 满分 | 100分 | 得分 |
| 试题名称 | TA二次回路负荷测试 | | | | | | |
| 考核要点及其要求 | (1) 检查测试线通断及绝缘（考生1人工作，测量绝缘用万用表电阻挡简单判断即可）。<br>(2) 仪器设置、自检及核相。<br>(3) 测试结果判断 | | | | | | |
| 现场设备、工器具、材料 | (1) 工器具：万用表、"一"字改锥、"十"字改锥、验电笔、尖嘴钳、温度计、湿度计。<br>(2) 材料：记录纸、绝缘胶布、封签。<br>(3) 设备：电流互感器二次负荷在线测试仪、互感器二次压降及负荷模拟台 | | | | | | |
| 备　注 | 考评员提前告知电流互感器二次额定电流、额定电压、额定功率因数及额定负载值 | | | | | | |

### 评　分　标　准

| 序号 | 考核项目名称 | 质量要求 | 分值 | 扣分标准 | 扣分原因 | 得分 |
|---|---|---|---|---|---|---|
| 1 | 着装 | 需正确佩戴安全帽，穿工作服、绝缘鞋，工作过程中戴手套并站在绝缘垫上 | 7 | (1) 未穿工作服扣3分，工作服未系袖扣、敞怀各扣1分，其他每缺1项扣2分。<br>(2) 工作中脱安全帽及手套各扣2分。<br>(3) 未正确佩戴安全帽扣1分。<br>(4) 该项得分扣完为止 | | |
| 2 | 开工许可 | (1) 准备时间办理工作票。<br>(2) 口述安全措施并经许可后开工 | 3 | (1) 未办理第二种工作票扣3分，未口述安全措施、安全措施不完备扣1分。<br>(2) 未经许可进入工位该项不得分 | | |
| 3 | 工器具使用 | 合理选择并正确使用工器具 | 2 | (1) 选择工器具不合理，每次扣1分。<br>(2) 使用工器具不正确，每次扣0.5分。<br>(3) 该项得分扣完为止 | | |
| 4 | 前期准备 | 验电 | 5 | (1) 首先对TA端子箱进行验电，未验电扣5分。<br>(2) 检查TA端子箱封印，未检查扣2分。<br>(3) 该项得分扣完为止 | | |
| | | 检查测试线通断及绝缘 | 20 | (1) 考生1人工作，测量绝缘用万用表电阻挡简单判断即可；未测量通断扣3分，未测量绝缘扣5分。<br>(2) 开机前先接设备侧连线，自检完成后方可接入待测回路，顺序错误扣5分。<br>(3) 注意电流钳表接在靠近接电能表侧（Wh侧），电压线接在靠近互感器侧（TV侧），错误扣10分。<br>(4) 电流钳表量程应选择合理，测量时钳口应闭合良好，极性不得接错，否则每项扣5分。<br>(5) 该项得分扣完为止。<br>(6) 确保电流回路不得开路，否则判定该项目不及格 | | |

| 序号 | 考核项目名称 | 质 量 要 求 | 分值 | 扣 分 标 准 | 扣分原因 | 得分 |
|---|---|---|---|---|---|---|
| 4 | 前期准备 | 设备开机自检并设置 | 15 | （1）检查设备有效期及电池状况（充电式测试仪），未检查每项扣5分。<br>（2）电流互感器二次负荷在线测试仪置于互感器侧，位置错误扣15分。<br>（3）测试过程中应确保连接牢固，发生接线脱落一次扣5分。<br>（4）该项得分扣完为止 | | |
| 5 | 负荷测试 | 测试及记录电流互感器实际二次负荷应在25%～100%额定二次负荷范围内，电流互感器额定二次负荷的功率因数应为0.8～1.0 | 15 | （1）电压线接触是否良好，测试仪二次负荷范围应检查电流钳、显示的电压各相是否基本平衡。接线失误造成测试误差每次扣5分。<br>（2）读取测试结果并记录，记录错误、漏项、涂改、单位及符号不全，每项扣1分。<br>（3）编造测试记录，该项不得分。<br>（4）该项得分扣完为止 | | |
| | | 拆除连线 | 5 | 拆线时注意先拆被测回路接线，然后关闭测试仪电源，最后再拆仪器侧接线，顺序错误每项扣5分 | | |
| | | 加封 | 3 | （1）计量装置加封，每少一处扣2分。<br>（2）该项得分扣完为止 | | |
| 6 | 结论 | 判断测试结果 | 10 | （1）根据测试出的二次电流、电压计算二次负荷，计算错误每项扣2分，无计算过程每项扣1分。<br>（2）考生判断二次负荷是否合格，未判断及判断错误扣5分 | | |
| 7 | 安全文明生产 | 安全文明操作，不损坏工器具，不发生安全事故 | 15 | （1）跌落工具每次扣0.5分，损坏仪器扣10分。<br>（2）未清理现场、未报完工各扣5分。<br>（3）该项得分扣完为止 | | |
| 8 | 否决项 | 否决内容 | | | | |
| 8.1 | 安全否决 | 发生电压回路短路等危及安全操作违章行为 | 否决 | 整个操作项目得0分 | | |

## 2.2.7 ZJ1ZY0401 负控设备的调试

**一、作业**

（一）工器具、材料、设备

（1）工器具：万用表、绝缘垫、电工个人工具、低压验电笔、登高工具等。

（2）材料：电能计量箱（柜）电气原理图、接线图，一次性铅封若干；开关箱（柜）电气原理图、接线图。

（3）设备：高压电能计量箱（柜）、高压开关箱（柜）、电能表、采集终端。

（二）安全要求

（1）设备可靠接地。

（2）保持与带电部位的安全距离；用低压验电笔测试设备外壳带电情况。

（3）注意仪表的挡位和量程选择，注意发生短路事故。

（4）登高要防高摔，防触电。

（三）操作步骤及工艺要求（含注意事项）

（1）勘察现场，明确工作任务，履行开工手续，交代危险点和现场安全措施。

（2）采用先看主回路、再看计量监测回路和控制回路、从上到下从左到右逐行查看的方法通读讲解电气原理图。

（3）运用相对标号法、回路编号法或对测设备标号法通读讲解安装接线图，逐一说明落实负控措施的多种功能和使用方法。

（4）按照有序用电方案，连接相关控制回路，通电验证，逐一检查负控措施的调试状况。

（5）检查设备的电器试验报告，检查采集终端与电能表数据通信情况。

（6）调试完毕，恢复终端、开关箱（柜）到正常供电状态。

（7）加封，填写工作单。

（8）清理工位，安全文明生产。

**二、考核**

（一）考核场地

（1）场地面积应能同时容纳多个工位，各工位之间距离合适，操作面积不小于1500mm×1500mm。设备具备停送电条件或者有检查二次设备实验用的交流电源（有接地保护）2处以上。

（2）每个工位备有桌椅、计时器。

（二）考核时间

参考时间为40min，考评员允许开工开始计时，到时即停止工作。

（三）考核要点

（1）履行开工手续。

（2）对照电气原理图、安装接线图描述电能计量、负荷控制、开门报警、防窃电等功能如何实现。

（3）工作单填写正确、规范。

（4）安全文明生产。

## 三、评分标准

行业：电力工程　　　　　　　　工种：装表接电工　　　　　　　　等级：一

| 编　号 | ZJ1ZY0401 | 行为领域 | e | | 鉴定范围 | | |
|---|---|---|---|---|---|---|---|
| 考核时间 | 40min | 题型 | C | | 满分 | 100 分 | 得分 |
| 试题名称 | 负控设备的调试 | | | | | | |
| 考核要点及其要求 | （1）履行开工手续。<br>（2）对照电气原理图、安装接线图描述电能计量、负荷控制、开门报警、防窃电等功能如何实现。<br>（3）工作单填写正确、规范。<br>（4）安全文明生产。<br>（5）各项得分扣完为止 | | | | | | |
| 工器具、材料、设备、场地 | （1）工器具：万用表、绝缘垫、电工个人工具、低压验电笔、登高工具等。<br>（2）材料：电能计量箱（柜）电气原理图、接线图，一次性铅封若干；开关箱（柜）电气原理图、接线图。<br>（3）设备：高压电能计量箱（柜）、高压开关箱（柜）、电能表、采集终端。<br>（4）场地：场地面积应能同时容纳多个工位，并保证工位之间的距离合适，操作面积不小于1500mm×1500mm。设备具备停送电条件或者有检查二次设备实验用的交流电源（有接地保护）2处以上。<br>（5）每个工位备有桌椅、计时器 | | | | | | |
| 备　注 | | | | | | | |

### 评 分 标 准

| 序号 | 考核项目名称 | 质量要求 | 分值 | 扣分标准 | 扣分原因 | 得分 |
|---|---|---|---|---|---|---|
| 1 | 开工准备 | （1）着装规范，戴安全帽，穿绝缘鞋，戴棉手套。<br>（2）履行开工手续 | 10 | （1）未按要求着装每处扣1分。<br>（2）未经许可开工扣3分。<br>（3）该项分值扣完为止 | | |
| 2 | 工器具、仪表检查 | 正确选择工器具、仪表，并进行检查和试验 | 10 | （1）漏选或错选每件扣2分。<br>（2）未检查工器具每件扣2分。<br>（3）仪表未进行试验、检查或检查错误，每件扣2分。<br>（4）该项分值扣完为止 | | |
| 3 | 读电气原理图 | （1）采用先看主回路、再看计量监测回路和控制回路、从上到下从左到右看的方法讲解电气原理图。<br>（2）讲解主回路电气结构。<br>（3）讲解计量、测量回路构成及其与终端、电能表间的电气连接。<br>（4）讲解控制回路构成，与其他元件间的电气连接及其功能的实现 | 20 | （1）每项讲解错误扣5分。<br>（2）该项分值扣完为止 | | |

540

| 序号 | 考核项目名称 | 质量要求 | 分值 | 扣分标准 | 扣分原因 | 得分 |
|---|---|---|---|---|---|---|
| 4 | 读安装接线图 | （1）用相对标号法、回路编号法或对测设备标号法讲解安装接线图。<br>（2）讲解互感器、电能表及终端接线图电气构成，与其他元件的电气连接。<br>（3）讲解控制回路接线图电气构成，与其他元件的电气连接 | 15 | （1）每项讲解错误扣5分。<br>（2）该项分值扣完为止 | | |
| 5 | 查看试验报告 | 检查计量箱（柜）、开关箱（柜）出厂试验报告 | 5 | （1）少盒查1项扣2分，未进行是否合格判定扣2分。<br>（2）该项分值扣完为止 | | |
| 6 | 通信、控制指令的执行调试 | （1）检查采集终端与电能表数据通信正常。<br>（2）检查设备连锁机构和分合闸机构可靠，无误后，联系负控后台，分别下达预警、分闸、合闸指令。<br>（3）检查连锁机构和分合闸机构，其相关动作应与负控指令对应无误 | 30 | （1）未检查通信的扣10分。<br>（2）未核对后台指令的扣5分。<br>（3）未检查机构动作位置扣5分。<br>（4）未检查回路电压的扣10分 | | |
| 7 | 文明生产 | 清理现场，无违章现象 | 10 | （1）未清理现场扣5分。<br>（2）操作中发生违章现象每次扣5分。<br>（3）该项分值扣完为止。<br>（4）引发跳闸事故的立即停止操作，本次考核项目按不及格处理 | | |
| 8 | 否决项 | 否决内容 | | | | |
| 8.1 | 安全否决 | 有引发跳闸事故的，终止操作，责令立即停止 | 否决 | 整个操作项目得0分 | | |